嵌入式协议栈 μC/TCP-IP
——基于 STM32 微控制器

μC/TCP-IP, The Embedded Protocol Stack For the STM32 ARM Cortex-M3

[加拿大] Christian Légaré 著

邝 坚 等译

北京航空航天大学出版社

内 容 简 介

本书分为两部分,主要以 Micriμm 公司的 μC/TCP-IP 协议栈为参考,阐述了 TCP/IP 协议栈的工作原理。其中,第一部分讲解了因特网协议的基础,涵盖了 μC/TCP-IP 的实现及应用的多个方面;第二部分以基于 ARM Cortex-M3 架构的 μC/Eval-STM32F107 多功能开发板为基础,向读者展示了 μC/TCP-IP 的应用实例。配合 IAR System Embedded Workbench for ARM 开发工具,用户可以迅速搭建起开发环境,并以极大的便利投入到寓教于乐的学习和开发中。

本书适用于嵌入式系统开发人员、咨询顾问、爱好者及有兴趣了解 TCP/IP 协议族内在工作原理的学生。μC/TCP-IP 不仅仅是一个良好的学习平台,同样还是一个可以用于多种产品的完整的商业软件包。

图书在版编目(CIP)数据

嵌入式协议栈 μC/TCP-IP / (加)勒加雷
(Légaré,C.) 著;邝坚等译. -- 北京:北京航空航
天大学出版社,2013.1
书名原文:μC/TCP-IP,The Embedded Protocol
Stack For the STM32 ARM Cortex-M3
ISBN 978 - 7 - 5124 - 0964 - 4

Ⅰ.①嵌… Ⅱ.①勒… ②邝… Ⅲ.①计算机网络—
通信协议 Ⅳ.①TN915.04

中国版本图书馆 CIP 数据核字(2012)第 228321 号

英文原名:μC/ TCP-IP,The Embedded Protocol Stack For the STM32 ARM Cortex-M3
Copyright © 2011 by Micriμm Press.
Translation Copyright © 2013 by Beijing University of Aeronautics and Astronautics Press.
All rights reserved.
本书中文简体字版由美国 Micriμm 出版社授权北京航空航天大学出版社在中华人民共和国境内独家出版发行。版权所有。
北京市版权局著作权合同登记号 图字:01 - 2012 - 0409 号

嵌入式协议栈 μC/TCP-IP——基于 STM32 微控制器
μC/TCP-IP,The Embedded Protocol Stack For the STM32 ARM Cortex-M3
[加拿大] Christian Légaré 著
邝 坚 等译
责任编辑 何小庆 刘 晨 刘朝霞

*

北京航空航天大学出版社出版发行
北京市海淀区学院路 37 号(邮编 100191) http://www.buaapress.com.cn
发行部电话:(010)82317024 传真:(010)82328026
读者信箱:emsbook@gmail.com 邮购电话:(010)82316936
涿州市新华印刷有限公司印装 各地书店经销

*

开本:710×1 000 1/16 印张:39.5 字数:842 千字
2013 年 1 月第 1 版 2013 年 1 月第 1 次印刷 印数:5 000 册
ISBN 978 - 7 - 5124 - 0964 - 4 定价:118.00 元

若本书有倒页、脱页、缺页等印装质量问题,请与本社发行部联系调换。联系电话:(010)82317024

谨以此书献给我热爱着的妻子 Nicole、我们的两个女儿 Julie Maude 和 Valérie Michéle，以及我们的两个孙女 Florence Sara 和 Olivier Alek。我要感谢他们对我的支持和理解，正是他们的支持和理解让我能够遵从我的内心（我总是鼓励他们做事时遵从自己的内心），并最终完成本书。

——Christian Légaré

译者序

当今绝大多数的嵌入式设备都将网络互联作为其必备功能之一，这已是不争的事实，而无处不在的 TCP－IP 网络注定是各类网络互联技术的首选。这就为嵌入式系统的开发者提出了新的要求，不仅要了解嵌入式处理器、嵌入式操作系统和实时系统的开发理念，嵌入式网络协议栈以及其应用技能也成为开发者必须掌握的内容。这便是我从何小庆先生处接手此书中文译本工作的主要原因。

本书原著由 Christian Légaré 先生撰写，于 2011 年底在美国出版。其内容涵盖了嵌入式协议栈设计和实现过程中需要考虑的各种要素，在美国一经出版即受到了广大读者，尤其是从事嵌入式系统开发和研究工作读者的厚爱。

全书共分为两部分，第 1 部分是 μC/TCP-IP：The Embedded Protocol，主要以最新版的 μC/TCP-IP 为例，对网络协议栈的基本原理、嵌入式网络协议栈的设计与实现进行了介绍，与具体的 MCU 无关；第 2 部分是 μC/TCP-IP and the STMicro-electronics STM32F107，主要配合 μC/Eval-STM32F107 评估板，介绍了 μC/TCP-IP 及所依附的 μC/OS-III 实时操作系统在 ARM Cortex-M3 内核的 STM32 嵌入式微控制器上的应用实例和应用开发方法等，同时也对 μC/Probe 这一先进的可视化在线监视工具的使用进行了介绍。

从事实时嵌入式系统设备开发和高校教学逾二十年，本人深切体会到一个嵌入式系统的开发者具备完整系统级概念和经验的重要性，对于嵌入式 TCP-IP 协议栈这个子系统同样如此。实时嵌入式系统的个性化特点经常需要开发者裁剪、补充或优化核心代码（在遵守知识产权协议的前提下）。从入门到应用只是第一步，而真正掌握往往是对经典源码的理解和掌控。一套小型、经过验证、有代表性且平台无关的公开源码的系统，对于初学者成长为真正意义的嵌入式系统工程师来说无疑是最佳研究对象，而 μC 系列的软件正是完全符合这类特征的典型系统。

不仅如此，我希望读者充分利用本书第 2 部分所提供的实践资源和例程，对嵌入式技术的理解和开发技能的掌握只能通过大量的实践，Learning by doing 是不二法门。

本书的翻译过程中得到我所在研究团队中各位老师的鼎力支持，其中包括卞佳丽老师、戴志涛老师和刘健培老师；并特别感谢完成译文初稿的研究生们，第 1 部分由康亮、徐璟亮、向旻和王云龙承担,第 2 部分由梅隆魁完成。同时还要感谢北京航空航天大学出版社和北京麦克泰软件技术有限公司在资源和技术上的保证。

我们一直期望将本书翻译成一本完全按照中文习惯来叙述的中文版图书,并且努力做到行文的通顺和概念准确;然而,由于翻译时间上较为仓促,加之译者能力所限,难免存在错误和疏漏,书中如有不妥之处恳请读者批评指正。

邝 坚

2013 年 1 月于北京邮电大学

目　录

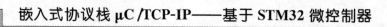

第 2 部分 基于 STM32F107 微控制器的应用

第 **1** 部分

嵌入式协议栈 μC /TCP-IP

序 言

传输控制协议/因特网协议（Transmission Control Protocol/Internet Protocol）就是人们经常提到的 TCP/IP 协议。设计人员可能对 TCP/IP 协议比较熟悉，但最终用户却往往对其鲜有耳闻，因而也没意识到 TCP/IP 在日常生活中所扮演的重要角色。但事实上，TCP/IP 的确是每一个网络设备的基础。更加具体地说，IP 协议是众多通信协议的集合，这些通信协议共同构成了因特网及大多数商业网络的基础。TCP/IP 协议簇中的 TCP 协议和 IP 协议是这些通信协议中最先被定义的两个协议。大多数历史学家会告诉读者，这两个协议最初是由美国国防部（Department of Defense, DoD）在 20 世纪 70 年代中期开发的。

如果读者遵循正确的步骤来实现 TCP/IP 协议，那么在设计阶段应该不会大费周折。但是，一旦走错一步，就会深陷泥沼。

读者可以在很多地方学到 TCP/IP 协议的知识，比如嵌入式系统大会（Embedded Systems Conference）。事实上我就是在多年前的一次 ESC 上第一次遇到了 Christian Légaré。在我们进入 ESC 会场前的交谈中，Christian 就告诉我他的 TCP/IP 课程广受欢迎。

于是，我决定听一下 Christian 的课程。的确，他是对的，而且实至名归。在一天之中的大部分时间里，他成功吸引了 50 多名工程师的注意。不仅如此，在这个过程中我自己也学到了一些东西。在参加 Christian 的嵌入式 TCP/IP 课程之前，我把自己定位成一个初学者，所以我吃惊地发现 Christian 可以同时给不同水平的学生授课。无论是像我一样的初学者，还是像那些专业级的学生，Christian 都能牢牢地吸引每一个人，并且确保每个问题都能被解答和理解。

我很高兴看到 Christian 用同样的方法编写了这本书。事实上，当我第一次看到本书的章节和插图时就觉得十分熟悉。毫无疑问，Christian 这本书使用了与他授课时一样的方法。我觉得他这一点做得非常棒,如果已经拥有一个成功模式,那么就应该将其坚持下去。

不论读者是一个经验丰富的专家(或者至少是读者认为自己是一个专家),还是像我当初遇到 Christian 时那样的初学者,读者都可以从本书中获益。本书从基础开始,解释了 TCP/IP 的定义、它的重要性,以及需要理解 TCP/IP 的原因。总之,本书对 TCP/IP 的各种要素进行了讲解,而且循序渐进。

虽然本书对 TCP/IP 的理论进行了讲解,但这远不是本书的最大特色。本书与同类书籍不同的地方在于用简单的方式阐述了复杂的概念。

在本书的第一部分中,读者可以学到包括以太网技术、设备驱动、IP 网络连接、客户端/服务器架构以及系统网络性能等方面的知识;本书的第二部分详细讲解了 μC/TCP-IP 这一商业产品,它是 Microμm 公司开发的特殊版本的 TCP/IP,而且书中采用了大量的应用实例对其进行了深入的剖析。

感谢 Christian 深入浅出的讲述让我了解了嵌入式 TCP/IP 协议栈的实现方法。在此,我也真心希望每位读者能像我一样享受本书。

Rich Nass
Director of Content/Media, EE Times Group

前　言

讲解 TCP/IP 协议栈的资料有很多,内容包括 TCP/IP 的工作原理、结构及其相互关系。有时作者会给出具体的协议栈代码,但是这些实例通常是面向拥有足够资源的系统,并不适用于资源紧凑的嵌入式系统。

半导体生产商在设计嵌入式微处理器和微控制器时,ROM/RAM 的配置比例通常是 8∶1,有时是 4∶1。与能够运行 UNIX、Linux、Windows 的重量级系统相比,嵌入式系统的代码和数据量通常在千字节(KB)数量级,而在大型系统环境中,可用的存储器空间大小至少是以兆字节计。

嵌入式系统往往有实时性的要求,而较大的操作系统一般不能满足必要的实时性。所以,嵌入式系统的 TCP/IP 协议栈,不仅要满足 TCP/IP 规范,还要适合终端产品资源紧凑的特点。由于 μC/TCP-IP 面向嵌入式系统,Micriμm 公司在开发过程中必须满足以上要求。μC/TCP-IP 协议栈与 μC/OS-II 和 μC/OS-III 遵循同样的理念,既保证了高质量的代码和文档,也兼具良好的易用性。在这方面,μC/OS-II 和 μC/OS-III 的读者也对 TCP/IP 有同样的要求。

本书的不同之处

很早以前,Micriμm 公司就定义了编码标准,包括命名规范以及编码规则,该标准能保证我们开发出简洁、易读、便于维护的代码。Micriμm 公司开发的所有产品都具备这些优点。因此我们相信,μC/TCP-IP 中的 TCP/IP 协议栈源代码,是行业中最简洁的。

μC/TCP-IP 以库文件的形式提供,你可以用配套的评估板进行实践(参见本书的第 2 部分)。对取得 μC/TCP-IP 授权的用户,我们将提供所有源代码。在这些源代码的帮助下,读者可以对这些数据通信协议的复杂工作方式有个基本的了解。

本书用实用的方法展示了 TCP/IP 协议栈如何嵌入到一个产品中。在涉及具体的问题时,本书还提供了很多 μC/TCP-IP 示例。为了帮助理解相关概念,本书还提供了许多插图,因为图表通常是描绘网络协议栈复杂性的最佳表现形式。

什么是 μC/TCP-IP

Micriμm 公司自 1999 年组建起,就在持续开发和支持 μC/OS-II 以及最新的

μC/OS-III 实时内核。第一个内核版本发布于 1992 年。从那时起,公司不断收到用户在 TCP/IP 协议栈方面的需求。

2002 年,Microμm 对嵌入式社区内已有的 TCP/IP 协议栈做了评估。不幸的是,我们找不到能与 μC/OS-II 配套的产品,其结论是,Microμm 需要从零开始开发 TCP/IP 协议栈。这是一个艰巨的任务,在开发上的投入超过了 15 个人年。

这项宏大工程的目的是开发一套面向于嵌入式应用的最佳 TCP/IP 协议栈。μC/TCP-IP 并不是学术研究,它是世界级产品,而且已在全球范围内广泛应用。

Microμm 的 μC/TCP-IP 假定其有实时内核支持,因为 TCP/IP 协议栈是高度事件驱动的。如果在资源有限的嵌入式系统中使用 TCP/IP,那么单线程环境不能很好地满足其主要需求。μC/TCP-IP 的编写方式使之能很容易地应用于几乎所有实时内核。net_os.c 文件将应用程序接口(API)封装起来,使 μC/TCP-IP 在 μC/OS-II、μC/OS-III 和其他内核上都能同样顺畅地运行。

μC/TCP-IP 需要网络接口驱动。Microμm 为多数流行的以太网控制器提供了驱动。如果没有可用的驱动,网络接口控制器驱动的编写也相当容易。在第 14 章 "网络设备驱动"中讲述了详细信息。

μC/TCP-IP 在 32 位 CPU 上运转良好。只要资源充足,μC/TCP-IP 在高端 16 位处理器上也可以工作。

虽然 μC/TCP-IP 完整实现了 RFC(Request For Commnent,协议规范)所规定的基本内容,并且支持私有网络和公共网络,但所占用的空间相对更小。

预期的读者

Microμm 的目标是为嵌入式社区提供最高质量的软件。在现有商业和工业系统中的使用,已证明这些软件可以为开发者平均减少三个月的开发周期。嵌入式软件或硬件工程师在开发的产品中如果考虑使用 TCP/IP,他们将能找到足够的信息来配置 TCP/IP 协议栈,保证其连通性和/或高性能。

在使用本书配套的评估板时,μC/TCP-IP 和 μC/OS-III 的对应目标代码库也可以找到。

如果要将 μC/TCP-IP 用于商业产品,则需要联系 Microμm 进行授权。换句话说,μC/TCP-IP 是一款授权软件,并不是免费的。对高校师生来说,使用相关的库和评估板仅限于学术目的。

本书使用的嵌入式软件的版本号如下:

μC/TCP-IP	TCP-IP 协议栈	V2.10
μC/DHCPc	DHCP 客户端	V2.06
μC/HTTPs	HTTP 服务器	V1.91
μC/OS-III	实时内核	V3.01.2
μC/CPU	CPU 抽象层	V1.31
μC/LIB	C 语言库	V1.25

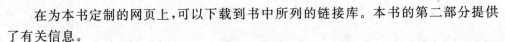

在为本书定制的网页上，可以下载到书中所列的链接库。本书的第二部分提供了有关信息。

对于需要使用完整 μC/TCP-IP 源代码的商业用户来说，尽可能使用最新版本的代码。更新信息请联系 Micriμm 获取。

致　谢

首先我要感谢我亲爱的妻子 Nicole 对我无条件的支持、鼓励、理解和包容。本书的编写是一个庞大工程，如果没有她，我不可能完成。

我还要感谢我的挚友、同事和搭档 Jean J. Labrosse，在我工作期间给予的支持和引导。Jean 的建议大大提高了本书的质量。在他的努力下，我取得了很好的成果。Jean 写过许多书，他经常告诉我写书是件令人精疲力竭的工作。我只想回答他：我现在体会到你的感觉了！

同样需要说明的是，本书一些重要内容的编写参考了 μC/TCP-IP 用户手册的部分章节。这个用户手册是由 Jean J. Labrosse 和开发 μC/TCP-IP 的工程师编写的。TCP/IP 小组在本书的评审过程中做出很大贡献，确保了技术细节的准确。

同时我也要向 Ian T Johns、Fabiano Kovalski、Samuel Richard、Eric Shufro 表达我的谢意。

特别感谢 Carolyn Mathas 在这个庞大工程的编辑和评审过程做出的杰出贡献，你的耐心和坚韧令人感激。

我还要感谢 Micriμm 公司中为本书的代码测试、评审和排版过程做出贡献的人。按字母排序：Alexandre Portelance Autotte、Jim Royal、Freddy Torres。

关于作者

Christian Légaré 在加拿大魁北克的舍布鲁克大学获得电子工程硕士学位。在从事通信领域的 22 年中，他在许多大型组织和企业的工程及研发中扮演了重要角色。最近，作为 IP 系统专家，他在位于加拿大蒙特利尔的国际电信协会（International Institute of Telecom，IIT）负责互联网协议认证计划。Légaré 先生于 2002 年加入 Micriμm 成为副主席。他主管包括 TCP/IP 在内的嵌入式通信模块的开发，其丰富的企业管理和专业经验促进了公司的快速发展。

第 1 章

绪　论

本章涵盖了适用于嵌入式系统的 TCP/IP 理论。包括以下内容：

- TCP/IP 技术。
- 如何通过 Micriμm 的 μC/TCP-IP 协议栈，将 TCP/IP 应用于嵌入式系统。
- μC/TCP-IP 协议栈的结构和设计。

在产品中使用 TCP/IP 源代码要考虑很多因素。接下来的章节提供了在使用 Micriμm 的 μC/TCP-IP 时所需要的信息。

1.1　本书的组织结构

本书由两部分组成。第 1 部分介绍了 TCP/IP 及其嵌入式版本：μC/TCP-IP。μC/TCP-IP 并不与任何特定的 CPU 或网络结构相关联，读者可以通过 μC/TCP-IP 学习 TCP/IP。具体来说，本书涉及的内容包括以太网技术、设备驱动、IP 连接、客户端/服务器结构、系统网络性能、μC/TCP-IP 应用程序接口的使用、μC/TCP-IP 的配置以及如何将 μC/TCP-IP 网络驱动移植到不同的网络接口等。

本书的第 2 部分主要是与读者分享 μC/TCP-IP 的使用经验，其过程循序渐进，并辅以先进的工具。本书提供并介绍了一些可运行的 μC/TCP-IP 程序，这些应用示例使用本书推荐的评估板。从 Micriμm 网站上可以下载本书第 2 部分介绍的代码和使用的网络工具。

1.2　约　定

本书有一些约定。首先要注意，当图中的特定元素被引用时，附近或后面会有一个数字，用圆括号或圆圈包围起来。图后紧跟的是对该元素的描述，由"F"加上图的序号，再加上圆括号包围的数字组成。例如，F3-4(2)表示这个描述引用的是图 3-4 的第二个元素。此约定同样适用于程序清单（以"L"开头）和表（以"T"开头）。

在 Micriμm,我们为拥有行业内最简洁的代码而自豪。这一点在书中的示例中能充分体现出来。Jean Labrosse 于 1992 年建立了编码规范,这个标准在最早的 μC/OS 书中就已发布。此规范多年来不断修订,但其精神贯穿始终。该编码规范可以从 Micriμm 网站上下载,网址是 www.Micriμm.com。

本书约定,所有的函数、变量、宏和自定义常量都以 Net(代指 Network)为前缀,后面紧跟的是模块的缩写(比如 Buf),最后是函数执行的操作。例如,NetBuf_Get( )表明此函数属于 TCP/IP 协议栈(μC/TCP-IP),是缓冲区管理服务的一部分,函数具体执行的是 Get 操作。这样一来,所有相关联的函数在参考手册中被组织到一起,使用起来更加直观方便。

1.3　各章节内容

图 F1-1 展示了本书第 1 部分的布局,有助于读者理解各章节之间的联系。左边第 1 列展示了为理解 μC/TCP-IP 的结构需要按序阅读的章节。第 2 列的有关章节帮助理解将 μC/TCP-IP 移植到不同网络接口的方法。第 3 列是与 μC/TCP-IP 提供的附加服务有关的章节,以及如何获得 μC/TCP-IP 在运行和编译时的统计信息。在为调试程序开发"堆栈内容查看插件"(stack awareness plug-in)或者使用 μC/Probe 时,这部分内容尤其有用。第 4 列上部是 μC/TCP-IP 应用程序接口(API)和配置手册;中间一章是配置 μC/TCP-IP 的技巧和窍门;在第 4 列底部是参考文献和许可政策。

第 2 章,网络简介。本章介绍了嵌入式工程师需要了解的网络概念,以及 IP 技术与网络分层模型。

第 3 章,嵌入式 TCP/IP:在实现中面临的挑战。本章分析了在嵌入式系统中实现 TCP/IP 协议栈的限制条件。

第 4 章,LAN=以太网。本章介绍了以太网,当今网络中无处不在的局域网技术。

第 5 章,IP 网络。本章介绍了 IP 技术,主要是 IP 寻址以及如何为 IP 地址配置网络接口。

第 6 章,故障诊断。通过本章,读者将学习如何对 IP 网络的故障做出诊断,如何解析 IP 包,以及如何测试 IP 网络应用。

第 7 章,传输协议。本章介绍了 IP 技术中最重要的几个协议,重点关注 TCP/IP 协议栈的配置,以优化嵌入式系统的网络性能。

第 8 章,套接字。通过本章,读者将学习什么是套接字,以及如何运用套接字创建应用。

第 9 章,服务和应用。本章介绍了网络服务和网络应用的不同之处以及几个最

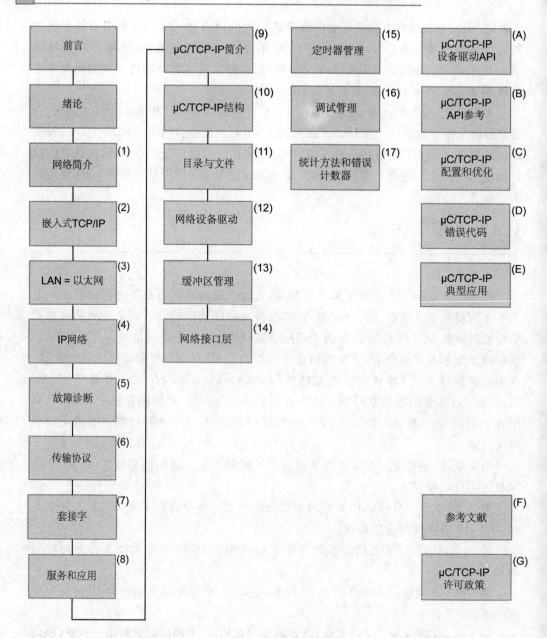

图 F1-1　μC/TCP-IP 布局

重要的服务。

　　第 10 章，μC/TCP-IP 简介。本章是对 Micriμm 的 TCP/IP 协议栈——μC/TCP-IP 的简介，涵盖了它的属性和应用层附加模块。

　　第 11 章，μC/TCP-IP 结构。本章包含了一张简化的框图，用以说明 μC/TCP-IP 内部的各个模块及模块之间的关系。

第 12 章,目录与文件。本章介绍了创建基于 μC/TCP-IP 的应用所需要的目录结构和文件。通过本章将了解到创建应用需要哪些文件,它们被放置在何处,每个模块是如何工作的等内容。

第 13 章,开始使用 μC/TCP-IP。在本章中将接触源代码,并学习如何正确初始化和启动基于 μC/TCP-IP 的应用。

第 14 章,网络设备驱动。本章介绍了如何为 μC/TCP-IP 编写设备驱动以及驱动的配置结构。

第 15 章,缓冲区管理。本章介绍了网络缓冲区的配置和管理,网络缓冲区是 TCP/IP 协议栈最重要的部分之一。

第 16 章,网络接口层。本章描述了网络接口层的配置,以及如何将其添加到系统中。

第 17 章,套接字编程。本章讨论了套接字编程、套接字的数据结构和套接字 API 函数的调用。(原著缺少的部分,译者补充)

第 18 章,定时器管理。本章涵盖了定时器的定义和用法,用于跟踪记录与网络相关的各种超时。一些协议如 TCP 大量使用定时器。

第 19 章,调试管理。本章介绍了调试常数和函数。这些调试信息被应用程序用于确定网络的内存使用率,检查运行时的网络资源使用情况,或检查网络错误或故障情况。

第 20 章,统计和错误计数器。本章介绍了 μC/TCP-IP 是如何为可预测和不可预测的错误情况维护计数器和统计的以及如何开启和关闭这些计数器和统计。

附录 A,μC/TCP-IP 设备驱动 API。本附录提供了 μC/TCP-IP 设备驱动的 API 参考。每个用户可访问的服务均按字母顺序排列。

附录 B,μC/TCP-IP 的 API 参考。本附录给出了 μC/TCP-IP 的 API 参考,包括函数和宏定义。

附录 C,μC/TCP-IP 配置和优化。在本附录中将学习到 μC/TCP-IP 的宏定义,这些宏应该定义在应用程序的 net_cfg.h 和 app_cfg.h 文件中。这些宏定义可以在编译时配置,使应用层能根据需求调整 μC/TCP-IP 所占用的 ROM/RAM 空间。

附录 D,μC/TCP-IP 错误代码。本附录提供了 μC/TCP-IP 错误代码的简要解释,错误代码定义在 net_err.h 文件中。

附录 E,μC/TCP-IP 典型应用。本附录对 μC/TCP-IP 使用中最常见的问题给出简要的解释。

附录 F,参考文献。

附录 G,μC/TCP-IP 许可政策。

第 **2** 章

网络简介

对许多嵌入式工程师来说，网络是一个新的概念。因此，本书的目的是提供一个桥梁，让读者从基本概念跨越到如何为嵌入式系统添加网络功能。本章给出了网络协议的简要介绍，随后针对以太网技术讨论 TCP/IP。从设备和应用的数量来看，以太网是当今首选的网络技术，运用最为广泛。

在嵌入式系统中添加网络连接已经越来越普遍，可选择的网络有很多。网络平台分为无线（蓝牙、ZigBee、3G、Wi-Fi 等）和有线（以太网 TCP/IP、CAN、Modbus、Profinet 等）。使通信发生革命性改变的网络技术首推 IP 协议（Internet Protocol）。

2.1 网 络

人们日常使用的通信基础是公共交换电话网（Public Switched Telephone Net-work，PSTN），其互联范围涵盖全球。曾经有很长一个时期，电路交换网络是固定线路的模拟通话系统。而现在，模拟通信已经让位于数字通信，数字通信网包含了固定电话和移动设备。

在 PSTN 中，网络资源致力于保证服务的持续性，如通话时长。持续性同样适用于所有实时性服务，例如语音和视频。在实时性服务中，数据传输对时延很敏感。

如图 F2-1 所示，用云来表示两个设备之间的网络部分。在后面的图中将沿用这种表示方法。

图 F2-1 所示为电路交换网络，如 PSTN。在这类网络中，以电话交换机为代表的网元，在源和目的地之间建立网络连接，为两个方向（双工）提供持续的服务。一旦链路建立，交换机不再对通话进行干预，直到撤销链路（有一方挂机）。在这种情况下，交换机能够意识到源和目的地之间存在的连接，而终端却不会。

在数据业务中，数据在传输时被切割成小的实体，称作数据包（packet）。只有当一个数据包从源移动到目的地的过程中，网络资源才会被使用。这样可以提高网络利用率，因为同一设备可以在不同的源和目的地之间传送数据包。永久的连接是没

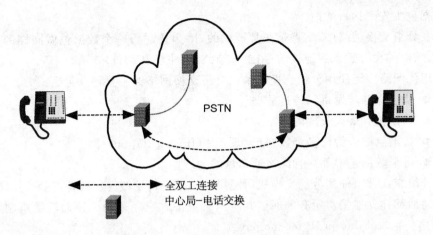

图 F2 - 1　公共交换电话网(PSTN)

有必要的,因为这种传输不是时间敏感的。没有人会因为晚一秒收到电子邮件而抱怨。

图 F2-2 所示为分组交换网络,网络连接的终端被称为主机(host)或设备(device)。将数据包从源发送到目的地的网络元素称为结点(node)。数据包在结点之间转发,每次一跳(hop),一跳是指两个结点之间的路径。每个数据包在源到目的地之间的每个结点都会被处理。IP 网络结点称为路由器(router)。

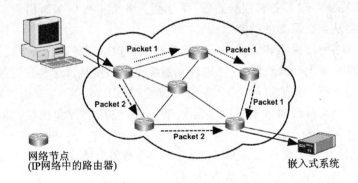

图 F2 - 2　分组交换网络

IP 网络的使用不局限于个人计算机(PC)和大型主机。事实上,越来越多的网络由嵌入式系统构成:工厂车间自动化,家庭和办公设备,如供暖系统、微波炉、洗衣机、冰箱、饮料机、安全报警器、个人数字视频录像机、智能机顶盒、音频设备等。在不远的将来,冰箱、洗衣机、烘干机或者烤面包机都可以联网。

在图 F2-2 中,数据包只沿一个方向从 PC 工作站传送到嵌入式系统。在全双工交换中,两个方向的路径都会被使用到,每个方向的数据包也都要经过处理。从嵌入式系统到 PC 工作站的数据包传送,需要同样的处理方式。分组交换的一个重要特点是:从源到目的地,数据包可能会选取不同的路径。在本图中,数据包 2 有可能比数据包 1 先到达目的地。

在分组交换网络中,结点是非常繁忙的,因为要对每一个数据包做同样的处理。然而,结点并没有意识到连接的存在,只有终端(主机和设备)知道。

现代网络广泛使用分组交换技术。分组交换网络的主要特点包括:

- 使用存储转发机制传送数据包。
- 数据包有最大长度的限制。
- 长消息被分解成多个数据包,即分片(fragmentation)。
- 每个数据包中都存有源地址和目的地址。

分组交换技术使用分组交换机(计算机)和数字传输线。它的特点是并不需要为每次通话都建立连接。所有的通信共享网络资源。它还采用了存储转发机制,称为 IP 路由技术(routing in IP technology)。

存储转发机制包括:

- 存储每个到达的数据包。
- 从数据包中拿到目的地址。
- 查询路由表以决定下一跳。
- 转发数据包。

在 20 世纪 90 年代末期,数据业务的带宽首次超过实时服务的带宽。这种趋势为电信运营商制造了一个两难的局面。他们被迫决定是否要继续投资 PSTN 设备,使其同时能提供实时服务和数据业务,而数据业务会占据更多通信量。如果不这么做,他们如何从数据服务的投资上赚钱?

今天,大多数与网络相关的投资都花费在支持数据服务的设备上。其中,以太网和 IP 协议得到了大部分投资,这在嵌入式系统中日益明显。这些投资保证在不久的将来,电话服务将主要通过基于 IP 的语音传输(VoIP)提供,电视也将基于 IP 网络(IPTV)。所有具有时间敏感性的实时数据服务,包括语音和视频,都将依赖于 IP 技术。

IP 正迅速成为无处不在的网络技术。与 IP 相关的协议栈被称为 TCP/IP 协议栈(TCP/IP stack),将被大多数设备使用。

2.2 什么是 TCP/IP 协议栈

网际协议族(也称为网络协议族,Internet Protocol suite)是因特网和大多数商业网络中所运行通信协议的集合。它也被称为 TCP/IP 协议栈,以协议栈中两个最重要的协议命名,包括传输控制协议(Transmission Control Protocol,TCP)和网际协议(Internet Protocol,IP)。这两个协议虽然重要,但不是仅有的。

2.3　OSI 七层模型

　　IP 协议族是多层结构。每一层都解决数据传输的一部分需求,下层协议通过对服务良好的实现来支撑上层服务。

　　上层协议处理抽象的数据,在逻辑上更贴近用户;而下层协议将数据转换成能够在物理层传输的格式。每一层都像一个"黑盒子",包含一些预定义的输入、输出和内部流程。

　　为了明确层次概念,作如下定义:

　　(1) 层(Layer):一组相关联的通信功能。

　　● 每一层为上一层提供服务。

　　● 分层具有模块化的优点,并且简化了设计和修改的工作。

　　(2) 协议(Protocol):管理同一层次的实体如何协作的规则,用以提供所需服务。每一层可能有多个协议。

　　(3) 应用(Application):应用层建立在一个协议"栈"之上。由终端用户访问以执行某个功能。

　　国际标准化组织(The International Organization for Standardization,ISO)于 1977 年制定了开放系统互连(Open Systems Interconnection,OSI)七层模型。图 F2 - 3 中的 OSI 参考模型包含两个主要部分:一个抽象的网络模型和一组特定的协议。主机是连接在相同或不同网络中的独立的设备,可以分布在全球任何地方。在图中并没有体现"距离"的概念。信息垂直地在每个发送主机中自顶向下传递,在接收主机中自底向上传递。OSI 模型提供了与 IP 协议族大致相同的七层模型。

　　从概念上讲,同一层的两个实例由本层的协议连接。例如,某个提供数据完整性的层,为基于该层的应用提供所需机制,通过调用下层来发送和接收数据包,从而完成通信。这就是用虚线表示的"端到端的协议"。

　　在 IP 技术中,将最顶部的三个层(会话层,表示层和应用层)合并到一个层,将这个新创建的层称为应用层。这一层提供多种多样的方案,使用底层互联互通的功能,为数据交换提供便利。

　　会话层控制计算机之间的对话(会话),建立、管理和终止本地应用程序和远程应用程序之间的连接。过去,会话主要是用在大型机和小型机上。然而随着 IP 网络的使用,这一协议已经被应用程序和 TCP/IP 协议栈之间新的连接机制所代替。第 8 章将讨论这种机制——套接字(socket)。

　　表示层实现了交互数据的处理,包括翻译、加密和压缩,以及数据格式化功能。如今,被广泛接受的按字节传输的 ASCII 码字符集,还有新的编码标准如 HTML 或者 XML,都简化了表示层。这一层是用户在应用程序和网络间进行交互的主要

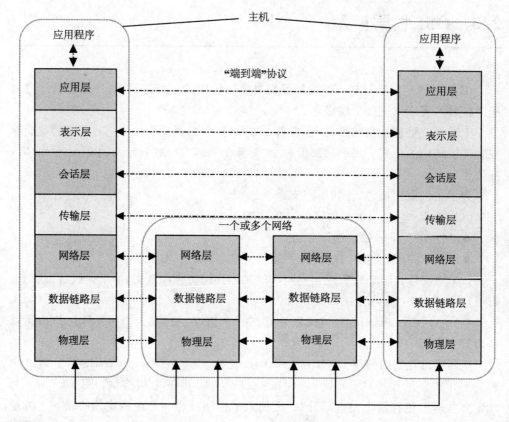

图 F2-3　OSI 七层模型

接口。

严格地说,尽管会话层和表示层存在于 TCP/IP 协议栈中,但除了其中一些旧的协议以外,这两个层很少被用到。例如,在表示层中使用到的部分有:

- 多功能互联网邮件扩充服务(Multipurpose Internet Mail Extensions,MIME),用于电子邮件编码(9.3.4 节的"简单邮件传输协议,SMTP")。
- 外部数据表示法(eXternal Data Representation,XDR)。
- 安全套接层(Secure Socket Layer,SSL)。
- 传输层安全(Transport Layer Secure,TLS)。

在会话层中,我们使用到的部分有:

- 命名管道。
- 网络基本输入/输出系统(Network Basic Input/Output System,NetBIOS)。
- 会话通知协议(Session Announcement Protocol,SAP)。

应用层协议的例子包括远程登录(Telnet)、文件传输协议(File Transfer Protocol,FTP),简单邮件传输协议(SimpleMail Transfer Protocol,SMTP)和超文本传输协议(Hypertext Transfer Protocol,HTTP)。

2.4　TCP/IP 与 OSI 模型的对应

TCP/IP 的对应模型简化为四层,增加了物理层,如图 F2-4 所示。此图描绘了(用户数据)从顶层协议到以太网的封装过程,以及经过各层封装后的专有名称。

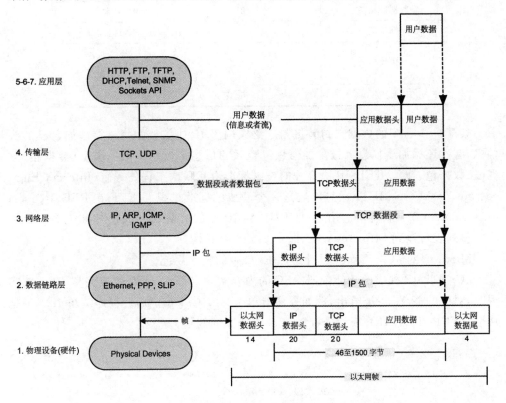

图 F2-4　TCP/IP 模型

以太网是无处不在的数据链路层通信协议标准,本书提供的所有例子都使用了以太网。

协议要求在数据的头部和尾部插入选择控制信息。使用分组交换技术,由应用程序生成的数据被传送给传输层,并在应用数据的有效载荷之前添加额外的头信息,然后与应用数据一同封装起来;这个过程在模型中的每一层都相同。

图 F2-5 所示为数据从一层传送到另一层的封装机制。

图 F2-5　包封装

当信息在协议栈中上下传输时,数据在不同的结构中封装和解封装(添加或者除去特定的头信息)。这些结构通常称为数据包(TCP 数据包、IP 数据包、以太网数据包)。然而,对于每种类型的包或者封装都有特定的术语,如表 T2-1 所列。

表 T2-1 封装类型

协议层	协议层序号	封装术语
数据链路层	2	帧(以太网)
网络层	3	数据包
传输层	4	TCP-数据段 UDP-数据报
应用层	5-6-7	数据

表 T2-1 所列的数据包封装机制广泛应用于 IP 协议族。每一层添加自己的头信息,有时还添加尾信息。被附加信息包装后的信息形成新的数据类型(数据报、数据段、数据包、帧)。TCP/IP 协议栈的技术标准由互联网工程任务组(Internet Engineering TaskForce, IETF)管理,这是一个开放的标准组织。IETF 在 RFC(Request for Comments)中描述了适用于 TCP/IP 和 IP 族的方法、行为、研究和创新。RFC 的完整列表可以到 http://www.faqs.org/rfcs/下载。

Micriμm 的 μC/TCP-IP 设计遵循 RFC 中的技术规范。

μC/TCP-IP 提供的功能依照 RFC 的内容实现。当部分 RFC 或完整 RFC 被实现时,对应的 Note 将被给出,例如程序清单 L2-1 中 Note(1)。程序清单 L2-1 是从 μC/TCP-IP 的 ARP 模块(net_arp.c)中选取的例子。

```
/*
*************************************************************
*                NetARP_CfgCacheTimeout()
*
* Description :    Configure ARP cache timeout from ARP Cache List.
*
* Argument(s):    timeout_sec    Desired value for ARP cache timeout (in seconds).
*
* Return(s)  :    DEF_OK,     ARP cache timeout configured.
*
*                DEF_FAIL,     otherwise.
*
* Caller(s)  :    Net_InitDflt(),
*                Application.
*
```

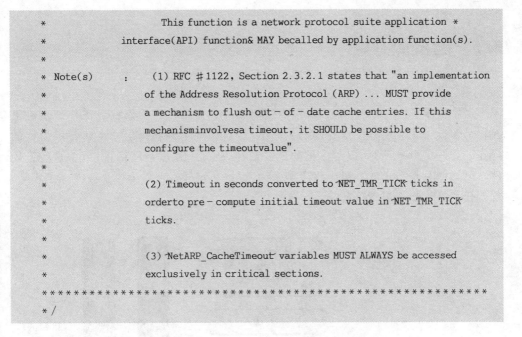

```
*              This function is a network protocol suite application *
*       interface(API) function& MAY becalled by application function(s).
*
* Note(s)    :    (1) RFC #1122, Section 2.3.2.1 states that "an implementation
*                 of the Address Resolution Protocol (ARP) ... MUST provide
*                 a mechanism to flush out-of-date cache entries. If this
*                 mechanisminvolvesa timeout, it SHOULD be possible to
*                 configure the timeoutvalue".
*
*                 (2) Timeout in seconds converted to NET_TMR_TICK ticks in
*                 orderto pre-compute initial timeout value in NET_TMR_TICK
*                 ticks.
*
*                 (3) NetARP_CacheTimeout variables MUST ALWAYS be accessed
*                 exclusively in critical sections.
*****************************************************************
*/
```

程序清单 L2-1 μC/TCP-IP 函数头的 RFC 参考

现有 IP 技术的 RFC 非常稳定。同时该标准仍在继续更新,特别是涉及安全问题的标准。

在制定 IP 协议族时,提出了一个重要的技术假设。在 20 世纪 70 年代末,电子传输很容易受到电磁干扰的影响,而当时的光纤仅在研发实验室中使用。因此,考虑到有大量的错误检测和错误纠正需要处理,基于电子传输系统的第二层协议是相当复杂的。

IP 设计者们假设,运营 IP 的传输网络是可靠的。当 IP 成为驱动全球公共互联网和随后的企业网络的网络协议,并且光纤广泛部署时,他们的假设是正确的。因此,如今的第 2 层协议不再那么复杂。

在 IP 协议族中,除了简单的循环冗余校验码(Cyclic Redundancy Check,CRC)以外,错误的检测和纠正是第二层以上协议的职责,尤其是第 4 层协议的职责(第 7 章的"传输协议")。

然而,随着新的无线技术的市场普及和快速增长,第 2 层协议的可靠性假设不再有效。无线传输系统极易受到干扰,带来更高的误码率。IP 协议族尤其是第 2 层协议必须解决这个问题。有一些基于标准 TCP/IP 协议栈的建议和改进。例如,RFC2018 中指出,当多个数据包从一个数据窗口丢失,可以用选择性确认(Selective Acknowledgment,SACK)技术来改善性能(第 7 章"传输协议"和其他 RFC)。

看起来,几乎每个以"P"结尾的协议都是 IP 协议族的一部分(略显夸张,但也差不多)。下面将从协议栈的底层(第 1 层)物理层到栈的顶层(5-6-7 层)应用层来了解这些协议。

2.5 出发点

通常情况下,有关 TCP/IP 编程或使用的著作主要介绍协议栈的工作原理。下面将带领读者从应用程序或者用户数据出发,自顶向下到物理层来了解各层协议的操作。如图 F2-6 所示,以程序员的角度来看,从应用程序到网络接口,总是假设硬件是已知并且是稳定的。对于程序员来说,也许是这样。但作为一个嵌入式工程师,首要任务是让物理层工作起来。

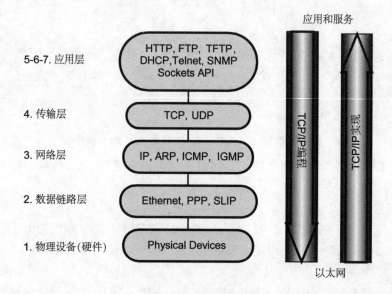

图 F2-6　出发点

在系统中嵌入 TCP/IP 协议栈时,嵌入式工程师先要从物理层开始,因为大多数情况下硬件的改动意味着要重新设计。首先,设计者必须确定要使用的局域网(LAN)技术。之后,需要实现并测试网络接口卡(Network Interface Card,NIC)或者数据链路控制器(Data Link Controller,DLC)的相关驱动。

只有当嵌入式设备能够正确地收发帧时,嵌入式工程师才可以沿协议栈向上继续开发,最后测试应用程序的数据收发。由于本书是从嵌入式工程师的视角出发,所以是从实现的角度自底向上地讲解 TCP/IP 协议栈,而不是从传统编程角度的自顶向下。

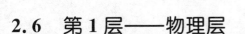

2.6 第1层——物理层

物理层处理物理线路上的比特传输。对物理层最主要的描述是它的机械物理参数,包括线缆、连接器、插头、引脚这几个部分。

位处理(bit-processing)技术包括:采样方式、电平、比特时间。

物理层定义了启动、保持和撤销链路所需的方法。

一些技术使用了媒介,并指定了时钟、同步和位编码的方法。这些技术包括但不限于以下几种:

● 以太网:5 类双绞线、同轴电缆、光纤(IEEE802 定义的规格)。

● 无线:频率、调制(蓝牙无线电、Wi-Fi、IEEE 802.11 等)。

● 数字用户环路(Digital Subscriber Loop,DSL),由电话运营商提供,用以通过电话线在公司和客户之间实现高速互联。此设备是供应商定制的。

● 同轴电缆(电缆调制解调器),由有线电视运营商提供,用以通过同轴电缆在网络巨头和顾客之间实现高速互联。

物理层是可以拿在手中的硬件,例如网卡,又如电路板上的数据链路控制器。此层以上都是软件。

2.7 第2层——数据链路层

数据链路层处理从比特位到帧的包装,以及帧在物理线路的收发。大多数的错误检测和纠正都是在这一层实现的。

这一层支持多种传输协议,包括:

● 异步传输模式(Asynchronous Transfer Mode,ATM)。

● 帧中继(Frame Relay)。

● 以太网(Ethernet)。

● 令牌环(Token Ring)。

嵌入式工程师的首要任务是开发和测试图 F2 - 7 中数据链路层使用的网卡驱动。(第 16 章"网络接口层"和第 14 章"网络设备驱动程序")。

在这一层虽然有许多技术可以选择,但作为第 2 层协议代表的以太网,让其他协议都黯然失色。

Infonetics Research 是一个专门从事数据网络和电信方面国际市场的研究公司。根据 Infonetics Research 的调查,超过 95% 的数据流量都源自和终结于以太网端口。

对于嵌入式系统来说,以太网同样是首选的第 2 层技术(第 4 章"LAN = 以太

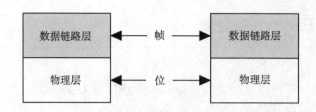

图 F2 - 7　数据链路层

网")。以下部分提供了以太网的简单介绍。

考虑到以太网技术的流行,IP 和以太网之间有着非常密切的联系。以太网的异军突起是基于如下事实:

● 简单但强大的技术。

● 非专有的开放标准。

● 每台主机具有成本效益。

● 易于理解。

● 有广泛的速率:10、100、1000 Mbps(兆比特每秒)、24 Gbps(千兆比特每秒),等等。

● 可以在铜线、同轴电缆、光纤、无线接口上运行。

图 F2-8 给出了一个基于以太网的网络实例。网络接口卡(NIC,简称"网卡")将主机连接到局域网(LAN)中。每个基于以太网的 NIC 都有一个全球平面地址空间(flat address space)内唯一的地址。由于覆盖范围通常比较小,局域网的数据传输速率一般比广域网(Wide Area Networks,WAN)更高。以太网和其他第 2 层协议为开发者构建局域网提供了便利。

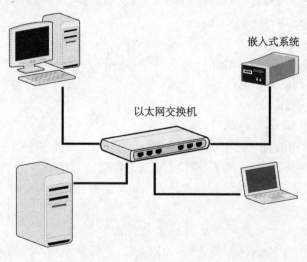

图 F2 - 8　以太网

数据帧被传送到物理层介质(铜线、同轴电缆、光纤、无线接口)上。网卡在物理介质上监听帧,识别某个唯一的局域网地址,也称为媒体访问控制(Media Access Control,MAC)地址(详细信息参见第 4 章"LAN = 以太网")。

虽然以太网 NIC 处理的数据结构被称为帧,以太网实际上是一种分组交换技术。铜线是本地以太网的物理层。如图 F2-8 所示,固有的星型拓扑结构和低成本,是以太网成为首选的局域网技术的首要原因。

得益于 20 世纪 90 年代末声名狼藉的科技泡沫,还有双工光纤千兆以太网的快速部署,最近几年,以太网一度成为局域网和广域网中切实可行的替代方案。由于使用并扩展了 2 层和 3 层之间的以太网接口,802.11 标准的 Wi-Fi 取得了成功,同时推动以太网成为无线网络中主要的局域网技术。

IEEE 802.3 标准定义了以太网。双绞线以太网(Twisted Pair Ethernet)用于局域网中,光纤以太网(Fiber Optic Ethernet)主要用于广域网中,这使得以太网成为最普遍的有线网络技术。自 20 世纪 80 年代末以来,以太网替代了与其竞争的其他局域网标准,如令牌环、光纤分布式数据接口(Fiber Distributed Data Interface,FDDI),以及附加资源计算机网络(Attached Resource Computer NETwork,ARCNET)。近些年,光纤开始在家庭和小型办公网络中流行,使得以太网更加普及。无线城域网 WiMAX(IEEE 802.16)也将巩固以太网的统治地位。它与无线局域网 Wi-Fi 使用相同的方式,却可以提供更大范围的无线宽带接入。对于固定用户,可以达到 30 英里(50 km);对于移动用户,这个范围是 3~10 英里(5~15 km)。

2.8　第 3 层——网络层

为了扩大主机的连接范围,使不同局域网中的多个计算机能够互联,IP 协议是必要的。

互联网(Internet)是指网络之间的网络。大家熟悉的是公共互联网。相对而言,私有网络被称为内联网(Intranet)。

当需要将多个局域网连接到一起时,第 3 层的协议和设备(路由器)就能发挥作用了(图 F2-9)。图中,两个局域网被云连接在一起,云中放置的是第 3 层的结点(路由器),用来在局域网间传递数据帧。第 2 层设备以太网交换机,连接到第 3 层的路由器上,用来并入更大型的网络。网络层处理数据帧到数据包的封装,以及数据从一台设备到另一台设备的路由。它在多个连接和/或多个网络间传递数据包。图 F2-9 中没有表示出云中结点之间的网络连接。

总体而言,这些结点使用路由算法来决定数据通过网络的路径。第 3 层是统一的,汇集了多种不同的第 2 层技术。即使所有访问网络的主机使用不同的第 2 层技术,他们也都使用同样的 3 层协议。在 IP 网络中,这代表的是 IP 数据包和用于路由

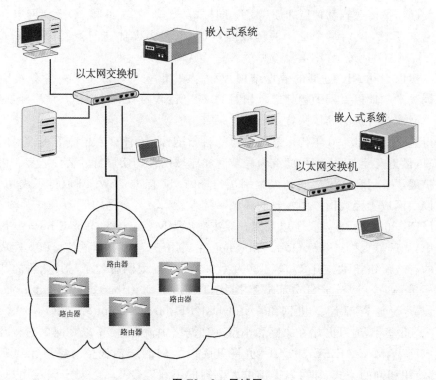

图 F2 – 9　局域网

算法的 IP 地址。在第 5 章"IP 网络"中,有对 IP 地址的完整定义。

　　如前文所述,像嵌入式系统这样的设备需要一个 MAC 地址来加入到局域网中。事实上,在使用 IP 技术的互联网中,每个设备还需要 IP 地址。其他配置需求将在第 5 章详细讲解。

　　图 F2 – 10 中描述的连接并不是直接的连接,而是表示网络上两台主机之间传递的信息,是由协议栈中对等层的特定结构所组成。封装在数据帧中的数据包,由网络层处理。发送数据包时,网络层将上一层接收到的信息,同第 3 层有关的信息(IP 地址和其他的数据组成第 3 层的头)组合在一起形成数据包。接收数据包时,网络层必须检查包的内容并决定如何处理。最可能的处理方式是发送给上层。

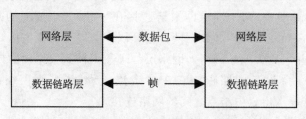

图 F2 – 10　第 3 层——网络层

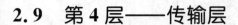

2.9 第 4 层——传输层

传输层负责保证点对点通信的可靠性,以端到端的形式将数据从一个设备的进程传送到另一个设备的进程。

在 IP 技术中,第 4 层有 2 个协议:

1. 传输控制协议(Transmission Control Protocol,TCP)

具有可靠的流传输,提供差错恢复、流量控制、数据包排序。

2. 用户数据报协议(User Datagram Protocol,UDP)

具有快速简单的单块传输。实施到这个阶段,嵌入式系统工程师必须对眼前的嵌入式应用进行评估,以确定需要使用哪一个协议,或者同时使用两个协议。第 7 章更详细地描述了传输层协议,有助于回答这个问题。

如图 F2 - 11 所示,在网络层,数据包可能在源和目的地之间经历不同的结点。数据包中包含的信息可能是 TCP 数据段(TCP segment)或是 UDP 数据报(UDP datagram)。数据段或数据报中包含的信息,仅与传输层相关。

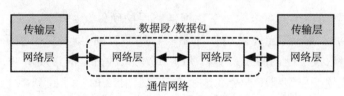

图 F2 - 11 第 3 层和第 4 层

2.10 第 5~7 层——应用层

嵌入式工程师在应用层上实现系统的主要功能。应用程序是与 TCP/IP 协议栈相关的软件,包含了诸如文件传输、电子邮件等基础网络服务,或者自定义的应用。第 9 章“服务和应用”,为可以作为 TCP/IP 协议栈附加模块的应用和服务提供了更详细的解释。

要开发一个客户应用程序,嵌入式工程师需要理解应用程序和 TCP/IP 协议栈之间的接口。这个接口被称为套接字接口(socket interface),它允许开发者打开一个套接字,使用套接字发送数据和接收数据等。要使用该接口及其应用程序接口(Application Programming Interface,API),参考第 8 章“套接字”和第 17 章“套接字编程”,这两章包含了套接字接口的工作原理及更多信息。

Micri μm 还提供了 TCP/IP 协议栈的测试程序 μC/IPerf。这个应用程序的源代码公开,给出了多个如何编写使用 TCP/IP 应用程序的示例。本书的第二部分提供了许多可以定制的应用程序示例。

如图 F2-12 所示,应用层和传输层之间的接口往往是 TCP/IP 协议栈的分界点。应用层(5~7)和第 4 层的交界处是套接字接口的位置。应用程序可以是标准的应用,如 FTP 或 HTTP,也可以是嵌入式系统的特定应用。如前所述,从源主机到目标主机的用户数据,必须通过一个或多个网络链接穿越许多层。至此可以推断,如果项目使用了现有的商业 TCP/IP 协议栈,嵌入式工程师面临的挑战是数据链路层的驱动程序和应用程序。

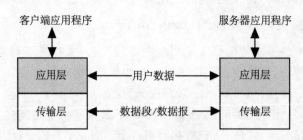

图 F2 - 12　应用层和第 4 层

事实上,驱动程序的需求取决于数据链路层的硬件。如果嵌入式工程师足够幸运,TCP/IP 协议栈厂商会提供硬件的驱动程序。否则,就必须开发和测试驱动程序。其工作量取决于硬件的复杂度和 TCP/IP 协议栈所需的集成水平。

第二个挑战是应用程序本身。这个产品是做什么的?掌握套接字编程,并且拥有足够的知识,为应用程序测试所有可能的情况,是开发人员必须具备的两个重要技能。

2.11　总　结

图 F2-13 总结了之前讨论的概念。

F2-13(1)　数据沿着协议栈向下,从用户应用程序直到物理介质的过程中,在每一层被一系列协议封装。这个过程用信封图标来表示,在用户数据向物理层的网络接口下传过程中,信封越来越大。有效载荷的增加是与协议的额外开销相关的。这个开销的大小不可忽视,它将影响系统性能,尤其是在用户数据相对较小时。后续章节给出了每个头信息的大小,以便计算出用户数据的有效载荷与额外开销的比例,从而评估系统性能。

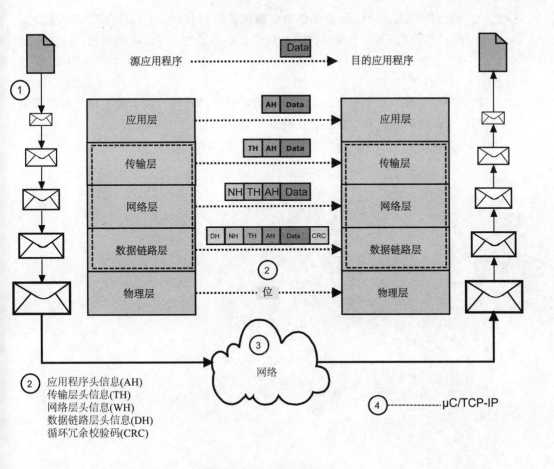

图 F2 - 13　TCP/IP 处理

一旦用户应用程序被连接上,它便开始发送数据,另一端的应用程序接收数据。应用程序丝毫没有意识到,数据在传输过程中其实经过了许多层和网络结点。

F2 - 13(2)　每个协议添加自己的头信息以完成各自的任务,这些头信息包含了本层/本协议所需的控制信息。协议开销的使用只与相连主机的对等层有关,在图中用虚线表示。这些线不是有效的物理连接,而是代表相互通信主机的对等层之间的逻辑交互。

F2 - 13(3)　网络用云表示。如果两台主机在同一个局域网内,源和目标之间的网络连接可以像局域网那样简单;如果两台主机在不同位置(可在世界的任何地方),网络连接可以像互联网那样复杂。设备的配置将取决于对覆盖范围的要求。第 5 章"IP 网络"讨论了多样的网络配置。

F2 - 13(4)　　传输层、网络层、数据链路层周围的虚线代表围绕 μC/TCP-IP(或任何其他的 TCP/IP 协议栈)的软件。物理层是系统的硬件部分。这意味着使用 μC/TCP-IP 进行嵌入式系统开发时,唯一缺少的部分是应用程序。

接下来的章节为几个重要的 IP 协议提供了更详细的信息,指出了在嵌入式系统中使用每个协议的优点和可能遇到的挑战。

第 **3** 章

嵌入式 **TCP /IP**:在实现中面临的挑战

在嵌入式产品中使用 TCP/IP 协议栈之前,首先是理解需要这样做的原因。很显然,是因为产品一定要连接到某个 IP 网络中,或者说系统需要连接网络。系统往往会通过可靠的连接来交换大量的数据。这种情况下的嵌入式系统需要保证性能。

与台式计算机和笔记本计算机上可利用的资源相比,大多数嵌入式系统的资源极其有限。生产商必须尽可能地使产品成本降到最低,并以最好的价格提供给客户,还要使其能在诸多限制中正常工作,比如 RAM、CPU 速度以及为嵌入式目的设计的硬件外围设备的性能。在有限的硬件资源中,嵌入式设计者如何设计才能满足系统的需求呢? 他们首先要回答的基本问题是:

- 是否需要 TCP/IP 协议栈在没有任何最小性能需求的情况下去连接 IP 网络?
- 是否需要 TCP/IP 协议栈连接一个 IP 网络并且期望获得较高的吞吐量?

对这个问题的解答很大程度上会影响硬件的选择,并最终影响产品的成本。硬件的选取标准包括 CPU 性能、网卡接口类型以及存储器的可利用性等。

连通性(connectivity)、吞吐量(throughput)和带宽(bandwidth)是一些关键的评价指标,决定了系统硬件和软件参数的配置。以下是对相关概念的概述。

3.1 评价指标

3.1.1 带 宽

用每秒兆比特(Mbps)来描述以太网的性能是一种最佳方法,这样可以使我们能够轻松地用以太网的最大带宽来比较系统的性能。

目前,双绞线是以太网最常用的物理介质,已有的带宽一般分为 10Mbps、100Mbps 或者 1Gbps。这些数字也被用来区分不同的以太网卡。例如,如果我们的以太网卡是 100Mbps 的,那么嵌入式系统最大的带宽也就是 100Mbps。然而在嵌入式系统中,有很多限制因素使以太网的速度不能达到线速。这些因素包括双工不匹配(duplex mismatch)、CPU 速度对 TCP/IP 性能的影响、缓冲区可用的 RAM 大小、DMA 或非 DMA 支持的以太网驱动设计、主频和外设功耗管理的性能以及真正的零拷贝架构的使用等。接下来的章节会介绍这些使嵌入式系统带宽受限的因素。

3.1.2 连通性

这里所说的连通性是指不受任何性能限制的信息交互。许多仅仅要求连通性的嵌入式系统,可以在只提供了低带宽 TCP/IP 连接的软硬件上以最佳状态工作。

例如,一个系统正以几百字节每秒的速度发送或接收数据(比如传感器信息),此时系统的受限条件比较宽松。这意味着 CPU 仅需锁定在较低的速度即可。对于以太网卡的选择,使用 10Mbps 就可以满足要求,不需要达到 100Mbps。而且数据流越低,对内存的需求也越小。

3.1.3 吞吐量

某些系统有吞吐量需求,比如需要收发视频流的系统。根据不同的信号质量和压缩率,视频流传输速率可以从每秒几兆到几百兆不等。相比"仅需连通性(connectivity-only)"的系统,这种类型的应用要求嵌入式系统提供充足的资源以获得更高的带宽。因此对 NIC(网卡)、CPU 和可用的内存有更高的要求。对于 CPU 和 NIC 来说这些限制来自硬件,但是对于内存使用来说,软件和应用的实际需求才是限制所在。

第 4 层的传输层协议对内存的使用有着相当大的影响,因为在这一层实现了很多机制,比如流量控制,也就是控制主机间传输的数据量大小的机制。流量控制中的基本假设是,传输数据量越大,系统就需要更多的内存来处理这些数据。关于这些协议的工作原理以及对内存使用的影响,在第 7 章"传输协议"中会介绍更多细节。

在系统中想实现更大的吞吐量就需要更多的资源。问题就变成:需要多少资源才足够呢?以下将分别分析影响性能的每一个因素。

3.2 CPU

TCP/IP 协议栈中存在着一种固有的不对称,即发送比接收要容易得多。接收数据包的过程更加复杂,而发送数据则相反,这就解释了为什么嵌入式系统的发送速度要更快。因此将大多数的嵌入式产品称为慢消费者(slow consumer)。

拿个人计算机来说,普通 PC 的 CPU 的处理速度大约为 3GHz,内存容量也已经达到 GB 数量级。这些高配置的计算机往往有一块包含专用处理器和专用内存（一般为 MB 大小）的以太网卡。然而即便是拥有了这些资源，我们仍常常对计算机的网络性能产生质疑。

　　试想一个嵌入式系统，其 32 位的处理器通常以 70MHz 的速度工作，而内存却只有 64 KB，这点内存除了分配给网络还要供给别的地方用。就算以太网控制器的速度为 100Mbps，让一个只有 70MHz CPU 处理速度和 64KB 内存的嵌入式系统得到同样的性能是不现实的。标准以太网的带宽有 10Mbps、100Mbps 和 1Gbps，半导体厂商通常会将这些以太网控制器集成到微处理器上。CPU 或许无法让链路达到最大的线速度，但可以让软件高效运行。

　　就算嵌入式系统的以太网控制器可以达到 10Mbps、100Mbps 或者 1Gbps 的处理能力，嵌入式系统也无法达到如此高的性能。上面提到的高性能 PC，当以接近以太网处理速度发送帧时，并不存在任何困难。然而，如果将嵌入式系统连接到这样的PC 上，嵌入式系统将很有可能无法跟上如此高的数据传输率，并最终丢失（抛弃）一些数据帧。

　　嵌入式系统的性能不仅仅受限于 CPU，也同样受限于用于接收数据包的内存大小。在嵌入式系统中，数据包是存储在由 CPU 负责处理的缓冲区中（称为网络缓冲区，network buffers）。缓冲区包括一个以太网数据帧以及相关的控制信息，数据帧的最大载荷为 1500 字节，因此每个网络缓冲区都需要额外的 RAM。相对来说，PC有充足的内存来配置数以百计（甚至千计）的网络缓冲区，但对于嵌入式产品来说，这是不现实的。在缺少缓冲区的情况下，一些协议很难较好地完成工作。快速生产者（fast producer）产生的数据包和目标所接收的包，将会消耗掉大量甚至全部的 TCP/IP 协议栈缓冲区，因此有些数据包必然会被丢弃掉。对于这一点，在传输协议中将给出更详细的介绍。

　　一些硬件特性会改善这种状况，比如 DMA（Direct Memory Access）和 CPU 处理速度。目标板接收和处理数据越快，缓冲区被释放的速度也就越快，但无论数据收发有多快，CPU 总是要处理每一个字节。

3.3　以太网控制器接口

　　其他影响嵌入式系统性能的重要因素包括系统在网络缓冲区中接收数据帧的能力（这些数据帧随后会由上层协议处理），以及系统将待转发的数据放到缓冲区中的能力。通过软件（使用如 memcopy( ) 的函数，将字节一个接一个地从一处拷贝到另一处）和通过 DMA，是将数据帧在以太网控制器和系统内存之间转移的两种主要方法。

使用 memcopy( )，CPU 必须将内存的每个字节从一个地方复制到另外一个地方，因此 memcopy( )的速度总是慢于 DMA 的处理速度。即便 memcopy( )函数是用优化过的汇编语言编写的，情况也是如此。如果只能用优化的 memcopy( )的方法，可以在 μC/TCP-IP 的 μC/LIB 模块中找到这个函数。

以太网控制器若支持 DMA，可以提高数据包处理能力。这点很容易理解，当数据帧在协议栈中快速转移，网络性能就得到了提高。这种快速转移减轻了 CPU 的传输任务，让 CPU 有更多的时间去处理其他协议。几种常见的 CPU 到以太网控制器的配置情况在图 F3-1 中有所体现。

控制器与缓冲区之间数据帧的转移过程，依赖于具体的以太网控制器和微处理器的能力。

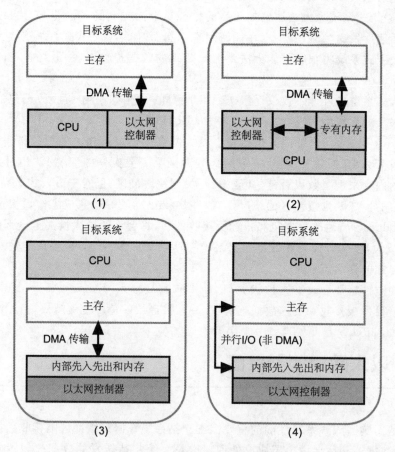

图 F3-1 以太网控制器接口

F3-1(1)　图中的 CPU 集成了媒体访问控制器（MAC）。当收到一个数据帧时，MAC 便会发起一次 DMA 传输，将数据从 MAC 内部缓冲区传输到内存里。这种方法通常能缩短开发时间，并得到出色的性能。

F3-1(2)　图中给出了集成了 MAC 的 CPU,其中还有专有内存。在接收数据帧时,MAC 初始化 DMA,将数据转移到专有内存中。大多数这样的配置都允许从内存直接传输,而保留的专有内存可以用于接收或发送操作。MAC 和 CPU 都可以读或写专有内存中的数据,因此 TCP/IP 协议栈可以直接处理专有内存中的数据帧。将 TCP/IP 协议栈移植到这类体系结构不算困难,并且会有出色的性能。然而,其性能受到专有内存大小的限制,当传输和接收操作共用专有内存空间时,这种限制尤为明显。

F3-1(3)　图中给出的是合作模式的 DMA 方案,CPU 和 MAC 共同参与到 DMA 的操作中。这种配置往往需要外部装置的支持,这些装置或者是直接连到处理器总线,或者是通过 ISA、PCI 接口连接。这种配置要求 CPU 包含一个 DMA 外设,通过配置可以在外部装置受限的情况下共同工作。这种配置很难移植,但通常提供出色的性能。

F3-1(4)　图中给出了一个通过 CPU 外部总线相连接的外部装置。数据从主存移进或移出,外部装置的内存通过 CPU 读或写循环操作。这种结构需要更多的 CPU 介入来保证在必要时全部的数据都能被复制出来。这样的配置较易实现,提供了平均性能。

TCP/IP 协议栈并不能充分利用以太网控制器的能力,理解这一点很重要。所以要经常在以太网控制器和系统内存之间实现一种内存复制机制。由于内存复制操作比 DMA 操作要慢许多,必然会对性能产生消极的影响。

另一个问题是网卡驱动如何才能与网卡控制器相连接,尤其是在嵌入式系统设计中。一些协议栈通过轮询(循环的检查控制器,看看有什么需要做的)的方法解决了这个问题。但由于每个 CPU 工作周期都要检查一次,这不能算是最好的解决方案。最好的连接机制是中断,当要使用 CPU 的时候,网卡控制器会发起中断请求。μC/TCP-IP 驱动结构就是中断驱动的,驱动的开发与移植将在第 14 章"网络装置驱动"中详细介绍。

3.3.1　零拷贝

TCP/IP 协议的供应商应该允许协议栈应用零拷贝技术。真正的零拷贝结构是将每一层内存缓冲区中的数据联系起来,而不是简单的层与层之间的移动。零拷贝技术使网卡接口直接与网络缓冲区交换数据。零拷贝技术极大地提高了应用的性能。显然,让能够进行复杂操作的 CPU 去做复制数据的任务,既浪费资源又浪费时间。

实现零拷贝相关的技术有:基于 DMA 的复制,以及通过内存管理单元(Memory Management Unit,MMU)进行内存映射。这些功能需要特定的硬件支持,它们往往不存在于嵌入式系统使用的微处理器和微控制器上,而且还需要考虑内存对齐。

在使用商用成品(Commercial Off-the-Shelf,COTS)的 TCP/IP 协议栈时要格外小心。协议栈开发商的零拷贝技术只用于数据在栈的各层之间传递,而在栈与以太网控制器之间则直接用 memcopy( )复制数据。仅当零拷贝用于数据链路层以下时,才能获得最佳性能。Micriμm 的 μC/TCP-IP 就是这样的一个例子,采用从数据链路层到传输层的零拷贝。但 μC/TCP-IP 中传输层与应用层之间的接口并不是零拷贝接口。

3.3.2 数据校验和

另一个将 CPU 与数据移动结合起来并经常在协议栈里使用的元素,是校验和机制(Checksum Mechanism)。用汇编的校验程序替代具有同样功能的 C 语言函数,是另一种比较有效的策略。

3.3.3 占用空间

正如本书所介绍的,IP 协议族是由许多不同的协议共同组成的。然而当开发一套嵌入式系统时,要问问自己是否需要用到所有的协议。答案可能是否定的。

另一个重要的问题是:能否将未使用的协议从栈中移除呢? 如果追求协议栈的完美,应该移除不需要的协议。因为嵌入式系统通常用于私有网络中,开发者可以决定不使用公共网络所需的部分协议。基于这一点,在接下来的章节可看到,理解每个协议的作用将会有利于判定某个协议是否为应用程序所需。

对于下面列出的任何协议,如果系统并不需要这样的功能,就可以将它从系统中移除(假设 TCP/IP 协议栈结构允许这么做)。所提供的数字只是基于 μC/TCP-IP 的参考。其他 TCP/IP 协议栈可能有不同的占用空间,这主要取决于协议栈对 RFC 标准的遵循程度,以及每个模块实际包含属性的数量。

表 T3-1 是可以从 TCP/IP 协议栈中移除的部分协议,如果协议栈软件体系结构允许的话。

表 T3-1 μC/TCP-IP 中可以不用编译的协议

协 议	协议可被移除的原因	占用空间/KB
IGMP	此协议允许主机进行广播	1.6
ICMP	此协议用于错误控制与通信,如果系统用于私有网络,一般不需要此协议	3.3
IP 分片	用于将最大传输单元(Maximum Transmission Unit,MTU)大小不一样的 IP 包组装起来。如果系统所在网络的 MTU 相等,此协议通常不需要	2.0

续表 T3 - 1

协　议	协议可被移除的原因	占用空间/KB
TCP 拥塞控制	在已知协议带宽并且带宽充足的私有网络,这种 TCP 的功能一般不需要	10.0
TCP 保持存活	根据 RFC1122,TCP 保持存活是可选的协议,如果包含这个协议,默认值也是关闭的。当网络不活动时,如果系统不需保持连接,则可以移除此协议	1.5
TCP	如果系统不需要发送大量的数据,并且有能力在应用层进行重排序和数据应答,系统即可只选择 UDP 协议,而把 TCP 协议删除,更多细节请看传输层一章	35

代码空间(代码量)是针对协议的近似值,不同的协议栈代码占用的大小会有不同。有些协议并不是 μC/TCP-IP 的一部分,这说明协议栈可以在没有这些协议的情况下正常工作。目前 μC/TCP-IP 的局限性如表 T3 - 2 所列。

表 T3 - 2　μC/TCP-IP 的缺陷

无 IP 传输分片功能	RFC ♯791,节 3.2 和 RFC ♯1122,节 3.3.5
无 IP 转发/路由功能	RFC ♯1122,节 3.3.1, 3.3.4, 3.3.5
IP 安全选项	RFC ♯1108
无 PING 功能(传送 ICMP Echo 请求)	RFC ♯1574,节 3.1 目前 μC/TCP-IP 的 ICMP 实现了用 ICMP Echo 回复消息来回复 ICMP Echo 请求
ICMP 地址屏蔽代理/服务器	RFC ♯1122,节 3.2.2.9
无 TCP 保持存活(Keep Alives)	RFC ♯1122,节 4.2.3.6
TCP 安全和优先级	RFC ♯793,节 3.6
TCP 紧急数据	RFC ♯793,节 3.7

在没有将全部 μC/TCP-IP 模块以及数据结构介绍完的情况下,接下来的部分将对 μC/TCP-IP 协议栈的代码和数据占用空间进行评估。协议栈的完整文件清单将在第 12 章"路径和文件"中提供。

3.3.4　μC/TCP-IP 代码占用空间

内存的占用空间大小是通过在流行的 32 位 CPU 架构上编译代码得到的。对编译器的优化是为了实现代码大小或者速度的最优化。μC/TCP-IP 的选项被设置为多数禁用或者全部启用。这里提供的数据按照设计目标的重要程度排序。

表 T3 – 3 不包含 NIC、PHY、ISR 和 BSP 层,因为这些是与具体 NIC 和主板相关的。

表 T3 – 3　μC/TCP-IP 代码大小

μC/TCP-IP 协议栈	开启所有选项		禁止所有选项	
	编译器按速度优化/KB	编译器按大小优化/KB	编译器按速度优化/KB	编译器按大小优化/KB
IF	9.3	7.3	4.2	3.9
ARP	4.3	3.8	3.3	2.6
IP	10.1	9.0	6.4	6.0
ICMP	3.3	3.0	1.7	1.7
UDP	1.9	1.9	0.4	0.4
TCP	42.7	24.4	30.2	17.3
Sockets	23.5	13.8	2.0	1.7
BSD	0.7	0.6	0.7	0.6
Utils	1.5	0.9	1.1	0.6
OS	6.3	4.7	3.4	3.1
μC/LIB V1.31	3.5	3.2	2.9	2.6
μC/CPU V1.25	0.6	0.5	0.6	0.5
μC/TCP-IP Total:	107.7	73.0	56.9	41.0

要了解关于选项的附加信息,参见第 19 章"调试管理"和第 20 章"统计和错误计数器"以及附录 C"μC/TCP-IP 配置和优化"。

3.3.5　μC/TCP-IP 附加选项代码占用空间

如 5~7 层(应用层)所示,应用层中的服务和标准应用软件模块,可用于产品设计以提供特定功能。这些应用模块作为 μC/TCP-IP 选项而提供。虽然对于内存占用的深入讨论超出了本书的范围,但是出于设计目的,表 T3 – 4 中列出了可选模块的内存占用。在第 9 章"服务和应用"中介绍了这些应用与服务是做什么的,以及它们的工作原理。

表 T3 – 4 所列的占用空间大小是通过在通用的 32 位 CPU 架构上编译代码而得到的。数据根据按照设计目标的重要程度排序。

表 T3-4　μC/TCP-IP 附件代码大小

μC/TCP-IP 附加选项	编译器按大小优化/KB	编译器按速度优化/KB
μC/DHCPc	5.1	5.4
μC/DNSc	0.9	1.0
μC/FTPc	2.8	2.9
μC/FTPs	4.5	4.5
μC/HTTPs	2.6	2.7
μC/POP3c	1.8	2.8
μC/SMTPc	2.0	2.1
μC/SNTPc	0.5	0.5
μC/TELNETs	2.0	2.1
μC/TFTPc	1.2	1.3
μC/TFTPs	1.2	1.2

3.3.6　μC/TCP-IP 数据占用空间

对协议栈进行剪裁，可以减少代码占用空间，但对数据空间（比如内存）的影响比较小。对数据占用空间影响最大的是"对象"的数量，尤其是网络缓冲区。在第 7 章"传输协议"和第 15 章"缓冲区管理"中，可以看到缓冲区的详细解释以及如何恰当地使用它们。

作为讨论代码占用空间的补充，这里还提供了对数据使用的评估。如表 T3-4 所列，有许多需要操作数据的模块。在下面的各部分中，许多数据大小都是采用 4 字节的指针计算出的。根据 TCP/IP 的配置情况，需要加上配置中所有对象的数据需求。用公式来表示每个对象的配置。字母全部大写的变量是宏定义配置参数，在附录 C"μC/TCP-IP 配置和优化"中可以找到。计算方法如下：

1. 缓冲区需求

μC/TCP-IP 中用来存储发送数据和接收数据的数据结构称为网络缓冲区（network buffer）。μC/TCP-IP 的缓冲区管理的设计考虑到了嵌入式系统的限制条件。对于内存占用空间影响最大的因素是缓冲区的数量。由于这个原因，我们定义了三种类型的缓冲区：大型接收缓冲区、大型发送缓冲区和小型发送缓冲区。

每个网络接口的缓冲区数据空间计算方法如下：

[(224(max) + Net IFs Cfg'd RxBufLargeSize) × Net IFs Cfg'd RxBufLargeNbr] +
[(224(max) + Net IFs Cfg'd TxBufLargeSize) × Net IFs Cfg'd TxBufLargeNbr] +
[(224(max) + Net IFs Cfg'd TxBufSmallSize) × Net IFs Cfg'd TxBufSmallNbr]

这些计算并没有考虑到附加的对齐需求可能需要的额外空间。

推荐的(最小)网络缓冲区大小的默认值为

RxBufLargeSize = 1518

TxBufLargeSize = 1594

TxBufSmallSize = 152

网络缓冲池数据空间的计算方法为

384 × (NET_IF_CFG_NBR_IF + 1)

NET_IF_CFG_NBR_IF 是配置的网络接口数量的最大值。

2. 网络接口需求

如果硬件有多个网络控制器(见第 16 章"网络接口层"),μC/TCP-IP 能支持多个网络接口(Network Interfaces)。网络接口是一种抽象的概念,用来表示硬件设备,以及将硬件与网络协议栈的更高层相连接起来的数据通路。为了与本机之外的主机通信,应用开发者需要在系统中添加至少一个网络接口。网络接口数据空间的计算方法如下:

76(max) × NET_IF_CFG_NBR_IF

NET_IF_CFG_NBR_IF 是配置的网络接口数量的最大值。

3. 定时器需求

μC/TCP-IP 管理软件定时器,用来记录各种与网络相关的超时。每个定时器都需要 RAM。定时器数据空间的计算方法如下:

28 × NET_TMR_CFG_NBR_TMR

NET_TMR_CFG_NBR_TMR 是配置的定时器数量。

4. 地址解析协议(ARP)缓存表需求

ARP 是用来表示以太网 MAC 地址(见第 4 章"LAN=以太网")和 IP 地址(见第 5 章"IP 网络")的交叉引用的协议。这些交叉引用存储在 ARP 缓存表(ARP cache)中。表中的表项数是可配置的。ARP 缓存数据大小的计算方法如下:

56 × NET_ARP_CFG_NBR_CACHE

NET_ARP_CFG_NBR_CACHE 是配置的 ARP 缓存表的表项数量。

5. IP 需求

一个网络接口可以拥有不止一个 IP 地址。用于 IP 地址配置的数据空间的计算方法如下:

[(20 × NET_IP_CFG_IF_MAX_NBR_ADDRS) + 4] × (NET_IF_CFG_NBR_IF + 1)

NET_IF_CFG_NBR_IF 是配置的网络接口数量的最大值,NET_IP_CFG_IF_MAX_NBR_ADDRS 是每个网络接口配置的 IP 地址数量的最大值。

6. ICMP 需求

当网络资源不足时，互联网控制报文协议（Internet Control Message Protocol，ICMP）发送 ICMP 源抑制报文（Source Quench Message）给其他主机。表项数取决于有多少个主机。建议的初始值为 5。ICMP 源抑制数据空间的计算方法如下：

20 × NET_ICMP_CFG_TX_SRC_QUENCH_NBR

NET_ICMP_CFG_TX_SRC_QUENCH_NBR 是配置的 ICMP 发送源抑制报文的表项数，如果开启了 NET_ICMP_CFG_TX_SRC_QUENCH_EN。

7. IGMP 需求

因特网组管理协议（The Internet Group Management Protocol，IGMP）为 IP 协议栈添加了组播功能（见附录 B“μC/TCP-IP API 参考”）。IGMP 主机组的数据空间的计算方法如下：

32 × NET_IGMP_CFG_MAX_NBR_HOST_GRP

NET_IGMP_CFG_MAX_NBR_HOST_GRP 是配置的 IGMP 主机组数量的最大值，如果通过开启 NET_IP_CFG_MULTICAST_SEL 配置了 NET_IP_MULTI-CAST_SEL_TX_RX。

8. 连接需求

连接（Connection）是 μC/TCP-IP 的一种结构，包含了 IP 协议主机间互相识别的参数信息。连接是用于所有第 4 层协议（UDP 和 TCP）的结构。连接数据空间的计算方法如下：

56 × NET_CONN_CFG_NBR_CONN

NET_CONN_CFG_NBR_CONN 是配置的连接（TCP 或 UDP）数量。

9. TCP 需求

除了先前定义的连接数据结构之外，一个 TCP 连接需要附加状态信息、发送队列和接收队列信息，以及超时信息，存储在特定的 TCP 连接数据结构中。

TCP 连接数据空间的计算方法如下：

280 × NET_TCP_CFG_NBR_CONN

NET_TCP_CFG_NBR_CONN 是配置的 TCP 连接数量。

10. 套接字需求

正如在第 5～7 层（应用层）所见，在应用层和 TCP/IP 协议栈之间定义了套接字接口（Socket Interface）。对应用程序需要打开和使用的每个套接字来说，套接字结构中包含了与该套接字有关的信息。

套接字数据空间的计算方法如下：

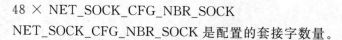

48 × NET_SOCK_CFG_NBR_SOCK

NET_SOCK_CFG_NBR_SOCK 是配置的套接字数量。

11. μC/TCP-IP 内部数据使用

μC/TCP-IP 内部数据结构和变量需要的数据空间的大小,从 300~1 900 字节不等,取决于选项的配置。

表 T3-5 的 1~8 行提供的数据大小可能不尽相同,因为每个元素的数量是在配置时决定的。使用之前描述的公式,可以仿造上面的表来创建一个电子表格。第 13 行是 μC/TCP-IP 固定的内部数据使用。在当前配置下,可以看到系统总的内存使用超过了 40KB。

表 T3-5 μC/TCP-IP 数据空间

项号	μC/TCP-IP	数量	字节/个	总计
1	小型发送缓冲区	20	152	3 040
2	大型发送缓冲区	10	1 594	15 940
3	大型接收缓冲区	10	1 518	15 180
4	网络接口	1	76	76
5	定时器	30	28	840
6	IP 地址	2+1	24	72
7	ICMP 源抑制	20	1	20
8	IGMP 组	32	1	32
9	ARP 缓存表	10	56	560
10	连接	20	56	1 120
11	TCP 连接	10	280	2 800
12	套接字	10	48	480
13	μC/TCP-IP 固定的数据使用			1 900
	总计			42 060

3.3.7 μC/TCP-IP 附加选项代码空间

为了有计划地辅助,需要提供 μC/TCP-IP 附加选项的内存数据空间。在表 T3-6 中,我们使用的 CPU_STK 的大小定义为 4 字节。

表 T3 – 6　μC/TCP-IP 附加选项的内存使用

μC/TCP-IP 附加选项	内存大小/KB	计算方法备注
μC/DHCPc	3.4	
μC/DNSc	8.8	DNSc_MAX_HOSTNAME_SIZE × DNSc_MAX_CACHED_HOSTNAMES 注：DNSc_MAX_HOSTNAME_SIZE 是配置的主机名称字符串长度的最大值 DNSc_MAX_CACHED_HOSTNAMES 是配置的缓存的主机名称个数的最大值
μC/HTTPs	17.7	sizeof(CPU_STK) × HTTP_CFG_TASK_STK_SIZE 典型配置：HTTP_CFG_TASK_STK_SIZE = 2048
μC/FTPs	27.1	sizeof(CPU_STK) × FTP_CFG_TASK_STK_SIZE 典型配置：FTP_CFG_TASK_STK_SIZE = 512
μC/FTPc	0.1	sizeof(CPU_STK) × FTP_CFG_TASK_STK_SIZE 典型配置：FTP_CFG_TASK_STK_SIZE = 512
μC/TFTPs	8.6	sizeof(CPU_STK) × TFTP_CFG_TASK_STK_SIZE 典型配置：TFTP_CFG_TASK_STK_SIZE = 1024
μC/TFTPc	2.0	sizeof(OS_STK) × TFTP_CFG_TASK_STK_SIZE 典型配置：TFTP_CFG_TASK_STK_SIZE = 1024
μC/SNTPc	N/A	
μC/SMTPc	1.0	104 B + 1024 B（数据内存）
μC/POP3c	1.1	128 B + 1004 B（数据内存）
μC/TELNETs	4.1	

3.3.8　总　结

在为嵌入式系统添加 TCP/IP 协议栈时，有以下几个注意事项，其中大多数都与性能相关：

- CPU 对所有要发送和接收的数据包的处理能力。
- 以太网控制器类型对驱动有影响。
- 在以太网控制器和 TCP/IP 协议栈之间的传输方法对性能有影响：
  （1）通过 CPU 从一个位置到另一个位置的位复制。
  （2）DMA 传输。
- TCP/IP 协议栈的零拷贝结构对性能有影响。
- 代码和数据的占用空间：

(1) 代码占用空间取决于使用哪种协议,而协议的使用取决于应用的具体目标。

(2) 数据占用空间主要受网络缓冲区数量的影响。第 7 章"传输协议"给出了评估一个系统应该配置的缓冲区数量的方法。本书第 2 部分提供的应用示例,以及第 6 章"故障诊断"中的 μC/IPerf 应用程序,提供了额外方法来评估系统的性能。

接下来来看看位于参考模型底部第一层的以太网,了解它在产品设计中的重要性。以太网驱动的开发和测试是嵌入式工程师必须面对的挑战。为了有效地将 TCP/IP 协议栈嵌入到产品中,将沿着协议栈的各层向上一直移动到应用层,找寻更多需要克服的障碍,以便有效地嵌入 TCP/IP 协议栈。

第 **4** 章

LAN＝以太网

随着铜双绞线及其星形拓扑结构的广泛使用,作为一种 LAN(本地局域网)技术,以太网使得每个结点的计算机或者嵌入式设备可以用最低的成本来运行大量的应用。

不管是哪种速率(10/100/1000Mbps)和介质(同轴电缆、双绞线、光纤、无线射频),以太网在以下两方面总是相同的:帧格式、接入方法。

这些因素不会因具体的物理介质不同而改变,IP 接口、上层协议同样不会改变,使得网络生活变得更加简单。本章的讨论对于有线以太网有效。如果对以太网帧头部进行微小改动,在此讨论的大多数内容也适用于 Wi-Fi。

在 IEEE 802.3 标准下,有线以太网支持多种速率,如表 T4-1 所列。

表 T4-1   有线以太网速率和 IEEE 标准

速率/(Mbps)	标　准
10	IEEE 802.3
100	IEEE 802.3u
1 000	IEEE 802.3z
10 000	IEEE 802.3ae

4.1　拓扑结构

如图 F4-1 所示,开发以太网的目的是处理共享同轴电缆的通信问题。以太网的设计必须考虑到一些问题,例如同轴电缆上的冲突检测,因为两台主机有可能同时传送数据。

受限于同轴电缆的重量,在高层建筑中使用同轴电缆并不现实。双绞线、集线器、交换机很好地替代了电话线,使得以太网能够实现点对点连线,而且提高了可靠性。同时双绞线也降低了安装成本,使以太网能够为每个工作站提供更低的成本,这是与其竞争的技术(如附加资源计算机网络(ARCNET)和令牌环(Token Ring))所无法比拟的。

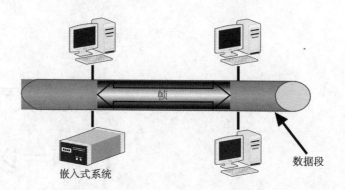

图 F4-1　第一代以太网——同轴电缆

图 F4-2 给出了人们现在使用的以太网。在第一代以太网使用的同轴电缆和今天的交换机之间使用了集线器。集线器看起来有些像以太网交换机,但它起的是同轴电缆的作用。在集线器中来自任何 RJ-45 端口的数据流量都对其他端口可见,这点在故障诊断时尤其有用。网络协议分析器(network protocol analyzer)俗称嗅探器,只要连接到集线器的任一端口,就可以对所有端口收发的包进行解码。这意味着集线器是分段(segment)的。

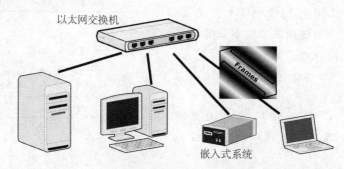

图 F4-2　现在的以太网——双绞线和交换机

现在的以太网交换机,每个 RJ-45 端口的连接都是一个分段,称为微分段(micro-segmentation)。在接下来的部分会看到以太网中有些数据流量是多余的。交换机可以过滤这些多余流量,因为连接到某个端口的主机只接收发给自己的数据,这就提高了以太网的性能。

随着其他嵌入式技术不断的发展,硬件成本在过去的 20 年中不断下降。由于以太网的普及,微控制器中集成以太网控制器已经是普遍现象。

4.2　以太网硬件开发的注意事项

开发以太网驱动程序是一项相当复杂的任务。除了以太网控制器,开发者通常还要考虑片上的时钟和电源管理。如果开发者足够幸运,半导体供应商可能会提供板级支持包(Board Support Package,BSP)来处理外围设备的配置。在有些情况下,还需要通过通用 I/O(General Purpose I/O,GPIO)来实现引脚复用。不要低估这项任务的复杂程度。

4.3　以太网控制器

第 2 章介绍过,在设计嵌入式系统时,有一些可供选择的以太网控制器架构。影响我们选择的主要因素是用于存放接收和发送帧的 RAM 位置。

在系统设计时,可以使用特定的以太网芯片或集成了以太网控制器的微控制器/微处理器。以太网控制器必须覆盖网络模型的底层:数据链路层和物理层(PHY)。

IEEE—802.3 定义了实现数据链路层的以太网媒体访问控制器(Ethernet media access controller,MAC)。最新的 MAC 支持 10 Mbps、100 Mbps 和 1000 Mbps(1 Gbps)速率的操作。

MAC 和 PHY 之间的接口通常是通过媒体独立接口(Media Independent Interface,MII)实现,其中包括 MAC 和 PHY 之间的数据接口和管理接口(图 F4－3)。

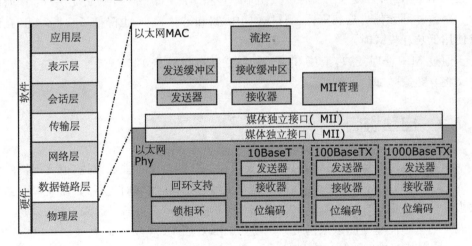

图 F4－3　10/100/1000M/bit/s 以太网 MAC 和 PHY

PHY 是物理接口收发器,实现第 1 章中所述的以太网物理层。IEEE802.3 指定了一些物理介质标准。使用最广泛的是 10BASE-T、100BASE-TX 和 1000 BASE-T(千兆以太网),速率分别为 10 Mbps、100 Mbps 和 1000 Mbps(1 Gbps)。

10BASE-T 的命名规则与以太网物理介质相关:

● 名字中的数字代表最大的线路传输速率,以兆字节每秒为单位(Mbps)

● BASE 是基带(baseband)的缩写。没有使用频分复用(frequency-division

multiplexing,FDM)或其他的频移调制(frequency shifting modulation),每个信号(发送、接收)完全占有线路。

● T 代表双绞线电缆。可能有不止一个双绞线标准具备同样的传输速率,在这种情况下,在 T 后面添加一个字母或者数字。例如,100BASE-TX。

通常情况下,集成于微控制器的 PHY 是 10/100 的 PHY,将单独的 10BASE-T (10 Mbps)和 100BASE-TX (100 Mbps)合并到一起。最近,许多 MAC 中已经可以使用 1Gbps 的以太网了。

由于 PHY 集成了大量的模拟硬件,许多半导体厂商没有选择在同一块芯片上实现 PHY 和 MAC。相比之下,MAC 通常是纯数字组件,在现有的芯片技术下易于集成。添加 PHY 的同时,增加了模拟信号电路,这样既增大了芯片尺寸也提高了生产成本。半导体厂商有时会把 PHY 放在片外。然而,由于近来芯片技术的提高,MAC 和 PHY 可以有效地集成到同一块芯片上。

典型的物理层实现还需要一些元件来对 PHY 进行电气保护,诸如 RJ-45 插座或本地网络电磁隔离模块。为了节省印制电路板的空间,可以使用集成模拟元件的专用以太网 RJ-45 插座。

单片的以太网微控制器(Single-chip Ethernet microcontroller)在嵌入式行业中广泛使用,这是因为微控制器将以太网 MAC 和 PHY 集成到单独的芯片上,从而减少了多数外部元件。这就降低了整体的引脚数和芯片大小,也降低了功耗,尤其在可以使用低功耗模式时。

通过 MII 管理接口,上层 TCP/IP 协议栈可以监控 PHY,例如监控链路状态。下文将介绍这是如何实现的。

4.3.1 自动协商

随着以太网的演变,集线器让位于交换机。伴随电子工业的改进,以太网链路由半双工(发送和接收交替进行)发展到全双工(发送和接收同时进行)。由于以太网提供多种传输速率(如 10 Mbps,100 Mbps 和 1000 Mbps)和不同的双工模式,找到一种能使两个不同速率的以太网接口(注意一个以太网交换机可以看成一个以太网接口)相互通信的方法,就显得极其必要了。这种方法称为自动协商(auto-negotiation),是当今使用的大多数 PHY 接口都提供的功能。

由于以太网可以在不同的链路性能下工作,每个具有多种传输速率的以太网设备可以通过自动协商机制,来通告其可能的工作方式。

两台关联的设备(主机和/或交换机端口)选择能够共享的最优工作方式。优先选择高速率(如果支持 1000Mbps)而不是低速率(10Mbps 或者 100Mbps),在同速率时首选全双工而不是半双工。

如果其中一个主机不能够实现自动协商方式,而另一个可以,能够自动协商的主机会判断对端主机的速率,并且调整自己的速率与之匹配。然而,这个方法并不能检测出对端是否为全双工模式。在这种情况下,会假设对端为半双工模式,这就导致了"双工不匹配"(duplex mismatch)问题。当一个主机工作在全双工模式下,而与之相连的主机工作在半双工模式下时,这个问题就会出现。

始终配置成自动协商模式是一个好方法,因为可以通过自动协商来控制以太网链路性能。

如果觉得物理层驱动程序没有正确地协商链路速率和双工模式,可以使用示波器检验链路上的信号。

使用自动协商时两个以太网设备通信的机制,相似于 10BASE-T 主机与另一个设备连接时使用的机制。当两个设备不在交换数据时,传输时使用的是脉冲。

图 F4-4 所示的脉冲是单极的正脉冲,持续时间为 100 ns,产生的间隔为 16 ms(允许有 8 ms 的偏差)。这些脉冲在 10BASE-T 术语中被称为链路完整性测试(Link Integrity Test,LIT)脉冲,在自动协商规范中称为正常链路脉冲(Normal Link Pulses,NPL)。这个信号通常用于点亮某个 RJ-45 连接器的 LED 灯。

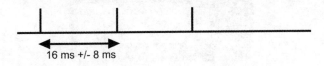

图 F4-4　10BASE-T 正常链路脉冲(NLP)

当接收到一个帧或者两个连续的 LIT 脉冲时,主机会检测链路状态是否有效。如果在 50~150ms 内没有收到帧或者脉冲,另一个主机就能检测到链路或者主机出现了故障。

在图 F4-5 中自动协商借鉴了脉冲机制。不同的是,脉冲序列最多由 33 个脉冲组成,被称作突发快速链路脉冲(Fast-Link Pulse,FLP)。

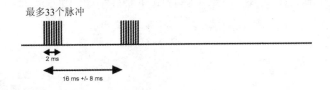

图 F4-5　自动协商的快速链路脉冲(FLP)

图 F4-6 表示了 FLP 由 17 个脉冲组成,间隔为 120 μs。一个中间脉冲可以插入到由 17 个脉冲组成的流的任意两个相邻脉冲之间。如果有脉冲,表示逻辑 1;没有,则表示逻辑 0。这些中间脉冲可以有 16 个,叫做链路码字(Link Code Word,LCW)。用作时钟的 17 个脉冲通常会出现,另外 16 个脉冲表示实际传输的信息。

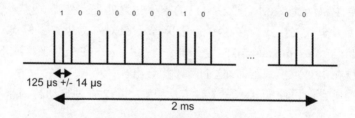

图 F4 - 6 编码在突发快速链路脉冲中的链路码字(一个 16 位的字)

嵌入式软件工程师可以通过 MII 接口观察物理层控制器的寄存器,确保寄存器的值与链路上的脉冲相匹配,以此来调试物理层驱动程序。

图 F4 - 7 说明了以太网物理层和相关驱动程序如何使链路状态可用于协议栈,以及如何使协议栈可用于应用程序。这是操作系统提供有关链路状态信息的方法。μC/TCP-IP 驱动程序 API 允许应用程序接收链路状态(见第 14 章"网络设备驱动"和附录 A"μC/TCP-IP 设备驱动 API")。

图 F4 - 7 微软 Windows 操作系统中链路状态的表示形式

无法识别的 FLP 也会导致双工不匹配。对于一个 10BASE-T 设备来说,FLP 不一定形成 NLP。这意味着当一个 10BASE-T 主机与另一个速率更高的主机通信时,10BASE-T 主机检测到链路故障并切换到半双工模式,而更高速率的主机将工作在全双工模式。下一部分将介绍这种情况下会发生什么。

有很多可能的原因会导致以太网/IP 网络的性能降低。正如前文所提到的,双工不匹配就是其中一种原因。当系统表现出性能低下时,通常倾向于在高层协议中查找错误。然而,也有时候问题会出在底层协议上。

4.3.2 双工不匹配

当两个以太网设备配置成不同的双工模式时,就会导致双工不匹配问题。当一个运行在半双工模式下的主机发送数据时,它并不期望在此时接收数据帧。然而,由于与之连接的主机是全双工的,数据帧会发送至半双工主机。接收主机把这些冲突的数据帧当作硬错误(hard error),而不是正常的以太网带冲突检测的载波侦听多路访问(Carrier Sense Multiple Access/Collision Detection,CSMA/CD)的冲突,因此不会试图重发数据帧。与此同时,双工主机并不检测冲突,因此也不会重发数据帧。半双工主机就会把被冲突破坏的数据帧丢弃掉。此外,全双工主机将会报告帧校验序列(Frame Check Sequence,FCS)错误,因为它没有想到接收到的数据帧会被冲突检测所截短。

　　这些冲突和数据帧错误会中断通信传输。某些应用层或传输层协议会进行流量控制,并确保重传未完成的数据包。在讲到传输层协议时,会给出详细解释。

　　建议用户避免使用旧的以太网集线器和新的交换机进行连接,以免出现双工不匹配情况。任何双工不匹配的出现都会降低链路的性能。网络仍在运行,但带宽却低得多。当一端设置成自动协商时,永远不要强行把连接的另一端设置成全双工。重传会使数据交换变慢。在低通信量(仅需要连接)的连接中,这是可以接受的;但在需求高带宽(结点有吞吐量需求)的连接中,将带来严重的问题。

 物理层驱动程序中的自动协商

　　为了避免双工不匹配带来的以太网性能降低,建议用户一直开启物理层驱动程序的自动协商功能。

4.4　以太网 802.3 帧格式

　　以太网 802.3 帧的标准是由 IEEE 802.3 制定的。802.3 帧格式如图 F4-8 所示,以太网帧字段,如表 T4-2、表 T4-3 所列。

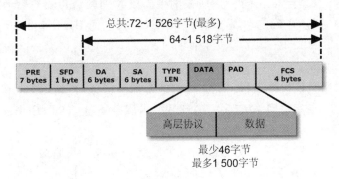

图 F4-8　802.3 帧格式

　　在 RFC1010 中定义了更多的协议编号。在实际环境中,这两个协议是网络中使用最广泛的。

　　图 F4-8 标记的是 802.3 帧格式,但描述的是以太网 II 帧,或所谓的 DIX(Digital,Intel,Xerox)。这是最普遍使用的帧格式,也被 IP 直接使用。

　　其他以太网帧格式包括:

表 T4 - 2   以太网帧字段

缩　写	描　述	缩　写	描　述
PRE	前导码	Higher Level Protocols	本帧携带的协议编号
SFD	帧起始定界符	DATA	数据
DA	目的地址	PAD	填充
SA	源地址	FCS	帧校验序列
TYPE/LEN	类型/长度		

表 T4 - 3   RFC 1010 以太网类型字段(2 字节)

0X0800	IP
0X0806	ARP

● Novell 的非标准的 IEEE 802.3 的变种。

● IEEE 802.2 LLC 帧。

● IEEE 802.2 LLC/SNAP 帧。

802.3 帧格式和上述的三种帧格式之间如何选择,取决于连接在网络中的主机类型。在安装嵌入式系统的网络中,有可能存在其它类型的以太网帧格式。

虚拟局域网(Virtual LAN,VLAN)是这样的网络:网络中通信的主机不管物理位置如何,都好像是连接在同一个局域网中。以太网帧可以有选择性地包含一个 IEEE 802.1Q 标签,以确定它属于哪个 VLAN 以及它的 IEEE 802.1p 优先级(服务的类别)。IEEE 802.3ac 规范定义了它的封装,并且把帧的最大长度增加了 4 字节,从 1518 增加到 1522。

通过以太网交换机处理特定优先级的帧来保证服务质量,例如语音和视频数据的实时服务。如果专用网络支持 VLAN 并要求服务质量,TCP/IP 栈和以太网交换机必须能处理 802.1Q 标签和 801.1p 优先级。

随着以太网的发展,有必要将帧格式最终统一起来。我们约定:TYPE/LEN 字段在 64～1522,表示带有长度字段的 802.3 以太网帧格式,而 1536(十六进制 0x0600)和更高的值,表示带协议类型和子协议标识符的以太网 II 帧格式(见表 T4-3 或者 RFC1010)。本约定使软件能够判断一个帧是以太网 II 帧还是 IEEE 802.3 帧,使得两种标准得以共存。

如第 6 章“故障诊断”中将要介绍的,使用嗅探器能够捕获网络上的以太网数据帧。经嗅探器解码后的帧以及数据包的结构通常用图标表示。图 F4-8 中的 802.3 帧结构就是一个例子。在解码以太网数据帧时,嗅探器能够显示帧的结构。

对于软件来说,重要的字段是目的地址(Destination Address,DA)、源地址(Source Address,SA)、帧类型/长度(TYPE/LEN)和数据(DATA)。帧校验序列

(Frame Check Sequence,FCS)决定了帧的有效性。如果帧无效,以太网控制器就会将其丢弃。

DA、SA 和 TYPE 字段的组合称为 MAC 头部。

前导码(Preamble)和帧起始定界符(Start Frame Delimiter)用于计时和同步。以太网控制器会把这部分剥掉,只将剩余的帧传送给缓冲区,其内容以目的地址开始,以帧校验序列结束。

由于以太网最初是为共享介质开发的,以太网控制器在每一帧后面传送 12 个字节的无效字符。这使接口能够检测到由同一网络中其他接口传送的帧引起的冲突。对于 10 Mbps 的接口这需要 9600 ns,100 Mbps 接口需要 960 ns,1Gbps 接口则是 96 ns。

4.5　MAC 地址

正如前文介绍的,数据帧是传到物理层介质(铜线、同轴电缆、光纤以及无线接口)中的。网卡在物理介质上监听帧,识别一个唯一的局域网地址,也称为媒体访问控制(Media Access Control,MAC)地址。

图 F4-9 给出了以太网帧的 MAC 地址、目的地址(DA)和源地址(SA)结构。图中的以太网 MAC 地址是由 6 字节(48 位)组成,前 3 字节是厂商 ID,后 3 字节表示厂商的产品编号。MAC 地址的结构:每个字节以十六进制表示,用冒号":"、连接符号"-"或更普遍的分号";"分隔开,比如:00:00:0X:12:DE:7F。图 F4-9 中的 L 比特和 G 比特也被称为统一管理个人地址(universally administered individual address)。

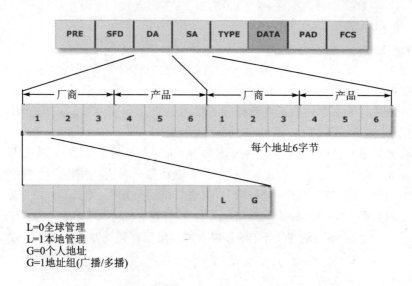

图 F4-9　MAC 地址

厂商 ID 是由 IEEE 分配的,称作组织唯一标志(Organizationally Unique Identifier,OUI)。在 IEEE OUI 注册处 http://standards. ieee. org/regauth/oui/oui. txt 包含了已注册的 OUI。例如,前例提到的 ID 00:00:0C 属于思科(Cisco)。

每一个网卡都有一个全球唯一的 MAC 地址,通常烧录或者编写到网卡中,也可以通过软件配置来重写这个地址。这种情况下就可以使用本地管理地址。如图 4-9 所示,全球管理地址(Universally administered address)和本地管理地址(locally administered address),是通过设置地址中最高有效字节的次低有效位来区分的。在所有的 OUI 中,这个位都是 0。

正如本地管理地址这个名字所表述的那样,它是由网络管理员分配给主机的。然而,厂商提供的全球管理 MAC 地址在使用时并不需要网络管理员来管理。

无论使用何种方法,都要小心分配给网卡的 MAC 地址,因为有可能导致 MAC 地址重复。不允许两台主机拥有同一个 MAC 地址。就好比同一条街道上的两个房子,不会拥有一样的门牌号。

4.6 通信方式

网络接口通常用来监听以下三种类型的信息:
- 发给特定的地址。
- 以组播的形式发给特定接口。
- 广播给所有的网卡。

有三种类型的地址:

(1) 单播(Unicast):发送给单独的接口。

(2) 组播(Multicast):发送给网络中的一组接口。

(3) 广播(Broadcast):发送给网络中的所有接口。

如图 F4-9 所示,如果 MAC 地址的最高有效字节的最低有效位为 0,意味着数据包仅被发送至一个网卡,称为单播。

如果最高有效字节的最低有效位为 1,意味着数据包仅被发送一次,但却能够到达多个网卡,称为组播。

所有其他信息都会被接口软件过滤掉,除非这个软件是工作在混杂模式(promiscuous mode)下。这是一种透明模式,允许驱动将所有数据帧传送给应用程序,比如嗅探器(见 6.2.2 节"网络封包分析"),以进行网络嗅探。

以太网支持以上提到的所有地址类型,同时,IP 也使用同样的地址类型。由于 IP 与以太网分别在不同的层上起作用,两者的使用范围显然是不同的。

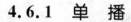

4.6.1　单　播

当只有一个来源和一个目的地时,单播类型的帧从一个主机传送信息到另一个主机。单播是局域网和因特网中的主要传输形式。用户可能对标准单播应用非常熟悉,比如 HTTP、SMTP、FTP 和 TELNET。

图 F4-10 中,虚线表示从 A 到 C 的单播帧,短画线表示 A 到 E 的单播帧。

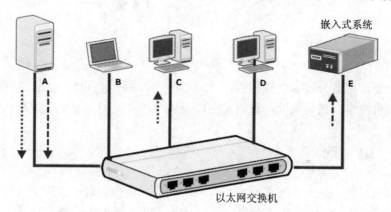

图 F4-10　单播:(主机到主机)

4.6.2　广　播

广播用来从一个主机向其他所有主机传送信息。此时只有一个来源,但信息会传送至所有相连的目的地。以太网支持广播传输,也可使用广播来向局域网中所有主机传送同样的信息。

广播在诸如下面的协议中十分有用:

- IP 层的地址解析协议(Address Resolution Protocol,ARP),用于查找相邻站点的 MAC 地址。
- IP 层的动态主机配置协议(DHCP)。当一个站点启动,需要从 DHCP 服务器请求一个 IP 地址时会用到此协议。
- 路由表更新。路由器向其他路由器发送包含路由表更新内容的广播。

以太网广播目的地址的十六进制表示为 FF:FF:FF:FF:FF:FF。

图 F4-11 中的虚线是从 A 到局域网中其他所有以太网接口的广播信息。

在同轴电缆技术(共享介质)下,由于网络中的工作站越来越多,广播可能造成不必要的通信量。双绞线物理层和环状链路以太网交换机,经常因为冗余的目的而配置成环,这会造成广播风暴(比如,广播信息在环里不断地循环)。这就是为什么以太

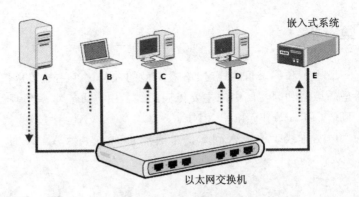

图 F4 - 11　广播(一个主机到所有主机)

网交换机要采用微分段和生成树协议(spanning-tree protocol)。生成树协议允许以太网交换机决定在何处消除环路以避免广播风暴。它使用的是组播地址类型。

4.6.3　组　播

　　组播地址用来从一个或多个主机向一组其他主机传送数据。组播可能有一个或多个来源,信息分发给一组目的地。LAN 使用支持组播的集线器/中继器,因为所有数据包都要能到达与 LAN 相连的所有网络接口。

　　组播将数据包同时传送给一组主机。例如,一个视频服务程序使用组播来传送网络电视频道,同步向大量的工作站传输高质量的视频,即使是具有强大服务器和高带宽的网络,也会耗尽网络资源。这是需要持续带宽的应用程序要面临的主要扩展性问题。对于更庞大的客户端群来说,一种优化带宽使用的方法就是采用组播网络。

　　图 F4 - 12 中,虚线部分代表从 A 发送到一组主机的组播信息,这里是发送给 B 和 E。

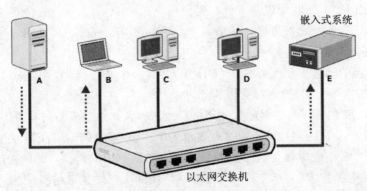

图 F4 - 12　组播:(从一个主机到一组主机)

　　互联网地址编码分配机构(Internet Assigned Numbers Authority,IANA)为组

播分配了以太网地址,从 01:00:5E:00:00:00 到 01:00:5E:7F:FF:FF。加上为以太网交换机使用的生成树分组地址预留的地址分组,意味着有 23 位可以用于组播的分组 ID。生成树分组地址是 01-80-C2-00-00-01。

4.7　地址解析协议(ARP)

在讨论以太网时将它定位为数据链路层协议,以太网采用 MAC 地址来识别每个网卡。前文已提到,在网络层中需要一个网络地址(前文中的 IP 地址)来实现网络互连。IP 地址的定义和结构将在下一章中讲到。但值得一提的是,IP 地址是由 32 位组成,而 MAC 地址则是由 48 位组成。由此引出一个疑问:"这些地址是如何与其他地址相关联的?"

数据链路层地址和 IP 地址之间需要关联或者翻译,以使数据可以沿着一条路径在各层之间传送。这个交叉引用是通过地址解析协议(Address Resolution Protocol,ARP)实现的。

在一些对 IP 技术的描述中,ARP 是第 2 层协议,而其他的描述将其放在第 3 层。实际上,可以把 ARP 看作是第 2.5 层协议,因为它作用于网络地址和数据链路地址之间。

当想要使用 IP 地址连接相邻工作站时,网络中的主机使用 ARP 来查找相邻工作站的 MAC 地址。

在接下来的图中,我们追踪一个 ARP 过程。ARP 过程的结果是一个 IP 地址和 MAC 地址的交叉引用。这些交叉引用存储在 ARP 缓存表中,这是 TCP/IP 栈中的一种数据结构。网络中的每个工作站都有自己的 ARP 缓存表,可以通过配置其大小来定制内存占用。用户需要知道主机将要连接的网络中的工作站数量,因为每个连接都会在 ARP 缓存表中建立一个表项。在附录 C"μC/TCP-IP 配置与优化"中,可以查看关于 ARP 缓存表项数量的配置参数。

图 F4-13 表示了在例子中使用的网络。左侧 IP 地址为 172.16.10.5 的主机,发送一个 ping 请求(ICMP)到右侧 IP 地址为 172.16.10.8 的主机。

TCP/IP 协议栈的 ICMP 模块,将命令发送给 IP 模块,步骤如图 F4-14~图 F4-19 所示。

F4-14(1)　IP 模块要求 ARP 模块提供 MAC 地址(第 2 层)。

F4-14(2)　ARP 模块查询自身的 ARP 缓存表(包含已知 IP 地址所对应的 MAC 地址的表)。需要的 IP 地址不在表中。

F4-15(3)　ARP 模块向以太网模块发送 ARP 请求包。

F4-15(4)　以太网模块向每个主机发送广播。ARP 请求包中的以太网目的地址是以太网广播地址。源地址是发起请求的主机 MAC 地址。下一部分将

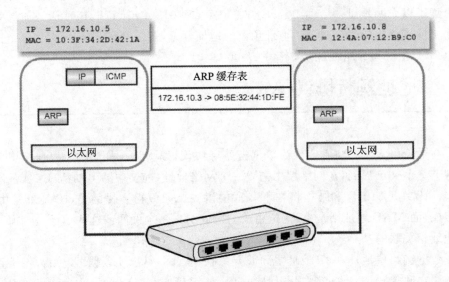

图 F4-13　ARP 第一步

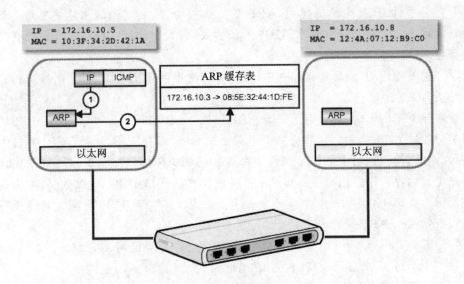

图 F4-14　ARP 第二步

提供 ARP 请求的完整流程。

F4-16(5)　网络中的所有主机接收以太网广播帧,并对其解码。

F4-16(6)　ARP 请求被发送至 ARP 模块。只有 IP 地址为 172.16.10.8 的主机意识到这个 ARP 请求是发给自己的。

F4-17(7)　主机 172.16.10.8 的 ARP 模块得到请求,发送一个"ARP 应答"给以太网模块作为回应。

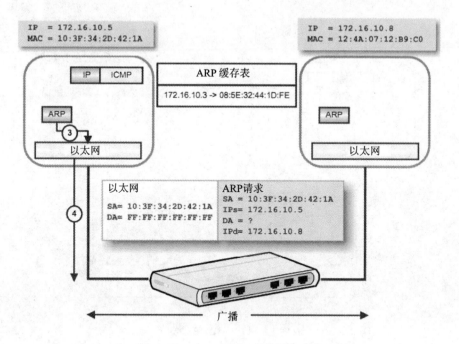

图 F4 - 15　ARP 第三步

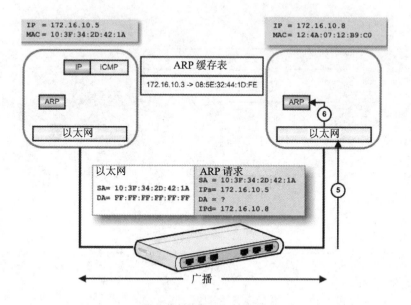

图 F4 - 16　ARP 第四步

F4 - 17(8)　这个应答包含在以太网帧中,发送给主机 172.16.10.5。此帧的以太网目的地址已知,它就是 ARP 请求的源地址。以太网源地址是主机 172.16.10.8 的 MAC 地址。

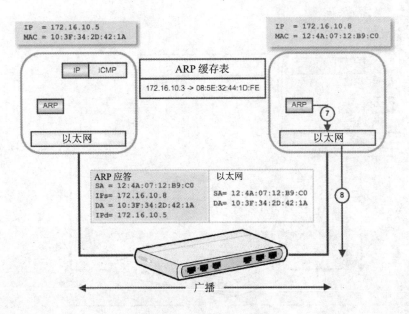

图 F4 - 17　ARP 第五步

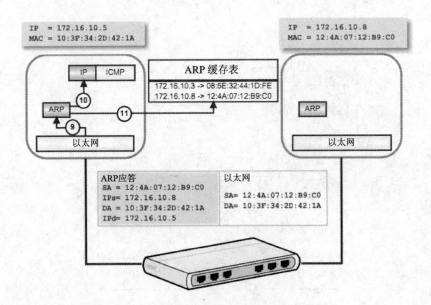

图 F4 - 18　ARP 第六步

F4 - 18(9)　含有与以太网帧中目的地址一致的 MAC 地址的主机,它的以太网模块
　　　　　　会把应答发给 ARP 模块。

F4－18(10)　ARP 模块将缺少的信息传送给最初请求这部分信息的 IP 模块。
F4－18(11)　ARP 模块同时把信息存储在 ARP 缓存表中。

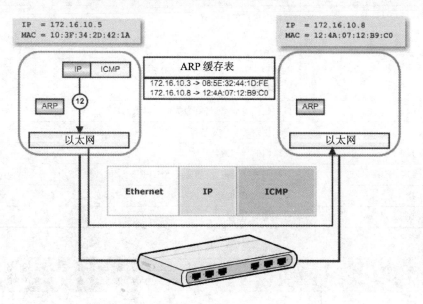

图 F4－19　ARP 第七步

F4－19(12)　现在,IP 模块可以把最初的 ICMP 信息发送给 IP 为 172.16.10.8 的主机,因为它知道对方的以太网地址是 12:4A:07:12:B9:C0。

4.8　ARP 数据包

当一台主机第一次给局域网内另一台主机发送数据包时,网络上第一个可见的信息将是 ARP 请求。在每个 ARP 包的起始部分都能找到 ARP 头。这个头包含了固定长度的字段,每个字段都扮演特定的角色。图 F4－20 提供了 ARP 协议头的定义。这种表示法将贯穿于本书所有的协议头。ARP 协议头字段描述如表 T4－4 所列。正如第 6 章"故障诊断"中将要介绍到的,嗅探器能帮助用户监测 ARP 请求。

表 T4－4　ARP 协议头字段

字　段	描　述
Hlen	物理地址的长度,以字节为单位,以太网是 6 字节
Plen	协议地址的长度,以字节为单位,IP 是 4 字节

字 段	描 述
Operation	操作字段可能的值有： ARP 请求 ARP 响应 RARP(反向地址转换协议)请求 RARP 响应
Hardware	指定硬件地址类型(值为 1 指定以太网)
Protocol	表示使用的协议地址类型(IP 为 0x0800)
Sender Hardware	发送端的物理地址
Target Hardware	目标端的物理地址(通常是 FF:FF:FF:FF:FF:FF)
Sender IP	发送端的 IP 地址
Target IP	目标端的 IP 地址

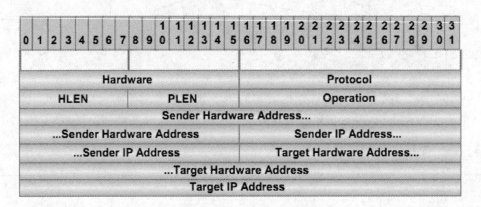

图 F4－20　ARP 协议头

　　嗅探器将以太网帧解码,并显示出帧的内容。就 ARP 信息来说,本节的图有助于理解解码后的信息。

4.9　总　结

　　以太网是最流行的局域网技术。驱动由两部分组成：MAC 驱动和物理层驱动。
　　MII 是物理层的标准,该标准易于实现并且被大多数硬件厂商所支持。例如,Micriμm 公司提供了一个通用的物理层驱动,很容易用于驱动大多数 MII 设备。
　　面对各种不同外围设备的复杂性,启动并运行硬件是一个挑战。集成在微处理器中的以太网控制器使用起来有些复杂,因为需要注意很多配置,比如时钟、电源和通用输入/输出引脚。

　　在测试以太网驱动时,第一步要确保物理层恰当地协商了链路速率和双工模式。一旦这一步完成,开发者就可以利用 ping 工具(见第 6 章,"故障诊断")向嵌入式系统发送数据包了。在以太网和物理层配置正确后,网络上的第一个数据包将是 ARP 请求,紧接着是 ARP 响应。这种情况下,ARP 请求是由发送 ping 的主机产生的,而 ARP 响应来自嵌入式目标机。

　　下一章将深入探讨 IP 网络以及相关协议。

第5章

IP 网络

协议栈的每一层都有一种或者多种协议，我们常常将这些协议统称为 IP 协议 (Internet Protocol)。然而严格地说，IP 是工作在网络层的协议。

在嵌入式系统中应用 IP 技术时，对于 IP 层本身，嵌入式系统开发者并不需要关心太多。重要的是理解它的工作原理，以便有效地利用 IP 技术。实际上，配置 TCP/IP 协议栈仅需要很小的工作量。

5.1 协议族

TCP/IP 协议栈不只是包含 TCP 和 IP 两个协议。如图 F5-1 所示，TCP/IP 栈代表一个协议族（图中并未包含所有协议）。该协议如此命名是因为 TCP 协议和 IP 协议使用非常广泛；在网络中，设备间的大多数数据交换都是使用这两种协议。

表 T5-1 也给出了一些新的缩写术语，同时指出了哪些协议是 Micriμm 的 μC/TCP-IP 所支持的。本书涵盖了嵌入式设计中所要使用的重要协议。

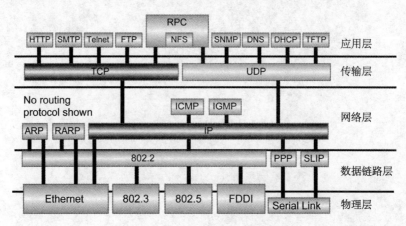

图 F5-1　IP 协议族

表 T5-1 协议族的简表

协 议	描 述	Micriμm 实现
HTTP	超文本传输协议(Hyper Text Transfer Protocol)。主要的 Web 协议	μC/HTTPs
SMTP	简单邮件传输协议(Simple Message Transport Protocol)。用来发送电子邮件	μC/SMTPc
Telnet	用来提供基于 ASCII 的双向互动的通信	μC/Telnet
FTP	文件传输协议(File Transfer Protocol)。用来交换文件	μC/FTPc and μC/FTPs
RPC	远程过程调用(Remote Procedure Call)。使用进程间通信的方法,来创造进程在同一地址空间内交换的假象	不可用
NFS	网络文件系统(Network File System)。由 Sun 公司开发的文件系统,一个客户端/服务器系统	不可用
DNS	域名解析服务(Domain Name Service)。将完整的合格的域名,比如"www. mysite. com"转换为 IP 地址	μC/DNSc
DHCP	动态主机配置协议(Dynamic Host Configuration Protocol)。由设备(DHCP 客户端)使用的网络应用协议,用以获取配置信息,主要是 IP 地址、子网掩码和默认网关,来完成 IP 网络中的操作	μC/DNSc
SNMP	简单网络管理协议(Simple Network Management Protocol)。一套网络管理标准,主要包括一个应用层协议、一个数据库架构和一个数据对象的集合,用于监控联网设备	μC/DHCPc
TFTP	普通文件传输协议(Trivial File Transfer Protocol)。一个简单的文件传输协议,如同使用 UDP 的 FTP 协议	不可用
TCP	传输控制协议(Transport Control Protocol)。应用最广泛的传输层协议,用于保证数据从一个网络设备到其他网络设备的无差错传输	μC/TFTPc and μC/TFTPs
UDP	用户数据报协议(User Datagram Protocol)。另一个传输层协议,没有差错恢复功能,主要用于因特网上流体资料的传输	μC/TCP-IP 的一部分
ARP	地址解析协议(Address Resolution Protocol)。用以将 IP 地址映射到 MAC 地址	μC/TCP-IP 的一部分
RARP	反向地址解析协议(Reverse Address Resolution Protocol)。主机有自身的 MAC 地址时,用以获取 IP 地址。DHCP 是目前首选的获取 IP 地址的方法	不可用
ICMP	互联网控制报文协议(Internet Control Message Protocol)。属于网络层协议,用于执行网络故障检测和定位问题的	μC/TCP-IP 的一部分

协　议	描　述	Micriμm 实现
IGMP	互联网组管理协议(Internet Group Management Protocol)。用来管理 IP 组播组的成员。IGMP 被 IP 主机和相连的组播路由器使用,用于建立组播组成员	μC/TCP-IP 的一部分
IP	网际协议(Internet Protocol)。无可争辩的世界上最流行的网络协议	μC/TCP-IP 的一部分
Routing	多路由协议,用在 IP 层	不可用
PPP	点对点通信协议(Point-To-Point Protocol)。用于在串行线路上传输 IP 包。它比 SLIP 更快而且更加可靠,因为它提供了 SLIP 不支持的功能,比如错误检测、IP 地址动态分配和数据压缩	不可用
SLIP	串行线路网络协议(Serial Line Internet Protocol)。用于通过拨号连接与互联网相连	不可用
FDDI	光纤分布式数据接口(Fiber Distributed Data Interface)。提供了局域网中数据传输的标准,传输范围长达 200 km(124 英里)。虽然 FDDI 拓扑结构是一个令牌环网络,但它并不以 IEEE 802.5 令牌环协议为基础	不可用
802.2	IEEE 802.2 是定义了逻辑链路控制(Logical Link Control, LLC) 的 IEEE 802 标准。逻辑链路是 OSI 模型中数据链路层的上部	以太网驱动的一部分
802.3	IEEE 802.3 是一种 IEEE 标准的集合,该集合定义了物理层和有线以太网中的数据链路层的媒体访问控制(MAC)子层	以太网驱动的一部分
802.5	IEEE 802.5 是一种 IEEE 标准的集合,该集合定义了令牌环本地网络(LAN)技术。它位于 OSI 模型中的数据链路层	不可用

到此为止,本书已经介绍了 TCP/IP 的部分元素。在分析一个网络时,打开一个以太网帧,可以看到以太网的有效载荷(payload)是由 IP 包(以太网类型 0x8000)组成的。图 F5－2 所示为一个 IP 包的构造。在这个例子中,我们看到的是一个 V4 版本的 IP 包(IPv4);现如今的多数私有网络和公共网络中,都使用这个版本。

IPv4 有一定局限性,最突出的问题是,对于全球范围内互连的设备来说,IP 地址已十分短缺。在 20 世纪 90 年代末,一个新版本的 IP 协议问世,被称为 V6 版本的 IP(IPv6),但尚未广泛部署。本书描述的是 IPv4,因为多数的嵌入式系统都是私有网络中的设备,这些网络普遍运行的是 IPv4。

正如在第 1 章当中讨论过的,数据会被 TCP/IP 协议栈的不同层封装。随着我们从协议栈自底向上移动,各种头部(header)信息都将用图 F5－2 所示的格式描述。

在使用网络协议分析器(Network Protocol Analyzer)分析网络流量时,这个图解将非常有用。

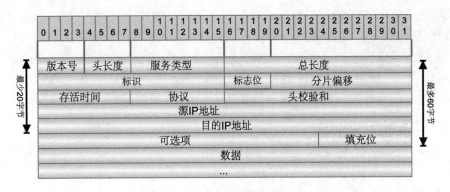

图 F5 - 2　IPv4 头部信息和包

5.2　网际协议(IP)

IP 网络中的每个结点都实现了 IP 协议。负责转发 IP 包的结点被称为路由器(Router)。路由器或网关(Gateway)可以使不同的网络互连,其作用相当于 IP 形式的电话交换机。

主机或者嵌入式系统准备好 IP 包,使用特定网络协议(数据链路协议)在相连的网络上传输这些 IP 包。路由器则负责在网络中转发这些 IP 包。

IP 是一个尽力而为的协议,如果数据包没有到达最终目的地,协议并不会提供重传机制。重传机制留给 IP 以上的协议层去实现。

图 F5 - 3 所示为 IP 转发或者路由的路径。也就是 IP 包从网络中的一个主机到不同网络的另一主机之间的移动过程。

图 F5 - 3　IP 转发

IP 不提供:连接或者逻辑电路、数据错误检测、流量控制、数据报应答、丢包重传。

IP 的主要目的是在网络中指引数据包的传送。从以上列出的局限性可以看出,需要额外的协议来保证数据的准确性和可靠交付。

TCP/IP 协议栈可以包含路由协议。例如,一台具有多个网络接口的 Microsoft Windows 或者 Linux 的主机就可以作为路由器来使用。但是,一个 TCP/IP 协议栈,即使包含多个网络接口,也不一定具备路由功能。µC/TCP-IP 就是这样的一个协议栈,它并不提供路由功能,但它可以支持多个接口上的数据收发。网关(Gateway)就是一种在两个网络中间起桥梁作用的设备。例如,某个网关的一个接口连接管理网络,另一个接口连接工作网络,网关则在这两个网络间提供保护和隔离功能。

在配置 TCP/IP 协议栈时,每个网络接口至少需要 3 个参数。除了 MAC 地址之外,网络接口还需要一个 IP 地址。接下来的内容中将描述 IP 地址的结构。这些信息将会为引出配置网络接口所需的最后一个参数,子网掩码(Subnet Mask)。

5.3 寻址和路由

在网络中,IP 地址和子网掩码可以由网络自动提供(见 9.1.1 节"动态主机配置协议(DHCP)"),也可以由网络管理员手动配置。即使系统开发者没有选择这些参数,依然有必要了解它们的用途,以及如何使用这些参数。

IP 地址由 32 位组成。典型的 IP 地址是用由圆点"."隔开的 4 字节的十进制值数来表示,称为点分十进制(Dotted Decimal Notation)。该地址用于识别源主机或目的主机。

地址是分级的:网络 ID + 主机 ID。

例如:114.35.56.130。

图 F5-4 是"网络 ID + 主机 ID"概念的图形化表示。A、B、C 和 D 是组成 IP 地址的 4 字节。IP 包是根据网络 ID 进行路由(转发)的。路由器使用位于网络层被称为路由协议(routing protocol)的分布式算法,自动计算路由表。

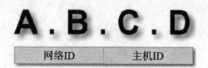

图 F5-4 IP 地址

虽然 IP 地址本身的结构是分级的,但这些地址在全球的分布却不是分级的。因特网的迅猛发展产生了这样一种现象:一个大洲的某个网络 ID,是另一个大洲某个网络 ID 的前一个或者后一个 ID。这意味着,路由器的路由表必须包含所有的网络 ID,因为网络 ID 可能不是按地域分组的。

在图 F5-5 中,多个网络通过众多路由器互联。每个路由器的路由表包含了所有的网络地址。路由表识别接口号以到达预期的网络。

在 IP 网络的现有状态下,并不需要讨论有类网络(classfull networks)和无类网络(classless networks)。重点需要知道的是,IP 网络可以有多种规模。网络规模是由另一个 IP 参数,子网掩码来决定。

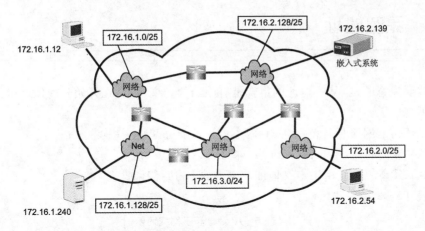

图 F5 - 5　网络中的网络

5.4　子网掩码

子网掩码也是一个 32 位的元素,由两部分组成:第一部分由所有被置"1"的比特组成,用以识别网络 ID。第二部分由所有被清"0"的比特组成,用以识别主机 ID。由"1"改变到"0"的地方,是网络 ID 和主机 ID 的界限。子网掩码用来定义网络规模:网络 ID 越大("1"的数量越多),网络中可用的主机 ID 数量就越少。

随着 IP 网络的迅猛发展,有必要在大型网络中创建小的网络或者子网,来重新利用地址空间的可用部分。如今这些网络被称为无类网络。

子网掩码用来确定网络 ID 和主机 ID 的精确值。这也意味着,网络 ID 和主机 ID 的界限并不固定为 8 位、16 位或者 24 位,它可以是 32 位区域的任何位置。

表 T5 - 2 可用于快速查询,用来确定在基于某个子网掩码的网络中可包含的地址数量。如果不习惯二进制计算,可以使用软件工具计算子网掩码和网络中可利用的地址数。例如,IP 计算器或者 IPCALC,可以在网上搜索这些软件。

表 T5 - 2　可变的子网掩码

子网掩码	地址数量
255.255.255.252	4
255.255.255.248	8
255.255.255.240	16
255.255.255.224	32
255.255.255.192	64
255.255.255.128	128
255.255.255.0	256
255.255.254.0	512
255.255.252.0	1 024
255.255.248.0	2 048
255.255.240.0	4 096
255.255.224.0	8 192
255.255.192.0	16 384
255.255.128.0	32 768
255.252.0.0	65 536
255.254.0.0	131 072
...	...

5.5 保留地址

需要注意的是,某些地址的组合是有限制的。事实上,在开始分配地址时必须遵从以下规则。

在任何的网络地址范围内,有两个地址不能分配给主机:

(1) 最低的地址用来定义网络,称为网络地址。

(2) 最高的地址用来定义地址范围内的 IP 广播地址。

表 T5 - 3 是一些示例。

表 T5 - 3 IP 地址和子网掩码示例

网　络	子网掩码	网络地址	广播地址
10.0.0.0	255.0.0.0	10.0.0.0	10.255.255.255
130.10.0.0	255.255.0.0	130.10.0.0	130.10.255.255
198.16.1.0	255.255.255.0	198.16.1.0	198.16.1.255
10.0.0.0	255.255.255.0	10.0.0.0	10.0.0.255
172.16.0.0	255.255.255.128	172.16.0.0	172.16.0.127
192.168.1.4	255.25.255.252	192.168.1.4	192.168.1.7

可定义的最小的网络是使用 255.255.255.252 作为子网掩码的网络。在这种类型的网络中,共有 4 个地址。两个地址用由设备使用,余下的两个是网络地址和广播地址。这类网络一般为点对点网络,例如两个路由器之间的网络。

1. 0.0.0.0 地址

路由器使用 0.0.0.0 地址来定义默认路由,当没有其他路由能够匹配 IP 包的网络 ID 时,就会使用这条路由。

2. 127. X. X. X 网络

第一个字节为 127 的网络地址,代表着预留给管理功能的网络,或者确切地说,用来执行回环(127. X. X. X)。它是分配给 TCP/IP 协议栈自身的地址。任何 127. X. X. X 范围内的地址都可以作为回环地址,例如 127.0.0.1 和 127.255.255.255。我们熟悉的回环地址是 127.0.0.1。

5.6　寻址类型

5.6.1　单播地址

　　图 F5－6 举例说明了一个主机如何使用单播地址(Unicast Address)通过 IP 网络连接到另一个主机。嵌入式系统是 IP 地址为 192.168.2.63 的主机,它尝试连接一个 IP 地址为 207.122.46.142 的主机。

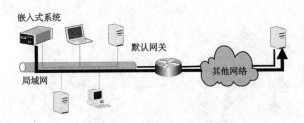

图 F5－6　IP 单播地址

源地址	192.168.2.63
源主机子网掩码	255.255.255.0
目的地址	207.122.46.142

5.6.2　组播地址

　　在图 F5－7 中,一个主机使用组播地址(Multicast Address)通过 IP 网络与一个专用的主机组通信。在这种情况下,默认网关(路由)不需要子网掩码来发送数据包(见 5.7 节"默认网关",以了解如何确定一个目标 IP 地址是否在自身网络内)。组播在所有参与到组播组的接口上转发数据包。

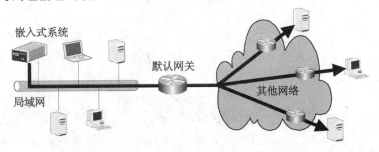

图 F5－7　IP 组播地址

源地址	192.168.2.63
目的地址	224.65.143.96

5.6.3 广播地址

在图 F5 - 8 中,一个主机使用广播地址(Broadcast Address)与其 IP 网络内的所有主机进行通信。要记住,广播地址是 IP 网络内最高的地址。在这种情况下,如果发送数据包,不要求主机使用子网掩码来将 IP 广播地址转换为以太网广播地址。

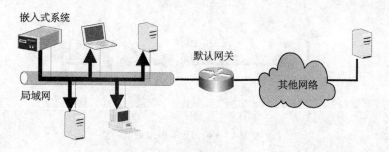

图 F5 - 8　IP 广播地址

源地址	192.168.2.63
目的地址	224.65.2.255

在 IP 网络中,路由器一般不会转发广播信息,因为这些消息是专门发送到一个特定网络中的,而不是全部网络。然而某些时候,一个路由器会被配置成可转发特定类型的 IP 广播数据包。例如,ARP 代理(proxy ARP)是一种转发和回复 ARP 的方式,以备扩大附属网络间的网络规模。

5.7　默认网关

在前面已经介绍过,一个局域网内的主机如何使用物理地址(以太网中为 MAC 地址)与局域网内其他主机进行通信。如果主机想要与另一个网络内的主机通信,会发生什么情况?

首先,源主机需要知道目的主机是否在同一个网络内。源主机唯一知道的有关目的主机的信息是它的 IP 地址。

在图 F5 - 9 中,默认网关用于将本地网络的主机与其他网络连接。下面来举例说明。图 F5 - 10 列出了使用默认网关转发数据包给外部网络的必要步骤。

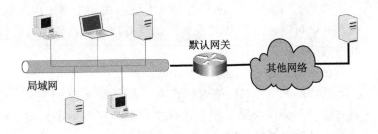

图 F5 - 9　默认网关

源地址	192.168.2.63
源主机子网掩码	255.255.255.0
默认网关	192.168.2.1
目的地址	207.65.143.96

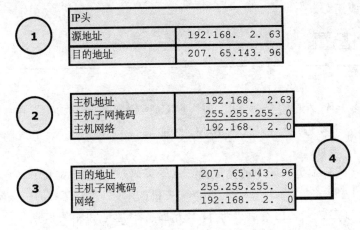

图 F5 - 10　确定将 IP 包发送至何处

F5 - 10(1)　源主机与目的主机之间所发送数据包的 IP 头中包含源主机与目的主机的 IP 地址。

F5 - 10(2)　TCP/IP 协议栈的 IP 层计算源主机的网络地址。TCP/IP 协议栈将网络接口的子网掩码与源 IP 地址进行逻辑与(and)操作,得到一个网络地址,即主机网络地址。

F5 - 10(3)　TCP/IP 协议栈确定目标地址是否在本网络中。TCP/IP 协议栈将网络接口的子网掩码与目的 IP 地址进行逻辑与(and)操作,同样得到一个网络地址。

F5 - 10(4)　问题是:上述两个地址是否相同?
如果相同,则使用物理地址(MAC address)通过局域网发送数据包给目的主机。

如果不同,表明目的主机与源主机不在一个网络内。源主机需要找到一个可以转发信息的设备。该设备即为默认网关,或者连接在局域网内的路由器。

在本例中这两个地址并不相同。

默认网关是否在网络内? 答案是肯定的,默认网关是一个路由器,它通过一个接口与网络相连。该接口拥有网络内的地址。要记住,默认网关是配置网络接口的 4 个必需参数之一。

现在,主机发送信息给默认网关。因为默认网关同样是本网络内的一个主机,在发送信息前,源主机需要在以太网下使用 ARP 协议,得到默认网关的物理地址。

网络管理员经常将网络中第一个可用地址分配给网关。这种方式有其利弊。好处在于,使用这种方式会更容易得到默认网关地址。

其弊端在于,黑客同样会更容易侵入网络。为了迷惑黑客,使用其他地址作为网关比使用第一个可用地址更好。如果使用 DHCP 服务器则没有这种问题(参见第 9章,"服务和应用")。

5.8 IP 配置

主机需要 4 个必要的参数来让每个 NIC(网络接口卡)在网络中协调工作(见图 F5 - 11):一个物理地址(以太网 MAC 地址)、一个 IP 地址、一个子网掩码、一个默认网关的 IP 地址。

有两种方式来配置系统中的参数:静态(硬编码)或者动态配置。

图 F5 - 11 是一个 Microsoft Windows 主机的 IP 配置信息实例。该配置是动态的,用户可以在参数列表内看到外部 DHCP 服务器地址和租约信息。使用命令 ip-config/all 可以获得配置信息。Linux 主机的终端窗口的命令与其类似,是 ifconfig。

```
Command Prompt                                                    _ □ ×

C:\>ipconfig /all

Windows IP Configuration

        Host Name . . . . . . . . . . . . : LIFEBOOK
        Primary Dns Suffix  . . . . . . . :
        Node Type . . . . . . . . . . . . : Hybrid
        IP Routing Enabled. . . . . . . . : No
        WINS Proxy Enabled. . . . . . . . : No
        DNS Suffix Search List. . . . . . : vdn.ca

Ethernet adapter Local Area Connection:

        Connection-specific DNS Suffix  . : vdn.ca
        Description . . . . . . . . . . . : Realtek RTL8139/810x Family Fast Ethernet NIC
        Physical Address. . . . . . . . . : 00-80-AD-D0-9A-0B
        Dhcp Enabled. . . . . . . . . . . : Yes
        Autoconfiguration Enabled . . . . : Yes
        IP Address. . . . . . . . . . . . : 192.168.5.103
        Subnet Mask . . . . . . . . . . . : 255.255.255.0
        Default Gateway . . . . . . . . . : 192.168.5.1
        DHCP Server . . . . . . . . . . . : 192.168.5.1
        DNS Servers . . . . . . . . . . . : 206.223.224.3
                                            206.223.224.2
        Lease Obtained. . . . . . . . . . : December 5, 2009 07:36:19
        Lease Expires . . . . . . . . . . : December 6, 2009 07:36:19

C:\>
```

图 F5 - 11　IP 配置

配置静态参数需要了解这些参数值的意义,并且使用适当的 µC/TCP-IP 函数进行配置。

```
NET_IP_ADDR       ip;
NET_IP_ADDR       msk;
NET_IP_ADDR       gateway;
CPU_BOOLEAN       cfg_success;
NET_ERR           err_net;
ip              = NetASCII_Str_to_IP((CPU_CHAR *)"192.168.0.65", &err_net);   (1)
msk             = NetASCII_Str_to_IP((CPU_CHAR *)"255.255.255.0", &err_net);  (2)
gateway         = NetASCII_Str_to_IP((CPU_CHAR *)"192.168.0.1", &err_net);    (3)
cfg_success     = NetIP_CfgAddrAdd(if_nbr, ip, msk, gateway, &err_net);       (4)
```

程序清单 L5 - 1   静态 IP 配置

L5 - 1(1)   硬编码 IP 地址。

L5 - 1(2)   硬编码子网掩码。

L5 - 1(3)   硬编码默认网关 IP 地址。

L5 - 1(4)   配置 IP 地址、子网掩码和默认网关 IP 地址。

请参考附录 B"µC/TCP-IP API 参考"以获得程序清单 L5 - 1 中的函数描述。

动态 IP 配置包含在第 9 章"服务和应用"中。

5.9   私有地址

随着 IP 网络的发展,IP 地址数量日益稀缺。受限于大约 40 亿的设备地址,IPv4 的地址空间无法满足连接到全球网络的所有设备。

一种扩展 IP 地址可用性的方式是定义私有 IP 地址,并且尽可能多地重复使用私有地址。这些私有地址如下:

10.0.0.0/8

172.16.0.0/16～172.31.0.0/16

192.168.0.0/24～192.168.255.0/24

这些地址只能用于私有网路,不能出现在公网中。有一些常见的私有网络的例子。比如在家庭中使用的路由器(有线或无线的)可以让家庭主机使用私有地址。这台路由器通常连接在集线器或者 DSL 调制解调器后面。

另一组 IP 地址同样预留给没有动态 IP 分配机制(例如 DHCP)的环境。RFC 3927 定义了 169.254.0.0/16 范围的 IP 地址,但第一个和最后的/24 子网(每个子网有 256 个地址)予以保留。该技术同样将在第 9 章"服务和应用"中介绍。

绝大多数的嵌入式系统通过私有地址连接到 IP 网络。一个用来服务具体目标的网络可能并不需要连接到公用网络。此时,使用私有地址方案是合理的。

　　然而,当一个私有网络内的主机必须通过公网访问其他主机时,需要将私有 IP 地址转换为公网 IP 地址。在上述的家庭主机的例子中,这个转换过程通过家里的网关/路由器实现,称为网络地址转换协议(Network Address Translation,NAT)。类似地,在嵌入式系统所在的私有网络中,网络的默认网关提供了使嵌入式系统连接到公网的功能。

　　在图 F5 - 12 中左边的网络是私有网络,其地址为 10.0.0.0。图中的路由器是网络的默认网关。该网关有两个网络接口:一个面向左边的私有网络,一个面向右边的公共网络。我们经常把私有网络称为内网(inside network),公共网络称为外网(outside network)。

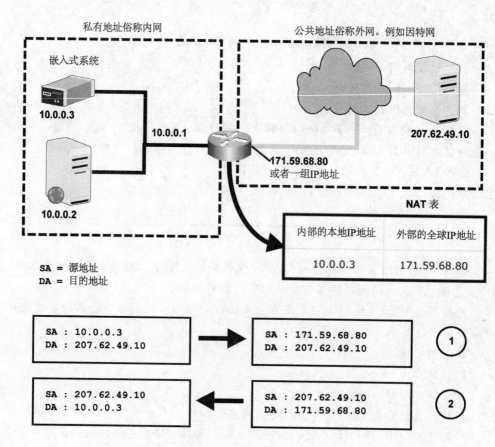

图 F5 - 12　网络地址转换

F5 - 12(1)　在本例中,私有网络中嵌入式系统的 IP 地址为 10.0.0.3,想要连接互联网中的主机(地址为 207.62.49.10)。嵌入式系统的私有地址被转换为公有地址,与网关的公共网络接口相关联,该接口的地址为 171.59。

68.80。当私有网络初次要求连接到互联网时,其公有地址由互联网服务提供商(Internet Service Provider,ISP)提供。在这种情况下,ISP 提供一个有租约的 IP 地址。私有网络也有可能从 ISP 分配到一组 IP 地址。私有网络和共有网络的交叉引用,存储在网关的表中。嵌入式系统发出的包可以在公共网络中传输,因为所有的地址都是公有地址。在本例中,私有网络和互联网间只建立了一个连接。建立多个连接的一个解决方法是,从 ISP 分配到一组公有地址。这样,有多少可利用的公有地址,就可以有多少连接。然而,这会造成 IP 地址的浪费。另一种方法是使用传输层协议的一种技术,称为端口,参见 7.3.1 节的"端口地址映射"。

F5-12(2)　当公共网络的主机响应私有网络主机(地址已转换为 171.59.68.80)的请求时,它使用与响应互联网中其他主机请求相同的方法,响应这条信息。当这个回复到达网关时,网关使用最初向外发送包时建立的转换表,将目的地址从 171.59.68.80 转换为 10.10.10.3。只要私有网络对外建立了通信连接,这个过程就能起作用。

　　另一个场景是公共网络的主机连接到私有网络的主机。需要介绍绑定公有地址的概念。如图 F5-13 所示,将一个公有 IP 地址配置成总是与一个私有地址相连是可行的。

F5-13(1)　路由器/网关的 NAT 表配置的动态部分,与上一个例子相似。其目的是供私有主机连接公共主机。

F5-13(2)　网关的 NAT 表配置的静态部分,保证了私有主机可以一直与公共网络相连。在这个例子中,IP 地址为 10.10.10.3 的网络服务器与公有 IP 地址 171.59.69.81 相连。公共网络将这个网络服务器的 IP 地址视为 171.59.69.81。只要网关将 10.10.10.3 转换为 171.59.69.81,反之亦然,服务器就能表现的如因特网中任意其他服务器一样。如果本例中的地址为 10.10.10.2 的嵌入式系统提供了一个 HTTP 服务,它也可以使用同样的机制,以便从互联网接入。这时需要一个额外的静态公有 IP 地址赋给这个主机。

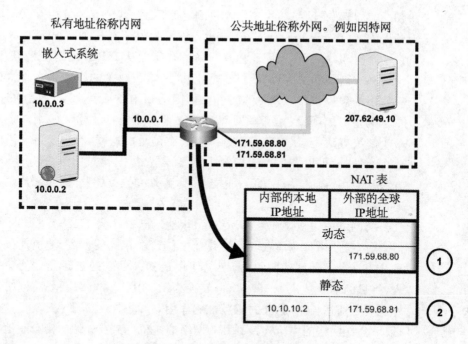

图 F5 – 13　静态公有 IP 地址

5.10　总　结

IP 地址、子网掩码和默认网关,这些参数并不直接与嵌入式系统的设计相关。但是,我们仍然需要知道这些参数来自哪里,它们是如何组织的,应该选择哪个参数,以及选定后如何进行配置。

这些参数总是由网络管理员提供,并且不是随机选择的。一个主机必须与网络中的其他主机和结点进行合作。一旦这些参数已知,需要用 5.8 节介绍的方法进行静态的或动态的配置。

第**6**章

故障诊断

在介绍 TCP/IP 协议栈之前,我们还要多讲一章网络层的知识。因为在网络层中还有一个非常重要的协议,该协议用于诊断 IP 网络的故障(Troubleshooting)。

6.1 网络故障诊断

当两个主机之间的网络连接中断时,试图到达目的主机的用户很容易知道连接出现了问题。不幸的是,问题可能出现在源主机和目的主机之间的任何结点上,并且问题的根源通常只是一个结点(node)或者一条链路(link)的故障。为了诊断这种问题,一种合理的方式是首先检测最近的链路和结点。当已确定问题不是发生在最近的链路和结点时,我们再慢慢地向目的主机端方向检测。

当我们发现两个主机间出现了通信问题时,第一步就是检验源端的 TCP/IP 协议栈能否使用。可以使用 ping 工具来完成该检验,ping 源主机端的本地主机地址:127.0.0.1。

第二步就是检验源主机端的网络接口是否工作正常。在源主机端完成该检验,可以 ping 该网络接口对应的 IP 地址。

第三步就是 ping 源主机所在的局域网的默认网关的 IP 地址。

最后,可以 ping 处于源、目的主机之间的路径上的所有结点。本章 6.1.3 节演示了另一种工具"TraceRoute"的使用,该工具可以帮助识别出这些结点。

概括来说,在 IP 网络上查找故障来源的步骤是:

(1)ping 本地主机 TCP/IP 协议栈(127.0.0.1)。

(2)ping 网络接口。

(3)ping 默认网关。

(4)ping 源、目的主机路径上的结点。

IP 网络通信是典型的全双工模式。也就是说,即使从源端到目的端的路径工作正常,我们也必须确保回路也是工作正常的。之前介绍过,IP 协议不是面向连接的协议,源主机和目的主机并不会意识到它们之间存在连接。不像 PSTN 网络那样存在一条物理链路,IP 网络是包传输网络,有两条路径:一条是 A 到 B,另一条是 B 到 A。

因此,为了找到网络故障的起因,故障诊断过程必须能够多次应用于双向链路上。

对于 ping 工具,我们还要了解因特网信报控制协议(ICMP)。该协议用于 ping 工具和其他故障诊断工具中。

6.1.1 因特网信报控制协议(ICMP)

虽然 IP 协议不能保证数据包的正确传输,但它以 ICMP 协议的方式提供一种发送警告和诊断信息的手段。当数据包不能正确传输时,问题一般都发生在中间路由器和系统上。

如图 F6-1、图 F6-2 所示,有两种类型的 ICMP 消息:错误消息、请求/响应消息。

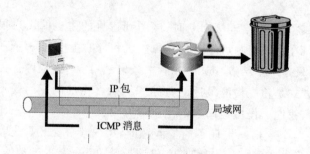

图 F6-1 因特网信报控制协议(ICMP)

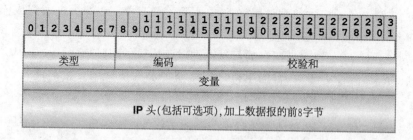

图 F6-2 ICMP 消息结构体

鉴于 ICMP 消息封装于 IP 包中,IP 头中的 IP 协议类型(IP PROTOCOL)字段要设置为 1。ICMP 消息结构体如下:

● 类型(TYPE)字段是 ICMP 消息的第一个字节。此字段值决定了其他数据字段的内容(TYPE 的取值范围列表见表 T6-1)。

● 编码(CODE)字段直接依赖于 TYPE 字段。
● 校验和(CHECKSUM)字段是 16 位的 ICMP 消息的二进制反码和再求反。

表 T6 - 1　ICMP 消息类型

ICMP 消息类型	功　能	ICMP 消息类型	功　能
0	回送回复信息	12	参数问题
3	终点不可达	13	时间戳请求
4	源站抑制	14	时间戳应答
5	改变路由	15	信息请求
8	回送请求信息	16	信息应答
9	路由器通告	17	地址掩码请求
10	路由器询问	18	地址掩码应答
11	时间超过		

　　当一个数据包在网络中传输,路由器检测到有错误发生时,路由器产生一个错误消息(ICMP 包),并送回最初发送该数据包的主机。引发错误产生的数据包的一些字段被用于 ICMP 错误消息中,如图 F6 - 3 所示,这些字段是:IP 头(20 字节)、IP 选项(0~40 字节)、IP 包数据字段最前面的 8 字节。

　　如果传输层是 TCP 或 UDP 协议,IP 包数据字段最前面的 8 字节包含端口号。这些端口号指出该数据包属于哪一个应用程序,这些信息对故障诊断十分有用。

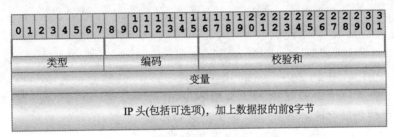

图 F6 - 3　ICMP 错误消息结构

　　接下来主要介绍故障诊断工具。ping 工具就是其中一种。ping 工具使用了 IC-MP 的一对消息:回应请求(echo request)和回应应答(echo reply)。回应请求使用 ICMP 的类型 8,回应应答使用 ICMP 的类型 0。

类型 = 8 或 0	00000000	校验和	
标识符		序号	
数据			

图 F6 - 4　回应请求,回应应答

在 IP 工具箱中,有一些依赖 ICMP 的工具非常实用。这些工具是:ping 和 Trace Route。

6.1.2　ping 工具

ping 工具利用了 ICMP 的回应请求和回应应答。之前提到过,ping 可以在判断一个结点的可用性的时候使用,也可以在定位源、目的主机之间的路径上的故障时使用。

ping 工具使用示例,如图 F6-5 所示。

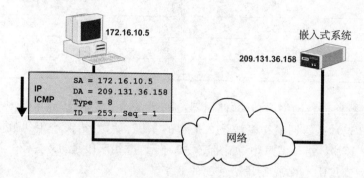

图 F6-5　回应请求

在图 F6-5 中,ping 工具应用于 IP 地址为 172.16.10.5 的主机上。在装有 Windows 操作系统的 PC 上,打开一个命令提示窗口,然后使用 ping 命令。命令的格式为:ping [目的 IP 地址或者 URL]。Linux 操作系统中也有一个从终端中启动的 ping 工具。

如果目的 IP 地址已知,或者 ping 的主机名已知,比如 www.thecompany.com,那么 ping 任何一个都是可以的。虽然 ping 的是主机名,操作系统(此处为 Windows)仍会使用域名服务器(DNS)将主机名转换成 IP 地址(更多细节见第 9 章"服务和应用")。ping 命令和命令提示窗如图 F6-6 所示。

图 F6-6　ping 命令和命令提示窗

在示例中,IP 地址为 172.16.10.5 的主机 ping 了 IP 地址为 209.131.36.158 的嵌入式系统(图 F6-7)。源主机端(172.16.10.5)和目的主机(209.131.36.158)并

不在同一个网络中。而在很多测试中,两台主机很可能处于同一个网络中。两台主机距离越远,ping 命令返回时间(Round-Trip Time,RTT)越长。除此之外,两台主机在不在同一个网络中对 ping 命令来说没有什么不同。

嵌入式系统的回复如图 F6-7 所示。

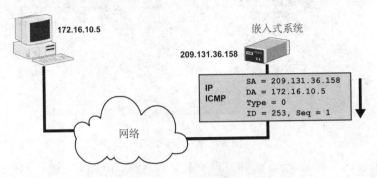

图 F6-7　回应应答

Windows 和 Linux 主机的 ping 工具都是在一秒钟的时间内发送 4 次回应请求消息,如图 F6-8 所示。

图 F6-8　ping 命令的执行过程

ping 工具有多个选项,如图 F6-9 所示。输入不带任何参数的"ping"可以获取其选项列表。

最有用的选项如下:

● -t 每秒发送一次回应请求,直到程序停止。

● -l 发送大于默认的 32 字节回应请求的消息。

ping 工具默认发送 32 字节的消息。这个选项可以通过指定"-l"参数来改变。ping 还可以改变有效负荷、延时大小、请求的次数,还能充当一个廉价的流量生成器。但是,它仅仅工作在数据链路层和网络层。大多数情况下,如果能够 ping 通目标,那么可以很大程度上保证目标的 TCP/IP 栈的高层部分工作正常。达到这点是实现一个嵌入式系统的 TCP/IP 最困难的地方。

有很多第三方命令行提示工具可以实现 ping 的功能。其中一种非常有名的就是快速 ping(fping),参见 www.kwakkelflap.com/downloads.html。

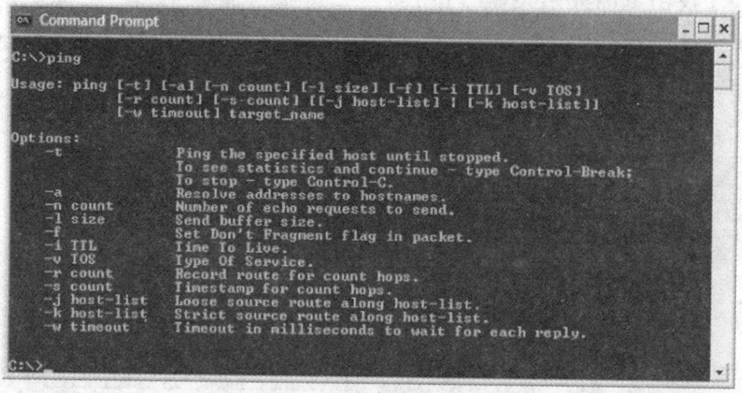

图 F6 - 9　ping 选项

特别需要注意的是：当前的 μC/TCP-IP 协议栈版本可以回复 ICMP Echo 请求（ICMP Echo Request），但不能主动发送 ICMP Echo 请求消息。也就是说，一个运行 μC/TCP-IP 协议栈的嵌入式系统可以回复一个 ping 命令但是不可以执行 ping 命令。在之前提到的故障诊断场景中，发起 ping 命令的主机不能是运行 μC/TCP-IP 的嵌入式系统。

6.1.3　Trace Route 工具

另一个非常有用的网络故障诊断工具就是 Trace Route（命令提示窗中叫"tracert"）。这个工具使用了 IP 包头中的生存时间（Time to Live，TTL）字段来获取源、目的路径上的每一个路由器的 IP 地址。当某个路由器转发一个包时，将该 IP 包头的 TTL 字段减 1。开始，TTL 字段设计用来计算一个包在一次路由上花费的时间，所以就叫做"生存时间"。在这个例子中，TTL 字段的最终实现更像是源、目的主机之间的跳数计数器。TTL 每经过一个路由器减 1，当它减到 0 的时候，路由器丢弃该包并且发送一个错误消息给最初发送该包的主机。发往最初发送该包的主机的 ICMP 消息的错误码类型是 11（超时）。

我们来看看它是如何工作的，如图 F6 - 10～图 F6 - 15 所示。

F6 - 10(1)　主机 172.16.10.5 执行"tracert"命令，用 207.42.13.61 作为目的主机 IP 地址。

F6 - 10(2)　tracert 创建一个 UDP 数据包，并用 IP 包来封装该 UDP 数据包，将其 TTL 设置为 1。此例中，端口号是 3000，此端口号任意指定。

F6 - 11(3)　源、目的路径上的第一个结点接收了该包并将 TTL 值减 1。由于之前 TTL 为 1，所以现在减为 0，表示发生错误。

F6 - 11(4)　一个类型为 11 的 ICMP 消息被发送至源主机端。

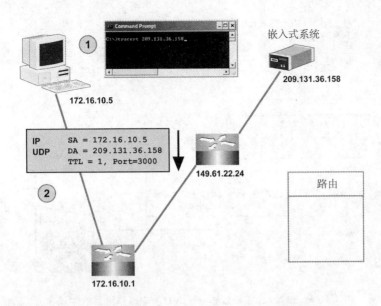

图 F6－10　源主机发送一个 TTL＝1 的包给目的主机

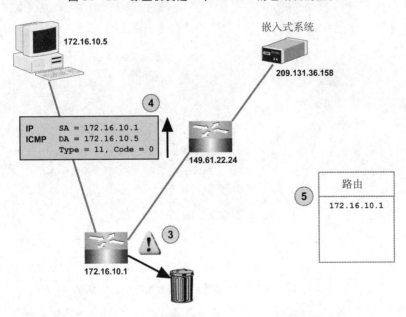

图 F6－11　第一个结点丢弃该包因为生存时间过期了

F6－11(5)　因为 ICMP 消息是由检测到错误的结点发出的,所以错误消息的 IP 源
　　　　　地址就是该结点的地址。源主机就知道了到达目的主机路径上的第一
　　　　　个结点的 IP 地址。

F6－12(6)　tracert 工具接收到第一条 TTL＝1 的消息的回复。程序继续执行,这
　　　　　次是发送同样的包,但是这次 TTL＝2。

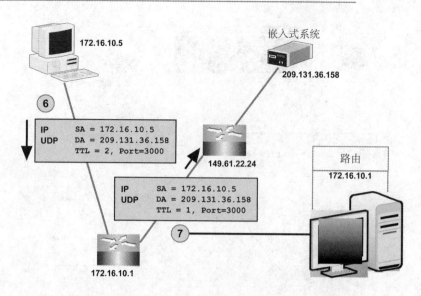

图 F6-12　源主机发送一个 TTL＝2 的包给目的主机

F6-12(7)　经过源、目的路径上第一个结点处理过后的包的 TTL 从 2 减为 1。然后该包继续在去往目的主机的路径上转发。

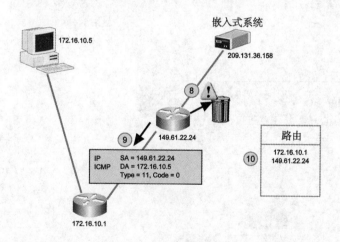

图 F6-13　第二个结点丢弃包因为生存时间过期了

F6-13(8)　源、目的路径上的第二个结点将该包的 TTL 减为 0，然后丢弃该包。

F6-13(9)　一个类型为 11 的 ICMP 错误消息发送至源主机。因为 ICMP 消息是由检测到错误的结点发出的，所以错误消息的 IP 源地址就是该结点的地址。

F6-13(10)　源主机因此就知道了源、目的路径上的第二个结点的 IP 地址。

F6-14(11)　目前为止 tracert 已经收到两个回复了。程序继续执行并发送同样的包，使 TTL＝3。

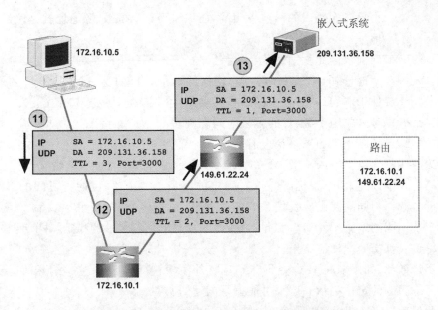

图 F6 - 14　源主机发送一个 TTL＝3 的包给目的主机

F6 - 14(11)　源、目的路径上的第一个结点将包的 TTL 减为 2，然后向到达目的主机的路径上转发。

F6 - 14(11)　第二个结点将该包的 TTL 减至 1。该包继续向目的主机转发。

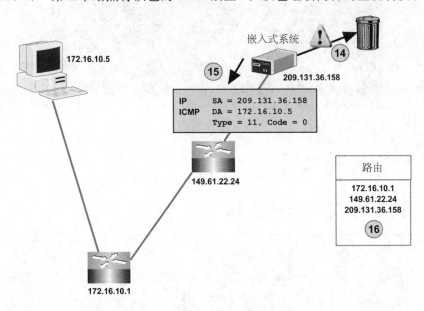

图 F6 - 15　第四个结点丢弃该包因为生存时间过期

F6 - 15(14)　源、目的路径上的第三个结点将 TTL 减为 0。

F6 - 15(15)　一个类型为 11 的 ICMP 错误消息被发往源主机。因为 ICMP 消息是由检测到错误的结点发出的，所以错误消息的 IP 源地址就是该结点的地址。

F6-15(16)　源主机因此就知道了源、目的路径上的第三个结点的 IP 地址。由于这个地址就是 tracert 启动时使用的地址，也就是到达了最终目的地址。处于源、目的路径上的这一系列结点的 IP 地址就都知道了。

这个过程可以应用于源、目的主机之间存在多个结点的情况。tracert 命令默认探测 3 个结点就停止。如果路径上有多于 3 个结点要分析的话，就要使用-h 参数来修改默认的选项。输入不带参数的 tracert 命令可以显示它的参数情况。

第 1 章中提到，两个主机间并没有固定的路径。一个源、目的主机间的多个 IP 包很可能选择不同的路由。我们很容易会想到，执行多次 Trace Route 命令就可以产生多个不同的结果。然而事实并不是这样，现在的网络足够的稳定，并有足够的资源使得每次都产生同样的结果。

尽管如此，如果 tracert 命令不能到达目的主机，它会给出一些关于我们苦苦找寻的网络问题的定位提示。这很可能就是问题的所在。

此处为"tracert"命令的示例，如图 F6-16 所示。

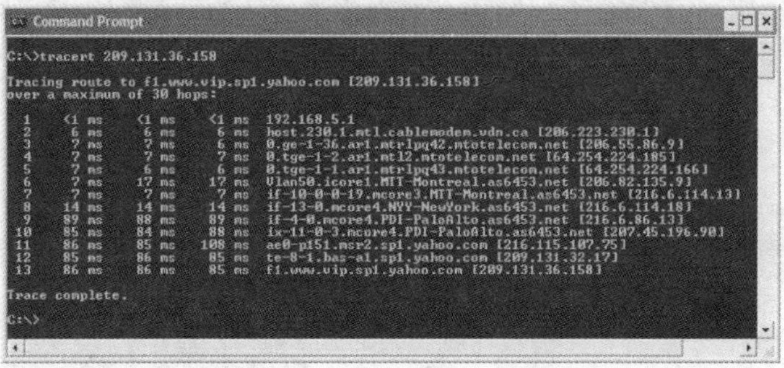

图 F6-16　tracert 执行过程

也有这种工具的图形化版本，叫做 Visual Trace Route。在网上搜索"Visual Trace Route"，享受可以按地理位置来显示所有路由器的乐趣吧。

6.2　协议和应用分析工具

本章的第一节介绍的网络故障诊断工具对于理解网络工作原理十分有用。作为一位嵌入式开发人员，将面对的挑战很可能并非网络知识本身，而是是否具有对系统可用性的测试能力。接下来的部分涵盖了很多有用的工具，有检验 TCP/IP 协议栈行为的，也有测试系统 TCP/IP 性能的。

6.2.1　网络协议分析仪

网络协议分析仪(也被称为包分析仪或嗅探器)是一套软件或硬件,可以拦截和记录经过一个网络结点的数据流。当数据流通过该网络时,网络协议分析仪捕获每一个包,然后根据相应的 RFC 文档解码并分析它的内容。

网络分析仪要发挥作用,必须要能够捕获该网络上的以太帧。为此,需要一台以太网集线器或者一台以太网交换机(图 F6 - 17)。

让我们来看看这个过程中涉及的各种元素。例如,通过使用集线器,一个网络协议分析仪能够连接到任何一个端口,因为集线器会广播每个端口的数据流。这种情况下,难题就是如何通过网络协议分析仪的设置过滤一些帧,或者只显示部分帧。因为分析仪可以捕获所有该网络的流量,这可能远比需要的多得多。

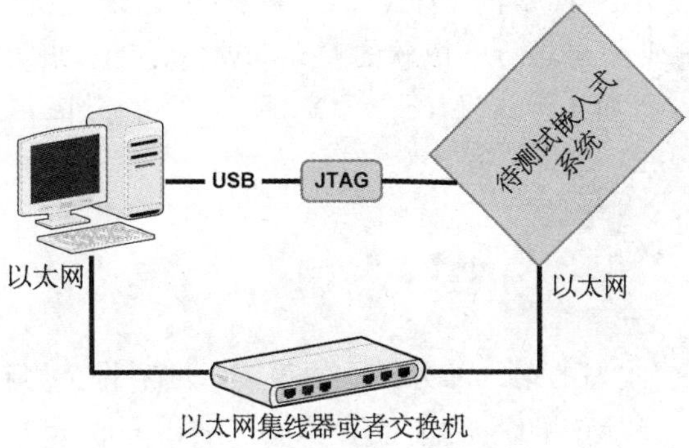

以太网交换机设计用来减少

图 F6 - 17　网络分析仪装配

总流量,其原理是在每个端口细分流量,使每个端口仅接收和发送与其相连的主机数据。为了能够监控交换机进出某个端口的数据流,网络协议分析仪必须要连接到被测端口上。如果不能将分析仪连接到要监控数据流的那个端口上,就需要用到功能更复杂的以太网交换机。这种交换机可以将要被监控的端口的数据流映射到一个空闲端口,并使该空闲端口连接网络协议分析仪。

在图 F6 - 17 的装配图中,网络协议分析仪是运行在 PC 上的软件。该软件捕获所有流经该 PC 的数据流。此时,PC 有多种用途,一种就是测试嵌入式系统的 TCP/IP 协议栈;另一种用途就是通过 JTAG 接口(或其他调试接口)将代码加载到嵌入式系统中去。开发工具链运行在 PC 端,而二进制代码被下载到要测试的嵌入式系统中去。通过这种方式,嵌入式开发人员也可以对代码进行调试或单步调试,就如同用 PC 来测试 TCP/IP 协议栈一样。

为了捕获组播数据流和广播数据流,网络协议分析仪必须将网卡(NIC)置为"混杂"模式(promiscuous mode)。然而,并非所有的网络协议分析仪都支持此功能。在无线局域网中,即使适配器处于混杂模式,不属于 NIC 配置的 Wi-Fi 服务的数据包也会被丢弃。要看到这些数据包,NIC 就必须处于监控模式(monitor mode)。

针对开发对象,我们希望使用网络协议分析仪来做以下事情:

● 调试网络协议。

- 分析网络问题。
- 调试客户/服务器模式应用程序。
- 捕获并报告网络统计数据。
- 监控网络使用情况。

目前已经有了多个商业版本的网络协议分析仪。Micriμm 的工程师普遍使用 Wireshark 这一款免费的网络协议分析仪。

Wireshark 使用包捕获方式（packet capture，PCAP）和一套网络数据流捕获 API。类 UNIX 的系统将 PCAP 实现于 libPCAP 库中，而 Windows 系统则使用从 libPCAP 移植的 WinPCAP 来将 NIC 配置成混杂模式，进而捕获数据包。Wireshark 可以运行在微软的 Windows 系统上，也可以运行在各种类 UNIX 的操作系统上，比如 Linux，Mac OS X，BSD 还有 Solaris。Wireshark 遵循 GNU 的 General Public License 方式发行。

6.2.2　Wireshark

本书的第二部分提供的很多示例中将会用到 Wireshark。

Wireshark，前身叫做 Ethereal，由 Gerald Combs 作为一个捕获和分析包的工具而开发。现在有超过 500 位作者还在为此作贡献，而 Combs 先生继续在维护所有的代码并发布新版本。

Wireshark 很像 UNIX 中的"tcpdump"工具，然而 Wireshark 拥有图形化界面，并有数据分类和过滤选项功能。在微软的 Windows 主机上下载和安装 Wireshark，WinPCAP 工具也会随之安装。WinPCAP 可以使 NIC 配制成混杂模式，从而使 Wireshark 可以捕获所有经过指定网口的以太网帧。

1.　Wireshark 快速入门

Wireshark 的文档非常棒，同时它也具备很多功能和操作选项，是一款相当强悍的工具。为了帮助嵌入式开发人员使用 Wireshark，此处介绍一些快速入门的小技巧。

首先在 PC 上下载安装 Wireshark。Wireshark 可以解析大部分的协议，默认所有的协议都被选中。为了减少 Wireshark 解析窗口中要捕获和显示的数据包，我们建议对要分析的协议进行限制，这样可以让它仅仅解析那些本书将要使用到的数据包。

启动 Wireshark，如图 F6-18 所示，在主窗口中选择 Analyze→Enabled Protocols 命令。

选择之后，会弹出如图 F6-19 所示的窗口。

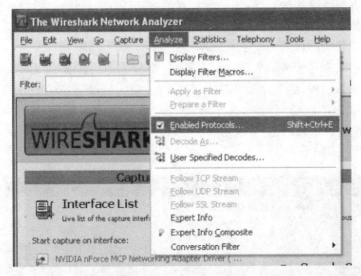

图 F6 – 18　Analyze→Enabled Protocols 命令

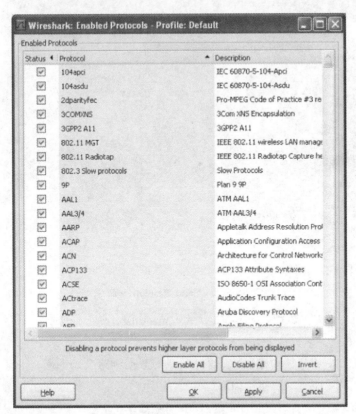

图 F6 – 19　Analyze→Enabled Protocols 命令

本书所感兴趣的协议有 ARP、IP、ICMP、TCP、UDP。

即使只选择了这几种协议,还是会有大量的数据会被捕获到,因为有很多高层协议依赖这些协议工作。当对某个 HTTP 服务进行故障诊断的时候,HTTP 协议就必须被选入到使能协议列表中去。

在选择接口来开始捕获数据之前,还有一个地方需要注意。以太网的 MAC 地址由 6 字节数据组成,前 3 字节标志生产厂商。默认情况下,Wireshark 解析 MAC地址时会显示生产厂商名,而不是完整的 MAC 地址。如果是第一次使用 Wireshark,用户很可能感到迷惑,所以建议配置一下名字解析选项(Name Resolution option),如图 F6 - 20 所示。

图 F6 - 20　Name Resolution 命令

从主窗口的下拉菜单中选择 View→Name Resolution 命令。

名字解析可以配置成:

● MAC Layer(MAC 层,我们的例子中的数据链路及以太网)。

● Network Layer(网络层,IP)。

● Transport Layer(传输层,TCP 和 UDP)。

如果对协议解析还不是很了解,最好查看该字段,并用值查看而不是名字,也就是显示完整的地址和端口号,而不是别名。

下一步,配置捕获和(或)显示过滤器。捕获过滤器可以只保存用户感兴趣的数据流以减小捕获文件的大小。

　　在 Wireshark 的主窗口中,如图 F6 – 21 所示,选择 Capture→Capture Filters 命令。

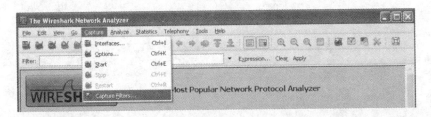

图 F6 – 21　Capture Filters 命令

然后弹出窗口如图 F6 – 22 所示。

图 F6 – 22　Capture Filters 编辑

　　在 Wireshark 的主窗口工具栏中选择 Edit Capture Filter 命令。每次捕获仅能设置一个过滤器。捕获过滤器应用于下面的 Interface Capture Options 窗口中。

　　捕获过滤器是一个用协议名、字段和一些特定用途的值组成的等式,其语法的详细解释,请参见 Wireshark 的文档或者单击窗口左下角的 Help 按钮。

　　捕获过滤器可以减小捕获文件的大小,但是在某种情况下,也需要捕获所有的数据。捕获一条网络链路上的所有流量会产生大量的数据。从数据帧的海洋中找到用户感兴趣的帧往往是很困难的。然而,一但数据被捕获到,还可以使用不同的显示过滤器来显示用户所感兴趣的数据。

在主窗口的下拉菜单中选择 Analyze→Display Filters 命令,如图 F6-23 所示。

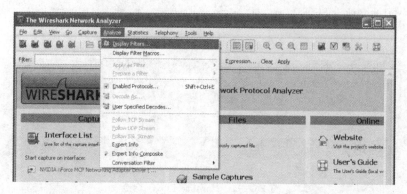

图 F6-23 Display Filters 命令

然后弹出图 F6-24 所示的窗口。

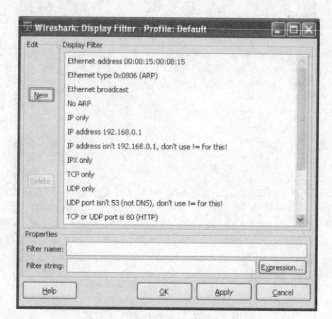

图 F6-24 Display Filters 编辑

创建和编辑显示过滤器的规则与捕获过滤器所使用的不一样。参考 Wireshark 的文档或者单击窗口左下角的 Help 按钮。

下面来设置捕获数据的接口。

在主窗口的下拉菜单中选择 Capture→Interfaces 命令,如图 F6-25 所示。

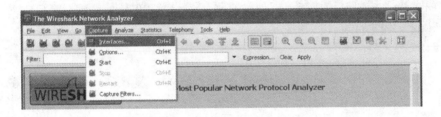

图 F6 - 25　Capture Interface 命令

弹出图 F6 - 26 所示的窗口。

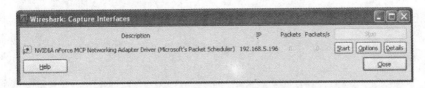

图 F6 - 26　Capture Interfaces 窗口

选择连接被分析网络的计算机网卡。这里的网卡用于捕获进出嵌入式系统的数据流。

如果之前未设置名字解析,现在可以通过点击被选中的接口相应的选项来设置,如图 F6 - 27 所示。

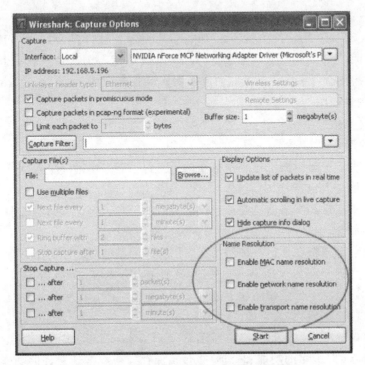

图 F6 - 27　Wireshark:Name Resolution 窗口

单击 Start 按钮开始捕获。即使没有做任何设置,单击网卡选择窗口中对应网卡的 Start 按钮也可以开启帧捕获。

图 F6 - 28 是一个捕获示例。

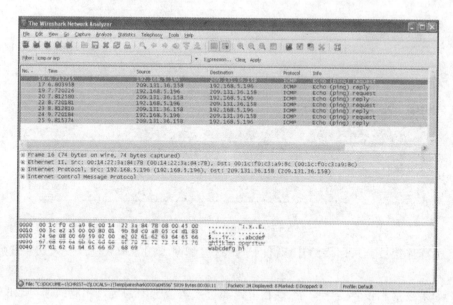

图 F6 - 28　捕获示例

图 F6 - 28 显示的是一个 ping 测试数据,一台私网上的主机 ping 向一台 IP 地址为 209.131.36.158 因特网主机。此例中,显示过滤器被设置为只显示 ICMP 数据。虽然被捕获和存储的是以太网帧数据,Wireshark 将每一个记录当成一个包来处理。Wireshark 捕获窗口中有 3 个不同的视图来显示捕获的"包"。

● 包列表视图。

● 包详细信息视图。

● 包字节信息视图。

包列表视图中显示测试过程中捕获的所有包。列表中第一个包默认被选中。点击列表中任何一个包,即选中该包。

包的详细信息和字节信息是被选包解析后的形式。包详细信息视图可以通过点击"+"图标展开,也是第 1 章中介绍的封装过程的视图。

包字节信息视图在分析一种网络或应用程序问题的时候往往不是必须的。它是一种包的十六进制和 ASCII 码形式视图,类似于内存内容视图。当用户怀疑包结构有问题的时候包字节信息视图就十分有用了。TCP/IP 协议栈是非常稳定的软件组件,因此可以将这个视图关闭掉。

在主窗口菜单中,如图 F6 - 29 所示,选择 View→Packet Bytes 命令。

Wireshark 有很多的功能和选项,也包括保存捕获数据到文件的功能。这样,当

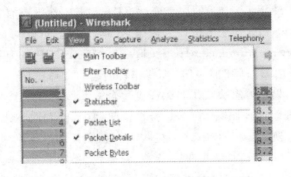

图 F6 - 29　Packet Bytes 命令

要分析一种情况的时候,就可以和同事们共享数据文件来共同分析这个问题了。

Wireshark 捕获将会在本书的第 2 部分经常用到。

6. 2. 3　μC /IPerf

IPerf 是由应用网络研究国际实验室(NLANR)开发的,用于作为测试 TCP 和 UDP 最大带宽性能的一种工具。源代码可以在 Sourceforge 网站:http://iperf. sourceforge. net/上找到。IPerf 是用 C ＋＋编写的开源软件,可以运行在包括 Linux、UNIX 和 Windows 等的各种系统上。Micriμm 将 IPerf 源代码移植到了 μC/ TCP-IP 中并创建了一个 C 语言写的模块 μC/IPerf,该模块和本书的所有源代码和工具都可以在以下地址下载:http://www. micrium. com/page/downloads/uc-TCP-ip_files。

IPerf 是可以用于任何网络的标准化工具,并可以输出标准化的性能测量结果。它也是用于对比有线和无线网络设备及技术的公正标杆。由于源代码开源,这种测量方法可以被任何人使用。

通过 IPerf,可以创建 TCP 和 UDP 数据流并测量一个网络的吞吐量。IPerf 统计带宽、延迟抖动和数据丢失情况。可以自己设置各种参数来调节一个网络。IPerf 具有客户端和服务端功能。由于 Micriμm 提供了 μC/IPerf 的源代码,所以这也是在 μC/TCP-IP 环境下编写 C/S 应用的范例。IPerf 测试引擎可以测量两个主机之间的单向或双向的数据吞吐量。当用于测试 UDP 能力时,IPerf 允许用户指定数据报大小,并可以给出数据报吞吐量和数据包丢失率的统计结果。当用于测试 TCP 能力时,IPerf 测量有效载荷的吞吐量。

在一个典型的有两台主机的测试环境中,一台是被测试的嵌入式系统(图 F6 - 30), 另一台最好是一台 PC。命令行版本的 IPerf 可以运行在 Linux、UNIX 和 Windows 的 PC 上。也有图形界面的 Jperf 版本可用,我们可以在 sourceforge 上得到它:ht- tp://iperf. sourceforge. net/。使用 Jperf 是十分有趣的。

本书的例子中使用了 JPerf 的一个变种 KPerf。KPerf 没有官方网站,只有一些可下载的链接。Micriμm 使用 KPerf 是因为它的易用性。可以从 Micriμm 的网站上下载到 KPerf:www. micrium. com/page/downloads/uc-TCP-ip_files。

KPerf 最早是由 IPerf 和 JPerf 的那些作者创建的,但是源码和可执行程序看起来不再被维护。如果想要有源代码,JPerf 更适合。

μC/IPerf 的安装过程如图 F6 - 30 所示。此例中,以太网集线器或者交换机可以用一条交叉线替换,也就是传输线和接收线互相交叉的以太网线。这样交叉使得两个以太网设备可以直连,而无需使用集线器或者交换机。这种类型的线缆在故障诊断时很有用,但必须在使用的时候仔细识别,因为有些老版本以太网交换机可能不支持这种网线,而大多数新计算机网卡和以太网交换机则会自动识别(AutoSense),支持任何类型的网线。

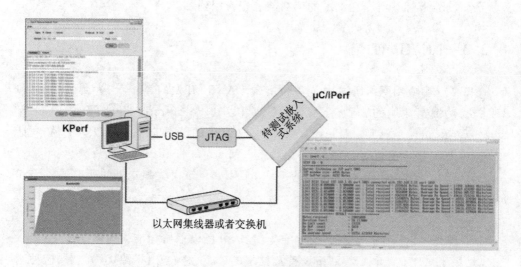

图 F6 - 30   IPerf 安装

典型情况下,IPerf 的报告包含一个带时间戳的传输数据总量和吞吐量。IPerf 使用 1024×1024 来表示 1Mb,用 1000×1000 来表示 1Mb。

如图 F6 - 31、图 F6 - 32 所示,此处为 IPerf 测试示例,PC 被配置成客户端,被测的嵌入式系统则为服务器。

在图 F6 - 30 的安装图中,所有可能的网络配置都可以被测到:客户端至服务器模式或服务器至客户端模式的 TCP 或者 UDP 测试,并可以设置不同的参数。详情请参考 IPerf 或 μC/IPerf 的使用手册。

本书的第 2 部分将会经常使用 μC/IPerf,用来测试 UDP 与 TCP 配置和演示到目前为止介绍的一些概念,尤其是性能方面。

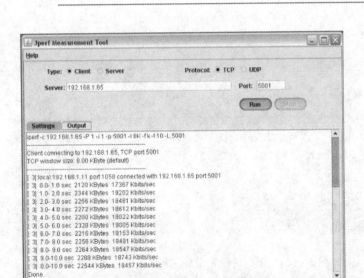

(a)

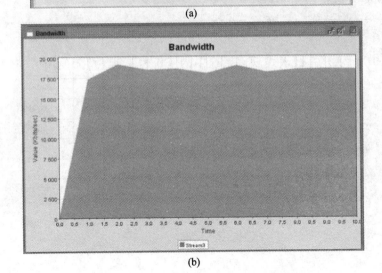

(b)

图 F6 - 31 运行于 PC 上的 KPerf 充当客户端

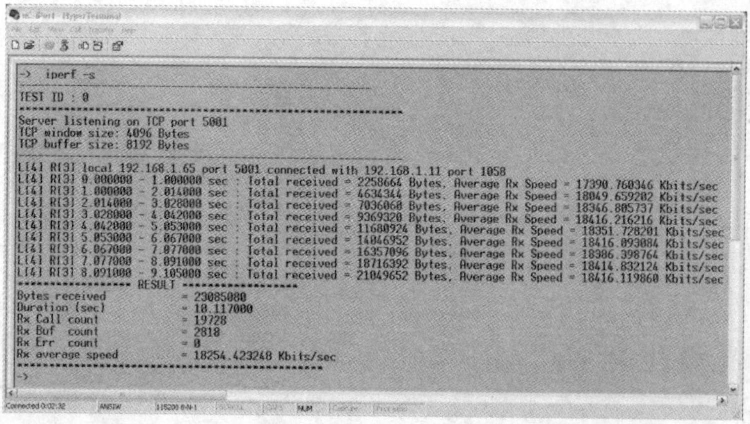

图 F6 – 32   被测的嵌入式系统上的 μC/IPerf 作为服务端

6.3   总   结

TCP/IP 协议栈是嵌入式软件系统中的一个复杂组件,而使用 TCP/IP 也同样十分复杂。

在本章中介绍了以下的一些网络故障诊断工具:ping、Trace Route、Wireshark 和 IPerf。还有很多其他的网络流量分析工具和流量生成器。如果要开发基于 TCP/IP 的嵌入式系统,到目前为止介绍的概念基本已经足够了。

第 7 章

传输协议

我们已经知道,因特网协议(IP)不会检查数据的完整性,因此有必要用属性互补的协议来确保数据不仅可以到达指定目的地,而且在到达时处于良好的状态。通常和 IP 一起使用的协议是传输控制协议(TCP)和用户数据报协议(UDP),这两个协议都会检查数据的完整性。虽然 TCP 和 UDP 有相似的携带数据能力,但在使用时,它们有差异性且各具特征。

7.1 传输层协议

表 T7 - 1 对比了 TCP 和 UDP 之间的异同。

表 T7 - 1 TCP 和 UDP 在协议层对比

项　目	TCP	UDP
服务	面向连接	无连接
数据校验	支持	支持
拒收错误的数据段/数据报	支持	支持
顺序控制	支持	不支持
错包和丢包的重传	支持	不支持
可靠性	高	低
产生的延迟	高	低
总吞吐量	更低	更高

数据校验(Data verification)是两种协议都具有的数据完整性校验能力。如果接收到一个 TCP 数据段(segment)或 UDP 数据报(datagram),并且检测到数据错乱,那么就丢弃掉该数据段或数据报。

基于 IP 这样的包交换网络,包可能会根据网络状况选择不同的路径传输,所以很可能是乱序到达目的地的。对于 TCP 传输,乱序接收的数据段会被重新排序,从而使接收数据回复原始顺序。

　　TCP 还实现了流量控制(flow control)机制,该机制确保所有要传输的数据包以一定速度来接收,这种速度是根据可利用的资源来定的,即使这个传输过程要花费更长的时间来完成。流量控制也可以防止数据段因接收方没有足够的资源来接收而被丢弃。与 UDP 相比,这也是 TCP 被当成高可靠性协议的原因,UDP 协议中没有流量控制机制。相反,UDP 是一种发送完就不再关心(fire-and-forget)的机制,因此也被称为尽力而为(best effort)的协议。TCP 的可靠性是有代价的。所有需要 TCP 来确保可靠性传输的处理过程增加了源、目的地之间的传输延时。这也就是表 T7-2 中显示的 TCP 比 UDP 的总吞吐量低的原因。

　　TCP 和 UDP 也可以通过使用它们的应用程序类型来区分,如表 T7-2 所列。

表 T7-2　TCP 和 UDP 在应用层的对比

协　议	服务类型	示　例
TCP	可靠的数据流传输	时间不敏感数据传输: 文件传输、web 页面(运行 web 服务器的嵌入式系统)、电子邮件
UDP	快而简单的单次块传输	短查询和短应答的网络服务: DHCP 和 DNS 　对时间敏感,可以忍受小包丢失的数据:音频、视频、重复的传感器数据

　　TCP 协议的固有属性使它适合传输不能容忍错误的非实时数据。接下来的 TCP 一节会深入探讨这些属性。

　　使用 TCP 的标准协议或网络服务的例子有:

- 文件传输协议(File Transfer Protocol,FTP)。
- 超文本传输协议(Hyper Text Transfer Protocol,HTTP)。
- 简单邮件传输协议(Simple Mail Transfer Protocol,SMTP)。

　　对嵌入式系统来说,任何有保障的信息交换都受益于 TCP 协议。其中一个例子就是为数字机床做配置的应用程序。

　　TCP 的可靠性产生的延时对实时数据流的传输质量有重大影响,比如视频、音频。另外一些类型的实时数据流可以容忍一定程度的错误率,所以,此时使用 UDP 协议更合适。应用程序产生的消息越短,错误概率就越小。

　　使用 UDP 的标准协议或网络服务的例子有:

- 域名系统(Domain Name Service,DNS)。
- 动态主机配置协议(Dynamic Host Config Protocol,DHCP)。
- 简单文件传输协议(Trivial File Transfer Protocol,TFTP)。

　　能够容忍数据传输中的错误的嵌入式系统可以受益于 UDP。事实上,Miciµm 有许多客户就仅仅使用 UDP/IP 的协议栈。周期性的收集传感器数据并将其传送,用以控制记录工作站的系统,就是很好的一个例子。如果系统可以忍受偶尔的记录丢失,那么 UDP 可能是最佳的可选协议了。

7.2 客户端/服务器架构

客户端/服务器(Client/Server,C/S)架构是 IP 网络上一个非常重要的应用程序,它将服务请求功能(客户端)和服务提供功能(服务器)分开。

客户端是一个执行单一任务的主机端程序。该任务仅用于主机本身,不和网络上的其他主机共享。当一个客户端向服务器请求内容或者服务时,服务器正在监听客户端发起的连接请求。由于服务器向客户们分享资源,所以服务器可以同时执行多个任务。

那些耳熟能详的网络功能,例如 Email、网站访问、数据库访问等,都基于 C/S 架构。比如说,web 浏览器就是一个运行在主机端的客户应用程序,可以访问世界上任何一个 web 服务器的内容。

大多数基于 IP 的应用程序都采用 C/S 架构,这样的应用程序有 HTTP、SMTP、Telnet、DHCP 和 DNS。客户端软件发送请求给一个或多个服务器。服务器接收请求,然后处理请求,并将被请求的信息返回给客户端。

在图 F7-1 中看到嵌入式系统也可以作为服务器端。

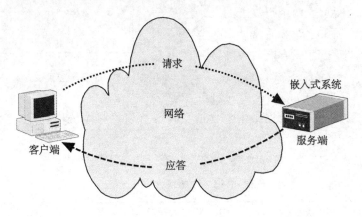

图 F7-1 C/S 架构

为了实现一个 C/S 架构,要在客户端和服务器之间建立一条连接。这也就是传输层协议起作用的地方了。

7.3　端　口

UDP 和 TCP 在各自的协议头中共享一些公用字段,比如端口号。端口(Port)是一个逻辑实体,允许 UDP 和 TCP 将一个数据段(数据报)与一个特定应用程序绑定。这也是为什么在单一客户端或服务器主机上,多个应用程序或者一个应用程序的多个实例可以重用 IP 地址的原因。

第 8 章主要介绍套接字概念,并说明如何用端口号区分同一台主机上运行的不同应用程序。

对于源主机端来说,目的地端口负责指出数据包要发向哪个逻辑实体。在 C/S 环境中,客户端指定的目的地端口一般根据请求的应用程序而定,互联网地址编码分配机构(Internet Assigned Numbers Authority,IANA)已经规定了各种类型的端口值。这些目的端口号也被定义在 RFC1700 文档中,很多是熟知端口。

图 F7-2 所示为两个很流行的服务:一个在端口 80 上回复请求的 web 服务器和一个在端口 25 上回复请求的 SMTP 邮件服务器。

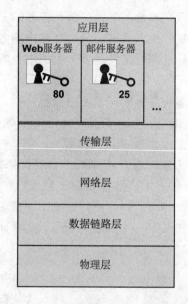

图 F7-2　服务器应用程序端口号的使用

虽然 UDP 提供的是无连接的服务,但工作站也必须能够决定数据报中包含信息将要分发给哪个应用程序。UDP 端口中包含此类信息。

表 T7-3 中是 RFC1700 中定义的一些流行的应用程序端口号。

表 T7-3　传输层端口号定义

端　口	传输类型	应　用	描　述
20	TCP	FTP 数据传输	FTP 用于数据传输的端口
21	TCP	FTP 控制传输	FTP 用于控制数据传输的端口
23	TCP	Telnet	提供远程登录的应用程序
25	TCP	SMTP	电子邮件应用
53	UDP	DNS	用于通过域名来获取 IP 地址的应用
67	UDP	BOOTPS	支持 DHCP(服务器)的应用

端 口	传输类型	应 用	描 述
68	UDP	BOOTC	支持 DHCP(客户端)的应用
69	UDP	TFTP	用于简单文件传输协议(TFTP)的端口
80	TCP,UDP	HTTP	因特网导航应用

对于源主机端,源端口可用于追溯数据包是由哪个应用程序发起的,并告知目的主机回复应该发往哪个逻辑实体。通常,在一个 C/S 环境中,客户工作站的源端口采用一个 1 024~65 535 间的值,但某些端口被 IANA 保留没有分配。

图 F7 - 3 是一个使用可用端口号的客户端,所使用的端口可以是 1 024~65 535 间的任何一个值。计算机和嵌入式系统都使用这种方式。

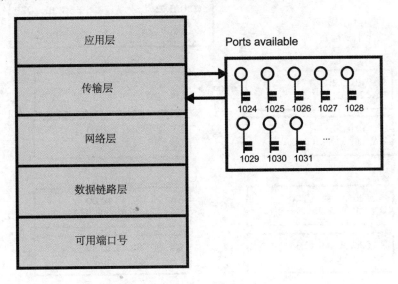

图 F7 - 3 客户端应用程序端口使用

用于表示 IP 地址和端口号的标记法是,用点分十进制标记 IP 地址,然后跟着冒号和端口号。比如 10.2.43.234:1589。

网络地址转换(Network Address Translation,NAT)已经在第 4 章中介绍过了。这里重点要介绍一种 NAT 的变种,称为端口地址变换(Port Address Translation,PAT),通过使用端口,可以减少将一系列私有网络主机连接到因特网主机所需的公网 IP 地址数量。端口号可以用来复用同一个公网 IP 地址,从而使一个私有网络可以访问因特网(图 F7 - 4)。这个图是家庭网关接入因特网的典型结构。

图 F7 - 4 中有一个 10.0.0.0 网段的私有网络,在网络的左侧。图中的路由器作为网络的默认网关。该网关有两个网卡:一个连接左侧的网络,也就是私有网络;另一个连接右边网络,也就是公网。

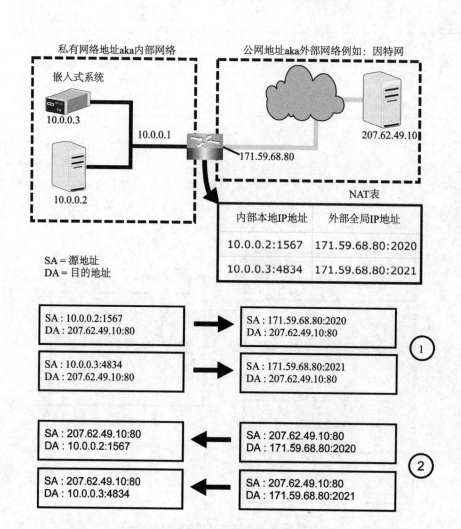

图 F7 - 4 端口地址转换

F7 - 4(1) 在图中,私有网络上的嵌入式系统,其 IP 地址为 10.0.0.2 和 10.0.0.3。
当它希望连接到因特网上一台 IP 地址为 207.62.49.10 的主机上时,嵌
入式系统的地址和源端口号(10.0.0.2:1567)被转换成公网地址,公网
地址由网关的公网地址。

171.59.68.80 加上一个端口号(2020)组成。类似地,PC 的私有网络地
址和源端口号(10.0.0.3:4834)也被转换成公网地址,公网地址由网关
的公网地址。

171.59.68.80 加上一个端口号(2021)组成。当私有网络注册的时候由
因特网服务提供商(ISP)指派公网地址。当私有网络运行的时候,所有
从私有网络到因特网的连接请求都会被转发出去。

私有网络和公网地址的对应关系存储在网关的表格中。由嵌入式系统和 PC 发出的数据包现在可以在公网上传播了,因为所有的地址都转换成公网地址了。在这个例子中,我们看到在私有网络和因特网之间建立了多个连接,重用了一个公网 IP 地址,却有多个源端口号。

F7 – 4(2)　当公网上的主机响应来自 IP 地址 171.59.68.80 的请求时,它的应答方式与应答公网其他主机的方式没有任何区别。当应答到达网关的时候,网关利用发出请求时创建的转换表,将目的地址 171.59.68.80 和端口号转换为对应的私有网络地址和端口号。只要建立了从私有网络出去的连接,这个过程就起作用了。

按照同样的机理,我们也可以讨论一下使用静态公网地址的私有网络主机访问公网主机的过程,就像在前面章节中讨论的那样。NAT 或 PAT 的过程发生在网关中。当对私有网络到公网或者相反方向做故障诊断的时候,首先要了解这个机理。

7.4　UDP

UDP 是一个第四层,即传输层的通信协议。很多人会认为 UDP 是一个已弃用的协议,因为很多日常使用的因特网服务都使用 TCP 协议,比如 web 浏览器和 Email。但事实并非如此。像前面提到的,有很多的服务和应用仅仅依靠 UDP 协议。虽然 UDP 在因特网上交换信息的时候仅提供有限的服务,然而这些服务通常就是所需的全部服务。

当两台主机使用 UDP 交换信息的时候,不会有信息来关注两台主机间的连接状态。主机 A 了解到它在与 B 收发数据,反之亦然,但仅此而已。两个主机端的 UDP 层并不知道发出的数据是否都被正确地接收了。这也就是说,如果有必要的话,主机 A 和 B 的 UDP 层上的应用层有必要实现某些机制来保证数据的正确传送。记住,UDP 是尽力交付的无连接的协议。

UDP 封装中用校验码来检测偶发的错误。当接收到 UDP 数据报的时候,UDP 会通过校验码检测数据的有效性。如果数据有效,UDP 层会将数据传送给应用层。否则数据报会在没有任何警告的情况下被丢弃。

UDP 头格式如图 F7 – 5 所示。当用第 6 章"故障诊断"中介绍的网络协议分析仪解析 UDP 数据报的时候,这些信息会十分有用。

由于 UDP 是一种简单的没有控制机制的协议,执行起来非常快。然而数据报可能由于各种原因丢失,比如网络阻塞或者接收端没有足够资源。这种情况在嵌入式的目标板中经常发生,因为嵌入式目标板拥有的资源有限,特别是用于缓存数据的 RAM。

UDP 常用于这样的系统,客户端和服务器的信息交换是用短客户请求(short

0	1	2	3	4	5	6	7	8	9	1 0	1 1	1 2	1 3	1 4	1 5	1 6	1 7	1 8	1 9	2 0	2 1	2 2	2 3	2 4	2 5	2 6	2 7	2 8	2 9	3 0	3 1

源端口号	目的端口号
数据报长度	数据校验和
数据	
...	

图 F7 - 5　UDP 头字段

client requests)产生短服务响应(short server replies)的方式来完成。比如都使用 UDP 的 DHCP 和 DNS。

当一个使用 DHCP 的主机需要获取 IP 地址的时候,它以广播消息的形式发送一个 DHCP 请求,用来寻找 DHCP 服务器,请求获取一个 IP 地址。这是一个短请求,因为构建该请求不需要很多字节。服务器的回复也十分短,仅包含服务器分配的 IP 地址信息。

另一个例子是用 DNS 来获取与某个域名或 URL 相对应的 IP 地址。请求是简短的:"这个站点的 IP 地址是什么?"而回答也是简短的:"这就是它的 IP 地址!"

由于工业控制应用一般只需要传输相对小和持续时间较短的数据,我们很容易想象出大多数的工控应用中是如何使用 UDP 的。另外一种情况是传送者以一个固定的周期来传输数据,该周期要让嵌入式目标硬件很容易适应。另一个要求就是,系统要对丢包进行处理。

如果系统满足了这些要求,那么系统的 TCP/IP 协议栈就可以不用实现 TCP 协议。TCP 模块比 UDP 模块需要更大的代码空间(参见 3.2.3 节"占用空间")。如果仅仅使用 UDP,整个系统的占用空间就从根本上小了很多。对大多数嵌入式系统来说,这是个很好的状况。

鉴于 UDP 是一个轻量级协议,从目标板到任何其他主机的 UDP 传输都可以将两个设备间的吞吐量最优化。

在许多嵌入式应用中,目标板很可能是一个慢消费者(slower consumer),尤其是当生产者是 PC 的时候。从 PC 向嵌入式目标板传输 UDP 数据可能使网口无法承受,可能导致仅有一部分流量可以被嵌入式目标板接收。在这种情况下,系统设计者就必须考虑 UDP 数据报的丢失是否会带来严重影响。

　UDP 性能影响

如果 UDP 生产者比消费者速度快,存在以下影响性能最优化的潜在限制因素:
(1) 网络驱动接收发向它的数据帧的能力。
(2) TCP/IP 协议栈和它的网络驱动将以太帧移动至网络缓冲区的能力。

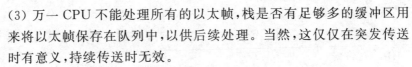

(3) 万一 CPU 不能处理所有的以太帧,栈是否有足够多的缓冲区用来将以太帧保存在队列中,以供后续处理。当然,这仅仅在突发传送时有意义,持续传送时无效。

这种情况往往发生在传输那些对时间敏感的信息,比如音频或视频内容。这时,及时的信息传输比有保证的信息传输更重要。

如果在一个系统中加入控制机制来保证信息的可靠传输,很可能就造成延时,造成声音转换或视频流中的信息质量下降。早期 IP 语音(Voice over IP,VoIP)系统发生喀喇音、断续音大多都是信息延时造成的。UDP 可以解决这些问题,因为它是一种轻量化的协议,减少了数据处理需要的额外负担,但这不意味着系统会因此不丢失数据。系统设计者必须考虑应用程序是否可以在丢失一些数据包的时候正常运行。新的用于 VoIP 的编解码器(codecs)就考虑了相关问题。

本书第 2 部分有一些工程实例,演示了在一块评估板上如何检验这类问题,同时也用到了在前面第 6 章"故障诊断"中提到的 μC/IPerf。

7.5　TCP 详解

与无连接的 IP 和 UDP 协议不同,TCP 是面向连接的。这也就是说这种连接需要包含以下 3 个步骤:

(1) 建立连接。

(2) 传送信息。

(3) 关闭连接。

图 F7 - 6 为 TCP 的协议头。当用网络协议分析仪解析 TCP 数据段的时候,此图便是很有用的参照。

"面向连接"这个词意味着 TCP 通信中的两个主机端都知道彼此的存在。TCP

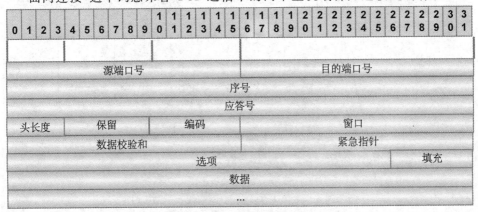

图 F7 - 6　TCP 协议头字段

不是一个连接而是两个：一条从 A 到 B,另一条从 B 到 A。全双工连接的建立是用图 F7 - 6 中 TCP 头部的"Code"字段来完成的。这个字段定义了数据段功能或者一种传输特性。

6 位的 Code 字段的每一位都对应一个命令。当某一位的值被置为 1 时,该命令被激活。Code 字段的 6 个命令如下：

- URG：紧急。
- ACK：应答。
- PSH：上推。
- RST：复位。
- SYN：同步。
- FIN：完成。

表 T7 - 4 所列的命令在建立连接的语境中使用。

表 T7 - 4　TCP Code 字段(6 位)

URG	紧急(Urgent)——如果该位为 1,表示该数据段包含的是紧急数据。TCP 头部的紧急指针(Urgent Pointer)字段指向一系列紧急数据的最后一个字节的序号,换句话说,也就是数据段中非紧急数据的开始
ACK	应答(Acknowledge)——用于接收和确认 TCP 连接请求的位。该命令要和 TCP 头部的应答(Acknowledgement)字段共同使用
PSH	上推(Push)——如果该位为 1,上推命令强制让接收者的 TCP 协议栈立即将数据上推至应用层,而不用等待其他数据段
RST	复位(Reset)——该位表示立即中断一个 TCP 连接,而不使用 FIN 或者 ACK 命令。该位在异常传输条件下使用。网络浏览器(如 Internet Explorer)就是利用它,不通过正常的关闭步骤来关闭一个连接
SYN	同步(Synchronize)——该位通过定义用于源和目的端的第一个数据序号来请求建立连接。第一个序号被称为初始序号(Initial Sequence Number,ISN)
FIN	完成(Finalize)——该位用于让接收者终止 TCP 连接

表 T7 - 4 列出的并在图 F7 - 7 中描绘的 6 位 Code 字段将用于下面的连接建立机制中。

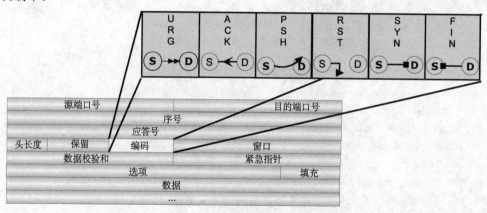

图 F7 - 7　TCP Code 字段(6 位)

7.6 TCP 连接阶段

TCP 的连接机制叫做三次握手(Three - way Handshake),如图 F7 - 8 所示。

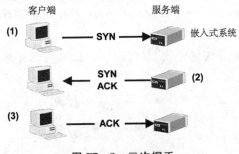

图 F7 - 8 三次握手

F7 - 8(1) 客户端发送一个 SYN 命令来向服务器请求建立一个客户端到服务器的连接。

F7 - 8(2) 服务器发送一个 ACK 命令响应建立连接的请求,并在同一条消息中也用 SYN 命令来请求建立一个服务器到客户端的连接。

F7 - 8(3) 客户端用 ACK 命令确认连接建立。

建立了两条连接:一条从客户端到服务器的连接,一条从服务器到客户端的连接。通常,建立两条连接必须要用 4 条消息,每条连接需要两条消息。但是,服务器在同一条消息中响应客户端的连接请求,同时也请求建立一条到客户端的连接,这样就省去了一条消息。这样使用 3 条消息就有了三次握手过程中的 4 个结果。

如图 F7 - 9 所示,一旦客户端和服务器都知道连接已经建立,就可以交换数据

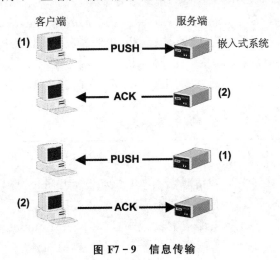

图 F7 - 9 信息传输

了。服务器会对每个从客户端传输到服务器的包进行应答,反之亦然。发送数据时使用的 PUSH,会告知 TCP 栈立即将数据送往应用程序。发送数据的时候也可以不设置 PUSH 位。这种情况下,数据积攒在接收缓冲区中,然后根据缓冲区设置情况立即或稍后发送出去。

F7-9(1) PUSH 命令强制接收工作站发送数据给应用程序。

F7-9(2) 使用 ACK 命令,所有接收到的 TCP 数据都会在接下来传给对方的数据包中应答。

一旦数据传输完成,双向连接就会被客户和服务器分别关闭。如图 F7-10 所示,用到了 FIN 命令。

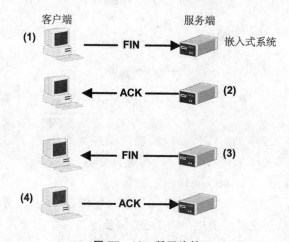

图 F7-10 断开连接

F7-10(1) 正常的连接中断是通过 FIN 命令来完成。

F7-10(2) FIN 命令也要通过 ACK 命令响应。

可以只关闭其中的一条链路。比如,当客户端向服务器请求相当大量的数据时,客户可以关掉它到服务器的连接,但是从服务器到客户端的连接将会一直存在,直到服务器向客户端的数据传输完毕。这种机制叫做半关闭连接(half-closeconnection)。当服务器关闭连接的时候,将会执行图 F7-10 中的第三和第四步。

7.7 TCP 序列化数据

当我们写一封有许多页的信时,会在每一页上标上序号:1/4、2/4,等等。类似地,TCP 在头部加入序号,让接收端对不同的数据段按序恢复。

图 F7-11 显示了 TCP 头部用来表示序号(sequence number)的区域。序号是一个 32 位的字段。第一个 TCP 数据段用于建立连接的初始序号是一个由 TCP 协议栈随机选择的号码。μC/TCP-IP 会为用户处理这些的,嵌入式开发者不需要关心这个字段的随机性。序号是相对的而不是绝对的。从这个角度看,序号用于表示 TCP 数据段携带的 TCP 有效载荷的一个相对指针。

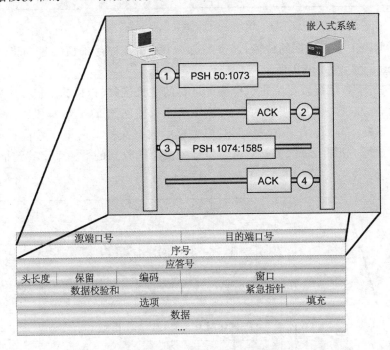

图 F7 - 11 序号字段(32 位)

F7 - 11(1)　序号是 50。数据段携带 1024 字节数据,也就是说如果第一个数据段携带的第一个字节的索引是 50,那么最后一个字节的索引就是 1073。那么下一个序号就是之前的序号值加上数据段字节大小(50 + 1024 = 1074)。

F7 - 11(2)　一旦一个数据段已经有应答了,就准备传输下一个数据段。

F7 - 11(3)　又有 512 字节传完,现在的序号从 1074 开始,所以指针指向 1585 这一最后字节。

F7 - 11(4)　这个数据段也有应答了。

　　如果数据段是乱序接收的,TCP 会重新将其排序。现在,这是一个必备的功能。比如,简单邮件传输协议(SMTP)依赖 TCP 并确保一封 Email 的文本和附件按顺序接收。类似地,超文本传输协议(HTTP)也依赖 TCP 协议,确保一个 web 页面上的多媒体内容被放置于合适的位置。如果位置不正确,那就不是 TCP 协议本身的错误了。

7.8 TCP 应答数据

序号也用于检查数据的传输,通过发送一个基于该序号的应答号(acknowledgement number)的方式来实现。

当一个 TCP 数据段由源主机传送并被目的主机接收时,目的主机要对数据段的成功接收进行应答。为了完成这个功能,目的主机使用该 TCP 数据段的序号值来创建应答号,该应答号将用于下一次和对应主机的数据交换。由于序号被看成是指向有效负荷数据的指针,所以应答号就是目标主机期待收到的下一个字节的指针值,如图 F7 - 12 所示。

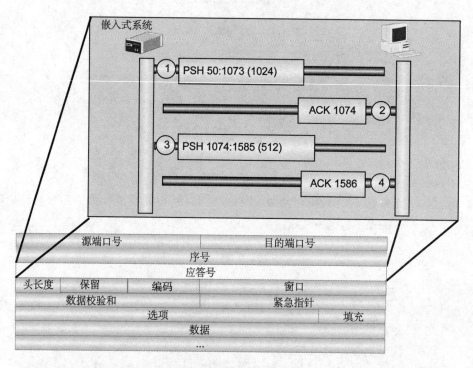

图 F7 - 12 应答号(32 位)

应答号是与序号相对应的。图 F7 - 12 用了同一个例子,但是在步骤 2 和步骤 4 中 ACK 加上了序号。

F7 - 12(1)　　源主机发送 1024 字节、序号为 50 的数据段。

F7 - 12(2)　　应答号为 1074,即指向刚收到的索引为 1073 字节的下一个字节的指针值。

F7 - 12(3)　　源主机端发送 512 字节、序号为 1074 的数据段。

F7 - 12(4)　　应答号为 1586。

应答使用缓冲区

当一个 TCP 数据段被接收的时候，必须发送应答回去。如果系统正在发送数据，那么应答可以放在 TCP 数据段中一并发送。否则，就要生成一个不含数据的数据段来应答。

如果系统由于所有的缓冲区都在用于接收而没有更多的资源时，就会出现没有缓冲区可用于对之前接收的数据进行应答的问题。

TCP/IP 协议栈，比如 Micriμm 的 μC/TCP-IP 按照 RFC1122 实现了延时的应答(delayed acknowledgment)。延时应答允许接收站每接收 2 个数据段发送一个应答，而不是每接收一个就发送应答。当一个系统正在接收一个数据流时，这种技术可以缓解接收任务的压力，而且能更好地使用缓冲区。要知道，当使用一个网络协议分析仪的时候，如果注意到这种不连续行为，一定不要认为 TCP/IP 协议栈没有正常工作，而实际上这正是预期的正确行为。

另一个有趣的地方是关于三次握手机制中的序号和应答号。对 SYN 消息的响应 ACK 消息，其应答号是 SYN 消息的序号值加 1(图 F7 - 12)。接收者告诉发送者接下来要发送哪个字节。发送端的下一个 TCP 数据段会使用应答号的值来作为它的序号。

7.9　TCP 传输保证

当数据段没有传送到目的地或者出现错误时，TCP 使用一种机制使得源主机重传该数据段。TCP 使用序号、应答号和定时器来保证数据的传输。在一个特定时间段后，若一个发送主机的 TCP 层没有接收到已发的数据段的应答信息时，它将重传该数据段。这种机制最初用于重传丢失或错乱的数据段。在这个机制要加入定时器功能。

往返时间(Round - Trip Time, RTT)是指从发送一个 TCP 数据段(SYN 或 PSH)到接收其应答(ACK)之间所用的时间。RTT 会根据连接的持续时间更新，并且根据网络拥塞情况而变化。

图 F7 - 13 演示了如何计算 RTT。

RTT 用于计算一种重要的超时，若超时则重传丢失或损坏的数据段，也被称为重传超时(Retransmission Time-Out, RTO)。RTO 是 RTT 的一种功能，在 μC/TCP-IP 的实现中有一个固定的初始值。

当 TCP 在 RTO 时限内没有接收到应答消息时，传送端主机就重传该数据段，然后 RTO 加倍并重新初始化。每当超时发生，传送主机重传一次数据段，直到 RTO

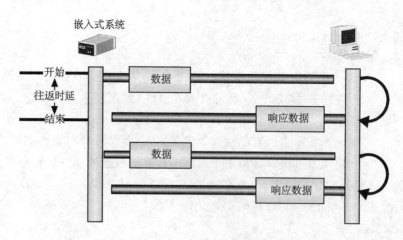

图 F7 - 13   往返时间

达到最大值 96 秒。

如果仍然没有接收到应答,传输主机就关闭/重启该连接。

在图 F7 - 14 的 RTO 示例中,初始重传超时被设置为 1.5 秒。

F7 - 14(1)　一个 512 字节的数据段被传送。

F7 - 14(2)　该段被应答。

F7 - 14(3)　第二个 512 字节的数据段被传送。

F7 - 14(4)　由于第二个数据段没有在 RTO 内被应答,它被重传,RTO 也被加倍成 3 秒。

F7 - 14(5)　由于该段在 RTO 内仍然没有被应答,它又被重传,RTO 被加倍成 6 秒。

F7 - 14(6)　由于该段在 RTO 内仍然没有被应答,它又被重传,RTO 被加倍成 12 秒。

F7 - 14(7)　由于该段在 RTO 内仍然没有被应答,它又被重传,RTO 被加倍成 24 秒。

F7 - 14(8)　由于该段在 RTO 内仍然没有被应答,它又被重传,RTO 被加倍成 48 秒。

F7 - 14(9)　由于该段在 RTO 内仍然没有被应答,它又被重传,RTO 被加倍成 96 秒。

F7 - 14(10)　由于该段在 RTO 内仍然没有被应答,它又被重传,RTO 此时保持为 96 秒。

F7 - 14(11)　由于该段在 RTO 内仍然没有被应答,它最后一次重传。

F7 - 14(12)　传输取消并重置连接。

这个思路在几步之后变得清晰了,但还需要完整的过程来解释它是如何结束的。当 RTO 达到 96 秒的时候,TCP 重置(RST)了该连接。

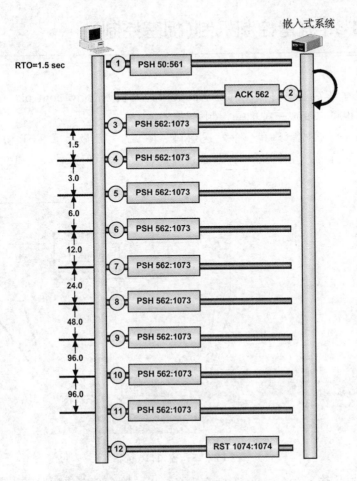

图 F7 - 14　RTO(重传超时)示例

 重传对内存的影响

　　重传对性能有很大的影响。为了重传一个数据段,TCP 栈必须缓存正在传输的数据段,直到接收到一个应答。这也意味着该网络缓冲区一直被占用,直到应答发生。在一个 RAM 有限的嵌入式系统中,这将严重抑制系统的性能。

　　序号、应答号和重传超时是通过 TCP 的头字段和定时器来实现,用来保证传输过程。网络中,包很可能损坏或丢失。当发生这些情况时,TCP 就起作用了。因此那些对数据传输可靠性比时间敏感性更重要的应用来说最好使用 TCP 协议。这也是为什么 Email、文件传输,还有所有的 web 服务都使用 TCP 的原因。

7.10 TCP 流量控制机制(拥塞控制)

TCP 一个非常重要的特性就是它的流量控制机制(flow control)。通过添加额外的功能它也可以变成一种拥塞控制机制。

TCP 有一个接收窗口和一个发送窗口。图 F7-15 显示了 TCP 协议头部中窗口字段所处的位置。这个字段是 TCP 接收窗口大小,用于让对方主机知道现在的窗口大小。

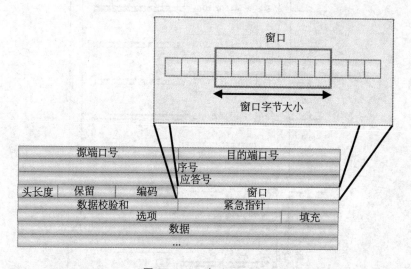

图 F7-15 窗口(16 位)

窗口字段传输到对端主机,告知它现在可以传输多少字节数据,而不会产生接收缓冲区溢出。TCP/IP 协议栈,比如 μC/TCP-IP,可以让用户来配置接收窗口的初始值。如何计算这个参数的大小(对达到最优性能十分重要),请参见 7.11"TCP 性能优化"。

当接收到数据时,窗口值要减去接收到的字节数。当接收目标处理完接收到的数据时,窗口值要加上已处理的字节数。通过这种方式,TCP 发送主机就知道它是否可以继续发送了。

如果窗口字段值太小,发送主机在继续发送前就必须等待,因为已经达到了发送的极限。在一种极端的情况下,发送主机必须等待发出的每个数据段都有了应答才开始传送下一个数据段。这种等待很大程度上减小了吞吐量。另一方面,如果窗口值设置得太大,发送主机可能发送很多的数据段,造成接收主机超负荷。窗口字段提供了流量控制。因为该字段用于连接的双方主机,双方主机的 TCP 模块均使用它来调整传送速率。

图 F7-16 显示了 TCP 窗口使用的例子,该示例假设 TCP 的接收窗口大小为

1460 字节。选这个值是为了立即显示出窗口机制的操作,因为第一个接收的包将会填满 TCP 接收窗口。为了演示,它也用到了相对的序号和应答号。换句话说,发送的第一个包中第一个字节序号为 1。

例子指出了 TCP 接收窗口大小如何随着数据的接收和处理而变化,为何被称为 TCP 滑动窗口(TCP sliding window)。

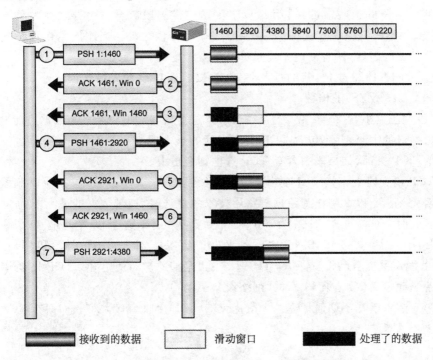

图 F7 - 16 TCP 接收窗口用法

F7 - 16(1) 一个 1460 字节的 TCP 数据段被传送。接收窗口减为 0。

F7 - 16(2) 第一个段被应答。接收窗口(目前为 0)发送到传送主机。这是一条零窗口消息。传送主机现在知道它必须停止传送。

F7 - 16(3) 用于接收第一个数据段的网络缓冲区现在空闲了。接收窗口大小增为 1460,并告知传送端主机。这是一条窗口更新消息。传送主机现在知道它可以恢复传送了,并最大可传送 1460 字节。

F7 - 16(4) 一个 200 字节的 TCP 数据段被传送。接收窗口减为 1260。

F7 - 16(5) 现在假设嵌入式系统正在忙,而不能处理和应答该数据段。一条携带当前接收窗口大小 1260 字节的窗口更新消息被发出。

F7 - 16(6) 一条 1260 字节大小的 TCP 数据段被传送。接收窗口减为 0。

F7 - 16(7) 第二第三个段被应答。接收窗口减为 0。

F7 - 16(8) 用于接收第二第三段的网络缓存空闲。接收窗口增为 1460,然后将其告知发送主机。

F7 – 16(9)　1460 字节大小的 TCP 段被传送。接收窗口再减为 0,等等。

从上例可推断,这不是对性能的最优配置,然而在一个 RAM 有限的嵌入式系统中,这是一个可以让 TCP 发挥作用的配置。这种配置可用于多种可能的场景。比如示例中的第 5、6 步,此处假定接收窗口大小为 1460 并另有一个缓冲区用于接收包。如果使用单一的接收缓冲区,第 6 步中传送的数据段就会被舍弃。另一种可能是 200 字节数据段的应答发生在 1260 字节数据段传输之前。当用网络协议分析仪分析捕获数据的时候,所有的这些场景都必须要考虑到。

按照 RFC1323 规定,我们推荐将 TCP 接收窗口设置成最大段大小(Maximum Segment Size,MSS)的倍数。

"最大段大小"这个词事实上存在误解。这个值实际上只是一个数据段能携带的最大数据量的大小,并不包含 TCP 头。实际的最大段大小可能要多一个大于 20 字节长的 TCP 头部,如果段中含有 TCP 选项则会更大。

TCP 最大段大小指 TCP 数据段的数据字段的最大字节数,与其他影响段大小的因素无关。当以太网作为数据链路层技术的首选时,携带数据的最大能力为 1500 字节。此时 TCP 的 MSS 就为 1460,因为要从 1500 这个以太网最大传输单元(MTU)中减去 20 字节 IP 头和 20 字节的 TCP 头。对大多数的计算机用户而言,MSS 由操作系统自动设置。μC/TCP-IP 中也是如此。当使用 μC/TCP-IP 时,MTU 由设备驱动定义(参见第 14 章的"网络设备驱动")。

第 6 节中解释了如何计算一个最优化的 TCP 接收窗口大小和如何在 μC/TCP-IP 中进行配置。

7.10.1　Nagle 算法

让一个应用程序重复地传送小包(比如,1 字节)是十分低效的,因为每个包有一个 40 字节的头部(20 字节 TCP 头,20 字节 IP 头),这样会产生大量的额外开销。Telnet 会话就经常有这种情况,由于键盘每产生 1 字节就会被立即传输。如果是在慢连接上传输,情况会更加糟糕。可能同时会有大量的这种小包传输,就可能会导致一种拥塞问题(TCP 此时不能够应答从而导致连接被重置)。这也被称为"小包问题(small packet problem)"或者"tinygram"。这个问题可以用 RFC896 中的 Nagle 算法解决。

Nagle 算法通过将小的 TCP 数据段组合起来,并一次性发送来解决这个问题。尤其是,一旦有传输的包没有被应答时,传输方将持续缓存输出数据,直到准备好一个完整的包。

7.8 节"TCP 应答数据"中介绍到,μC/TCP-IP 实现了延时的应答。也就是每两个包应答一次,用来缓解网络和协议栈的负担。

Nagle 算法在使用了延时应答的时候不能正常工作。它可能会让一个面向实时应用的嵌入式系统达不到预期效果。任何需要发送小量数据并期待快速响应的应用都不能适当地响应，因为算法的目的是以网络延时的牺牲来增加吞吐量。传输主机上用 Nagle 算法聚集数据，直到接收到第一个数据段的应答时才会发送第二个数据段。

延时应答中，接收主机没有接收到两个数据段，或者在接收到第一个数据段之后 200 ms 时间内没有接收到第二个数据段，不发送应答。当一个系统同时使用 Nagle 算法和延时应答时，进行了两次成功的传输并想得到应答数据的应用就不得不忍受最大 500 ms 的延时。这个延时是 Nagle 算法等待应答数据的时间和用于在一次传输中延时应答所用的 200 ms 的定时之和。

这里提供另一种因合用两种机制而造成系统性能低效的情况。如果要传输的数据总和达到了偶数个完整 TCP 段加上一个小的最后一段，那么将会工作良好。TCP 数据段都将被应答（通过延时应答机制自动应答偶数个数据段）。最后一段将由 Nagle 算法来发送，因为之前的都被应答了，最后一段也会被接收方应答，从而完成传输过程。

然而，如果数据总和为奇数个完整 TCP 段加上一个小的最后一段，那么最后一个完整段将要忍受 200 ms 的延时，因为它被单独发送。Nagle 算法将等待最后一个完整 TCP 段的应答，然后传输最后一个小段并完成传输。在一个高带宽的连接中，所有的数据都可以在很短的几毫秒时间内传输完。若加上 200 ms 的延时就很大程度上降低了性能。经数据分析，如果 1MB 的数据利用系统带宽在 500 ms 内传输完，吞吐量就是 16Mbit/s。加上 Nagle 算法/延时应答产生的额外的延时，吞吐量就降到了 11.43Mbit/s。

对于实时数据传输和低带宽系统来说，关闭 Nagle 算法似乎更可取。系统设计可能无法容忍由减少 tinygram 问题所增加的延时。该系统也许仅设计用于小包的传输。实际上不推荐关闭 Nagle 算法。就像 Nagle 先生自己建议的，应用程序最好在传送数据前将数据缓存下来，并避免发送过小的数据段。如果实在无法避免，唯一的解决方法就是关闭 Nagle 算法。

BSD 套接字（见第 8 章"套接字"一节）使用了 TCP_NODELAY 选项来关闭 Nagle 算法。µC/TCP-IP 实现了 Nagle 算法，然而 µC/TCP-IP BSD 和专有的套接字 API 目前并没有实现 TCP_NODELAY 选项。

7.10.2　糊涂窗口综合症

TCP 窗口机制还有另一个问题，称为糊涂窗口综合症（silly window syndrome）。它发生在 TCP 接收窗口几乎满了的时候。糊涂窗口综合症可能引发 tinygram 问题。

在窗口机制中可以看到,当段被接收的时候,TCP 接收窗口将会减小,直到接收者处理完数据之后才会增加。在一个资源有限的嵌入式系统上,这个情况尤其容易发生,从而导致糊涂窗口综合症。当 TCP 接收窗口大小减小,并且通知了发送者后,发送者将会发送越来越小的包来达到要求。TCP 接收窗口大小变得足够的小时,系统就变得"低能了"。变小的数据段传输就可能引发上面提到的 Nagle 问题。

RFC♯812 的第 4 节中描述了在传送和接收中低能窗口综合症的解决方法,另外,RFC♯1122 的第 4.2.3.3 节描述了接收方的信息,第 4.2.3.4 节描述了传输方的信息。解决方法就是等待,直到 TCP 接收窗口可以达到至少一个完整 TCP 段(之前章节定义的 MSS)时增加。通过这种方式,TCP 接收窗口很可能减小到一个很小的值(甚至为 0),导致传送主机不能够发送,直到 TCP 接收窗恢复到至少一个完整 TCP 段大小。μC/TCP-IP 中实现了这种解决方法。

7.11 TCP 性能优化

数据传输的性能与第 2 章中介绍的以太网控制器驱动的性能还与 CPU 时钟频率有关。我们已经讨论过了与网络缓冲区的可用性相关的性能概念。TCP 性能优化是与可用的缓冲区数量及其使用方法直接相关的。在这一节中,缓冲区对于性能最重要的影响体现在 TCP 接收窗口大小上。

关于 TCP 性能的研究引导出了带宽延迟积(Bandwidth-Delay Product,BDP)的概念。BDP 是一个决定网络中可传输的数据量的等式。它是网卡可用带宽和网络延时的乘积。

网卡可用带宽很容易计算,尤其是那些速度为 10bit/s、100bit/s 或 1000Mbit/s 的标准以太网网卡。由第 2 章可知,在一个典型的嵌入式系统中,系统很可能无法以线速发送数据。本书的第二部分会讲解一种评估以太网控制器性能的方法,利用 μC/IPerf(第 6 章"故障诊断"中介绍的)来完成。

延时就是之前章节提到的 RTT。估计往返时间最好的方法就是,使用 ping 工具从一台主机 ping 另一台主机,从而利用 ping 返回的响应时间,这部分在 6.1.2 节"ping"中有介绍。

$$BDP(字节)＝总可用带宽(KB/s)×往返时间(ms)$$

这里是用千字节每秒乘以毫秒从而得到字节,这也就是 BDP 的测量单位。BDP 是一个非常重要的概念,它直接关系到 TCP 接收窗口的大小值,窗口也用字节做单位。TCP 接收窗口大小是在微调 TCP 的时候的一个最重要的因素。它决定了在发送主机端等待应答的时候可以发送多少数据。它也是 BDP 的本质。

如果 BDP(或 TCP 接收窗)比延时和可用带宽的乘积小时,系统将不能发挥连接的最大能力,因为客户端不能足够快地发送应答。一次传送不能超过 TCP 接收窗的延时值,因此 TCP 接收窗就必须足够大,才可以达到最大可用带宽和最大预期延时之积。换句话说,网络中必须要有足够的包在传输,以确保 TCP 模块在更长的延时期间能有足够的包可以处理。

BDP 的结果可以用来近似地作为 TCP 接收窗口的值。

假设可用总带宽为 5 Mbps,而嵌入式系统运行在一个所有主机都距离足够近的私有网络中,因此到任何设备的 RTT 可以近似认为是 20 ms。

BDP 计算如下:

$$
\begin{aligned}
BDP &= 5 \text{ Mbit/s} \times 20 \text{ ms} \\
&= 625 \text{KB/s} \times 20 \text{ ms} \\
&= 12\,500 \text{ B}
\end{aligned}
$$

按照推荐,TCP 接收窗口应该为 MSS 的倍数。在嵌入式系统中,MSS 设置为 1460:

$$
\begin{aligned}
\text{TCP 接收窗口大小} &= \text{Roundllp}(BDP/1460) \times 1460 \\
&= \text{Roundllp}(12500/1460) \times 1460 \\
&= 9 \times 1460 \\
&= 13\,140
\end{aligned}
$$

上例中的 TCP 接收窗口配置需要 9 块网络缓冲区。但并不是说系统只需要 9 块缓冲区。系统还需要一些网络缓冲区来存储那些必须传输的数据。即使系统没有数据要传输,也需要网络缓冲区来为接收的 TCP 段发送 ACK 消息。所以,需要配置多于 9 块缓冲区。按照大拇指规则(rule of thumb),需要添加额外的 3~4 块缓冲区才足够。在此例中,添加比例接近 50%。

之前的例子假设了一个所有节点都在同一个本地网络的私有网络——而不是分布式的网络。当一个系统不得不和公网通信时,RTT 就会变得很大了。让我们以同一个 5 Mbps 带宽、300 ms 的 RTT 的系统来做例子。此时,BDP 为:

$$
\begin{aligned}
BDP &= 5 \text{ Mbit/s} \times 300 \text{ ms} \\
&= 625 \text{ KB/s} \times 300 \text{ ms} \\
&= 18\,700 \text{B}
\end{aligned}
$$

而 TCP 接收窗为:

$$
\begin{aligned}
\text{TCP 接收窗口大小} &= \text{往返延时}(187\,500/1460) \times 1460 \\
&= 129 \times 1\,460 \\
&= 188\,340
\end{aligned}
$$

不难想象,这是一个 RAM 有限的嵌入式系统不可能达到要求的配置。这并不意味着系统无法工作,而仅仅意味着系统性能不会最优化。TCP 保证传输,然而如果没有足够多的缓冲区,由于流量控制效果或者大量的重传请求,连接就可能会变得非常慢。

本书第 2 部分提供了示例代码,来评估基于硬件处理能力和内存可用性的系统性能。

在 μC/TCP-IP 中,接收窗口大小在 net_cfg.h 中用 #define 来配置(参见 12 章 "目录和文件",和附录 C"μC/TCP-IP 配置与优化")。

```
#define NET_TCP_CFG_RX_WIN_SIZE_OCTET      13140
#define NET_TCP_CFG_TX_WIN_SIZE_OCTET      13140
```

TCP 接收和发送窗口大小:一般会把 TCP 发送窗口大小和 TCP 接收窗口大小设置成同样的值,因为它们都基于同样的 BDP 计算方式,都需要通过连接的双方共同配置和协商。然而,如 TCP 协议头中显示的那样,仅使用接收窗口大小和对方主机交流。

 TCP 窗口大小:将 TCP 接收窗口设置成比可用的接收缓冲区数大是不好的配置。此例中,传送者认为当接收者没有资源用于处理数据的时候,它仍然可以发送数据。这样的配置会导致大量的丢包,使得出现不必要的重传并大大地降低连接的速度。

永远不要把 TCP 接收窗口大小设置成比配置的接收缓冲区数大。

用带宽延时积来估算合适的 TCP 窗口大小。

7.11.1 多重连接

前一节中的讨论对整个系统都是有用的。如果系统只有单一的 TCP 连接活动,所有的带宽和网络缓冲区都被该 TCP 连接使用。如果系统此时有多个连接存在,那么带宽就必须被所有活动的 TCP 连接共享。

根据将 TCP/IP 嵌入到产品中的原因,如果系统参数事先已知或者可以由硬件和模拟代码得出,是必须做系统性能评估的。这些将在本书第 2 部分介绍。

7.11.2 持续定时器

使用 TCP 接收窗口,接收者可以指定它想要从发送者那里接收到的数据量,从而实现流量控制。

如图 F7-17 所示,当 TCP 接收窗变为 0 时,发送者停止发送数据。ACK 的传输很可能不可靠。如果 ACK 丢失了,接收者将会一直等待 ACK,而发送者也将等待接收 TCP 接收窗口更新信息。这样就可能造成死锁。如果发送者使用一个持续定时器(Persist Timer),允许定时器周期性的查询接收者从而了解窗口大小是否已经增加了。这样就可以防止死锁发生。这些发送者发出的数据段被称为窗口探测包(window probes)。它们会一直发送——不会超时。

F7-17(1) 发送一个 1024 字节的 TCP 数据段。

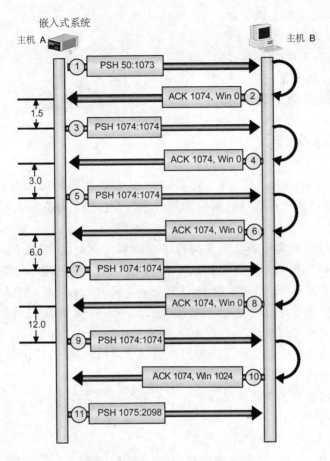

图 F7 - 17 持续定时器的使用实例

F7 - 17(2) 接收主机响应该段,同时通知它的 TCP 接收窗口满了(Window 为 0)。

F7 - 17(3) 在第一次持续定时器超时后,主机 A 发送一个窗口探测数据段。

F7 - 17(4) 主机 B 发送窗口更新包,但此时窗口仍然为 0。

F7 - 17(5) 在第二个持续定时器超时后,主机 A 发送一个窗口探测数据段。

F7 - 17(6) 主机 B 发送窗口更新包,此时窗口仍然为 0。

F7 - 17(7) 在第三个持续定时器超时时,主机 A 发送一个窗口探测数据段。

F7 - 17(8) 主机 B 发送窗口更新包,此时窗口仍然为 0。

F7 - 17(9) 在第四个持续定时器超时时,主机 A 发送一个窗口探测数据段。

F7 - 17(10) 主机 B 处理包并释放 TCP 接收窗口中的空间。

F7 - 17(11) 主机 A 现在可以传送更多数据。

图 F7 - 17 中的持续定时器大小一般要使用 TCP 指数回退(TCP exponential back off)来计算。

● 第一次超时算成典型局域网连接的 1.5 秒。

- 第二次乘以 2,变成 3 秒。
- 乘以 4 变成 6 秒(4×1.5)。
- 然后乘以 8 变 12(8×1.5)。
- 等等(指数变化)。

然而,持续定时器往往限制为 5~60 秒。

7.11.3　保持存活

保持存活(Keepalive)是 TCP 连接的两次活动之间的最大时间间隔。许多 TCP/IP 协议栈将最大不活动时间设置为 2 小时。连接上每有一次活动,定时器被重启。

保持存活概念非常简单。当保持存活定时器为 0 时,主机发送一个保活探针(keepalive probe),即一个不携带数据并且 ACK 位打开的数据包。它就像是 TCP 规范所允许的重复 ACK 那样。由于 TCP 是一个面向流的协议,所以远程端点不会反感接收空包。也就是说,发送主机将接收从远端主机(不需要支持保持存活,仅是 TCP/IP)发来的不带数据却设置了 ACK 的回复。

如果发送主机接收到保持存活的探针的回复,可以断定连接仍然存活。而用户应用完全不知道这个过程。

保持存活的两个主要的用法:

- 检查不活动对端。
- 防止由于网络不活动而断开连接。

保持存活十分有用,如果其它主机失去了连接(比如重启),即使没有活动的流量,相关主机的 TCP/IP 协议栈也会注意到连接断开了。如果保持存活探针没有被对端主机回复,可以认为连接无效,并可以开启修正步骤。

保持存活实际上用于让空闲连接一直保持活动。TCP 保持存活不是必须的,Micriμm 也没有在 μC/TCP-IP 中实现该功能。但是,如果其他主机实现了保持存活的话,μC/TCP-IP 也会回复保持存活消息。

7.12　总　结

对于嵌入式开发者,传输层和数据链路层可能是两个最重要的层。如果一个系统需要达到持续的性能,微调系统的大多数参数都可以在网络设备驱动中和传输层中找到。

本章主要介绍传输层。传输层的两个协议非常有用,并有各自不同的目标。这里是协议优缺点的总结。

对 TCP 来说,分析和传输 TCP 参数会产生一定的延时,增加额外的数据处理,这使得它能更好地适应无差错的非实时数据传输。当嵌入式系统需要保证数据可靠传输时,TCP 是最好的选择,虽然会有一定代价。TCP 代码更大,TCP 需要更多的 RAM 来实现其功能。如果系统需要性能和数据传输可靠性,它就必须要分配大量的 RAM 给 TCP/IP 协议栈。

　　TCP 能处理:可靠传输、丢包重传、包重排、流量控制。

　　UDP 可以用于如下情况:

- 用于嵌入式系统的 TCP 拥塞避免和流量控制机制不稳定时。
- 应用程序允许一定的数据丢失。
- 需要更多的对网络上传输的数据进行控制。
- 应用程序是延时/断连敏感的(音频,视频)。
- TCP 的 ACK 引起的延时不可接受。
- 最大化吞吐量(UDP 使用更少的资源而能达到更好的性能。看本书第二部分的应用实例)。
- 最小化代码和数据空间(参见 3.2.3 小节"占用空间")

　　许多嵌入式系统有资源限制(主要是 CPU 处理速度和可用 RAM 大小),因此这些系统经常使用仅有 UDP/IP 的协议栈,而不是一个完备功能的 TCP/IP 协议栈。

第**8**章

套接字

我们已经很熟悉客户端/服务器架构了（C/S 架构），如图 F8-1 所示。简单地说，就是服务器包含信息和资源，而客户端请求对信息和资源的访问。使用 C/S 架构的示例有 Web 服务和电了邮件（Email）。Web 服务器接收来自浏览器（Internet Explorer、Firefox、Safari 等）的请求，而 Email 服务器接收来自邮件客户端的请求，比如 Outlook 和 Eudora。

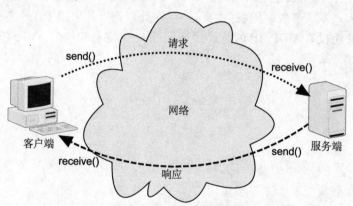

图 F8-1　客户端和服务器

与 C/S 架构相对应的是端到端架构（peer-to-peer），该架构使主机之间的通信发生在对等端，因为主机之间所具备的功能是对等的。端到端架构的应用包括 Skype 和 BitTorrent。

不论 C/S 架构还是 peer-to-peer 架构，必须要有一台主机主动连接另一台主机。在 IP 技术中，使用 TCP/IP 协议栈的应用接口都会调用套接字功能函数。通过使用传输层端口号，一台主机可以与另一台主机建立多个数据交换。

套接字（socket）是用于表示这种连接的数据结构。如图 F8-2 所示，多个套接字可以在任何时刻活动。套接字与

图 F8-2　套接字

家庭 A/C 插座的使用方式类似,屋内的多个家用电器可以同时连接到 A/C 插座上。

8.1 套接字的唯一性

想象一下,如果多个主机都发送数据段(segment)给一个服务器的指定端口(Web 服务为端口 80),服务器就需要一种方式来区分每个连接,从而正确地回复每个客户端。对客户端而言,源端口号是由 TCP/IP 协议栈动态分配的,其范围是1 024~65 535。为了区分不同客户,TCP/IP 协议栈将源主机和目的主机的端口号与 IP 地址绑定。这种数据组合(IP 地址和端口号)就是一个"套接字"。

套接字包含以下关系:

套接字=源 IP 地址+源端口+目的 IP 地址+目的端口

我们普遍使用如下的系统命名法来识别 IP 地址和端口号:

AAA. BBB. CCC. DDD:1234

'AAA. BBB. CCC. DDD'是 IP 地址的点分十进制形式,而'1234'是端口号。web 浏览器的地址栏中使用这种系统命名法,来建立一个指向具体的 IP 地址和端口号的连接。

图 F8-3 中的连接使用了该标记法。左端的主机 172.16.10.5:1468(本地主机)连接到右边的 172.16.10.8:23(远端主机)。

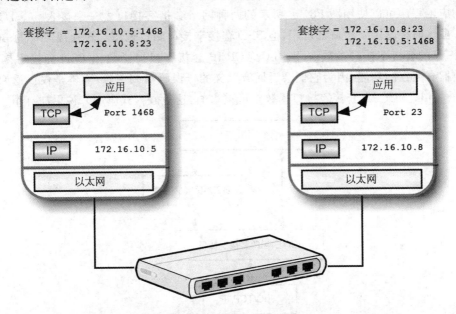

图 F8-3 套接字:源 IP 地址+端口+目的 IP 地址+端口

源 IP 地址、源端口号、目的 IP 地址和目的端口号创建了连接的唯一标识。一个服务器和同一个客户端之间可能有多个连接,通过这个唯一标识,我们才可以将这些连接区分开。只要这 4 个字段中有一个不同,连接的标识就不同。

µC/TCP-IP 中源、目的地址和端口号信息都存储在一个叫 NET_CONN 的结构体的 AddrLocal 和 AddrRemote 字段中。这两个字段包含地址/端口信息,可以将嵌入了协议栈的产品的本地地址和要访问的远端地址联系起来。

"本地"和"远端"地址谁作为源地址,谁作为目的地址,依赖于它们何时用于接收,何时用于传送。

如果是用于接收:

● 本地=目的。

● 远端=源。

如果是用于传送:

● 本地=源。

● 远端=目的。

本质上说,要区分一个套接字,µC/TCP-IP 使用了索引,让每个套接字可以通过一个唯一地从 $0 \sim N-1$ 的套接字 ID 来区分,N 是已经创建的套接字的个数。

8.2 套接字接口

应用程序可以使用图 F8 - 4 所示的两种网络套接字接口之一来接入 µC/TCP-IP。虽然两种套接字接口都可用,但 BSD 套接字接口函数调用会转换成等价的 µC/TCP-IP 的套接字接口函数调用。µC/TCP-IP 套接字接口函数比 BSD 套接字接口函数拥有更强的功能,因为它们会返回有意义的错误码给调用者,而不是仅仅返回 0 和 -1。µC/TCP-IP 套接字接口函数是可重入的,这对嵌入式应用来说更加有用。

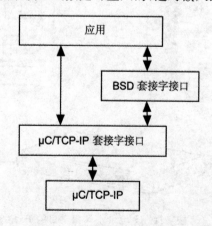

图 F8 - 4   应用程序和 µC/TCP-IP 网络套接字接口的关系

所有 μC/TCP-IP 套接字错误码的描述可以在 D.7 节"IP 错误码"中找到,而关键套接字错误码会在 17.6.1 节"关键套接字错误码"中描述。

Micriμm 第 7 层的应用使用了 μC/TCP-IP 套接字接口函数。如果系统设计需要使用现成的 TCP/IP 组件,而 Micriμm 并不提供,那么 BSD 套接字接口函数就是首选了。这种情况下,BSD 套接字应用程序编程接口(Application Programming Interface,API)由 net_cfg.h(参见 C.17.1 节)中的 NET_BSD_CFG_API_EN 配置项来使能。

8.3 套接字 API

让我们来看一下套接字编程概念和套接字 API 函数调用,如表 T8-1 所列。一个完整的 μC/TCP-IP 的套接字 API 函数列表可以在附录 B 的"μC/TCP-IP API 参考"中找到。

表 T8-1 BSD 和 μC/TCP-IP 专用的套接字 API(具体参见附录 B)

BSD 套接字 API	μC/TCP-IP 套接字 API
socket( )	NetSock_Open( )
bind( )	NetSock_Bind( )
listen( )	NetSock_Listen( )
accept( )	NetSock_Accept( )
connect( )	NetSock_Connect( )
send( )	NetSock_TxData( )
sendto( )	NetSock_TxDataTo( )
recv( )	NetSock_RxData( )
recvfrom( )	NetSock_RxDataFrom( )
select( )	NetSock_Sel( )
close( )	NetSock_Close( )

表 T8-1 中是 BSD 和 μC/TCP-IP 的 API 列表中的一部分。接下来的一些例子中会广泛使用 BSD 套接字接口 API,因为它已经被大多数的人所熟悉。而 Micriμm 的应用程序会使用 μC/TCP-IP 专用套接字接口,因为它有增强的错误管理功能。

1. socket( )

在和一个远端主机通信前,必须创建一个空的套接字。创建套接字通过调用 socket( )函数来完成,返回一个套接字描述符。此时,该套接字毫无作用,直到它绑定了一个本地 IP 地址和端口。随后的套接字 API 函数调用中将会使用该描述符。μC/TCP-IP 维持了一个套接字"池"(pool),并使用 socket( )调用来从该池中分配一个可用的套接字给 socket( )调用者。

2. bind( )

bind( )函数用于分配一个本地 IP 地址和端口号给一个套接字。一旦端口号被分配,就不能再被其他套接字使用,这使得远端主机都将连接到这个固定的端口号上。标准应用程序会给套接字分配预定好的端口号(FTP、HTTP、SMTP),使得客户端能够连接到该服务器。

3. listen( )

使用 TCP 的服务器应用程序,必须设置一个套接字用做监听。TCP 作为一个面向连接的协议,需要建立一个连接;而 UDP 作为一个无连接协议,则不需要。使用 listen( )可以让一个应用程序接受发来的连接请求。监听套接字包含服务器的 IP 地址和端口号,然而它不会意识到客户端的存在。当一个连接建立的时候,一个新的监听套接字被创建,并在服务的生命周期内保持开放。

4. accept( )

accept( )函数会产生一个新的套接字。用于接受连接请求的监听套接字会一直开放,同时会创建一个新的套接字,该套接字包含客户端和服务器的 IP 地址与端口号。这样只要运行一个服务器,就可以和多个客户建立多个连接。

5. connect( )

connect( )在客户端使用,等同于服务器应用程序使用的 listen( )和 accept( )函数。客户应用调用 connect( )来开启与服务器的连接。

6. send( )和 sendto( )

send( )函数通过 TCP 套接字传输数据,而 sendto( )函数通过 UDP 套接字传输数据。

7. recv( )和 recvfrom( )

recv( )函数通过 TCP 套接字接收数据,而 recvfrom( )函数通过 UDP 套接字接收数据。

8. select( )

select( )用于同时监控多个套接字。事实上,select( )可以指明哪些套接字准备好读和写,哪些套接字出现了异常。

select( )用于指定套接字不活动的超时时限。如果 select( )超时则返回一个适当的错误码。

9. close( )

close( )函数用于结束连接并释放该连接的套接字到可用套接字"池"中。close( )会在发送完缓存中的数据后关闭该连接。

8.4 阻塞式和非阻塞式套接字

开发者使用套接字时要面对一个问题,就是区分阻塞式(blocking)和非阻塞式(non-blocking)套接字。当执行套接字操作的时候,操作可能不会立即完成,也就不能立即返回。比如,recv( )操作就必须等到远端主机发送完数据后才能够返回。如果没接收到需要的数据,套接字函数就会一直等待,直到接收完数据。send( )、connect( )和其他套接字函数的调用也是如此,在操作完成之前连接会一直阻塞。若套接字存在等待过程,则称其为"阻塞式"套接字。

第二种就是非阻塞式套接字,需要应用程序识别出可能的错误,并做出合适的处理。程序中若使用了非阻塞式套接字,在发送或接收数据时一般会使用以下的两种方式:第一种方式叫做轮询(polling),也就是让程序周期性地尝试对该套接字进行读或写数据(一般会使用定时器);第二种方式,也是更可取的方式,就是使用异步通知(asynchronous notification),这也就是说无论何时发生了套接字操作事件,都会通知程序,程序就开始响应该事件,比如说,如果远端程序向本地套接字写数据,就会产生一个"读事件",此时本地程序就知道可以从套接字读取数据了。

可以让套接字函数立即返回,并带有一个错误状态。之前 recv( )的错误状态是 −1(如果使用了 μC/TCP-IP 专用套接字接口 API,就是 NET_ERR_RX)。若应用程序中使用了非阻塞式套接字,检查每一个 recv( )和 send( )操作(假设为 TCP 连接)的返回值是十分重要的,因为应用程序可能无法发送或接收所有的数据。正常情况下,我们开发一个应用程序,然后测试,并确保将其应用于另一个不同环境的时候,它还可以正常工作。经常检查这些套接字操作的返回值可以确保应用程序正常工作,无论连接的带宽大小或者 TCP/IP 协议栈和网络如何配置。

要知道,在一个高优先级任务中使用非阻塞的 send( )或者 recv( )可能会造成低优先级任务饥饿。尤其是在密集循环中调用 send( )或 recv( )函数,却没有数据发送或者接收时。事实上,如果内部 μC/TCP-IP 任务配置成低优先级任务,μC/TCP-IP 将没有机会来运行和执行这些任务。这种类型的轮询是一种低效的设计。相反,使用 select( )是一种更好的解决方式。

使用 μC/TCP-IP,可以将套接字配置成"阻塞式"或者"非阻塞式",只需使用附录 C.15 节"网络套接字配置"描述的配置选择就可以了。

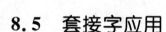
8.5 套接字应用

有两种类型的套接字：数据报套接字（Datagram socket）和流套接字（Stream socket）。本节介绍这些套接字如何工作。

8.5.1 数据报套接字（UDP 套接字）

UDP 套接字使用用户数据报协议（UDP）。接收的数据是无差错的并且可能是乱序的，这在第 7 章"传输协议"中有解释。用 UDP 套接字，没必要维持一个打开的连接，因此协议也叫"无连接的"（connectionless）。应用程序仅仅准备发送的数据，TCP/IP 栈加上一个包含目的地信息的 UDP 头，然后发送数据包，不需要有连接。数据报套接字一般在 TCP 不可用，或者丢失部分包不影响结果时使用。当一条短查询需要一条短回复，但没有接收到短回复时，要求重传查询消息是可接受的。这样的应用程序有 TFTP、BOOTP(DHCP)、DNS、多用户游戏、音视频流会议。

TFTP 和类似的程序在 UDP 前部加上了它们自己的协议。比如，每个发送的 TFTP 包，接收方必须发回应答包，告知发送方，"我收到了！"（"ACK"）。如果原始包的发送者在一个超时时限内没有接收到应答，它就重传该包，直到接收到应答。在实现可信赖的数据报套接字应用的时候，应答过程是很重要的。然而，应该由应用程序而不是 UDP 协议栈来实现这种应答机制。对那些时间敏感（time - sensitive）的应用程序，比如音频或游戏这样可以处理丢包情况或者巧妙弥补丢包的应用程序，UDP 是最好的协议。

图 F8 - 5 显示了一种典型的使用 UDP 的 C/S 应用程序，它使用了 BSD 套接字函数。图 F8 - 6 是同一种图，不过使用了 μC/TCP-IP 专用套接字函数。

F8 - 6(1)　要在两个主机间建立一条 UDP 通信，第一步是在两个主机端开启套接字。

F8 - 6(2)　服务器绑定 IP 地址和端口号，用于从客户端接收数据。

F8 - 6(3)　UDP 客户端不和 UDP 服务器建立（固定的）连接。相反，UDP 客户端通过指定服务器套接字号向 UDP 服务器发送请求数据报。一个 UDP 服务器等待客户端发来的数据，在这段时间里服务器处理客户端的请求并做出响应。

F8 - 6(4)　UDP 服务器等待新的客户端请求。因为 UDP C/S 模式不建立固定的连接，UDP 服务器会独立处理来自不同 UDP 客户端的不同请求，因为请求之间不会保持状态或连接信息。

第 8 章 套接字

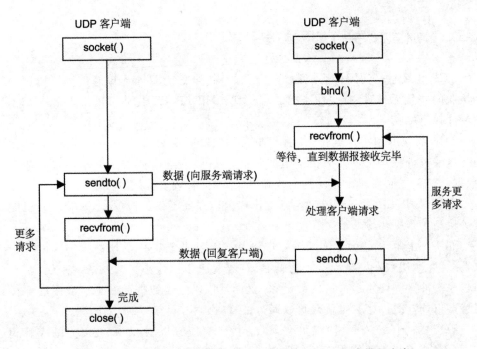

图 F8 – 5   BSD 套接字调用使用在一个典型的 UDP C/S 应用程序中

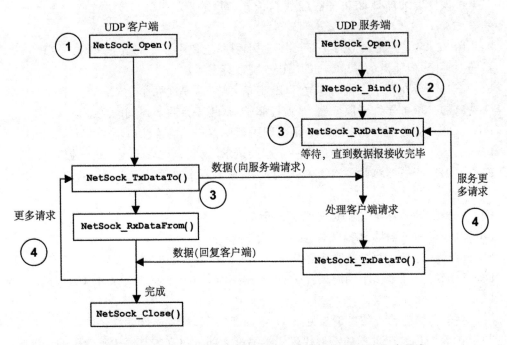

图 F8 – 6   μC/TCP-IP 套接字调用使用在一个典型的 UDP C/S 应用中

·131·

8.5.2 流套接字(TCP 套接字)

TCP 套接字是使用传输控制协议(TCP)的可靠的双向连接通信流。数据是按序接收的并且无差错,有一种连接的"概念"。HTTP、FTP、SMTP 和 Telnet 都是使用流套接字的例子。

TCP 实现可靠的数据传输、丢包重传、包重组(the reordering of packets)和流控。这些额外处理会增加通信信道的负载。TCP 最适合要求无差错传输的非实时(数据)通信,然而要付出额外的负载和更大的 TCP 模块代码的代价。

TCP 头中使用了序号、应答号和窗口大小,保证了使用段(segment)应答机制和重传机制的数据传输。

TCP 性能优化是由详细配置发送缓冲区和接收缓冲区的块数来实现的。在接收端,缓冲区块数在网络设备驱动中定义,还取决于栈大小。对发送端来说,要求应用程序缓冲区和网络缓冲区的数量和大小类似,以方便数据高效地从应用层下传到网络接口处。缓冲区数量优化可以通过带宽时延积(见第 6 章)来计算。

TCP 执行任务需要相当量的 RAM。由于有应答机制,TCP 在对方的应答到达前不会释放缓存。即使这块缓存是空闲的,它却不能用于额外的传送或者接收。如果系统设计要求高性能和可靠的数据传输,就需要为 TCP/IP 协议栈分配足够多的 RAM。

图 F8-7 是一个典型的 TCP C/S 应用程序,它使用了 BSD 套接字函数。图 F8-8 是同一种图,但使用的是 μC/TCP-IP 专用套接字函数。

F8-8(1)　要在两个主机间建立 TCP 通信,第一步是在两个主机上开启套接字。

F8-8(2)　服务器绑定服务器 IP 地址和端口,用于接收客户端的连接请求。

F8-8(3)　服务器使用 listen( )函数调用等待客户端的连接请求。

F8-8(4)　当服务器准备好接收一个连接请求时,它允许客户端与之连接。

F8-8(5)　服务器接收一个客户端的连接请求。并创建一个新的套接字来处理该连接。

F8-8(6)　TCP 客户端向服务器发送请求

F8-8(7)　服务器回复客户端(如果必要的话)。

F8-8(8)　这步一直持续直到客户端或服务器中有一端关闭连接。

F8-8(9)　当处理多个同时发生的 C/S 连接时,TCP 服务器对新的 C/S 连接仍然可用。

关于套接字编程信息请参见第 17 章,"套接字编程"。该章提供了编写 UDP 和 TCP 的客户端和服务器的示例代码。本书第 2 部分包含带有源代码例子的工程。

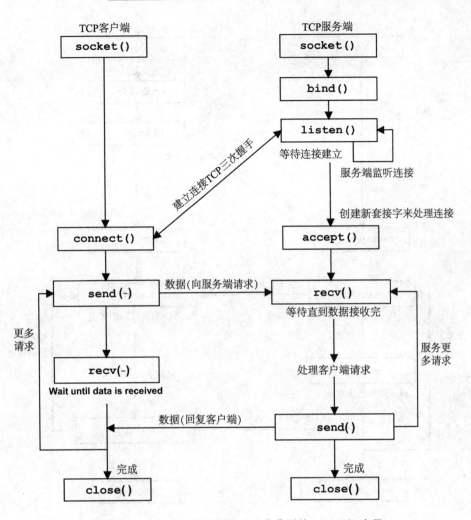

图 F8 - 7　BSD 套接字调用用于一个典型的 TCP C/S 应用

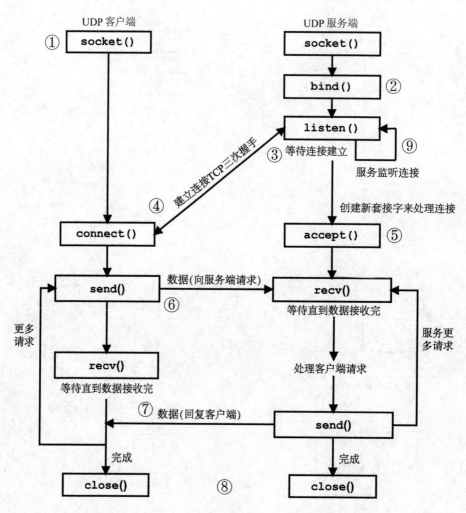

图 F8 - 8 μC/TCP-IP 套接字调用用于一个典型的 TCP C/S 应用

第9章

服务和应用

部署完一个 IP 网络后,网络基本上实现了大多数的基础服务(service),可以为连接到该网络的主机提供服务。这些服务是运行在服务器应用层上的程序,然而,服务和应用程序(application)之间存在着根本区别。

服务实现了一种协议,对主机和驱动 IP 网络设备的引擎都十分有用。两种最常用于嵌入式系统的服务是动态主机配置协议(Dynamic Host Configuration Protocol,DHCP)和域名系统(Domain Name System,DNS)。还有其他的服务,比如网络信息系统(Network Information System,NIS),是一种 C/S 架构目录服务协议,用于分配诸如用户和主机名的系统配置数据;轻量目录访问协议(Lightweight Directory Access Protocol,LDAP),用于查询和修改目录的应用层协议。这些网络服务通常部署在企业网络中,用以管理大量的用户。在本书中将着重介绍 DHCP 和 DNS。

任何 TCP/IP 协议栈之上的协议都被当成应用层协议。这些应用层协议都可以用于之前描述的网络服务和应用程序。当用于应用程序中时,可以自己写应用层协议,也可以通过购买"标准的"应用层协议来增强系统。有很多使用 TCP/IP 协议栈的协议可以用,比如,文件传输协议(File Transfer Protocol,FTP)、web 协议(HTTP)、Telnet、简单邮件传输协议(Simple Mail Transport Protocol,SMTP)。

应用程序实现了一种协议,对系统应用很有用,对设备却不是。像 μC/TCP-IP 协议栈中提供的基础 TCP/IP 协议,对典型的嵌入式系统可能就不那么实用或不够用。例如,像 FTP 和 SMTP 这样的协议就可能用于嵌入式系统中,用来传输文件或者发送 E-mail。

9.1 网络服务

9.1.1 动态主机配置协议(DHCP)

因为嵌入式系统在私有网络中运行,这些网络中的 IP 地址很可能是固定分配或静态分配的。这样,每个被加入到网络中的设备都要从网络管理员那里接收 IP 地址和其他所有网络参数,这些都被硬编码于设备中。这种参数指派方式就是静态地址分配(static addressing),它增强了网络的安全性。若没有网络管理员的允许,没有设备可以成为该网络的一部分。可以将所有的服务配置成只接收指定 IP 地址的请求,这些 IP 地址在有效设备列表中列出。

相反,动态地址分配(dynamic addressing)用来在 IP 网络中重用 IP 地址,尤其是在可用的 IP 地址数量有限时。例如经常用于家庭网络的设备调制解调器(Modem)。由因特网服务供应商(ISP)提供的宽带服务是通过一个 DSL 或线缆 Modem 来完成的。这个 Modem 包含一个以太网交换机和一个 DHCP 服务器,可能还包括家庭网络中连接于 Modem 和计算机之间的其他设备。额外的设备常包含多种功能,比如以太网交换机、DHCP 服务器、路由器和防火墙。图 F9 - 1 展示了这个例子。

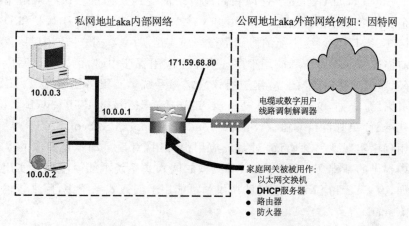

图 F9 - 1　家庭路由器作为一个 DHCP 服务器

运行 DHCP 客户端的设备一旦启动,就会向可能存在的 DHCP 服务器发送一个请求来获取一个 IP 地址(或其他参数)。DHCP 服务器维持着一个可用 IP 地址"池",并且向请求客户端指派一个唯一的 IP 地址。客户端和服务器之间的 DHCP 协议简化了网络管理员的工作。

DHCP 使用 UDP 作为传输协议。DHCP 服务在 UDP 的 67 端口监听进来的请求,并在 UDP 的 68 端口发送分配信息,如图 F9-2 和图 F9-3 所示。

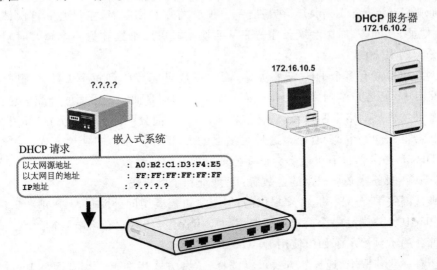

图 F9-2　DHCP 请求

DHCP 请求通常由设备在启动时发出,因为此时该设备没有 IP 地址,它需要请求一个 IP 地址。DHCP 请求消息是广播消息(以太网目的地址为 FF:FF:FF:FF:FF:FF),因为设备主机不知道它所连接的网络的情况,所以它需要获取这些信息。

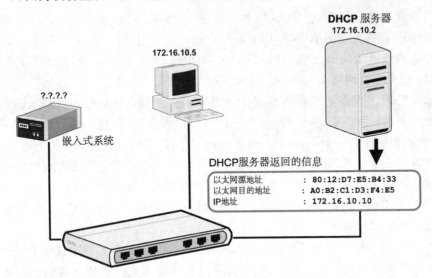

图 F9-3　DHCP 分配

在典型的 DHCP 服务实现中,任何一个网络上的 DHCP 服务器都会响应客户主机的 DHCP 请求。客户主机一旦接收到一个分配的 IP 地址时,就向提供它 IP 地址的 DHCP 服务器发送一个应答。DHCP 服务器保留该 IP 地址,而不将其分配给其他主机。记住,这只是一种典型的 DHCP 的实现,还有其他的实现方式。

网络上主机需要的 IP 地址和网络参数并不是永久分配的。相反,DHCP 使用了租赁原则(leasing principle)。在超出一个预设的超时期限时,主机必须再次请求分配 IP 地址。DHCP 服务会刷新租赁表从而使主机可以继续在另一个超时时限内使用已分配的 IP 地址。

网络中可能有多个 DHCP 服务器,而主机也可能接收到每个 DHCP 服务的分配信息,DHCP 客户端通常只会接收第一个分配的信息而拒绝后面的分配信息。

如果主机从网络上断开,然后又重新连接,而之前分配的 IP 地址仍然可用,那么主机将会得到同一个 IP 地址。这是大多数的 DHCP 服务器的处理方式。然而,其他的 DHCP 服务器也有可能不会重新分配之前分配的参数。

DHCP 服务器必须提供的参数有:IP 地址和子网掩码。

默认网关 IP 地址不是必须提供的,但当主机需要访问外网时,一般都要求提供。

DHCP 客户端是一个由应用层调用的应用程序,虽然它会影响到网络层。本书第二部分的示例演示了如何使用 DHCP。

还有一些获取 IP 地址的方式可供选择,这些方式用在单一私有网络上,被称为本地连接地址的动态配置,微软和其他厂商可能会使用这些方式。

● APIPA(Automatic Private IP Addressing,自动私有 IP 地址分配)。
● AutoNet。
● AutoIP。

当客户主机的 TCP/IP 栈用 DHCP 请求 IP 地址,但此时不存在 DHCP 服务器或者 DHCP 服务器没有响应时,DHCP 客户端可以使用 APIPA。

互联网地址编码分配机构(IANA)为 APIPA 保留了 169.254.0.0~169.254.255.255 这个私有网络 IP 地址段,也可以写为 169.254.0.0/16。

如果 DHCP 服务器没有回复,客户主机选择一个该范围内的 IP 地址,然后发送消息给这个地址用以确定该地址是否正在使用。如果收到回复,说明该地址正在使用,主机就会选择另一个 IP 地址。这个过程会一直持续,直到找到可用的地址。

网络适配器从 APIPA 得到 IP 地址后,该主机就可以和它所在本地网中的其他主机进行通信了,只要其他主机也同样用 APIPA 分配了地址,或配置了静态 IP 地址 169.254.X.X 和子网掩码 255.255.0.0。这对不方便或无法手动管理 IP 配置信息的嵌入式系统尤其有用。

无论使用 DHCP 还是 APIPA,嵌入式设备必须要有一种方式来显示 IP 地址,或者让其他主机可连接它,从而让其他主机可以和该嵌入式设备建立通信。如果该设备仅和自己建立连接,那么 IP 地址就不是必须的。

9.1.2 域名系统(DNS)

当和公网的其他主机通信时,用户所知道的关于这些主机的信息,可能仅仅是它们的"完全限定域名"(Qualified Domain Name,FQDN)。例如,可以很容易通过 web 服务的名字来访问它们,Micriμm 的 web 服务就是 www. micrium.com。

DNS 是用于建立系统名字(name)和它的 IP 地址(IP address)之间联系的协议。它包含有两方面:

- 客户端:请求解析者(Resolver)。
- 服务器:名字服务器(Name server)。

DNS 使用 UDP 或者 TCP 作为传输协议,并在端口 53 实现其服务。

DNS 的结构与计算机中的文件目录结构很类似。我们可以将名字设置成多于 127 个层级,但并不推荐这么做。

图 F9 - 4 显示的是用倒置树(inverted tree)描绘的 DNS 的数据结构。每颗树元素/结点(element/node)都有一个最大 63 个字符的标签来标志它和根之间的关系。并非每一层的所有结点都要表达出来。这只是 DNS 结构的一个例子。

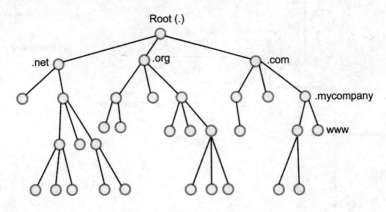

图 F9 - 4　DNS 结构

根节点与其他结点不同,使用的是一个保留的标签,比如≪空字符 nil≫或≪≫。每一层用≪.≫来分隔,同一父结点的每个子标签都必须唯一。

如图 F9 - 5 所示,一个 FQDN 从右向左读。域名的最右端,也就是. com 之后,定义了根域名(一个空串)。根域名也可以用一个点(.)来表示,如图 F9 - 4 所示。DNS 软件将一个域名转化为一个 IP 地址时不需要包含末尾的点。

从根开始从右往左读,先找到. com 域,然后是 mycompany 这个域名,最后是 web 服务(www)。最后一个字段读取服务或者子域名。我们已经很熟悉 www. mycompany. com 模式,因为 web 服务是我们经常要访问的。然而,很多其他服务也可以通过域名来访问。比如:

WWW.MYCOMPANY.COM

中文	域名

图 F9 - 5　域名表达语法

- FTP 服务:ftp. mycompany. com。
- 电子邮件服务:mail. mycompamy. com。

如果需要转换名字,嵌入式系统需要包含一个 DNS 客户端。这个软件模块也叫做 DNS 解析器(resolver),如图 F9 - 6 所示,如果是一个 DNS 服务模块,就叫做网络服务。

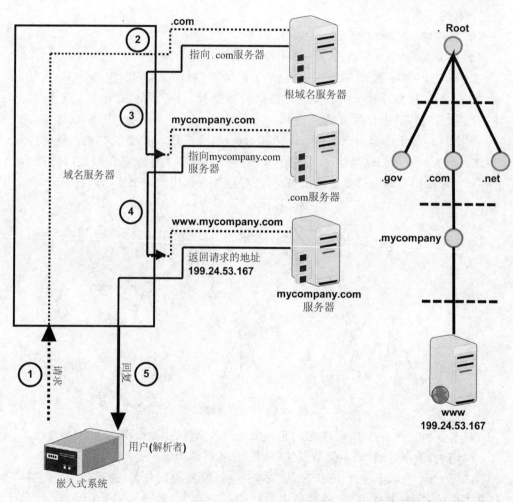

图 F9 - 6 名字解析机制

F9 - 6(1)　将 FQDN 转化为 IP 地址的第一步是,客户主机用 DNS 解析器发送一个 DNS 请求给网络中的 DNS 服务器,用域名服务盒(Name Server box) 表示。

F9 - 6(2)　在这个场景中,我们假设 DNS 服务器不知道请求的 IP 地址。该域名服务器就要发送请求给 13 个"著名"根域名服务器之一,来获取该 IP 地址。这 13 个根域名服务器为因特网域名服务器实现了根域名空间。根域名服务器是因特网的一个重要部分,因为它们是将人类易读的主机名解析成 IP 地址的第一步。一般这些根域名服务器的地址都会配置在本地域名服务器中。

　　本地 DNS 服务器(域名服务器)通过从右至左读取 FQDN 来进行搜索,每次为一个字段发送一次请求。它向这些根域名服务器之一发送请求来寻找.com 域名的位置。

F9-6(3)　根域名服务器回复该.com 域名的所有地址信息。该信息存储在本地域名服务器中,从而可以用于向.com 域名服务器询问 mycompany.com 域名的位置。

F9-6(4)　.com 的根域名服务器回复 mycompany.com 域名所在的地址信息。该信息存储在本地域名服务器中,从而可以向 mycompany.com 域名服务器询问 www.mycompany.com 服务的位置。

F9-6(5)　mycompany.com 的根域名服务器回复 www.mycompany.com 服务所在的地址信息。该信息存储在本地域名服务器中,从而可以用 www.mycompany.com 服务的 IP 地址来回复解析器的请求。

　　DNS 服务器使用了一种缓存机制。一旦请求被解析过,就将其域名和 IP 地址间的对应关系保存在缓存中,从而在下次接收到对同一个域名的 DNS 请求时,服务器不用重新执行完整的请求过程。这也是为什么当一个新 IP 地址被分配至该域名时,需要多达 24 小时才能让新的 IP 地址传播至整个因特网的原因之一。

　　图 F9-7 所示为本地 DNS 已经知道请求的 FQDN 的 IP 地址时的处理过程。

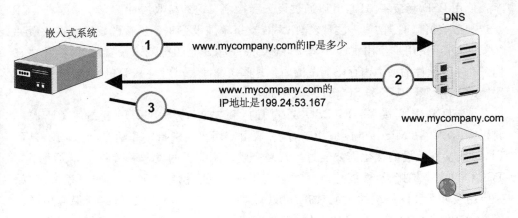

图 F9-7　DNS 客户端(解析器)

9.2　应　用

　　之前提到过,应用是运行在 TCP/IP 协议栈上的代码,常被称为第 7 层应用。RFC 中定义了一些基于标准协议的标准应用。这些可以用作嵌入式系统的软件模块。

在标准应用之外，还有许多由用户编写的对嵌入式产品非常重要的应用，因为他们的代码代表了特定领域的专业知识。本书第二部分的 19 章"套接字编程"中提供了示例代码，演示了如何编写一个客户端应用或者服务器应用。

9.3 应用性能

本书一直在讨论 TCP/IP 协议栈的性能。比如，第 6 章主要介绍了根据可用硬件资源，尤其是 RAM 来配置 TCP，从而获取最佳的协议栈性能。

要使整个系统达到最佳性能，还有一个额外的因素要考虑。必须正确地配置应用和 TCP/IP 协议栈之间的套接字接口。要想达到最大吞吐量，最重要的选项包括 TCP 窗口大小和网络设备收发缓冲区的数量。这些是根据带宽延迟积（BDP 见第 7 章"传输协议"）来计算的。为了让连接达到一个可接受的性能，网络设备和 TCP 栈间的包流动和反向包流动都要由这些配置来规定。

应用层和传输层之间的数据流动也是如此。应用层通常有其自己的缓冲区，而这些缓冲区的数量和大小应该与根据网络缓冲区大小计算的 TCP 窗口大小相匹配，从而达到优化一条连接（套接字）的目的。如果应用层发送和接收缓冲区与 TCP 发送和接收窗口在数量和大小上越接近，嵌入式系统的吞吐量性能就越佳。

使用 BSD 套接字 API，可以通过设置套接字发送和接收缓冲区大小来配置 TCP 发送和接收窗口的大小。大多数操作系统支持单独设置每条连接的发送和接收缓冲区限制，并可由用户应用程序来调节，还支持一些其他的机制来设置缓冲区，只要它们都在系统硬件的最大内存限制范围内。这些缓冲区大小对应 BSD 的 setsockopt( ) 调用中的 SO_SNDBUF 和 SO_RCVBUF 选项。

μC/TCP-IP 套接字 API（BSD 或专用的）不支持 SO_SNDBUF 和 SO_RCVBUF 套接字选项。在 Micriμm 的应用中，缓冲区由应用程序来指定和配置，比如 μC/HT-TPs。连接吞吐量的优化需要通过配置来完成。所配置的发送和接收缓冲区大小与 TCP 窗口大小越接近，性能越好。对于应用缓冲区和网络缓冲区间的内存拷贝，如果应用缓冲区和网络缓冲区能对齐，可以对性能有重大改进。也就是确保应用层数据在对齐优化的内存地址开始，以便于从/到网络套接字缓冲区的内存拷贝操作。

一个 TCP 连接的带宽经常受限于配置的发送和接收缓冲区大小，导致连接不能充分利用链路的可用带宽。将缓冲区设置成足够大是一个好方法，在使用 TCP 时也就是 MSS（最大段大小）（见第 7 章"传输协议"）的大小。我们可以测试和校验缓冲区和 TCP 窗口大小配置。然而，很少有应用程序会提供给你配置缓冲区大小的途径。有一些网络工具允许用户使用命令行来指定缓冲区大小，比如 ttcp、netperf 和 iperf。如果知道如何设置优化配置选项的话，用户甚至可以关闭 Nagle 算法。使用 μC/IPerf（见第 6 章"故障诊断"）可以配置缓冲区大小，然而 μC/TCP-IP 目前没有关闭 Nagle 算法的选项。使用 μC/IPerf 可以测试和校验缓冲区和 TCP 窗口大小配置。本书第二部分包含使用 μC/IPerf 的 UDP 和 TCP 示例。

硬件资源，尤其是 RAM，可能会限制某些配置参数的最大值。默认的 TCP 发送和接收窗口大小可以用于所有连接，就像 μC/TCP-IP 中那样。但是在一些应用中这不是最优的方法，会浪费系统内存。而在嵌入式系统中，同时存在的连接数通常不多，所以为所有连接设置默认配置，系统也可以工作。

应用程序性能

要获得最大吞吐量，最重要的选项包括 TCP 窗口大小和发送/接收缓冲区。

配置应用的发送/接收缓冲区是十分关键的。应用的发送和接收缓冲区配置和 TCP 窗口大小越接近，性能就越佳。

9.3.1　文件传输

1. 文件传输协议（FTP）

三个最常用的因特网应用就是 Email、web 服务和 FTP。FTP(File Transfer Protocol)是标准的因特网文件传送协议，也是最古老的应用协议之一，主要设计目的是传输文件(计算机程序和/或数据)。当 FTP 被研发出来的时候，很多操作系统已经被广泛使用，并且每个操作系统都有自己的文件系统和自己的字符编码方式。人们设计 FTP 用来屏蔽不同主机间的文件系统的差别。现在，FTP 的主要功能是在主机间可靠而高效地传输数据。

FTP 是一个使用 TCP 传输服务的应用层协议。FTP 在 C/S 应用中使用独立的控制连接和数据连接。FTP 控制连接使用 TCP 的 21 号端口，而 FTP 的数据连接使用 TCP 的 20 号端口。像这样使用两个独立端口被称为"带外管理"(out-of-band control)。也就是为控制和数据在不同的端口上开启专用的连接。

图 F9-8 所示为两条 TCP 连接，分别用于 FTP 的控制和数据传输。图 F9-8 所示使用 FTP 的系统还需要文件系统。

FTP 客户端和服务器有不同的操作模式：主动和被动。无论哪种模式，都会在客户或服务器中使用动态端口(另一个从可用池中选择的端口号)，用协商连接的方式将连接的源端口绑定到另一个不同的端口。

FTP 可以使用密码认证方式访问，也可以使用匿名(通用)用户方式访问。后者允许客户不必拥有一个该服务器的账号就可以连接到服务器。一些网络管理员可以强制一个匿名用户输入一个包含域名(见 9.3.4 节"简单邮件传输协议(SMTP)")的 E-mail 地址作为密码。通过 DNS 查找，FTP 服务器获取该 E-mail 服务器的 IP 地址。通过对比 FTP 连接的请求 IP 地址和 E-mail 域名的 IP 地址，当两个地址在同一

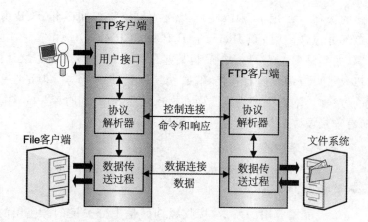

图 F9 - 8　文件传输协议(FTP)

个网络中时,即可以确认连接请求的有效性。

　　FTP 是一种不安全的文件传输方式,因为它没使用加密方式。用户名、密码、FTP 命令和传输的文件都暴露在使用网络协议分析仪(见第 7 章"故障诊断")的"中间攻击者"面前。

　　安全套接字层(Secure Socket Layer,SSL)是代表该问题的解决方式的一个工业标准。SSL 是一个介于应用和套接字层之间的一个层。它是一个将应用层和 TCP/IP 栈间的数据流加密的会话层协议,确保 IP 网络的高安全水准。SSL 基于标准的加密方式,使用了公/私密钥,密钥由认证机构通过发行一个 SSL 认证的方式提供。认证驻留在服务器,而连接到该服务器的客户端获得 SSL 认证,从而获得公钥。在连接之上,客户端检查看是否 SSL 认证过期,是否有一个可信的认证机构发布,以及是否被该认证指定的服务器使用。如果任何一个检查失败,客户就认为服务器不是 SSL 安全的。服务器将 SSL 认证和一个私钥相匹配,从而允许数据加密和解密。安全连接通常在一个浏览器窗口的右下角用锁图标表示。单击该图标显示 SSL 认证。

　　HTTP、SMTP 和 Telnet 都使用了 SSL。FTP 应用 SSL 于 SSH(UNIX/Linux 安全外壳)文件传送协议(SFTP),或者 FTPS(SSL 上的 FTP)。μC/TCP-IP 目前没有提供 SSL 模式,但很容易得到第三方模块。

2. 简单文件传输协议(TFTP)

　　简单文件传输协议(The Trivial File Transfer Protocol,TFTP)类似 FTP 是简化的、无交互操作的(non-interoperable)、非认证版本的 FTP。TFTP 用 UDP 实现。TFTP 客户端通过端口 69 主动发送一个读/写请求,然后服务器和客户端决定用于后续连接(FTP 的动态端口)的端口。TFTP 设计成很简单的结构,意在让嵌入式系统更易实现。这样可能会是更正确的选择,因为简单化的方式相对传统 FTP 来说有更多的优势。例如,它可以:

- 用于基于 flash 的设备下载固件。
- 用于任何自动化过程,当不能指定一个用户 ID 或密码时。
- 用于空间有限或资源受限的应用程序,使其可以精简地实现。

3. 网络文件系统

网络文件系统也可以提供访问远端主机文件的功能。网络文件系统(Network File System,NFS),Andrew 文件系统(AFS),和公用英特网文件系统(Common InternetFile System,CIFS)被网络协议分析仪解码成服务器信息块 Server Message Block,SMB),都提供这种类型的功能。

9.3.2　超文本传输协议(HTTP)

超文本传输协议(HTTP)用于在万维网上交换各种类型的数据(文本、视频、图片等)。这种协议使用 TCP 的 80 端口来发送和接收数据。该协议工作在 C/S 模式下,而 HTTP 客户端就是我们熟悉且都使用过的浏览器。

HTTP 的服务器在嵌入式工业中很常用。在一个嵌入式系统中实现一个 HTTP 服务(一个 web 服务器),可以让用户或者应用通过浏览器连接到该嵌入式设备,只要浏览器支持信息图形化交互。用户或应用能够接收来自嵌入式系统的数据。家庭网关和打印机提供的 HTTP 接口就是典型实例。

之前,配置一个嵌入式系统或从中获取数据,要通过使用 RS-232 的控制口,或者使用基于网络连接的 Telnet 的方式来实现。两种方式都提供了一个 I/O 接口终端,并且都是基于文本的。使用 HTTP 的用户接口更精致,因为使用了图形元素。只要嵌入式设备接入到因特网,便可以在虚拟的任何地方访问该设备。

一个 HTTP 服务器向发来请求的浏览器"供应"web 页面、文件,并通常将其存储在大容量存储媒介中。要获取这些 web 页面一般都需要文件系统的支持。一些嵌入式 HTTP 服务器,比如 Micriμm 的 μC/HTTPs 允许 web 页面作为代码的一部分进行存储,此时文件系统就不必要了,这也是一种用于读取和转换信息的常用方法。本书第二部分会演示一个使用 HTTP 并将 web 页面存为代码的实例。

在 HTTP 中可以调用其他协议。例如,使用 FTP 的文件传送可以用一个 web 页面启动。这也意味着运行着 web 浏览器的这个主机上也同时可以激活 FTP 客户端功能。类似的,一个 E-mail 也可以由页面上的超链接产生。这意味着运行浏览器的主机上也运行着一个 E-mail 客户端。

图 F9-9 示例演示了如何从一台 Linksys 的无线千兆路由器(例如家庭网关)上获取 web 页面,也说明了实现了 HTTP 服务的嵌入式系统可以做些什么。

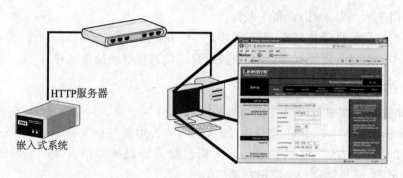

图 F9 - 9   超文本传送协议(HTTP)

访问像音乐和视频这样的多媒体内容,HTTP 是最容易的方式。

一个安全的 HTTP 连接可以通过使用 SSL 来建立,也被称为一个 HTTPS 连接,在基于 Internet 的金融交易方面尤其流行,包括电子商务(e-commerce)。

在一些嵌入式系统中,嵌入式 HTTP 服务的性能很大程度上受可用内存资源影响,因为内存决定了缓冲区和套接字的数量。现在浏览器的工作方式是从 HTTP 服务器获取文件,并同时开启多个并行的连接来下载尽可能多的文件。这种方式在有足够资源和带宽的系统上很完美。然而在一个嵌入式系统中,由于不能分配足够多的资源,所以不可能并行的操作多个套接字。

9.3.3   远程登录协议(TELNET)

Telnet 是大多数 TCP/IP 都支持的标准协议。Telnet 服务器使用 TCP 端口 23 监听连接请求。Telnet 广泛用于在一台主机和远端系统间建立连接,从而可以远程管理该系统。Telnet 在电信市场很常见。现在的大多数电信设备,比如路由器和交换机,都支持 Telnet 协议。

使用 Telnet 打开一个虚拟的会话(virtual session),允许客户通过远端服务器的命令行接口以终端模式运行应用(图 F9 - 10)。此例中,远端主机可能有一个 shell 应用程序让客户端调用命令,并在 Telnet 终端窗口中显示执行结果。Micriμm 提供的 μC/Shell 实现了此功能。

Telnet 会话中的两个主机通过交换它们各自的能力(也称为选项,比如二进制传输、回显、重连等等)来开始。最开始的协商完成后,主机选择它们之间的一个公共能力水平来使用。

因为 Telnet 使用明文的用户名和密码,因此在用于安全远程访问的 SSH 面前相形见拙。Micriμm 提供了 μC/Telnet 作为 TCP/IP 的附加模块。

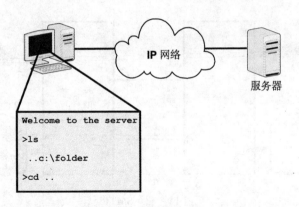

图 F9-10　Telnet 实例

9.3.4　电子邮件

当设计一个嵌入式系统时,很可能要交换消息。开发一个专用的消息系统,在大多数情况下可能是最好的解决方法。但有时,发送电子邮件(E-mail)来替代一个专用消息系统可能是一个更好的选择。例如,当嵌入式系统检测到一个警告条件,并需要报告时,交流信息的最好方式可能是发送一封 E-mail 给 iPhone 或 Blackberry。

或者相反,若要发送信息给一个嵌入式系统,发送一封 E-mail 给嵌入式系统也许是实现该功能的最简单的方式。E-mail 可以自动化地由设备传送,也可以由用户或管理者发送来告诉嵌入式系统执行一个函数。

处理 E-mail 的 TCP/IP 协议如下:

- 简单邮件传送协议(SMTP)。
- Sendmail。
- 多用途因特网邮件扩展(MIME)。
- 邮件通信协议(POP)。
- 因特网消息接入协议(IMAP)。

1. 简单邮件传送协议(SMTP)

发送一封 E-mail,需要建立 IP 网络的一个连接,并连接到邮件要发往的邮件服务器。发送 Internet Email 的标准协议叫作简单邮件传送协议(Simple Mail Transfer Protocol,SMTP)。如果系统仅需要发送消息,有 SMTP 就足够了。然而要接收邮件,最常用的服务是邮件通信协议(Post Office Protocol,POP)第 3 版本或者 POP3。

SMTP 使用 TCP 作为传输层协议,并使用端口 25 来监听连接请求。客户端发送 E-mail 给 SMTP 服务器。服务器查看 E-mail 地址并将其转发到接收者的邮箱服务器,该服务器一直存储邮件,直到收件人接收邮件(图 F9-11)。

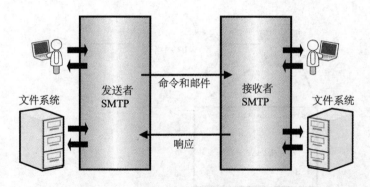

图 F9 - 11 SMTP

所有的因特网服务提供者和主要的在线服务器都提供 E-mail 账号(每个账号都有一个地址)。SMTP 目的地址,即邮箱地址(mailbox address),有一个通用模式:用户名@域名。

用户名	域上唯一的用户
域名	访问的网络域名

E-mail 地址也可以采用其他几种表示形式,取决于目的地是否在同一个 TCP/IP 网络,一个非 SMTP 的远端主机上的用户是否正经过邮件网关主机或包含邮件转发。

SMTP 是一个端到端传输系统。SMTP 客户端通过直接连接目的主机的 SMTP 服务器口 25 来传输邮件。当 E-mail 地址的一部分为域名时,也用到 DNS。远程域名服务器必须包含邮件服务器地址。直到邮件被成功复制至接收方的 SMTP 服务器上,SMTP 客户端才确定邮件已经传送。这种方式中,SMTP 保证了该信息的正确传输。

如图 F9 - 12 所示,在 SMTP 中,每条消息包括:

- 一个头部,或者叫信封,由 RFC2822 定义。
- 一个由空行(也就是在<CRLF>之前没有任何字符的行)结束的邮件头。
- 内容:在空行之后的都是消息体,即包含 ASCII 码字符(值小于十进制 128 的字符)的一系列行。内容是可选的。

若需要传输消息,SMTP 是嵌入式系统可选范围内足够简单和轻量的协议。最初,E-mail 仅仅是文本消息。现在,鉴于有多用途因特网邮件扩展(MIME),和其他编码方案的存在,比如 Base64 和 Uuencode,格式化的文档(Word,PDF 等)、照片(JPEG 和其他格式)、音频和视频文件都可以附加到邮件中。一封包含附件的 E-mail 在消息体中会有一个 MIME 头部。使用 MIME 的编码方案提供了一种将非文本信息按文本进行编码的方式,这就是为何 SMTP 可以携带附件。然而,接收方必须要有相应的软件来打开附件。

图 F9 – 12　SMTP 消息

MIME 也被 HTTP(www)使用,因为它也需要将数据按基于文本消息(HT-ML、DHTML、XML 和其他)的方式发送。

2. SENDMAIL

Sendmail 是大多数操作系统都有的命令行工具。它是一个支持多邮件协议的 C/S 模式应用。Sendmail 是因特网上最古老的邮件传送代理之一,并且是开源的,还有专用软件包。

3. 邮件通信协议(POP)

邮件通信协议第 3 版本(POP3)是一个同时拥有客户端和服务器功能的 E-mail 协议。POP3 客户端向服务器请求建立一个 TCP 连接,使用端口 110 并支持用于 E-mail 接收的基本功能(下载和删除)。要实现更强的功能,推荐使用 IMAP4。当在嵌入式系统上接收消息时,POP3 比 IMAP4 实现起来更简单并且更小。Micriµm 目前提供了 µC/POP3。

4. 因特网消息接入协议(IMAP4)

因特网消息接入协议第 4 版(IMAP4)是一个具有客户端和服务器功能的邮件协议。和 POP 相比,IMAP4 服务器存储用户账户邮件,使客户端可以根据请求来获取邮件。IMAP4 允许客户端有多个远程接收邮件的邮箱。邮件下载规则可以通过 IMAP4 客户端指定。比如,客户可能配置在慢链路上不要传送邮件体或不传送大的邮件。IMAP4 通常会把邮件保留在服务器上,并复制副本给客户。

IMAP4 客户端可以在连接或断开连接的时候做出改变。这些改变将会在客户端重新连接的时候起作用。POP 客户端必需在连接的时候对邮箱做出改变。在断开连接时,IMAP4 客户端做出的改变,会在客户和服务器之间的自动周期再同步 (automatic periodic re-synchronization)后起效果。这也是为什么实现一个 POP3 客户端要比实现 IMAP4 客户端容易。对资源有限的嵌入式系统而言,这是重要的考虑因素。

9.4 总 结

在 IP 网络中,还可能存在其他非常有用的网络服务。然而,DHCP 和 DNS 依然是目前嵌入式系统最常用的两个网络服务。

针对应用层,我们讨论了基础的"标准"TCP/IP 应用层程序。这些"标准"的应用可能往往由一个常用的应用程序来实现。这些嵌入式应用可以使设备在竞争中脱颖而出。用户编写的客户端或服务器应用提升了 TCP/IP 栈的应用范围。

应用层缓冲区配置是一个影响性能的重要因素。当使用 TCP 协议的时候,要确保缓冲区配置与 TCP 窗口大小匹配。如果一个系统使用 UDP,应分配足够多的资源(例如,缓冲区)来达到系统要求。这些假设可以使用本书第二部分提供的工具和示例应用来测试。

接下来的章节将解释如何用 Micriμm 的 μC/TCP-IP 来构建高效的 TCP/IP 应用程序。

第 10 章

μC/TCP-IP 简介

μC/TCP-IP 是一种紧凑、可靠、高性能的 TCP/IP 协议栈,保持了 Micriμm 特有的高质量、高扩展性和高可靠性,是花费大量人力物力开发的结果。它使我们能够快速配置所需的网络,从而缩短产品投放市场的时间。

μC/TCP-IP 的源码中,TCP/IP 协议栈实现部分包含超过 100 000 行的 ANSI C 代码,规范且风格一致。使用 C 来实现是因为 C 是嵌入式行业使用的主要语言。超过 50% 的代码包含注释,并且大多数全局变量和所有的函数都有相应的描述。在代码中适当的地方会引用 RFC 的参考。

10.1 可移植性

对资源受限的嵌入式应用来说,μC/TCP-IP 是最理想的选择。其代码设计使其几乎可以用于所有的 CPU、RTOS 及网络设备。虽然也可以在一些 8 位或 16 位的处理器环境中使用,但 μC/TCP-IP 主要针对 32 位或 64 位处理器进行优化。

10.2 可扩展性

μC/TCP-IP 的占用空间可以在编译的时候根据功能需求来调节,其在线参数检查的高水平保证了设计的简易性。虽然 μC/TCP-IP 本身提供了丰富的统计计算能力,然而开发者也可选择关闭不必要的统计功能以减少空间的占用。

10.3 编码标准

编码标准在 μC/TCP-IP 的设计初期就已完整定义。包括:
● C 编码风格。

- #define 变量、宏、变量和函数的命名规范。
- 注释。
- 目录结构。

这些规范使得 μC/TCP-IP 成为工业应用中 TCP/IP 协议栈实现的首选,并使系统更容易获取第三方认证。相关内容会在下一节描述。

10.4 MISRA C

μC/TCP-IP 的源代码遵循汽车制造业软件可靠性协会(Motor Industry Software Reliability Association,MISRA)C 编码标准。这些标准由 MISRA 创建,目的是改进汽车安全系统中 C 程序的可靠性和可预测性。MISRA 协会的成员包括 Delco 电子、Ford 汽车公司、Jaguar 汽车有限公司、Lotus 工程、Lucas 电子、Rolls-Royce、Rover 联合有限公司和一些致力于改进汽车电子的安全性和可靠性的大学。关于这种标准的详细内容可以直接从 MISRA 的 web 网站:www. misra. org. uk 得到。

10.5 安全性认证

μC/TCP-IP 的设计认证可用于航空器、医药设备和其他有高安全需求的产品中。Validated Software 的 Validation Suite 可让 μC/TCP-IP 提供各类认证所需的全套文档,包括:航空 RTCA DO-178B 及 EUROCAE ED-12B 认证、医疗 FDA 510 (k)认证、IEC 61508 工业控制系统、EN-50128 铁路传输系统及核系统。对于 DO-178B 的 A 级、医疗设备的 III 级、和 SIL3/SIL4 IEC 认证系统来说,通过 Validated Software 的 Validation Suite,μC/TCP-IP 可被立即认证。更多信息请参考 Validated Software 公司网站的 μC/TCP-IP 页面:www. ValidatedSoftware. com。

即使你的产品对安全性的需求并不高,拥有该认证也可以被视为是一种证明,证明 μC/TCP-IP 非常稳健且具备高可靠性。

10.6 实时操作系统(RTOS)

μC/TCP-IP 假定有 RTOS 的支持,但是 μC/TCP-IP 并没有假定使用哪个 RTOS。唯一的要求如下:

- 必须支持多任务。
- 必须提供二值信号量(binary semaphore)和计数信号量(counting sema-

phore)管理服务。

● 必须提供消息队列(message queue)服务。

μC/TCP-IP 包含一个封装层,使其适用于几乎任何商业的或开源的 RTOS。与 RTOS 有关的细节隐藏于 μC/TCP-IP 之中。μC/TCP-IP 包含提供给 μC/OS-II 和 μC/OS-III 实时内核的封装层。

10.7　网络设备

μC/TCP-IP 可用于配置各类网络设备和各种(IP)网络地址。只要提供了合适的 API 和 BSP 软件的驱动,任何设备都适用。特定设备(例如,芯片)的 API 使用了一些文件来封装,从而很容易让设备适应 μC/TCP-IP(见第 20 章"统计和错误计数器")。

10.8　μC/TCP-IP 协议

μC/TCP-IP 由以下协议组成:

● 设备驱动。

● 网络接口(例如,以太网、PPP(TBA)等)。

● 地址解析协议(ARP)。

● 因特网协议(IP)。

● 因特网控制消息协议(ICMP)。

● 因特网组管理协议(IGMP)。

● 用户数据报协议(UDP)。

● 传输控制协议(TCP)。

● 套接字(Micriμm 和 BSD v4)。

10.9　应用协议

Micriμm 为 μC/TCP-IP 附加了一些应用层协议。这些网络服务和应用程序如下:

● μC/DHCPc,DHCP 客户端。

● μC/DNSc,DNS 客户端。

● μC/HTTPs,HTTP 服务器(web 服务器)。

● μC/TFTPc,TFTP 客户端。

- μC/TFTPs,TFTP 服务器。
- μC/FTPc,FTP 客户端。
- μC/FTPs,FTP 服务器。
- μC/SMTPc,SMTP 客户端。
- μC/POP3,POP3 客户端。
- μC/SNTPc,网络时间协议(Network Time Protocol)客户端。

任何遵循 BSD 套接字 API 标准的常用应用层协议都可以和 μC/TCP-IP 一起使用。

第 **11** 章

μC /TCP-IP 架构

    μC/TCP-IP 按模块化编写,很容易适应各种处理器、实时操作系统(RTOS)、网络设备和编译器。图 F11 – 1 所示为一个简化的 μC/TCP-IP 模块及模块之间关系框图。

    我们注意到,所有 μC/TCP-IP 文件名均用"net_"开头。这个约定让我们能很快识别出哪些文件属于 μC/TCP-IP。所有函数和全局变量都以"Net"开头,而所有宏和 ♯define 都以"net_"开头。

11.1　μC /TCP-IP 模块关系

11.1.1　应用程序

    应用程序用 4 个 C 文件为 μC/TCP-IP 提供配置信息:app_cfg. h、net_cfg. h、net _dev_cfg. c 和 net_dev_cfg. h。

    app_cfg. h 是一个必须的配置文件,与应用相关。app_cfg. h 含有很多 ♯define,用来指定应用程序中任务的优先级(包含 μC/TCP-IP 中的任务),包括任务的栈空间大小。任务优先级放置在同一个文件中是为了更容易在一个位置看到整个应用程序的任务优先级配置。

    net_cfg. h 中的配置数据由以下数据组成:分配给栈的定时器数量,统计计数器是否要维护,ARP 缓存表项数,UDP 校验码如何计算等。其中最重要的是必要配置 TCP 接收窗口大小。总共有将近 50 个 ♯define 设置。然而,大多数 ♯define 常量都可以使用其默认推荐值。

    最后,net_dev_cfg. c 包含与设备相关的配置参数,例如设备的缓冲区数量、设备 MAC 地址,还包括必要的物理层配置,包括物理层总线地址和连接规格参数。每个兼容 μC/TCP-IP 的设备配置都要求在 net_dev_cfg. c 中指定。

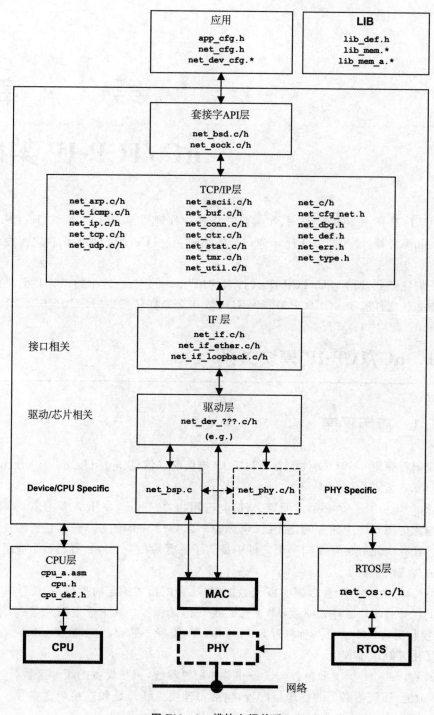

图 F11 - 1   模块之间关系

11.1.2　μC/LIB 库

由于 μC/TCP-IP 面向高安全应用，所有"标准"库函数，比如 strcpy( )、memset( ) 等函数都已被重写，使其与协议栈其他部分有同样的质量。

11.1.3　BSD 套接字 API 层

μC/TCP-IP 应用接口与 BSD 的 API 兼容。软件开发者可以使用 BSD 套接字 API 开发自己的 TCP/IP 应用，也可以购买某些商业 TCP/IP 组件（Telnet、Web 服务器、FTP 服务器等），用于 BSD 套接字接口。要注意，虽然 BSD 套接字层作为一个单独模块被列出，但它仍是 μC/TCP-IP 的一部分。

同样，软件开发者也可以使用 μC/TCP-IP 的套接字接口函数（net_sock. * ）。net_bsd. * 是一个将 BSD 套接字调用转换成 μC/TCP-IP 套接字调用的软件层。当然，直接调用 net_sock。接口可以提升一些性能。Micriμm 网络产品使用 μC/TCP-IP 套接字接口函数。

11.1.4　TCP/IP 层

μC/TCP-IP 中的 TCP/IP 层包含大部分的与 CPU、RTOS 和编译器无关的代码。这部分有三大类文件：

（1）TCP/IP 协议相关文件：

● ARP（net_arp. * ）。
● ICMP（net_icmp. * ）。
● IGMP（net_igmp. * ）。
● IP（net_ip. * ）。
● TCP（net_tcp. * ）。
● UDP（net_udp. * ）。

（2）辅助性文件：

● ASCII 码转换（net_ascii. * ）。
● 缓存管理（net_buf. * ）。
● TCP/UDP 连接管理（net_conn. * ）。
● 计数器管理（net_ctr. * ）。
● 统计（net_stat. * ）。
● 定时器管理（net_tmr. * ）。
● 其他（net_util. * ）。

（3）各种头文件：

- 主要 μC/TCP-IP 头文件(net.h)。
- 错误码文件(net_err.h)。
- 各种 μC/TCP-IP 数据类型(net_type.h)。
- 各种定义(net_def.h)。
- 调试相关(net_dbg.h)。
- 配置定义(net_cfg_net.h)。

11.1.5　网络接口(IF)层

IF 层包含几种类型的网络接口(以太网、令牌网等)。但当前版本的 μC/TCP-IP 仅支持以太网接口。IF 层被分为两个子层。

net_if.* 是高层网络协议套件层(Network Protocol Suite)与链路层协议间的接口。这层也向应用层提供网络设备的管理函数。

net_if_*.* 包含不依赖于实际设备(例如硬件)的数据链路层协议。以以太网为例,net_if_ether.* 能解析以太帧、MAC 地址、帧多路化等内容,但和实际以太网硬件没有任何关系。

11.1.6　网络设备驱动层

之前提到过,μC/TCP-IP 几乎可以用于任何网络设备。这一层处理硬件细节,例如,如何初始化设备,如何使能或禁止设备中断,如何知道接收数据包的大小,如何从帧缓存中读一个数据包,以及如何向设备写一个数据包。

net_bsp.c 封装了某些功能细节,包含如下配置代码:设备时钟、内部或外部中断控制器、必要 I/O 管脚、时间延迟、从环境中获取时间戳等。应用程序通常要用到这个文件。

11.1.7　物理(PHY)层

外部物理层设备的设备接口需要初始化和控制。在图 F11-1 中,这一层被描述在"虚线"区域,表示没有列出其所有设备。事实上,某些设备含有内置 PHY。Micriμm 提供了一个通用的 PHY 驱动,可用来控制大多数与(R)MII 兼容的以太网物理层设备。

11.1.8 CPU 层

μC/TCP-IP 可用于 8 位、16 位、32 位甚至 64 位 CPU，但必须配置 CPU 的相关信息。不论 CPU 是大端模式还是小端模式，也不论 CPU 是如何禁止和使能中断，CPU 层都将这种信息定义为 16 位和 32 位变量的 C 数据类型。

CPU 相关的文件可以在…\uc-CPU 目录中找到，用于配置 μC/TCP-IP 适应不同的 CPU。修改 cpu*.* 文件或者根据 uC-CPU 目录提供的示例文件来创建新的文件都可以。一般情况下，修改现有文件会更方便些。

11.1.9 实时操作系统(RTOS)层

μC/TCP-IP 假定有 RTOS 支持，但 RTOS 层可以保证让 μC/TCP-IP 独立于 RTOS。μC/TCP-IP 由 3 个任务组成。一个任务用于处理包接收(接收任务)，另一个任务用于异步发送缓冲区的释放，最后一个任务用于管理定时器。根据配置，可能会有第四个任务用于处理回环操作。

RTOS 至少要满足：

(1) 必须可以创建至少 3 个任务(一个接收任务(receive task)，一个发送释放任务(transmit de-allocation task)和一个定时器任务(Timer Task))。

(2) 提供信号量管理(或类似机制)。μC/TCP-IP 需要为每个套接字创建至少 2 个信号量和 4 个 μC/TCP-IP 内部使用的信号量。

(3) 提供定时器管理服务。

(4) 如果需要用 BSD 的 select( )功能，端口必须支持在多个 OS 对象上的阻塞(pending)。

μC/TCP-IP 提供了 μC/OS-II 和 μC/OS-III 接口。如果使用其他 RTOS，用于μC/OS-II 和 μC/OS-III 的 net_os.* 可以作为 RTOS 接口的模板。

11.2 任务模型

μC/TCP-IP 的用户应用程序接口使用的是著名的 BSD 套接字 API(也可使用μC/TCP-IP 的内部套接字接口)。应用程序通过该接口与网络上其他主机收发数据。

BSD 套接字 API 可以访问内部结构和变量(例如数据)，此机制由 μC/TCP-IP维护。一个二值信号量[图 F11-2 中的全局锁(the global lock)]用于控制数据的访问并确保互斥。为了读写数据，任务需要在访问数据前获得该二值信号量，并在完成访问后释放它。当然,应用任务不必关心这个信号量和数据的任何信息,因为 µC/TCP-IP 已经用函数将其封装了。

图 F11-2 描述了一个简化的 µC/TCP-IP 任务模型,图中不包含应用层任务。

11.2.1　µC/TCP-IP 任务和优先级

µC/TCP-IP 定义了 3 个内部任务:一个接收任务,一个发送释放任务和一个定时器任务。接收任务负责从所有设备接收包。发送释放任务不再需要发送缓冲区时将其释放。定时器任务负责处理所有 TCP/IP 协议和网络接口管理中的超时。

当设置任务优先级时,通常推荐使用 µC/TCP-IP 服务的任务优先级要高于 µC/TCP-IP 内部任务的优先级。但是,使用 µC/TCP-IP 的应用任务应该适时主动交出 CPU 使用权。例如,它们可以延时、挂起或者等待 µC/TCP-IP 服务。这样做是为了在一个应用任务发送大量数据的时候,减少饥饿问题的出现。

我们推荐发送释放任务的优先级要高于所有使用 µC/TCP-IP 服务的应用任务优先级;但是定时器任务和接收任务的优先级要低于所有其他应用任务的优先级,如图 F11-2 所示。

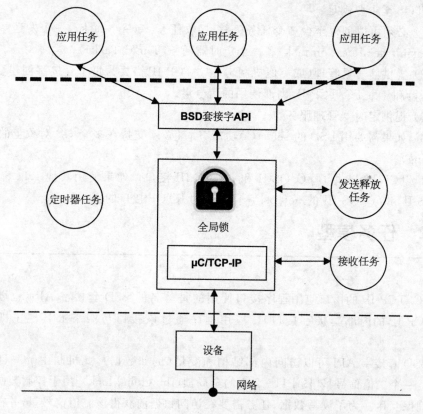

图 F11-2　µC/TCP-IP 任务模式

C.20.1"操作系统配置"一节还会对此进行描述。

11.2.2 接收一个数据包

图 F11-3 描绘了 µC/TCP-IP 在接收数据包时的简要任务模型。

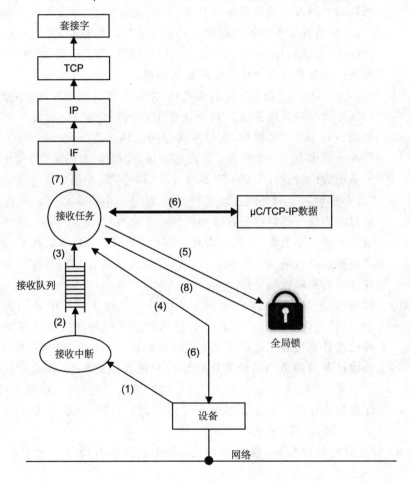

图 F11-3 µC/TCP-IP 接收一个数据包

F11-3(1) 一个数据包正在网络上传输,设备识别其目的地址是该设备时,设备将
产生中断,并且为非向量中断控制器(non-vectored interrupt control-
lers)调用 BSP 全局 ISR 句柄。无论是全局 ISR 句柄还是向量中断控制
器(vectored interrupt controller)都会调用 Net BSP 设备相关 ISR 句
柄,该句柄通过使用一个预定义的 Net IF 函数调用,来依次间接调用设
备 ISR 句柄。设备 ISR 句柄裁决该中断来自包接收事件(和传送操作
相反)。

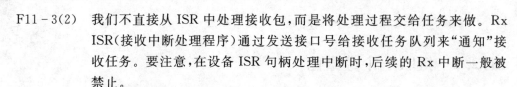

F11-3(2)　我们不直接从 ISR 中处理接收包,而是将处理过程交给任务来做。Rx ISR(接收中断处理程序)通过发送接口号给接收任务队列来"通知"接收任务。要注意,在设备 ISR 句柄处理中断时,后续的 Rx 中断一般被禁止。

F11-3(3)　接收任务不做任何事,直到从 Rx ISR 接收到信号。

F11-3(4)　当从以太网设备接收到信号时,接收任务被唤醒,并且从硬件中提取该包,然后将其放于接收缓存中。对基于 DMA 的设备,接收描述缓存指针(receive descriptor buffer pointer)被更新,指向一个新的数据区域,而指向接收包的指针被传给高层来处理。

　　　　　　μC/TCP-IP 维护了 3 种设备缓冲区:大型发送缓冲区、小型发送缓冲区和大型接收缓冲区。对于通用的以太网配置,小型发送缓冲区一般最多有 256 字节数据,大型发送缓冲区最多有 1 500 字节,大型接收缓冲区最多有 1 500 字节。要注意的是,大型接收缓冲区的大小一般在设备配置中设置成 1 594 字节或者 1 614 字节(准确定义参见第 15 章,"缓存管理")。额外的空间用于放置附加的协议头数据。要在编译或运行时为每个接口都配置缓冲区的大小和数量。

F11-3(5)　缓冲区是共享资源,对它或者任何其他 μC/TCP-IP 的数据结构的访问都要通过二值信号量来保护。这也意味着接收任务需要在得到一个缓冲区前先获取该信号量。

F11-3(6)　接收任务从缓冲区池中得到一个缓冲区。包从设备中移动到缓冲区中,以供后面处理。对于 DMA,使用获得的缓冲区指针代替描述符缓冲区指针来接收当前帧。指向接收帧的指针被传向高层,供后续处理。

F11-3(7)　接收任务借助适当的链路层协议检查接收到的数据,并决定该数据包是否是 ARP 或 IP 层的包,然后将缓冲区传至相应层,以供后续处理。注意接收任务一直将数据送至应用层,然后再在接收任务中由适当的 μC/TCP-IP 函数操作。

F11-3(8)　处理完数据包后,将锁释放,接收任务开始等待下一个要接收的数据包。

11.2.3　发送一个数据包

　　　图 F11-4 描述了 μC/TCP-IP 在发送数据包时的简要任务模型。

F11-4(1)　一个想要发送数据的任务(假定是一个应用任务)通过 BSD 套接字 API 接入 μC/TCP-IP。

F11-4(2)　μC/TCP-IP 中的一个函数获得二值信号量(例如,全局锁),从而可以将要发送的数据置入 μC/TCP-IP 数据结构中。

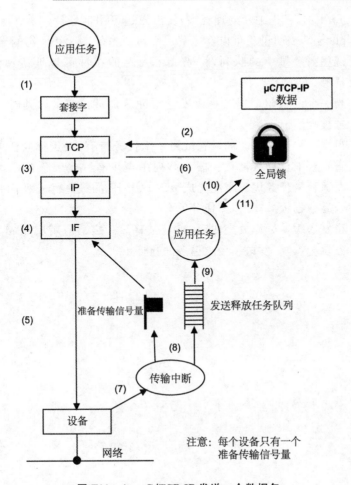

图 F11 - 4　μC/TCP-IP 发送一个数据包

F11 - 4(3)　对应的 μC/TCP-IP 层处理数据,准备用于传输。

F11 - 4(4)　任务(借助 IF 层)等待一个计数信号量。该信号量用于指明设备的发送器已经准备好发送包。如果设备不能够发送数据包,任务会阻塞直到该设备发出该信号量。注意在设备初始化期间,信号量要用一个恰当的值来初始化,该值等于设备一次可以发送的数据包的数量。假设设备有足够的缓冲区空间可以保证 4 个发送包排队等待,那么计数信号量初值为 4。对基于 DMA 传输的设备,信号量的值要初始化为可用的发送描述符的数量。

F11 - 4(5)　当设备准备好时,驱动复制数据到设备内部存储空间或者配置 DMA 传送描述符。当设备完全配置好后,设备驱动发出一个发送命令。

F11 - 4(6)　在将数据包放入设备后,任务释放全局数据锁并继续执行。

F11 - 4(7)　当设备完成发送数据包后,设备产生一个中断。

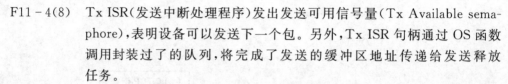

F11 - 4(8)　Tx ISR(发送中断处理程序)发出发送可用信号量(Tx Available sema-phore),表明设备可以发送下一个包。另外,Tx ISR 句柄通过 OS 函数调用封装过了的队列,将完成了发送的缓冲区地址传递给发送释放任务。

F11 - 4(9)　当一个设备驱动提交一个发送缓冲区地址给它的队列时,发送释放任务被唤醒。

F11 - 4(10)　得到全局数据锁。如果它被另一个任务持有,发送释放任务必须等待,直到获取全局数据锁。假设队列中至少有一个表项可用,因为推荐将发送释放任务优先级配置成 μC/TCP-IP 的最高优先级任务,所以一旦全局数据锁被释放,该任务就会执行。

F11 - 4(11)　当发送缓冲区释放完成时,锁就被释放。之后应用层和 μC/TCP-IP 任务就会恢复,发送和接收更多的数据。

第 12 章

目录与文件

本章将讨论 μC/TCP-IP 提供的各个功能模块以及它们之间的关系。假定使用平台为 Windows 环境下的 PC。目录与文件结构采用 Windows 类型的目录结构。由于 μC/TCP-IP 以源代码形式提供，所以 μC/TCP-IP 可以应用于任何 ANSI-C 兼容的编译器/链接器及操作系统。

为了醒目，文件的名称采用大写。实际文件名是小写。

12.1 框 图

图 F12-1 给出了 μC/TCP-IP 中各功能模块及其相互间关系，同时包含了 μC/TCP-IP 相关文件名称。

12.2 应用程序代码

当 Micriμm 提供工程实例时，文件目录结构如下所示。当然也可以使用其他工程/产品的目录结构形式。

```
\Micrium
    \Software
        \EvalBoards
            \<manufacturer>
                \<board_name>
                    \<compiler>
                        \<project name>
                            \ *. *

\Micrium
```

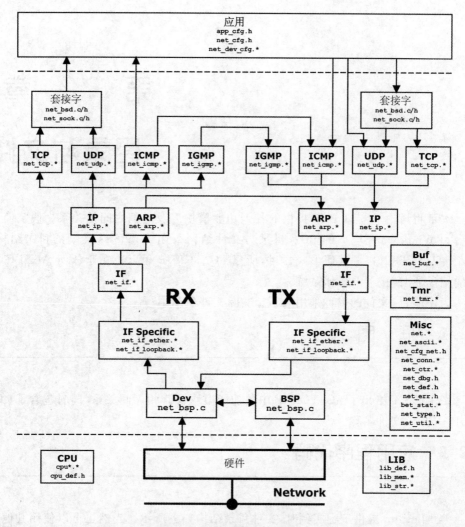

图 F12 - 1　μC/TCP-IP 框图

本目录包含由 Micriμm 提供的软件组件和工程。该目录通常处于计算机的根目录。

\Software

本目录包括所有软件组件和工程。

\EvalBoards

本目录包括所有 Micriμm 支持的与工程相关的评估板。

\<manufacturer>

评估板制造商的名字。"<"和">"不属于实际名字的一部分。

\<board name>

评估板的名称。Micriμm 评估板一般会被称为 μC-Eval-xxxx 其中 xxxx 代表评估板上的中央处理器 CPU 或主控制单元 MCU。"<"和">"不属于实际名字的一部分。

\<compiler>

　　生成评估板代码的编译器或编译器制造商的名称。"<"和">"不属于实际名字的一部分。

\<project name>

　　工程名称。例如某个 μC/TCP-IP 工程名为'OS-Ex1'。'Ex1'表示工程只包含 OS-III。而 OS-Probe－Ex1 则表示工程包含 μC/TCP-IP 和 μC/Probe。"<"和">"不属于实际名字的一部分。

\ * . *

　　工程源文件。主文件可以用 APP ＊．＊ 形态命名。这些目录也包含配置文件其他工程所需的源文件,配置文件包括 app_cfg. h、net_cfg. h、net_decv_cfg. h、net_dev _cfg. c、os_cfg. h、os_cfg_app. h 等。

　　includes. h 是应用程序专用的主头文件。几乎所有的 Micriμm 的产品都需要这个文件。

　　net_cfg. h 是一个配置文件,用于配置 μC/TCP-IP 相关参数。例如网络计时器数量、套接字和连接的创建、默认超时值等。由于 μC/TCP-IP 需要 net_cfg. h,应用层必须包含该文件。查看第 16 章"网络接口层"以获得更多信息。

　　net_dev_cfg. c 和 net_dev_cfg. h 是配置 μC/TCP-IP 接口参数的配置文件。接口参数包括发送和接收缓冲区的数量等。查看第 14 章"网络设备驱动"的相关内容以获得更多信息。

　　os_cfg. h 是配置 μC/OS-III 参数的配置文件。例如最大任务数、事件与对象、哪个 μC/OS-III 服务(信号量、邮箱、队列)是可用的等。os_cfg. h 是任何 μC/OS-III 应用程序必须包含的文件。查看 μC/OS-III 文档和书籍以获得更多信息。

　　app. c 包含了处理器示例工程的应用程序代码。与大多数 C 语言程序一样,代码从 main( )开始执行,参见程序清单 L13－1。该应用程序代码启动 μC/TCP-IP。

12.3　CPU

　　下面显示的目录包含了半导体制造商外设接口的源文件,可用于任何适合的项目/产品的目录结构。

```
\Micrium
    \Software
        \CPU
            \<manufacturer>
                \<architecture>
                    \ * . *
```

\Micrium

该目录存放由 Microµm 提供的软件组件和工程。

\Software

目录包括所有软件组件和工程。

\CPU

目录总是被称为 CPU。

\<manufacturer>

评估板制造商的名字。"<"和">"不属于实际名字的一部分。

\<architecture>

专用库的名称,通常用一种 CPU 或体系结构名称命名。

.

库源文件。文件以半导体制造商名字命名。

12.4 板级支持包 BSP

板级支持包(BSP-Board Support Package)一般随评估板或目标板同时提供,而且通常由给定评估板或目标板专用。如果 BSP 代码写得比较完善,也可以用于多个工程。

```
\Micrium
    \Software
        \EvalBoards
            \<manufacturer>
                \<board name>
                    \<compiler>
                        \BSP
                            \*.*
```

\Micrium

该目录存放由 Microµm 提供的软件组件和工程。

\Software

目录包括所有软件组件和工程。

\EvalBoards

目录包括所有 Microµm 支持的与工程相关的评估板。

\<manufacturer>

评估板制造商的名字。"<"和">"不属于实际名字的一部分。

\<board name>

评估板的名称。Microµm 评估板一般会被称为 µC-Eval-xxxx 其中 xxxx 代表评估板上的中央处理器 CPU 或主控制单元 MCU。"＜"和"＞"不属于实际名字的一部分。

\＜compiler＞

生成评估板代码的编译器或编译器制造商名称。"＜"和"＞"不属于实际名字的一部分。

\BSP

目录总是被称为 BSP。

.

BSP 的源代码。通常所有的文件名以 BSP 开始,对应目录一般会有 bsp.c 和 bsp.h 文件。BSP 代码往往包含以下或更多的功能:LED(发光二极管)控制功能、定时器初始化、以太网接口控制器等。

BSP 被称为板级支持包(Board Support Package)。评估板所提供的"服务"都放置在 BSP 文件中。比如 bsp.c 文件内的 I/O、定时器初始化代码、LED 控制代码等。系统通过调用 BSP_Init( )来初始化板上的 I/O 设备。

BSP 的作用是对应用程序隐藏硬件细节。BSP 的函数名反映其功能但不提到任何 CPU 细节,这一点很重要。例如打开一个 LED(发光二极管)的代码被称为 LED_On( ),而不是 MCU_led( )。因为如果使用 LED_On( ),它可以很容易地移植到另一个处理器(或评估板),只需通过简单地重写 LED_On ( )即可实现对不同评估板对 LED 的控制。这同样适用于其他服务。同时要注意的是 BSP 函数以功能组做前缀,如 LED 服务以 LED_做前缀、计时器以 Tmr_做前缀等。但 BSP 功能不需要以 BSP_作前缀。

12.5　网络板级支持包(NET_BSP)

除了通用 BSP 功能,还有特定的网络初始化和配置功能。这额外的文件通常是评估板或目标板附带的,并且是专用的。

```
\Micrium
    \Software
        \EvalBoards
            \＜manufacturer＞
                \＜board name＞
                    \＜compiler＞
                        \BSP
                            \TCPIP－V2
                                \*.*

\Micrium
```

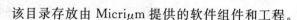

该目录存放由 Micriμm 提供的软件组件和工程。

\Software

目录包括所有软件组件和工程。

\EvalBoards

目录包括与评估板相关的工程文件。

\<manufacturer>

评估板制造商的名字。"<"和">"不属于实际名字的一部分。

\<board name>

评估板名称。Micriμm 评估板一般会被称为 μC-Eval-xxxx 其中 xxxx 代表评估板上的中央处理器 CPU 或主控制单元 MCU。"<"和">"不属于实际名字的一部分。

\<compiler>

生成评估板代码的编译器或编译器制造商名称。"<"和">"不属于实际名字的一部分。

\BSP

这分目录总是被称为 BSP。

\TCPIP-V2

目录是与 BSP 相关的网络目录,并总是被称为 TCPIP-V2。

.

net_bsp.* 文件包含网络设备和其他 μC/TCP-IP 函数的硬件相关代码。这些文件包括从网络设备读写数据、硬件级设备中断处理、提供延时功能、获得时间戳等代码。

12.6 μC/OS-III 与 CPU 无关的源代码

该目录下文件文件是用来获得 μC/OS-III 的授权使用(见附录 G,许可政策)。

```
\Micrium
    \Software
        \uCOS-III
            \Cfg\Template
                \Source
```

\Micrium

该目录存放由 Micriμm 提供的软件组件和工程。

\Software

目录包括所有软件组件和工程。

\uCOS-III

　　μC/OS-III 的主目录。

\Cfg\Template

　　该目录包含了配置文件的模版,可以复制到工程目录。这些文件都可以根据应用程序的需要加以修改。

\Source

　　该目录包含 μC/OS-III 与 CPU 无关的源代码。该目录的所有文件应在程序生成时包含进去(假设源代码存在)。在 os_cfg.h 和 os_cfg_app.h 文件中被定义成无效(disable)的常量,其对应模块不会被编译。

12.7　μC/OS-III 与 CPU 相关的源代码

　　μC/OS-III 为移植开发者提供了以下这些文件,具体信息可查看 μC/OS-III 书第 17 章。

```
\Micrium
    \Software
        \uCOS-III
            \Ports
                \<architecture>
                    \<compiler>
```

\Micrium

　　该目录存放由 Micriμm 提供的软件组件和工程。

\Software

　　目录包括所有软件组件和工程。

\uCOS-III

　　这是 μC/OS-III 的主目录。

\Ports

　　所使用的 CPU 体系结构的端口文件位置。

\<architecture>

　　μC/CPU 被移植到的 CPU 体系结构的名称。"<"和">"不属于实际名字的一部分。

\<compiler>

　　这是生成评估板代码的编译器或编译器制造商名称。"<"和">"不属于实际名字的一部分。

　　该目录下的文件包含 μC/OS-III 移植的相关文件,查看 μC/OS-III 书第 17 章以了解这些文件的具体信息。

12.8 μC /CPU 与 CPU 无关的源代码

μC/CPU 由 CPU 相关功能和 CPU 与编译器相关数据类型等封装组成。

```
\Micrium
    \Software
        \uC－CPU
            \cpu_core.c
            \cpu_core.h
            \cpu_def.h
            \Cfg\Template
                \cpu_cfg.h
            \＜architecture＞
                \＜compiler＞
                    \cpu.h
                    \cpu_a.asm
                    \cpu_c.c
```

\Micrium

该目录存放由 Microμm 提供的软件组件和工程。

\Software

这分目录包括所有软件组件和工程。

\uC－CPU

μC/CPU 的主目录。

cpu_core.c 包含所有 CPU 体系结构常见的 C 语言代码。例如,该文件中包含测量 CPU_CRITICAL_ENTER( )和 CPU_CRITICAL_EXIT( )宏的中断禁用时间函数,模拟前导零计数(count leading zeros)指令和一些其他的函数。

cpu_core.h 包含 cpu_core.c 中函数的原型和分配测量中断禁用时间所需要的变量。

cpu_def.h 包含了 μC/CPU 各模块所用的宏定义常量。

\Cfg\Template

该目录包含了配置文件的例子,用于复制到工程目录。这些文件都可以根据应用程序的需要加以修改。

cpu_cfg.h 决定是否启用测量中断禁用时间,是否在汇编语言或 C 语言仿真中实现了一个前导零计数指令等。

\＜architecture＞

μC/CPU 对应的 CPU 体系结构名称。"<"和">"不属于实际名字的一部分。

\<compiler>

编译器制造商名称。"<"和">"不属于实际名字的一部分。

该目录下包含 μC/CPU 移植的相关文件,查看 μC/OS-III 书籍第 17 章。"μC/OS-III 的移植"以了解这些文件的细节内容。

cpu.h 包含的字长宏定义使 μC/OS-III 和其他模块在编译时与 CPU 无关。例如 CPU_INT16U、CPU_INT32U、CPU_FP32 以及其他数据类型的声明。该文件同样定义了 CPU 的端模式、μC/OS-III 所用的 CPU_STK 数据类型、OS_CRITICAL_ENTER( )与 OS_CRITICAL_EXIT( )宏定义以及与 CPU 体系结构对相应的函数原型。

cpu_a.asm 包含开启和关闭 CPU 中断、前导零计数(如果 CPU 支持)和其他只能由汇编语言所写的 CPU 相关函数。该文件可能包含 caches 启用、设置 MPUS 和 MMU 的代码。该文件中提供的函数可嵌入在 C 语言中。

cpu_c.c 包含 CPU 体系结构相关的 C 语言代码函数,使用 C 语言编写是为了加强程序的可移植性。通常来说,如果函数能用 C 语言写则尽量用 C 语言写,除非使用汇编语言有明显的性能优势。

12.9　μC/LIB 可移植的库函数

μC/LIB 具有高可移植性,并且不包含任何编译器相关的库函数,这有利于 Micriμm 产品的第三方认证。μC/OS-III 不使用任何 μC/LIB 函数,然而 μC/CPU 默认 lib_def.h 文件是存在的,文件中包含 DEF_YES、DEF_NO、DEF_TRUE、DEF_FALSE 这样的宏定义。

```
\Micrium
    \Software
        \uC – LIB
            \lib_ascii.c
            \lib_ascii.h
            \lib_def.h
            \lib_math.c
            \lib_math.h
            \lib_mem.c
            \lib_mem.h
            \lib_str.c
            \lib_str.h
            \Cfg\Template
                \lib_cfg.h
```

```
            \Ports
                \<architecture>
                    \<compiler>
                        \lib_mem_a.asm
```

\Micrium

该目录存放由 Microμm 提供的软件组件和工程。

\Software

这分目录包括所有软件组件和工程。

\uC-LIB

μC/LIB 的主目录。

\Cfg\Template

该目录包含配置模版文件 lib_cfg. h,用来复制到应用目录,并根据应用需求配置 μC/LIB 模块。

lib_cfg. h 可以确定是否启用汇编语言(假设存在处理器可用的汇编语言文件,也就是 lib_mem_a. asm)和一些其他定义。

12. 10   μC /TCP-IP 网络设备

目录中的文件如下:

```
\Micrium
    \Software
        \uC - TCPIP - V2
            \Dev
                \Ether
                    \PHY
                        \Generic
                    \<Controller>
```

\Micrium

该目录存放由 Microμm 提供的软件组件和工程。

\Software

目录包括所有软件组件和工程。

\uC-TCPIP-V2

这是 μC/TCP-IP 代码的主目录。该目录名字包含一个版本数字以区别以前的协议栈版本。

\Dev

该目录包含不同接口的设备驱动,当前 μC/TCP-IP 唯一支持的接口类型是以太网。μC/TCP-IP 已经通过了多种以太网设备的测试。

\Ether

以太网控制器驱动被放置在 Ether 分目录下。注意设备驱动也必须命名为 net_dev_<controller>. *。

\PHY

这是以太网物理层的主目录。

\Generic

这是 Microμm 提供的通用物理层驱动目录。通用物理层驱动对绝大多数的符合(R)MII 标准的以太网物理层驱动接口提供了有效的支持。非通用的物理层驱动经常用来提供一些扩展功能,例如链路状态中断支持等。

net_phy. h 是网络物理层头文件。

net_phy. c 提供了(R)MII 的端口移植,端口被认为是主机以太网 MAC 的一部分。因此(R)MII 的读写必须通过网络驱动的 API 接口实现,即通过调用函数 Phy_RegRd( )和 Phy_RegWr( )来实现。

\<controller>

工程中所用的以太网控制器或者芯片制造商名称。"<"和">"不属于实际名字的一部分。该目录包含了网络控制器专用的网络设备驱动。

net_dev_<controller>. h 是网络设备驱动的头文件。

net_dev_<controller>. c 包含网络设备驱动 API 的 C 语言代码。

12. 11　μC /TCP-IP 网络接口

该目录包含接口相关的文件。当前 μC/TCP-IP 只支持两种接口类型,即以太网接口和回环接口。以太网接口相关文件如下:

```
\Micrium
    \Software
        \uC - TCPIP - V2
            \IF
```

\Micrium

该目录存放由 Microμm 提供的软件组件和工程。

\Software

目录包括所有软件组件和工程。

\uC-TCPIP-V2

这是 μC/TCP-IP 代码的主目录。

\IF

这是网络接口的主目录。

net_if. * 定义 μC/TCP-IP 高层与链路层协议的编程接口。这些文件同时提供给应用程序的接口管理函数。

net_if_ether. * 包含以太网接口的细节。该文件不应该被修改。

net_if_loopback. * 包含回环接口的细节。该文件不应该被修改。

12.12　μC/TCP-IP 网络操作系统抽象层

该目录包含了实时操作系统抽象层，抽象层允许 μC/TCP-IP 和几乎任何实时操作系统(RTOS)使用。实时操作系统的抽象层在操作系统中的分目录如下：

```
\Micrium
    \Software
        \uC - TCPIP - V2
            \OS
                \<rtos_name>
```

\Micrium

该目录存放由 Micriμm 提供的软件组件和工程。

\Software

目录包括所有软件组件和工程。

\uC-TCPIP-V2

这是 μC/TCP-IP 代码的主目录。

\OS

这是 OS 的主目录。

\<rtos_name>

该目录包含了实现 RTOS 抽象层的文件。注意被选择的 RTOS 抽象层文件必须命名为 net_os. * 。

μC/TCP-IP 已经经过了 μC/OS-II，μC/OS-III 的测试，并且这些 RTOS 层文件放置的目录如下：

\Micrium\Software\uC-TCPIP-V2\OS\uCOS-II\net_os. *

\Micrium\Software\uC-TCPIP-V2\OS\uCOS-III\net_os. *

12.13　μC/TCP-IP 网络 CPU 相关代码

一些函数可以通过汇编优化改善网络协议栈性能，比如校验和函数。在协议栈中校验和被使用在多个层中，并且校验和函数通常写成一个大的循环。

```
\Micrium
    \Software
        \uC – TCPIP – V2
            \Ports
                \<architecture>
                        \<compiler>
                                \net_util_a.asm
```

\Micrium

　　该目录存放由 Microμm 提供的软件组件和工程。

\Software

　　目录包括所有软件组件和工程。

\uC-TCPIP-V2

　　这是 μC/TCP-IP 代码的主目录。

\Ports

　　这是处理器相关代码的主目录。

\<architecture>

　　被移植到的 CPU 体系结构名。"<"和">"不属于实际名字的一部分"。

\<compiler>

　　这是生成评估板代码的编译器或编译器制造商名称。"<"和">"不属于实际名字的一部分。

　　net_util_a.asm 包含 CPU 体系结构专用的汇编代码。所有用来优化 CPU 体系结构的函数都位于该目录。

12.14　μC/TCP-IP 网络 CPU 无关源代码

　　该目录包含所有与 μC/TCP-IP 的 CPU 和 RTOS 无关文件。为了能正确使用 μC/TCP-IP。所有文件都不应修改。

```
\Micrium
    \Software
        \uC – TCPIP – V2
            \Source
```

\Micrium

　　该目录存放由 Microμm 提供的软件组件和工程。

\Software

目录包括所有软件组件和工程。

\uC-TCPIP-V2

这是 μC/TCP-IP 代码的主目录。

\Source

该目录包含了所有与 CPU 和 RTOS 无关的源代码文件。

12.15　μC /TCP-IP 网络安全管理的 CPU 无关源代码

该目录包含了所有 μC/TCP-IP 用于网络安全管理的 CPU 无关源代码。为了能正确使用 μC/TCP-IP,所有文件都不应修改。

```
\Micrium
    \Software
        \uC - TCPIP - V2
            \Secure
                \<security_suite_name>
                    \OS
                        \<rtos_name>
```

\Micrium

该目录存放由 Micriμm 提供的软件组件和工程。

\Software

目录包括所有软件组件和工程。

\μC-TCPIP-V2

这是 μC/TCP-IP 代码的主目录。

\Secure

这是所有独立于安全套件的源代码文件。即使没有安全套件可用或者未开启网络安全管理,这些文件也必须被包含进工程。

\<security_suite_name>

该目录包含进行安全套件抽象的文件。只有当安全套件(也就是 μC/SSL)可用并且被应用于应用程序时,这些文件才被包含进工程。

\<rtos_name>

该目录包含了应用了安全套件的实时操作系统的相关文件。只有当安全套件(也就是 μC/SSL)可用并且被应用于应用程序时,这些文件才被包含进工程。可能安全套件不需要操作系统抽象层。请参阅安全套件用户手册以获取更多信息。

μC/TCP-IP 已经完成了 μC/SSL,μC/OS-II 和 μC/OS-III 的测试。该安全套件和安全套件的实时操作系统可以在下列目录找到:

\Micrium\Software\uC-TCPIP-V2\Secure\uC-SSL\net_secure. *
\Micrium\Software\uC-TCPIP-V2\Secure\uC-SSL\OS\uCOS-II\net_secure_os. *
\Micrium\Software\uC-TCPIP-V2\Secure\uC-SSL\OS\uCOS-III\net_secure_os. *

12. 16 总 结

下面是所有一个基于 μC/TCP-IP 工程的目录和文件的总结。这最右侧'<－Cfg'符号表示对应的文件通常需要复制到应用程序(也就是工程)目录,并且需要根据工程要求来修改。

```
\Micrium
    \Software
        \EvalBoards
            \<manufacturer>
                \<board name>
                    \<compiler>
                        \<project name>
                            \app. c
                            \app. h
                            \other
                        \BSP
                            \bsp. c
                            \bsp. h
                            \others
                            \TCPIP - V2
                                \net_bsp. c
                                \net_bsp. h
    \CPU
        \<manufacturer>
            \<architecture>
                \ * . *
    \uCOS-III
        \Cfg\Template
            \os_app_hooks. c
            \os_cfg. h                                    < - Cfg
            \os_cfg_app. h                                < - Cfg
        \Source
            \os_cfg_app. c
            \os_core. c
            \os_dbg. c
```

```
                    \os_flag.c
                    \os_int.c
                    \os_mem.c
                    \os_msg.c
                    \os_mutex.c
                    \os_pend_multi.c
                    \os_prio.c
                    \os_q.c
                    \os_sem.c
                    \os_stat.c
                    \os_task.c
                    \os_tick.c
                    \os_time.c
                    \os_tmr.c
                    \os_var.c
                    \os.h
                    \os_type.h                              < - cfg
              \Ports
                  \<architecture>
                      \<compiler>
                          \os_cpu.h
                          \os_cpu_a.asm
                          \os_cpu_c.c
          \uC - CPU
              \cpu_core.c
              \cpu_core.h
              \cpu_def.h
              \Cfg\Template
                  \cpu_cfg.h                                < - Cfg
              \<architecture>
                  \<compiler>
                      \cpu.h
                      \cpu_a.asm
                      \cpu_c.c
          \uC - LIB
              \lib_ascii.c
              \lib_ascii.h
              \lib_def.h
              \lib_math.c
              \lib_math.h
              \lib_mem.c
              \lib_mem.h
```

```
        \lib_str.c
        \lib_str.h
        \Cfg\Template
            \lib_cfg.h                                          <-Cfg
        \Ports
            \<architecture>
                \<compiler>
                    \lib_mem_a.asm
\uC-TCPIP-V2
    \BSP
        Template
            \net_bsp.c                                          <-Cfg
            \net_bsp.h                                          <-Cfg
            \OS
                \<rtos_name>
                    \net_bsp.c                                  <-Cfg
        \CFG
        \Template
            \net_cfg.h                                          <-cfg
            \net_dev_cfg.c                                      <-cfg
            \net_dev_cfg.h                                      <-cfg
\Dev
    \Ether
        \<controller>
            \net_dev_<controller>.c
            \net_dev_<controller>.h
        \PHY
            \controller>
                \net_phy_<controller>.c
                \net_phy_<controller>.h
            \Generic
                \net_phy.c
                \net_phy.h
\IF
    \net_if.c
    \net_if.h
    \net_if_ether.c
    \net_if_ether.h
    \net_if_loopback.c
    \net_if_loopback.h
\OS
    \<template>
```

```
              \net_os.c                              < - Cfg
              \net_os.h                              < - Cfg
          \<rtos_name>
              \net_os.c
              \net_os.h
      \Ports
          \<architecture>
              \<compiler>
                  \net_util_a.asm
      \Secure
          \net_secure_mgr.c
          \net_secure_mgr.h
          \<security_suite_name>
              \net_secure.c
              \net_secure.h
              \OS
                  \<rtos_name>
                      \net_secure_os.c
                      \net_secure_os.h
      \Source
          \net.c
          \net.h
          \net_app.c
          \net_app.h
          \net_arp.c
          \net_arp.h
          \net_ascii.c
          \net_ascii.h
          \net.bsd.c
          \net.bsd.h
          \net.buf.c
          \net.buf.h
          \net.cfg_net.h
          \net.conn.c
          \net.conn.h
          \net.ctr.c
          \net.ctr.h
          \net.dbg.c
          \net.dbg.h
          \net.def.h
          \net.err.c
          \net.err.h
```

\net.icmp.c
\net.icmp.h
\net.igmp.c
\net.igmp.h
\net.ip.c
\net.ip.h
\net.mgr.c
\net.mgr.h
\net.sock.c
\net.sock.h
\net.stat.c
\net.stat.h
\net.tcp.c
\net.tcp.h
\net.tmr.c
\net.tmr.h
\net.type.h
\net.udp.c
\net.udp.h
\net.util.c
\net.util.h

第13章

开始使用 μC /TCP-IP

前文中使用的目录和文件结构都是针对 μC/TCP-IP 源代码而言的,但是本书第二部分的示例中使用的却是编译后的 μC/TCP-IP 库,这两者的工程结构有所不同。

μC/TCP-IP 工作在实时操作系统环境中,本书选择的操作系统是 μC/OS-III。使用这个操作系统的原因有两个:首先,μC/OS-III 是 Microμm 公司最新的操作系统内核;其次,本书中所有的示例均是为了本书配套的 μC/OS-III 而开发,因而采用 μC/OS-III 操作系统就不再需要使用额外的评估板。

13.1　安装 μC /TCP-IP

μC/TCP-IP 通过文件的方式进行版本发布。发布的文件夹中包含了 μC/TCP-IP 所有源代码和文档。CPU 目录中包含额外的支持文件,根据目标板硬件和开发工具的不同有的部分可能不会用到。如果提供示例代码,一般会被放在 EvalBoards 目录中,如图 F13 - 1 所示。

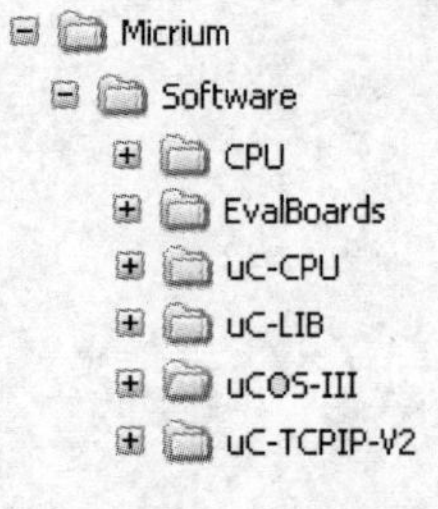

图 F13 - 1　μC/TCP-IP 目录树

13.2　μC /TCP-IP 示例工程

下面的示例工程用来演示 μC/TCP-IP 的基本结构,以及如何生成一个空的应用程序。应用程序同样使用 μC/OS-III 实时操作系统。图 F13 - 2 显示了工程的测试环境:一台运行 Windows 操作系统的 PC 和一块目标板,它们通过百兆以太网交换机或者双绞线连接在一起。PC 的 IP 地址设定为 10. 10. 10. 111,目标板 IP 地址设定为 10. 10. 10. 64。

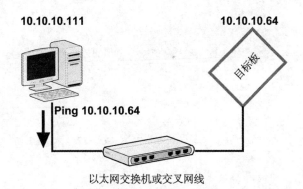

图 F13 - 2 测试设置

示例中的代码使目标板能够响应 ping 命令。具体来说,目标板的 IP 地址被静态设置成 10.10.10.64。在 PC 的命令行终端上运行以下命令:

ping 10.10.10.64

PC 端会在 ping 命令要求的时间内得到目标板的回复。如果运行 μC/TCP-IP 协议栈的目标板采用图 F13 - 2 的方式连接到了 PC 端,那么 ping 命令所花费时间不会超过 2 ms。

下一节对 μC/TCP-IP 示例工程中各种组件的目录结构进行了说明。

13.3 应用程序代码

app.c 文件包含了处理器示例工程相关的应用层代码。与绝大多数 C 语言工程一样,代码从 main( )开始执行(程序清单 L13 - 1)。该应用程序代码将启动 μC/TCP-IP协议栈。

```
void main (void)
{
    OS_ERR err_os;

    BSP_IntDisAll();                                            (1)

    OSInit(&err_os);                                            (2)
    APP_TEST_FAULT(err_os, OS_ERR_NONE);

    OSTaskCreate(    (OS_TCB    *)&AppTaskStartTCB,             (3)
                     (CPU_CHAR    *)"App Task Start",           (4)
                     (OS_TASK_PTR)AppTaskStart,                 (5)
                     (void       *) 0,                          (6)
```

```
                    (OS_PRIO      ) APP_OS_CFG_START_TASK_PRIO,              (7)
                    (CPU_STK    *) &AppTaskStartStk[0],                       (8)
                    (CPU_STK_SIZE) APP_OS_CFG_START_TASK_STK_SIZE / 10u,      (9)
                    (CPU_STK_SIZE) APP_OS_CFG_START_TASK_STK_SIZE,           (10)
                    (OS_MSG_QTY  ) 0u,
                    (OS_TICK     ) 0u,
                    (void       *) 0,
                    (OS_OPT      ) (OS_OPT_TASK_STK_CHK | OS_OPT_TASK_STK_CLR) (11)
                    (OS_ERR     *) &err_os);                                  (12)
        APP_TEST_FAULT(err_os, OS_ERR_NONE);


        OSStart(&err_os);                                                     (13)
        APP_TEST_FAULT(err_os, OS_ERR_NONE);
    }
```

程序清单 L13 - 1   代码开始执行于 main( )

L13 - 1(1)　　main( ) 函数开始运行后,首先调用 BSP 函数禁止所有中断。对大多数处理器来说,中断会从启动时一直被禁止直到应用代码将其打开,但仍然建议在启动时关闭所有外设中断以确保安全。

L13 - 1(2)　　调用 OSInit( ) 初始化 μC/OS-III。OSInit( ) 初始化操作系统内部变量和数据结构,并创建 2～5 个内部任务。μC/OS-III 至少会创建一个空闲任务(OS_IdleTask( )),该任务在没有其他任务运行时才会工作。μC/OS-III 还会创建时钟任务,负责维护系统时间。

　　　　　　　根据 # define 宏定义的值,μC/OS-III 将创建统计任务 OS_StatTask( )、定时器任务 OS_TmrTask( ) 及中断处理队列管理任务 OS_IntQTask( )。μC/OS-III 手册第 4 章"任务管理"中讨论了上述的内容。

　　　　　　　μC/OS-III 的大部分函数通过一个指向 OS_ERR 变量的指针返回错误代码。如果 OSInit( ) 调用成功,那么错误码将被设置为 OS_ERR_NONE;否则,如果 OSInit( ) 初始化过程中遇到的问题,它会在检测到问题时立即返回并设置相应的错误码。此时,可以在 os.h 文件中查找到错误码的含义(所有的错误码均以 OS_ERR 开头)。

　　　　　　　应该注意,在使用任何 μC/OS-III 函数前必须先调用 OSInit( )。

L13 - 1(3)　　OSTaskCreate( ) 用于创建一个任务。OSTaskCreate( ) 需要 13 个参数,其中第一个参数用于指定该任务相关的 OS_TCB 地址。μC/OS-III 手册第 4 章"任务管理"中讨论了上述的内容。

L13 - 1(4)　　OSTaskCreate( ) 允许为每个任务指定一个任务名。μC/OS-III 将指向任务名字符串的指针保存在任务的 OS_TCB 中,任务名没有 ASCII 码字符数的限制。

L13-1(5)　第三个参数是该任务代码的起始地址,一个典型的 μC/OS-III 任务是一个如下所示的死循环:

```
void MyTask (void * p_arg)
{
    /* Do something with 'p_arg'. */
    while (1) {
        /* Task body */
    }
}
```

该任务第一次启动时接收一个参数。对任务而言,它看上去与任何其他的 C 函数没有什么不同,且可以通过代码调用。但是却必须注意,普通代码不能调用 MyTask( )而必须通过 μC/OS-III 来执行它。

L13-1(6)　OSTaskCreate( )的第四个参数任务在启动时所接收的入口参数。对上例来说,就是 MyTask( )的 p_arg。假设如果要传递一个 NULL 指针,那么 AppTaskStart( )的 p_arg 应为 NULL。

　　　　　传递给任务的参数实际上可以是任何指针。例如,用户可以传递一个指向包含任务所需的数据结构的指针。

L13-1(7)　OSTaskCreate( )的下一个参数是任务的优先级。优先级表明了应用程序中一个任务相对于其他任务的重要性,数字越小优先级越高(或更重要)。任务的优先级范围从 1 至 OS_CFG_PRIO_MAX-2(含)。由于 μC/OS-III 保留优先级 0 和优先级 OS_CFG_PRIO_MAX-1,使用应用程序应避免使用这两个优先级。OS_CFG_PRIO_MAX 是一个声明在 os_cfg.h 中的常量。

L13-1(8)　OSTaskCreate( )的第六个参数是该任务的堆栈基址,该地址是堆栈的最低地址(堆栈从低地址向高地址增长)。

L13-1(9)　用于指定的"水印"(watermark)在任务堆栈中的位置。"水印"可以用来确定任务堆栈增长的上限。用户可以参考 μC/OS-III 手册第 4 章"任务管理"了解更多细节。在上面的代码中,该值表示了堆栈即将耗尽时剩余的空间量(以 CPU_STK 为单位)。换句话说,在本例中当堆栈剩余 10%时,将达到这一门限。

L13-1(10)　OSTaskCreate( )的第八个参数以 CPU_STK 为单位(非字节)决定了堆栈大小。假设 CPU_STK 字长为 32bit,若希望为某任务分配 1 KB 空间,应将该参数设为 256。

L13-1(11)　由于接下来的三个参数跟当前的主题无关因而不再讨论。OSTaskCreate( )的下一个参数用于指定选项。例如在本例中，它将在运行时检查堆栈（假设统计任务在 os_cfg. h 中配置启用），并且在创建任务时清空堆栈。

L13 - 1(12)　OSTaskCreate( )的最后一个参数指向用于接收错误码的变量。如果 OSTaskCreate( )调用成功，那么错误码将被设置为 OS_ ERR_ NONE；否则，它会在在检测到问题时立即返回并设置相应的错误码。此时，可以在 os. h 文件中查找错误码（所有的错误码均已 OS_ERR 开头）以确定问题。

L13 - 1(13)　在 main( )的最后调用 OSStart( )开启多任务调度。实际上，μC/OS-III 将会调用在 OSStart( )调用前创建的最高优先级任务。如果在 os_cfg. h 文件中使能了 OS_IntQTask( )任务（通过宏 OS_CFG_ISR_ POST_DEFERRED_ EN），那么优先级最高的任务一定是 OS_ IntQTask( )。在这种情况下，OS_IntQTask()会首先执行一些自己的初始化操作，然后 μC/OS-III 才会运行所创建的次高优先级任务。

有几个要点值得注意。在调用 OSStart( )前，可以创建尽可能多的任务。但是，建议用户像本示例中一样只创建一个任务。请注意，此时中断尚未使能；一旦调用了 OSStart( )后中断将使能，此时将执行第一个任务 AppTaskStart( )，其内容详见程序清单 L13 - 2。

```
static void AppTaskStart (void * p_arg)                          (1)
{
    CPU_INT32U   cpu_clk_freq;
    CPU_INT32U   cnts;
    OS_ERR       err_os;

    (void)&p_arg;

    BSP_Init();                                                  (2)
    CPU_Init();                                                  (3)
    cpu_clk_freq = BSP_CPU_ClkFreq();                            (4)
    cnts = cpu_clk_freq / (CPU_INT32U)OSCfg_TickRate_Hz;
    OS_CPU_SysTickInit(cnts);

    Mem_Init();                                                  (5)
    AppInit_TCPIP(&net_err);                                     (6)

                                                                 (7)

    BSP_LED_Off(0u);                                             (8)
```

```
    while (1) {                                                          (9)
        BSP_LED_Toggle(0u);                                              (10)
        OSTimeDlyHMSM(        (CPU_INT16U) 0u,                           (11)
                              (CPU_INT16U) 0u,
                              (CPU_INT16U) 0u,
                              (CPU_INT16U) 100u,
                     (OS_OPT      ) OS_OPT_TIME_HMSM_STRICT,
                     (OS_ERR    * )&err_os);
    }
}
```

程序清单 L13 - 2　AppTaskStart( )

L13 - 2(1)　如前所述,任务和其他 C 函数没有什么不同,参数 p_arg 由 OSTa-
skCreate( )传递给 AppTaskStart( )。

L13 - 2(2)　BSP_Init( )用于初始化评估板硬件。评估板可能需要初始化通用 I/O
接口(General Purpose Input Output,GPIO)、外设及传感器等,该函数
在 bsp.c 中定义。

L13 - 2(3)　CPU_Init( )初始化 μC/CPU 服务。μC/CPU 提供的服务包括测量中
断延时、接受时间戳并且在处理器不支持计算前导零(count leading ze-
ros)指令时仿真该指令。

L13 - 2(4)　BSP_CPU_ClkFreq( )用于确定目标板的系统时钟(tick)频率,系统时
钟(tick 数/秒)由 os_cfg_app.h 文件中 OSCfg_TickRate_Hz 确定。OS
_CPU_SysTickInit( )函数设定 μC/OS-III 时钟中断。为了实现上述过
程,需要初始化一个硬件计时器,以便产生 OSCfg_TickRate_Hz 定义
的时钟源。

L13 - 2(5)　Mem_Init( )初始化内存管理模块。μC/TCP-IP 创建对象时需要使用
该模块。该函数是 μC/LIB 的一部分,必须在调用 net_init( )前调用
Mem_Init( )初始化该模块。我们建议在调用 OSStart( )前初始化内存
管理模块,或者在第一个任务的开始部分初始化内存管理模块。应用
开发人员必须使能并配置 μC/LIB 中系统可用堆空间的大小,堆空间的
大小由 app_cfg.h 中的 LIB_MEM_CFG_HEAP_SIZE 定义。

L13 - 2(6)　AppInit_TCPIP( )使用初始化参数来初始化 TCP/IP 协议栈,详见附
录 E.1.6 "μC/TCP-IP 初始化"。

L13 - 2(7)　如果需要别的 IP 应用,则将它们的初始化操作添加到此处。

L13 - 2(8)　BSP_LED_Off( )用于关闭(参数为零)评估板上所有的发光二极管
(LED)。

L13 - 2(9)　绝大多数的 μC/OS-III 任务需要写成死循环的形式。

L13-2(10)　负责开启或关闭指定 LED 的 BSP 函数。参数为零时表示对评估板上所有的 LED 进行开启或关闭，如果简单地把参数从零变为 1，则对 1 号 LED 进行开启或关闭。至于哪个 LED 是 1 号，则取决于 BSP 的具体实现。BSP_LED_On( )、BSP_LED_Off( )和 BSP_LED_Toggle( )等函数封装了访问 LED 的细节。这样，实际上做到了为 LED 分配逻辑值(1、2、3 等)，而不再需要去操作 GIPO 端口的某一位或几位。

L13-2(11)　最后，在应用程序中的每个任务必须调用 μC/OS-III 中"等待事件"的函数。任务可以等待一段时间超时(通过调用 OSTimeDly( )或 OSTimeDlyHMSM( ))，或等待某个信号，或等待接收从一个 ISR 或另一个任务发出的消息。

　　AppTaskStart( )调用 AppInit_TCPIP( )初始化和启动 TCP/IP 协议栈，该函数如程序清单 L13-3 所示。

```
static void AppInit_TCPIP (NET_ERR * perr)
{
    NET_IF_NBR      if_nbr;
    NET_IP_ADDR     ip;
    NET_IP_ADDR     msk;
    NET_IP_ADDR     gateway;
    NET_ERR         err_net;

    err_net = Net_Init();                                              (1)
    APP_TEST_FAULT(err_net, NET_ERR_NONE);

    if_nbr = NetIF_Add( (void    * )&NetIF_API_Ether,                  (2)
                        (void    * )&NetDev_API_<controller>,          (3)
                        (void    * )&NetDev_BSP_<controller>,          (4)
                        (void    * )&NetDev_Cfg_<controller>,          (5)
                        (void    * )&NetPhy_API_Generic,               (6)
                        (void    * )&NetPhy_Cfg_<controller>,          (7)
                        (NET_ERR * )&err_net);                         (8)
    APP_TEST_FAULT(err_net, NET_ERR_NONE);

    NetIF_Start(if_nbr, perr);                                         (9)
    APP_TEST_FAULT(err_net, NET_IF_ERR_NONE);

    ip = NetASCII_Str_to_IP(    (CPU_CHAR * )"10.10.1.65",             (10)
                                (NET_ERR * )&err_net);
    msk = NetASCII_Str_to_IP(   (CPU_CHAR * )"255.255.255.0",          (11)
                                (NET_ERR * )&err_net);
```

```
gateway = NetASCII_Str_to_IP(     (CPU_CHAR *)"10.10.1.1",          (12)
                                  (NET_ERR *)&err_net);


    NetIP_CfgAddrAdd(if_nbr, ip, msk, gateway,&err_net);            (13)
    APP_TEST_FAULT(err_net, NET_IP_ERR_NONE);
}
```

程序清单 L13 - 3　AppInit_TCPIP( )

L13 - 3(1)　Net_Init( )初始化网络协议栈。

L13 - 3(2)　NetIF_Add( )负责初始化网络接口的设备驱动程序。网络设备驱动程序的体系结构在第 14 章中描述,其第一个参数为以太网 API 函数的地址,if_nbr 是接口的编号(从 1 开始,本地回环接口的接口索引号为 0)。

L13 - 3(3)　第二个参数是设备 API 函数的地址。

L13 - 3(4)　第三个参数是设备 BSP 数据结构的地址。

L13 - 3(5)　第四个参数是设备配置数据结构的地址。

L13 - 3(6)　第五个参数是 PHY API 函数的地址。

L13 - 3(7)　第六个参数是 PHY 配置数据结构的地址。

L13 - 3(8)　错误代码用来验证函数的执行结果。

L13 - 3(9)　NetIF_Start( )使网络接口做好接收和发送数据的准备。

L13 - 3(10)　定义网络接口使用的 IP 地址的形式。NetASCII_Str_to_IP( )将点分十进制形式的 IP 地址转换成协议栈支持的格式。本例中的 IP 地址是 192.168.1.65,子网掩码是 255.255.255.0,默认网关是 192.168.1.0。为了适应不同的网络,IP 地址、子网掩码和默认网关必须按需要配置。

L13 - 3(11)　定义网络接口使用的子网掩码的形式。NetASCII_Str_to_IP( )将点分十进制形式的 IP 地址转换成协议栈支持的格式。

L13 - 3(12)　定义网络接口使用的默认网关地址的形式。NetASCII_Str_to_IP( )将点分十进制形式的 IP 地址转换成协议栈支持的格式。

L13 - 3(13)　NetIP_CfgAddrAdd( )配置网络参数(IP 地址、子网掩码和默认网关),每个接口可以配置多个网络参数。第 10～13 行可以反复用来配置多个网络接口。

　　源代码在成功编译并烧写到目标板以后,就可以响应 ICMP Echo 请求(ping)了。

第 **14** 章

网络设备驱动

μC/TCP-IP 可以控制多种网络设备。当前 μC/TCP-IP 仅支持以太网类型接口控制器,在以后版本中将会逐步支持串行、PPP、USB 和其他类型的接口。

现在市场上有许多可用的以太网控制器,并且每种都需要驱动程序来与 μC/TCP-IP 协同工作。把 μC/TCP-IP 移植到具体的设备上,其代码量取决于设备的复杂度。

如果没有现成的驱动程序,用户可以根据本书的描述开发一个。一般情况下,我们建议用户通过修改已有的驱动来完成相应的工作,但要选择遵从 Micriμm 编码规范的驱动程序。这种方法也适用于其他 TCP/IP 协议栈的驱动,最简单的一种驱动,只是在协议栈和设备之间复制数据。

14.1 μC/TCP-IP 设备结构

本章节描述了 μC/TCP-IP 的硬件(设备)驱动结构。

● 设备驱动 API 的定义。
● 设备配置。
● 内存分配。
● CPU 和开发板的支持。

Micriμm 提供了免费的简单配置代码。但示例代码需要根据处理器、开发板和以太网控制器进行相应的修改。

14.2 设备驱动模型

μC/TCP-IP 的设计可以用于不同类型的存储器配置。

14.3　MAC 层设备驱动 API

　　所有设备驱动必须声明一个对应的设备驱动 API 结构实例,该实例用于保存源代码中的全局变量。API 结构是一个函数指针的有序序列,当需要硬件设备服务时,μC/TCP-IP 使用该序列中的函数指针。一个简单的以太网接口 API 结构如程序清单 L14-1 所示。

```
const NET_DEV_API_ETHER NetDev_API_<controler> = {
                NetDev_Init,                               (1)
                NetDev_Start,                              (2)
                NetDev_Stop,                               (3)
                NetDev_Rx,                                 (4)
                NetDev_Tx,                                 (5)
                NetDev_AddrMulticastAdd,                   (6)
                NetDev_AddrMulticastRemove,                (7)
                NetDev_ISR_Handler,                        (8)
                NetDev_IO_Ctrl,                            (9)
                NetDev_MII_Rd,                             (10)
                NetDev_MII_Wr                              (11)
};
```

程序清单 L14-1　以太网接口 API

　　注意:设备驱动开发者的责任就是要确保所有 API 中列出的函数被正确实现,并且确认 API 结构内的函数顺序是正确的。

L14-1(1)　设备初始化/添加函数指针。

L14-1(2)　设备启动函数指针。

L14-1(3)　设备停止函数指针。

L14-1(4)　设备接收函数指针。

L14-1(5)　设备发送函数指针。

L14-1(6)　设备组播地址添加函数指针。

L14-1(7)　设备组播地址移除函数指针。

L14-1(8)　设备中断服务处理程序函数指针。

L14-1(9)　设备 I/O 控制函数指针。

L14-1(10)　物理层(Phy)寄存器读函数指针。

L14-1(11)　物理层(Phy)寄存器写函数指针。

　　注意:μC/TCP-IP 设备驱动 API 的函数名可以不唯一。μC/TCP-IP 使用下列方式避免设备驱动命名的冲突问题,即非全局声明设备驱动函数,并且确保所有的驱动函数引用是通过 API 结构内的指针来获得。只要 API 结构声明是正确的,开发者可以任意地修改源代码中的函数名。用户程序应该从不需要以函数名来调用 API 函数的。应注意,以名称调用设备驱动函数可能会造成不可预知的结果。

14.4 物理层的设备驱动

许多以太网设备使用与(R)MII 标准兼容的物理层(PHY,physical layers)接口来连接以太网。但是还有一些 MAC(媒体接入控制层)设备使用的是嵌入式的 PHY 接口,而没有(R)MII 标准的通信接口。在这种情况下,可以把物理层函数并入 MAC 设备驱动程序内,这样就不需要再定义物理层 API 和配置结构了。当一个与(R)MII 标准兼容的设备连接 MAC 设备时,物理层驱动必须实现如程序清单 L14-2 所示的物理层 API。

```
const NET_PHY_API_ETHER NetPHY_API_DeviceName = {
                            NetPhy_Init,                    (1)
                            NetPhy_EnDis,                   (2)
                            NetPhy_LinkStateGet,            (3)
                            NetPhy_LinkStateSet,            (4)
                            0                               (5)
};
```

程序清单 L14-2 物理层接口 API

L14-2(1) 物理层初始化函数指针。
L14-2(2) 物理层启用/禁用函数指针。
L14-2(3) 物理层链路获得状态的函数指针。
L14-2(4) 物理层链路设置状态的函数指针。
L14-2(5) 物理层中断服务处理程序函数指针。

μC/TCP-IP 提供的代码兼容所有符合(R)MII 标准的物理层接口。但是如果用户需要实现扩展功能,例如要实现链路状态中断等内容,则要在每一个 PHY 节点都实现相应功能。如果需要扩展功能,可能需要创建一个应用程序相关的物理层驱动。

注意:设备驱动开发者的责任就是要确保所有 API 中列出的函数被正确实现,并且确认 API 结构内的函数顺序是正确的。NetPhy_ISR_Handler 域是可选的,如果不需要中断处理,该域也可以设置成(void *)0。

14.5　中断处理

中断处理(interrupt handling)通过下列多层方式实现。

(1) 处理器级别中断处理。

(2) μC/TCP-IP BSP 中断处理(网络 BSP)。

(3) 设备驱动中断处理。

在初始化时,设备驱动程序会使用 BSP 中断处理程序来注册必要的中断源。通过在编译时设置中断向量表也同样可以完成。在全局中断向量源配置完成后,一旦发生中断,系统将会马上调用第一级中断处理程序。第一级中断处理程序会调用网络设备 BSP 的相关函数,然后网络设备 BSP 的相关函数将通过接口号和 ISR(中断服务程序)类型反过来调用 NetIF_ISR_Handler( )。ISR 类型是通过指派一个专用的中断向量给中断源或者通过读取寄存器获得。如果 ISR 类型未知,则 BSP 函数应该通过适当的接口号和 NET_IF_ISR_TYPE_UNKNOWN 参数调用 NetIF_ISR_Handler( )。

μC/TCP-IP 定义了下列中断服务程序类型,用户可在每个设备的 net_dev.h 文件中定义额外的类型代码:

```
NET_DEV_ISR_TYPE_UNKNOWN
NET_DEV_ISR_TYPE_RX
NET_DEV_ISR_TYPE_RX_RUNT
NET_DEV_ISR_TYPE_RX_OVERRUN
NET_DEV_ISR_TYPE_TX_RDY
NET_DEV_ISR_TYPE_TX_COMPLETE
NET_DEV_ISR_TYPE_TX_COLLISION_LATE
NET_DEV_ISR_TYPE_TX_COLLISION_EXCESS
NET_DEV_ISR_TYPE_JABBER
NET_DEV_ISR_TYPE_BABBLE
NET_DEV_ISR_TYPE_TX_DONE
NET_DEV_ISR_TYPE_PHY
```

根据设备体系结构的不同,每一种设备的中断类型都有对应的网络设备 BSP 的中断处理函数(见 14.7.1 小节“网络设备 BSP”和 A.3.5“NetDev_ISR_Handler( )”)。物理层中断应该通过调用 NetIF_ISR_Handler( )处理,调用参数为 NET_DEV_ISR_TYPE_PHY。

设备驱动在初始化时必须调用网络设备 BSP 函数,用于配置必要的时钟模块、GPIO、扩展中断控制器等。注意:网络设备 BSP 函数是处理器、设备相关的,且必须

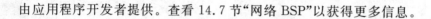

由应用程序开发者提供。查看 14.7 节"网络 BSP"以获得更多信息。

14.5.1　NETDEV_ISR_HANDLER( )

总的来说,设备中断处理必须实现以下功能:

(1) 确定中断事件类型,该功能通过中断服务程序(ISR)的类型参数,或者在中断未知时读取中断状态寄存器来实现。

(2) 如果发生一个接收事件,驱动程序必须给 μC/TCP-IP 的接收任务发送一个接口号,该过程是通过为每一接收帧调用 NetOS_IF_RxTaskSignal( )来实现。

(3) 如果发生一个发送完成事件,驱动必须为每个发送包执行以下内容。

① 向发送释放任务传递已经完成发送的数据域地址,通过调用 NetOS_IF_Tx-DeallocTaskPost( )函数实现,参数为指向已发送数据域的指针。

② 调用 NetOS_Dev_TxRdySignal( ),参数为完成发送的接口号。

(4) 清除本地中断标记。

在 NetDev_ISR_Handler( )返回后,外部或者 CPU 集成的中断控制器应该清除网络内部设备 BSP 层 ISR 的中断标记。此外强烈建议设备驱动的 ISR 处理过程应该尽量短,以减少系统的中断延时。

1. 设备接收中断处理程序

在每个包被收到后,设备接收中断会向 μCTCP/IP 发出一个唤醒信号量。μCTCP/IP 获得该信号量后,会把收到的包放入接收队列,然后把队列留给网络接口接收任务处理。设备接收中断处理程序不对收到包做任何处理,这是为了让中断处理程序时间尽可能短,使驱动更容易实现。

图 F14-1 显示了设备包接收、接收 ISR 处理和 μC/TCP-IP 网络接口接收任务等之间的关系。

F14-1(1)　　μC/TCP-IP 的网络接口接收任务调用 NetOS_IF_RxTaskWait( )函数来接收数据包。NetOS_IF_RxTaskWait( )会一直等待(最理想的情况是没有延时),直到设备接收信号(Device Rx Signal)被触发。

F14-1(2)　　每接收到一个数据包,设备会生成一个接收中断,然后调用设备 BSP 级别的中断服务程序来处理。

F14-1(3)　　ISR 确定触发中断的网络接口号,并且调用 NetIF_ISR_Handler( )处理设备接收中断。

F14-1(4)　　指定的网络接口和设备中断服务程序(即 NetIF_Ether_ISR_Handler( )和 NetDev_ISR_Handler( ))调用 NetOS_IF_RxTaskSignal( )为每个接收到的包发出设备接收信号(Device Rx Signal)。

F14-1(5)　　网络接口接收任务由于已经通过 NetOS_IF_RxTaskWait( )的调用进

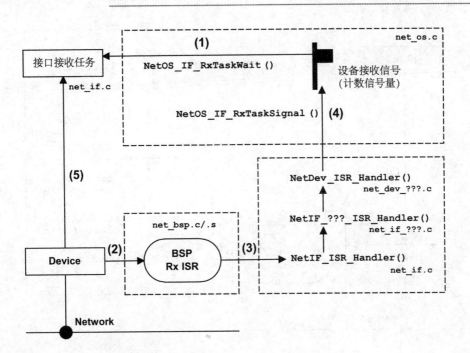

图 F14 - 1　设备接收中断和网络接收信号量

入准备接收的状态,因此设备接收信号会使其立即接收数据包,并调用接收操作函数去接收来自设备的数据包。如果数据包接收后未直接存入网络缓冲区(例如通过 DMA),那么需要复制到网络缓冲区。随后网络缓冲区会被解析,发送给上层协议做进一步处理。

2. 设备发送完成中断处理程序

设备的发送完成中断信号会通知 μC/TCP-IP 发送下一包或放入设备的发送队列。

图 F14 - 2 显示了设备的发送完成中断、发送完成 ISR 处理和 μC/TCP-IP 网络接口发送等操作之间的关系。

F14 - 2(1)　μC/TCP-IP 的网络接口在发送数据时会首先调用 NetOS_Dev_TxRdy-Wait( ),并等待(具备可选的超时功能)发送就绪信号(Tx Ready Signal,计数信号量),该信号表示网络接口设备已变为就绪状态或可发送状态。

F14 - 2(2)　当设备完成发送后时,会产生一个发送完成中断,该中断会由设备 BSP 级别 ISR 来处理。

F14 - 2(3)　设备的 ISR 确定设备正要发送的网络接口号,并且调用 NetIF_ISR_Handler( )处理发送完成中断。

F14 - 2(4)　指定的网络接口和设备 ISR 服务(例如 NetIF_Ether_ISR_Handler( )

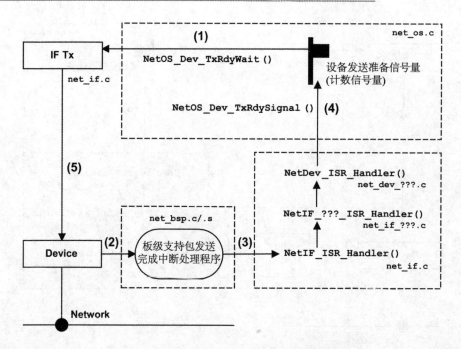

图 F14-2　设备发送完成中断和发送准备信号量

及 NetDev_ISR_Handler( ))都是调用 NetOS_Dev_TxRdySignal( )来
为每个发送的数据包发出发送就绪信号的。

F14-2(5)　网络接口发送任务调用对应网络接口和设备的发送处理函数,为设备
准备好发送包。

14.5.2　NETPHY_ISR_HANDLER( )

物理层中断服务程序(PHY ISR handler)由网络设备 BSP 调用,其功能与设备
ISR 类似。网络设备 BSP 负责初始化 PHY 中断源所需的中断控制器、时钟和 I/O
引脚。当中断发生时,第一级中断处理程序会调用网络设备 BSP ISR,进而以接口号
和中断类型为参数(由 NET_IF_ISR_TYPE_PHY 定义)调用 NetIF_ISR_Handler( )。
物理层中断服务程序(PHY ISR handler)执行必要的操作后,会清除物理层中断标
志,然后退出。

注意:链路状态中断(Link state interrupts)必须分别调用以太网设备驱动和网
络接口层(Net IF)函数,目的是通知这两层更新当前链路状态。本过程通过调用
pdev_api→IO_Ctrl( )进行。pdev_api→IO_Ctrl( )调用时,使用的参数包括 NET_IF
_IO_CTRL_LINK_STATE_UPDATE 选项以及一个 NET_DEV_LINK_ETHER
结构体指针,该结构包含当前链路速度、全双工等信息。另外,物理层设备驱动必须
通过 2 个参数(一个指向接口的指针和一个设置为 NET_IF_LINK_DOWN 或 NET

_IF_LINK_UP 的布尔变量)调用 NetIF_LinkStateSet( )。

注意：由 μC/TCP-IP 提供的通用物理层驱动不支持中断。使用物理层中断需要额外的物理层相关寄存器的支持。链路状态可以由 μC/TCP-IP 定期轮询得到，用户可以在编译时设置轮询周期。

14.6　接口、设备、物理层配置

所有的 μC/TCP-IP 设备，包括二级设备(如以太网 PHY)，需要应用程序开发者在编译时为每个设备提供一个配置结构。

所有设备配置结构及其声明必须由开发者在 net_dev_cfg.c 和 net_dev_cfg.h 文件内提供。每个配置结构必须按一定顺序完全初始化。

14.6.1　回环配置

程序清单 L14-3 给出了回环配置示例。

```
const NET_IF_CFG_LOOPBACK NetIF_Cfg_Loopback = {
        NET_IF_MEM_TYPE_MAIN,                                    (1)
        1518,                                                    (2)
        10,                                                      (3)
        4,                                                       (4)
        0,                                                       (5)

        NET_IF_MEM_TYPE_MAIN,                                    (6)
        1594,                                                    (7)
        5,                                                       (8)
        134,                                                     (9)
        5,                                                       (10)
        4,                                                       (11)
        0,                                                       (12)
        0x00000000,                                              (13)
        0,                                                       (14)
        NET_DEV_CFG_FLAG_NONE                                    (15)
    };
```

程序清单 L14-3　回环接口配置示例

L14-3(1)　接收缓冲池类型。该域指定了接收缓冲区的内存布局类型。缓冲区可以放在主存中或者在一个专门的高速的内存区域(参见 L14-3(13))。

该域应该被设置成以下两个宏定义之一：

NET_IF_MEM_TYPE_MAIN

NET_IF_MEM_TYPE_DEDICATED

L14 - 3(2)　接收缓冲区大小。该域设置最大接收包的大小,应根据应用层需求设置。

　　　　注意:如果从一个绑定到非本地主机地址的套接字发送数据包到本地地址,也就是 127.0.0.1,那么接收缓冲区大小必须配置成最大发送缓冲区,或者期望接收的最大数据大小。该接收缓冲区由套接字生成,并且可以绑定到任何其他接口。

L14 - 3(3)　接收缓冲区的数量。该值设定了分配给回环接口的接收缓冲区的数量。如果回环接口只接收 UDP 包,该值必须大于或等于 1。如果回环接口可能发送 TCP 包,该值必须大于或等于 4。

L14 - 3(4)　接收缓冲区对齐。该域控制接收缓冲区的对齐边界要求。有些处理器体系结构不允许跨边界多字节读写,所以需要缓冲区对齐。一般情况下,将缓冲区与处理器的总线宽度对齐,能有效改善性能。例如一个 32 位的处理器,如果缓冲区以 4 字节边界对齐,处理性能将会提高。

L14 - 3(5)　接收缓冲偏移量。回环接口接收数据包从网络数据区的基地址(偏移为 0)开始。该域配置了回环接口接收数据包的基地址偏移量。偏移量的默认值应为 0。如果回环接口在接收时设置了偏移量,则接收缓冲区也必须调整相应的偏移字节。

L14 - 3(6)　发送缓冲池类型。该域设定了回环接口发送数据缓冲区的内存布局类型。缓冲区可以放在主存中或者在一个专门的高速的内存区域(见 L14 - 3(13))。该域应该被设置成以下两个宏定义之一:

NET_IF_MEM_TYPE_MAIN

NET_IF_MEM_TYPE_DEDICATED

L14 - 3(7)　大型发送缓冲区大小。本手册编写时,分片发送尚不支持。因此,当应用程序使用一个绑定本地地址的套接字时,该域设置了回环接口的最大发送缓冲区大小。

L14 - 3(8)　大型发送缓冲区数量。该域控制分配给回环接口的大型发送缓冲区数量。开发者可以设置该域为 0,以此为额外的大型发送缓冲区需求提供空间,然而最大发送缓冲区加上最小发送缓冲区的和必须大于等于 1 (UDP)或 3(TCP)。

L14 - 3(9)　小型发送缓冲区大小。对于 RAM 较小的设备,也可以同时分配小型发送缓冲区以及大型发送缓冲区。总的来说,我们推荐小型发送缓冲区为 152 字节,开发者也可以根据应用需求调整。如果该域配置为 0,则小型发送缓冲区数量是无效的。

L14-3(10)　小型发送缓冲区数量。该域控制设备分配的小型发送缓冲区的数量。如果需要的话,开发者可以把该域设置为 0 来为额外大型发送缓冲区需求提供空间。但是最大发送缓冲区加上最小发送缓冲区的和必须大于等于 1(UDP)或 3(TCP)。

L14-3(11)　发送缓冲区对齐。该域控制发送缓冲区的对齐边界要求。有些处理器体系结构不允许跨边界多字节读写,所以需要缓冲区对齐。一般情况下,将缓冲区与处理器的总线宽度对齐,能有效改善性能。例如一个 32 位的处理器,如果缓冲区以 4 字节边界对齐,处理性能将会提高。

L14-3(12)　发送缓冲偏移量。该值表示回环接口发送数据包的地址相对发送基地址的偏移量。默认设置的偏移量为 0。如果回环接口配置了一个偏移量,发送缓冲区也必须根据偏移量调整大小。

L14-3(13)　内存地址。该域默认设置为 0x00000000。0 值告诉 μC/TCP-IP 从 μC/LIB 内存管理的默认堆分配内存给回环接口。如果一个更快、更适合的缓冲区可用,回环接口缓冲区也可以使用这类缓冲区。

L14-3(14)　内存大小。默认该域配置为 0。0 值告诉 μC/TCP-IP 在从 μC/LIB 内存管理的默认堆分配为回环接口分配内存时,严格按照需求的大小分配。如果前一项(内存地址)中指明有其他缓冲区可用,那么必须给出该缓冲区的最大尺寸。

L14-3(15)　可选的配置标志。回环接口的(可选)配置功能,标志支持比特位的逻辑或(logically OR'ing bit-field):

　　　　　　NET_DEV_CFG_FLAG_NONE　　没有选择回环配置标志。

14.6.2　以太网 MAC 配置

程序清单 L14-4 给出了一个简单的 MAC 配置结构。

```
const NET_DEV_CFG_ETHER NetDev_Cfg_<DevName>[_Nbr] = {
    NET_IF_MEM_TYPE_MAIN,                                        (1)
    1518,                                                        (2)
    10,                                                          (3)
    4,                                                           (4)
    0,                                                           (5)

    NET_IF_MEM_TYPE_MAIN,                                        (6)
    1594,                                                        (7)
    5,                                                           (8)
    152,                                                         (9)
```

```
    5,                                              (10)
    4,                                              (11)
    0,                                              (12)

    0x00000000,                                     (13)
    0,                                              (14)

    NET_DEV_CFG_FLAG_NONE,                          (15)

    10,                                             (16)
    4,                                              (17)

    0x40001000,                                     (18)
    0,                                              (19)

    "00:50:C2:25:60:02"                             (20)
};
```

程序清单 L14 - 4   以太网设备 MAC 配置示例

L14 - 4(1)   接收缓冲池类型。该域设置接收数据缓冲区的内存类型。缓冲区可以放置在主存储器或在一个专门的内存区中。基于非 DMA 的以太网控制器应该配置为使用内存池。基于 DMA 的以太网控制器可能需要专用内存(见 L14−4(13))。这取决于被配置控制器的类型。该域应该设置为以下两个宏之一:

NET_IF_MEM_TYPE_MAIN

NET_IF_MEM_TYPE_DEDICATED

L14 - 4(2)   接收缓冲区大小。对以太网来说一般配置为 1 518 字节,代表了一个以太网络的最大发送单元。基于 DMA 的以太网控制器,开发者必须配置接收数据缓冲区长度大于或等于最大可接收帧长度。

L14 - 4(3)   接收缓冲区数量。该域控制分配给设备的接收缓冲区数量。对于 DMA 设备,该值必须大于 1。如果缓冲区分配的内存总量大于可用的内存数量,设备会生成一个运行时错误。

L14 - 4(4)   接收缓冲区对齐。该域控制接收缓冲区的对齐边界要求。有些处理器体系结构不允许跨边界多字节读写,所以需要缓冲区对齐。一般情况下,将缓冲区与处理器的总线宽度对齐,能有效改善性能。例如一个 32 位的处理器,如果缓冲区以 4 字节边界对齐,处理性能将会提高。

L14 - 4(5)   接收缓冲偏移量。大多数设备接收数据包从网络数据区的基地址(偏移为 0)开始。然而一些设备可以在实际接收的以太网包缓冲区前面添

加额外的字节。该域配置一个偏移量来忽略这些附加字节。如果设备
不在以太网包前缓冲任何附加字节,则必须设置默认的偏移量为 0。如
果一个设备在接收以太网包前附加一些字节,那么偏移量要等于附加
的字节数。同时,接收缓缓冲区也必须根据所附加字节数调整大小。

L14 - 4(6)　　发送缓冲池类型。该域控制发送缓冲区的内存组织类型。缓冲区可以
放置在主存储器或在一个专门的内存区中。基于非 DMA 的以太网控
制器应该配置为使用内存池。基于 DMA 的以太网控制器可能需要专
用内存(参见 L14 - 4(13))。这取决于被配置控制器的类型。该域应该
设置为以下两个宏之一:

NET_IF_MEM_TYPE_MAIN

NET_IF_MEM_TYPE_DEDICATED

L14 - 4(7)　　大型发送缓冲区大小。该域表示分配给设备的大型发送缓冲区的大
小,以字节为单位。如果该域配置为 0,则大型发送缓冲区数量是无效
的。IP 数据包尚不支持分段发送,因此设置大尺寸低于 1 594 字节,可
能使全尺寸的 IP 数据包发送出错。建议设置该域为 1 594～1 614 以
适应目前所有 μC/TCP-IP 协议的最大发送包。请查看在 15.3 节"网
络缓冲区大小"以了解更多详情。

L14 - 4(8)　　大型发送缓冲区数量。该域控制分配给设备的大型发送缓冲区数量。
开发者可以设置该域为 0,为额外的大型发送缓冲区需求提供空间,然
而最大可发送的 UDP 包大小需要根据小型发送缓冲区大小决定(见
L14 - 4(9))。

L14 - 4(9)　　小型发送缓冲区大小。对于 RAM 较小的设备,也可以同时分配小型发
送缓冲区以及大型发送缓冲区。总的来说,我们推荐小型发送缓冲区
为 152 字节,开发者也可以根据应用需求调整。如果该域配置为 0,则
小型发送缓冲区数量是无效的。

L14 - 4(10)　　小型发送缓冲区数量。该域控制设备分配的小型发送缓冲区的数量。
如果需要的话,开发者可以把该域设置为 0 来为额外大型发送缓冲区
需求提供空间。

L14 - 4(11)　　发送缓冲区对齐。该域控制发送缓冲区的对齐边界要求。有些处理
器体系结构不允许跨边界多字节读写,所以需要缓冲区对齐。一般情
况下,将缓冲区与处理器的总线宽度对齐,能有效改善性能。例如一
个 32 位的处理器,如果缓冲区以 4 字节边界对齐,处理性能将会提高。

L14 - 4(12)　　发送缓冲偏移量。大多数设备只需要发送由高层网络协议配置完后
的以太网数据包。然而一些设备可以在实际发送的以太网包缓冲区
前面添加额外的字节。该域就是用来配置一个偏移量来忽略这些附
加字节。如果设备发送的以太网包前没有任何附加字节,则必须设置

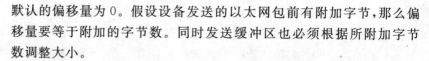

默认的偏移量为 0。假设设备发送的以太网包前有附加字节,那么偏移量要等于附加的字节数。同时发送缓冲区也必须根据所附加字节数调整大小。

L14 - 4(13)　内存地址。对于有专用内存(dedicated memory)的设备来说,该域代表了专用内存区域起始地址。对于没有专用内存的设备,初始化该域为 0。

L14 - 4(14)　内存大小。对于有专用内存的设备来说,该域代表了专用内存区域的大小(以字节为单位)。对于没有专用内存设备,初始化该域为 0。

L14 - 4(15)　可选配置标志。标志支持比特位的逻辑或(logically OR'ing bit-field):

NET_DEV_CFG_FLAG_NONE　　　没有选择设备配置标志。

NET_DEV_CFG_FLAG_SWAP_OCTETS　如果设备的 CPU 总线大小端模式有要求的话,交换数据字节序(也就是交换数据字的高位字节与字的低位字节,反之亦然)。

L14 - 4(16)　接收描述符数量。基于 DMA 的设备,该值在设备驱动程序初始化时使用,用来分配给定数量的接收描述符。描述符的数量不得超过设定的接收缓冲区数量。我们建议这个值设置为接收缓冲区数量的 60%～70%。基于非 DMA 装置,这个值设置为 0。

L14 - 4(17)　发送描述符数量。基于 DMA 的设备,在设备驱动程序初始化时分配一个固定的大小的发送描述符缓冲池。描述符的数量不得超过设定的发送缓冲区数量。我们建议这个值设置为发送缓冲区数量的 60%～70%。基于非 DMA 设备,这个值设置为 0。

L14 - 4(18)　设备基地址。该域代表设备寄存器基地址。该域是设备驱动用来确定设备寄存器的访问地址。

L14 - 4(19)　设备数据总线宽度,以比特为单位。对于可以配置数据总线宽度的设备有效。这是为了正确使用设备驱动程序,并在初始化时能正确配置。对于开发者透明的数据总线设备,如 MCU 内置的 MAC 设备,这个值应该指定为 0,并且驱动应忽略此值。取值范围是 8、16、32 或 64。

L14 - 4(20)　硬件地址。对于以太网设备,提供字符串形式的 MAC 地址。MAC 地址必须由以下三种方式配置:

(a) "aa:bb:cc:dd:ee:ff"。这里 aa,bb,cc,dd,ee,和 ff 代表了代表设置的静态 MAC 地址字节。

(b) "00:00:00:00:00:00"。全 0 的 MAC 地址表示禁用 MAC 地址的静态配置。如果使用这一机制,驱动程序必须查看用户在运行时是否配置一个 MAC 地址,或 MAC 地址是否从一个非易失存储器自动载入。当 MAC 地址是在运行时使用软件来配置，或从外部存储器设备装载的话，我们推荐这种方法。

（c）""。空 MAC 地址表示禁用 MAC 地址的静态配置。如果使用这一机制，驱动必须查看在运行时是否配置了一个 MAC 地址，或 MAC 地址是否从一个非易失存储器自动载入。

14.6.3　以太网物理层配置

程序清单 L14 - 5 显示了一个典型以太网物理层配置结构。

```
NET_PHY_CFG_ETHER NetPhy_Cfg_FEC_0 = {
    1,                                                          (1)
    NET_PHY_BUS_MODE_MII,                                       (2)
    NET_PHY_TYPE_EXT                                            (3)
    NET_PHY_SPD_AUTO,                                           (4)
    NET_PHY_DUPLEX_AUTO,                                        (5)
};
```

程序清单 L14 - 5　以太网 PHY 配置示例。

L14 - 5(1)　物理层地址。该域代表（R）MII 总线上的 PHY 地址。配置的值取决于 PHY 和上电时 PHY 的引脚的状态。开发者可能需要查看开发板原理图以决定 PHY 地址的配置。另外，通过配置 NET_PHY_ADDR_AU-TO 宏可以使系统自动检测获得物理地址；然而这将增加 μC/TCP-IP 初始化时的延迟，并且根据调用 NetIF_Start( )的位置可能影响应用程序的其他部分。

L14 - 5(2)　PHY 总线模式。根据开发板硬件功能和原理图，该域可设置为下列三个值之一。网络设备 BSP 程序应该根据该值来配置 PHY 硬件。

NET_PHY_BUS_MODE_MII

NET_PHY_BUS_MODE_RMII

NET_PHY_BUS_MODE_SMII

L14 - 5(3)　PHY 总线类型。该域表示以太网控制器与 PHY 电气连接类型。某些情况下，网络控制器可能有内嵌的 PHY。但在通常情况下，网络控制器和 PHY 是通过外部 MII 或 RMII 总线连接。可用的类型如下：

NET_PHY_TYPE_INT

NET_PHY_TYPE_EXT

L14 - 5(4)　初始化 PHY 链路速度。该域会强制 PHY 以给定的速度连接，也可以自动协商机制。该域必须设置为下列值之一：

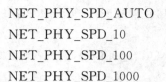

NET_PHY_SPD_AUTO
NET_PHY_SPD_10
NET_PHY_SPD_100
NET_PHY_SPD_1000

L14-5(5)　初始化 PHY 链路双工模式。该域将强制 PHY 以给定的双工模式工作。该域必须设置为下列值之一：

NET_PHY_DUPLEX_AUTO
NET_PHY_DUPLEX_HALF
NET_PHY_DUPLEX_FULL

14.7　网络板级支持包

为了保证设备驱动程序的平台无关性，有必要提供一层抽象代码。例如配置时钟、中断控制器、通用输入/输出（GPIO）引脚、直接内存访问（DMA）模块等硬件模块。有了 BSP（板级支持包）代码层，就有可能实现某些 µC/TCP-IP 的高级功能。这些功能与任何特定硬件设备的驱动程序无关，可以重用在各种体系结构及总线配置上，从而不需要为每种体系结构硬件平台特别地修改 µC/TCP-IP 或设备驱动程序源代码。

14.7.1　网络设备板级支持包

对于每个以太网接口/设备，应用程序必须在 net_bsp.c 中实现与以下每一个 BSP 函数对应的实例。

```
void            NetDev_CfgClk        (NET_IF      * pif,
                                      NET_ERR      * perr);
void            NetDev_CfgIntCtrl    (NET_IF       * pif,
                                      NET_ERR    * perr);
void            NetDev_CfgGPIO       (NET_IF      * pif,
                                      NET_ERR      * perr);
CPU_INT32U      NetDev_ClkFreqGet    (NET_IF      * pif,
                                      NET_ERR      * perr);
```

每一个这样的函数都是相应设备驱动的调用实例，这些函数通过指向网络接口的指针（pointer to the corre sponding network interface，即 pif）来访问接口设备的配置信息或数据。

网络设备驱动程序 BSP 函数可以任意命名，但由于开发板有各种各样的外设，

需要为每个设备提供唯一的 BSP 函数,因此建议设备的 BSP 函数命名使用下列约定:

　　NetDev_[Device]<Function>[Number]( )

　　[Device]　　网络设备名或者类型,例如 MACB(如果开发板不支持多个设备则该项可选)

　　<Function>　　网络设备 BSP 函数,例如 CfgClk。

　　[Number]　　每个具体实例的设备网络设备号码(如果开发板不支持具体设备的多个实例则该项可选)。

　　例如,Atmel AT91SAM9263-EK 上的♯2 MACB 以太网控制器的 NetDev_CfgClk( )函数应该命名为 NetDev_MACB_CfgClk2( ),或者加上下画线则 NetDev_MACB_CfgClk_2( )。

　　类似的,网络设备 BSP 中,中断服务程序处理函数应该使用下列约定:

　　NetDev_[Device]ISR_Handler[Type][Number]( )

　　[Device]　　网络设备名或者类型,例如 MACB(如果开发板不支持多个设备实例则该项可选)

　　[Type]　　网络设备中断类型。例如接收中断(如果终端类型通用或未知则该项可选)

　　[Number]　　每个具体实例的网络设备号码(如果开发板不支持具体设备的多个实例则该项可选)

　　例如,Atmel AT91SAM9263-EK 上的♯2 MACB 以太网控制器的 ISR_Handler( )函数应该命名为 NetDev_MACB_ISR_HandlerRx2( ),或者加上下画线为 NetDev_MACB_ISR_HandlerRx_2( )。

　　其次,每个设备/接口的 BSP 函数必须设置成一个接口结构,用于设备 BSP 函数的调用。调用时通过函数指针调用而不是名称。每个网络设备/接口需要构建相似但唯一的 BSP 函数和接口结构,用来为应用程序添加、初始化和配置任意数量及多样的设备和驱动(见附录 B"NetIF_ Add( )"。)

　　BSP 接口结构必须定义在应用程序/开发板所对应的的 net_bsp. c 中,并且在 net_bsp. h 中对外声明。net_bsp. h 与 net_bsp. c 中的声明必须完全相同。这些 BSP 接口结构及其相应的函数必须唯一命名,并且名称应该清楚地表明开发板、设备名称、功能等信息,甚至包括具体设备编号(假定开发板支持多个设备实例)。BSP 接口结构可以任意命名,但是建议命名遵守下列约定:

　　NetDev_BSP_<Board><Device>[Number]{}

　　<Board>　　开发板名称,例如 Atmel AT91SAM9263-EK

　　<Device>　　网络设备名(或类型),例如是 MACB

　　[Number]　　每个具体实例的网络设备号码(如果开发板不支持具体设备的多个实例则该项可选)。

例如,Atmel AT91SAM9263－EK 上的♯2 MACB 以太网控制器的 BSP 接口结构应该命名为 NetDev_BSP_AT91SAM9263－EK_MACB_2{}。并且声明在 AT91SAM9263－EK 开发板的 net_bsp.c 文件中:

```
                              /* AT91SAM9263－EK MACB ♯2's BSP fnct ptrs :   */
const NET_DEV_BSP_ETHER  NetDev_BSP_AT91SAM9263－EK_MACB_2 = {
    NetDev_MACB_CfgClk_2,                    /* Cfg MACB ♯2's clk(s)        */
    NetDev_MACB_CfgIntCtrl_2,                /* Cfg MACB ♯2's int ctrl(s)   */
    NetDev_MACB_CfgGPIO_2,                   /* Cfg MACB ♯2's GPIO          */
    NetDev_MACB_ClkFreqGet_2                 /* Get MACB ♯2's clk freq      */
};
```

为了让应用程序可以通过 BSP 接口结构体配置某个接口,该结构体必须在 AT91SAM9263－EK 开发板的 net_bsp.h 文件中声明为外部变量:

```
extern const NET_DEV_BSP_ETHER NetDev_BSP_AT91SAM9263－EK_MACB_2;
```

AT91SAM9263－EK 开发板的 MACB ♯2 BSP 函数定义在 net_bsp.c 文件中:

```
static void         NetDev_MACB_CfgClk_2        (NET_IF    * pif,
                                                 NET_ERR   * perr);
static void         NetDev_MACB_CfgIntCtrl_2    (NET_IF    * pif,
                                                 NET_ERR   * perr);
static void         NetDev_MACB_CfgGPIO_2       (NET_IF    * pif,
                                                 NET_ERR   * perr);
static CPU_INT32U   NetDev_MACB_ClkFreqGet_2    (NET_IF    * pif,
                                                 NET_ERR   * perr);
```

注意:因为所有的网络设备 BSP 函数都是通过函数指针来访问,这些函数不需要全局定义,因此它们应该被声明为"静态(static)"。还应注意到,尽管某些设备驱动程序不需要以上所有的 BSP 函数,但是我们建议不要将任何一个函数指针设置为 NULL。即使不需要,也要用一个空函数来返回 NET_DEV_ERR_NONE。这样,如果设备驱动程序调用一个未使用的函数,将至少会有一个空函数能运行。

这些函数的细节可以在附录 A 的"设备驱动 BSP 函数"部分找到。BSP 函数和 BSP 接口结构的模板可以在目录\Micrium\Software\uC－TCPIP－V2\BSP\Template\下找到。

14.7.2 杂项网络 BSP 函数

除了 BSP 函数以外,μC/TCP-IP 的 BSP 代码层同时还实现了硬件抽象层的其他功能。下列函数必须声明和实现在 net_bsp.c 中：

```
NET_TS       NetUtil_TS_Get       (void);
NET_TS_MS    NetUtil_TS_Get_ms    (void);
void         NetTCP_InitTxSeqNbr  (void);
```

前两个函数提供 μC/TCP-IP 的时间戳功能（虽然 NetUtil_TS_Get( )不是很需要），而最后一个函数在 μC/TCP-IP 使用 TCP 模块时是必须的。这些函数的细节可以在附录 B"μC/TCP-IP API 参考"中找到，这些 BSP 函数的模板可以在\Micrium\Software\uC-TCPIP-V2\BSP\Template\目录下找到。

14.8　内存分配

μC/TCP-IP 设备驱动所需要的内存由 μC/LIB 的内存管理模块配给。应用程序开发者必须配置 μC/LIB 管理的内存堆并启用其管理功能。下列常量应根据应用层需求来配置，存放在 app_cfg.h 文件中。

```
#define LIB_MEM_CFG_ALLOC_EN    DEF_ENABLED
#define LIB_MEM_CFG_HEAP_SIZE   58000
```

堆大小以字节为单位。如果堆配置得不够大，在网络协议栈初始化或添加接口时将返回一个错误。

注意：应用程序在调用 Net_Init( )之前，应首先调用 Mem_Init( )来完成内存模块的初始化。我们推荐在 OSStart( )的调用之前或在启动任务的开始时初始化存储器模块。

对于非 DMA 的设备，可能不需要从设备驱动内分配额外的内存。然而基于 DMA 的设备需要从 μC/LIB 申请描述符所需要的内存。通过使用 μC/LIB 内存函数而不是声明数组来分配内存，使驱动能很容易对齐数据边界，这有利于提高设备配置结构的灵活性。

如果能获得源代码，可以查看 μC/LIB 文档以获得内存操作的相关信息和使用说明。

14.9　DMA 支持

DMA 控制器是一种在系统中用于移动数据的专用 I/O 设备。DMA 控制器拥有一套专门的总线用来连接内部/外部存储空间及外围设备，通过编程来实现传输。

一般来说,DMA 控制器包含地址总线、数据总线和控制寄存器。一个高效的 DMA 控制器具有无需处理器干涉而独立读/写任何资源的能力。它必须有能力在控制器内产生中断和地址计算。

一个处理器可以包含多个 DMA 控制器。DMA 控制器可以有一个或多个 DMA 通道,并且通过多个总线连接内存和外围设备。每个 DMA 通道能一次传送一个或多个字节或 CPU 字长的数据。目前新型的处理器在内部集成以太网控制器时,会同时集成 DMA 控制器。

一般来说,处理器应该只需要处理 DMA 数据传送完成后所产生的中断。DMA 控制器在移动数据的同时,处理器仍可并行执行基本的任务的处理。DMA 控制器在移动数据完成时会产生一个中断。

DMA 控制器具有与存储器相连接的能力,因此它可以从内存获得自己的指令。可以把 DMA 控制器当成由一个简单的处理器与简单的指令集的组合。DMA 通道有一定数量的寄存器,寄存器需要初始化,以控制传送数据的方式。

DMA 主要有两种工作模式:寄存器模式(Register Mode)和描述符模式(DescriptorMode)。在寄存器模式中,CPU 通过向 DMA 寄存器写入相关配置数据来控制 DMA 控制器。在描述符模式中,DMA 可以通过自行读取内存数据来获得寄存器配置,这样可以减轻 CPU 的负担。内存中的寄存器配置参数被称为"描述符(descriptor)"。在寄存器模式下,DMA 控制器依照寄存器中的配置工作。在微处理器/微控制器内部集成有以太网控制器及 DMA 控制器的环境中,描述符模式是最常见而且最高效的。下面将对本模式作较详细的论述。

基于描述符模式的 DMA 在工作时需要一组存储在内存中的配置参数(即描述符)。描述符所包含的配置参数应该与特定的 DMA 控制寄存器组配套。基于描述符的 DMA 同样支持链接在一起的多个 DMA 传送序列,可以编程实现在一次传送完成后自动建立并触发下一个 DMA 传送周期。描述符模式提供了最灵活内存配置管理方式。

一般来说,DMA 控制器提供的描述符模型称为"描述符链表"(descriptor list)。描述符链表可能存放在连续的内存位置,但不是强制性的。μC/TCP-IP 描述符可以存储在连续的或不连续的内存中,两个模型都可以使用。

在 μC/TCP-IP 设备驱动中,构建了一个描述符链表,如图 F14-3 所示。术语"链接的(linked)"表示一个描述符节点指向下一个描述符,以实现自动装载。为了完成环链结构,最后一个描述符要指向第一个描述符,这样可以支持描述符的循环使用。相关设置会涉及链接在一起的多个描述符。这种机制也能用于以太网帧的接收。

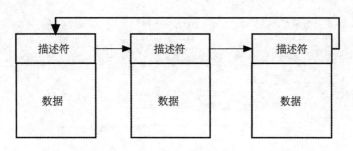

图 F14 - 3 描述符链表

14.9.1 使用 DMA 接收

1. 初始化

当 μC/TCP-IP 初始化后,通过调用 μC/LIB 的相关函数,网络设备驱动程序为所有接收描述符分配内存块。

然后,网络设备驱动程序必须分配一个描述符链表,并且配置每个地址域指向接收缓冲区的起始地址。与此同时,网络设备驱动程序初始化 3 个指针。一个指针用来跟踪当前描述符,当前描述符用于接收下一帧数据。另外两个指针记录描述符链表的边界。最后 DMA 控制器完成初始化,同时硬件得到描述符链表的起始地址,如图 F14 - 4~图 F14 - 7 所示。

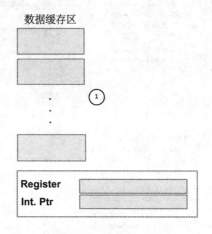

图 F14 - 4 缓冲区分配

F14 - 4(1) 图 F14 - 4(1)表示 Mem_Init( )的结果,网络设备区程序初始化的
第一步是分配内存。

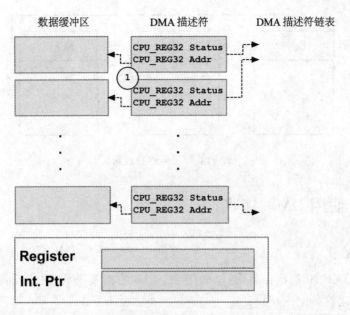

图 F14-5　描述符分配

F14-5(1)　μC/TCP-IP 根据网络设备驱动配置分配一个描述符链表,并且把每个地址域设置成接收缓冲区的起始地址。

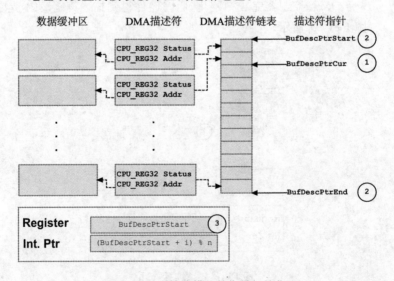

图 F14-6　接收描述符指针初始化

F14-6(1)　网络设备驱动程序初始化 3 个指针。一个指针用来追踪当前描述符,当前描述符用来接收下一帧数据。

F14-6(2)　两个指针记录描述符链表的边界。

F14-6(3)　最后,DMA 控制器完成初始化,硬件得到描述符链表起始地址。

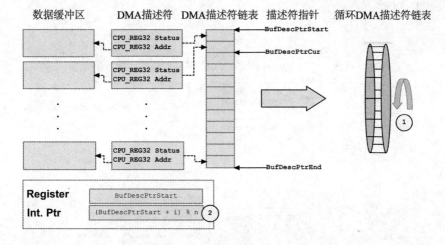

图 F14－7　用 DMA 接收一个以太网帧

2. 接　收

F14－7(1)　每接收一帧,网络设备驱动将 BufDescPtrCur 加 1,并且如果需要的话,
　　　　　　绕回到描述符链表头(描述符链表是一个循环链表)。

F14－7(2)　硬件对于每个内部描述符指针应该使用相同的逻辑。

　　　　　　当处理完收到的帧后,驱动程序得到一个指向新数据缓冲区的指
　　　　　　针,并且更新当前描述符地址字段。把旧的数据缓冲区地址传给协议
　　　　　　栈进行处理。如果不能获得缓冲区指针,则指针仍存放在原处不作处
　　　　　　理,并忽略该帧内容。

3. 中断服务处理程序

　　每收到一帧,DMA 控制器将会产生一个中断。ISR(中断服务程序)必须发给网
络接口一个唤醒信号量。网络接口将自动调用接收函数。

14.9.2　使用 DMA 发送

　　当 μC/TCP-IP 有数据包要发送,它会更新内存中的描述符,然后写入 DMA 寄
存器来触发一个空闲的 DMA 通道。在发送时,只需要简单地设置描述符。由于发
送数据包的数量和长度是明确的,因此很容易确定需要的传送描述符数量和每个描
述符要发送的字节数。发送描述符链表通常不是环形结构。发送从描述符链表的头
开始,当发送完成时清除整个链表数据,下次发送时再重新开始整个流程。

1. 初始化

　　与接收描述符类似,网络设备驱动程序负责为所有发送缓冲区和描述符申请内

存块,如图 F14-8 所示。

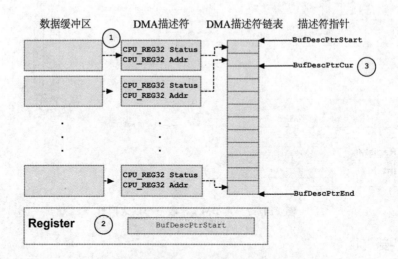

图 F14-8 发送描述符指针初始化

F14-8(1) 网络设备驱动程序必须分配一个描述符链表,并且配置每个地址域指
向一个空指针。

F14-8(2) 网络设备驱动需要初始化 3 个指针。一个指针用来跟踪当前描述符,当
前描述符用于发送下一帧。第二个指针指向描述符链表开始处,最后
一个指针指向链表中最后一个描述符,或根据实现情况也可以指向发
送链的最后一个描述符。取决于是否使用 DMA 控制器。也可以使用
另一种方法,即通过设置 DMA 控制器的寄存器来配置描述符参数,这
要根据使用的 DMA 控制器类型而定。

最后,DMA 控制器完成初始化并且硬件得到描述符链表的起始地址信息。

2. 发 送

通过 DMA 移动一个缓冲区给以太网控制器如图 F14-9 所示。

F14-9(1) 当前描述符指针会指向将要发送的缓冲区。

F14-9(2) DMA 开启发送。

F14-9(3) 当前描述符指针指向下一个描述符,以启动下一次传送。

如果没有空闲的描述符供使用,应该返回一个错误给网络协议栈。

3. 中断服务处理程序 ISR

发送完成后的 DMA 中断会触发对应的 ISR,ISR 能确定一组完成发送的缓冲
区描述符。每一个完成发送的缓冲区地址会被送到网络发送释放任务(network
transmit de-allocation task)。如果缓冲区没有被协议栈其他部分使用,则相应的发

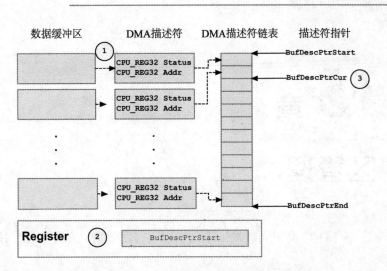

图 F14－9　通过 DMA 移动一个缓冲区给以太网控制器

送缓冲区将被释放。网络接口也会标记每一个完成网络发送的缓冲区,用于发送后续的数据包。为了完成该操作,并为之后的发送腾出空间,需要清除已完成发送的描述符。

第15章

缓冲区管理

本章描述 μC/TCP-IP 使用缓冲区来收发应用程序数据的方法,以及网络协议栈的控制信息。

15.1 网络缓冲区

μC/TCP-IP 使用网络缓冲区(network buffers)来存储发送和接收的数据。每个网络缓冲区由两部分组成:网络缓冲区头(network buffer header)和网络缓冲数据区指针(network buffer data area pointer)。其中,网络缓冲区头包含指向数据区的数据指针,网络缓冲区用来存储接收或发送的数据。

μC/TCP-IP 的设计受嵌入式系统的特性约束,其中最重要的限制因素就是有限的内存空间。对典型的以太网而言,μC/TCP-IP 使用的网络缓冲区长度与以太网数据链路层最大传输单元(Maximum Transmission Unit,MTU)的长度相等。

15.1.1 接收缓冲区

接收缓冲区的长度与数据链路层的最大帧的长度相同。由于无法预测要接收多少数据,μC/TCP-IP 只能配置一个大缓冲区(large buffers)。即使接收到的数据包不包含任何有效信息,μC/TCP-IP 也必须假定最坏的情况(包长等于 MTU),所以μC/TCP-IP 不得不使用一个大的缓冲区作为接收缓冲区。

15.1.2 发送缓冲区

在发送时,由于每次待发的字节数是确定的,故可以使用小于最大帧长度的缓冲区。允许嵌入式开发者定义小型缓冲区(Small buffers),可以降低系统的内存使用率。当应用程序不需要发送一个最大帧时,就可以使用小型缓冲区。根据配置情况,每个网络接口最多可以创建 8 个网络缓冲区池（Pools of Network Buffer）对象。图 F15-1 中只画出了 4 个缓冲区，未画出的缓冲区用来存放图中 4 个缓冲区的统计信息。

　　与接收不同，在发送时 TCP/IP 协议栈知道多少数据要发送。除了 RAM 空间的限制外，嵌入式协议栈的另一个特点是可能每次只有少量的数据需要发送。例如，对需要周期性发送的传感器数据而言（利用传感器采集到的数据），每秒一般只发送几百个字节。在这种情况下，使用小型缓冲区就可以节省更多的内存。另一个例子，是在发送 TCP 的 ACK 报文时，由于 ACK 报文中无须携带其他数据，因此也可以通过使用小型缓冲区以节省 RAM 资源。

15.2　网络缓冲区结构

　　μC/TCP-IP 既可以使用小型网络缓冲区也使用大型网络缓冲区：

- 网络缓冲区（network buffers）。
- 小型发送缓冲区（small transmit buffers）。
- 大型发送缓冲区（large transmit buffers）。
- 大型接收缓冲区（large receive buffers）。

　　每一个小型发送缓冲区、大型发送缓冲区和大型接收缓冲区都是单独申请内存。网络缓冲区包含数据包的控制信息。目前，每个网络缓冲区大约消耗 200 字节。网络缓冲区的数据区域用来存放实际发送和接收的数据包。网络缓冲区经网络缓冲数据区指针指向到数据区，并且作为单一的实体在网络协议栈各层之间进行操作。当数据区不再需要时，网络缓冲区和数据区都将被释放。图 F15-1 展示了网络缓冲区及其数据区对象。

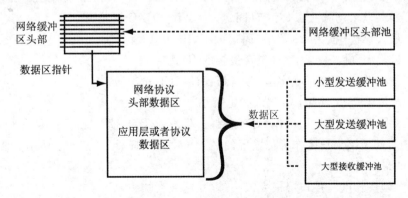

图 F15-1　网络缓冲区结构

　　所有发送数据区都包含一个较小的预留空间，该区域位于数据区地址空间的顶部。预留空间用于存放网络协议帧头数据，目前的长度固定为 134 字节。尽管这个空间并不是所有情况下都必要,但是目前还是根据 TCP/IP 以太网数据包所使用的最大长度网络协议头预留了该区域。

　　μC/TCP-IP 在写入网络协议数据头之前,需要先将应用层的相关数据复制到应用层数据区中。一旦应用层数据按 μC/TCP-IP 最高层协议要求拷贝到网络缓冲数据区后,网络缓冲区将会向下传递给其他的协议层,额外的协议头也被加入到网络协议头数据区。

15.3　网络缓冲区大小

　　μC/TCP-IP 要求在 net_dev_cfg.c 文件中配置网络缓冲区大小,其值必须满足网络接口/设备支持的最小、最大帧需求。

　　对以太网接口(使用非巨型帧[non-jumbo]或 VLAN 标记帧)来说,最短的帧长度是 64 字节(包括其 4 字节校验码)。如果创建的以太网帧内容不足 60 字节(加上 4 字节校验码之前的长度),那么帧必须被填充后才能交给网络驱动或以太网网络接口使用。例如,ARP 协议通常创建 42 字节的帧,因此必须填充 18 字节,网络缓冲区额外的部分需填满。

　　以太网的最大传输单元(MTU)为 1500 字节。当使用 TCP 协议时,应从该 1500 字节中减去 TCP 和 IP 协议头。因此,一个最长的以太网帧中最多发送 1460 字节的 TCP 的应用数据。

　　此外,当配置缓冲区大小时,还必须考虑到可变尺寸的协议头。下面给出了各类包的计算方法。

　　在配置发送缓冲区大小时,为了计算每一层可容纳的最大有效负荷长度,必须假定并使用每一层都使用大长度的帧头。每一层的最大帧头长度分别是:

- 最大以太网帧头:14 字节(固定大小,不含 CRC 校验码)。
- 最大 ARP 帧头:28 字节(固定大小,IPv4 以太网)。
- 最大 IP 帧头:60 字节(包含最长的 IP 选项)。
- 最大 TCP 帧头:60 字节(包含最长的 TCP 选项)。
- 最大 UDPP 帧头:8 字节(固定大小)。

　　假设 TCP 和 UDP 均可作为传输层协议,由于 TCP 帧头比 UDP 的更长,因此需将 TCP 的最大帧头长度作为传输层的最大长度。这样,可以按如下所示方法计算全部帧头的最大长度:

最大帧头长度=接口层最大帧头(以太网最大帧头,14 字节)+

网络层最大帧头(IP 最大帧头,60 字节)+

传输层最大帧头(TCP 最大帧头,60 字节)

=14+60+60=134(字节)

μC/TCP-IP 据此在 net_cfg_net. h 中将 NET_BUF_DATA_PROTOCOL_HDR
_SIZE_MAX 配置为 134，同时也作为发送数据区中存放应用层数据的起始地址
偏移。

下一步是定义发送数据缓冲区的总大小。需要注意，尽管在多数情况下网络层
和传输层帧头通常没有任何选项，但我们还是将网络层和传输层帧头按照最大长度
配置：

● 典型的 IP 头：20 字节（没有 IP 选项）。

● 典型的 TCP 头：20 字节（没有 TCP 选项）。

这些帧头的长度可以用来确定数据链路帧可携带的最大有效负荷长度。由于
TCP 帧头长度大于 UDP，故以下以 TCP 为例来计算以太网数据链路中的最大有效
负荷长度，该长度也称为 TCP 的最大段（包）大小（Maximum Segment Size，MSS）：

TCP 有效负荷（最大）＝接口层最大长度（以太网 1514 字节，不含 CRC）－

接口层帧头（以太网 14 字节，不含 CRC）－

最小 IP 帧头（IP 最小帧头，20 字节）－

最小 TCP 帧头（TCP 最小帧头，20 字节）－

＝1514－14－20－20＝1460（字节）

当系统使用了 TCP 时，推荐将大型缓冲区的长度配置为这个长度，以便能发送
最长（MSS）的 TCP 数据：

TCP 最大缓冲区大小＝最大 TCP 有效负荷（1460 字节）＋

最大帧头大小（134 字节）

＝1460＋134＝1594（字节）

如果使用 IP 或 TCP 的任意选项，那么实际有效负荷很可能还会减少。然而不
幸的是，发送数据的应用程序不会知道具体情况。网络层的数据包在包含了 IP 选项
和 TCP 选项时，TCP 和 IP 帧头可能比一般情况要长，这些巨大的数据包可能需要
分片发送。然而，当前版本的 μC/TCP-IP 尚不支持分片。由于 IP 和 TCP 选项很少
被用到，且 μC/TCP-IP 支持标准的 TCP 和 IP 帧头长度，所以通常情况下也不会有
问题。

UDP 帧头没有选项且大小不会改变（总是 8 字节）。因此，可以按如下的方法计
算 UDP 的最大有效负荷：

UDP 有效负荷（最大）＝接口层最大值（以太网 1514 字节，不含 CRC）－

接口层帧头（以太网 14 字节，不含 CRC）－

最小 IP 帧头（IP 最小帧头，20 字节）－

最小 UDP 帧头（UDP 最小帧头，8 字节）－

＝1514－14－20－8＝1472（字节）

要发送最大 UDP 包，配置大型缓冲区至少为：

最大 UDP 缓冲区大小＝最大 UDP 有效负荷（1472 字节）＋

最大帧头大小(134 字节)

＝1472＋134＝1606 字节

IP 数据报内封装的 ICMP 数据包的帧头是可变长的,其大小从 8 到 20 个字节不等。然而,出于设计的原因,ICMP 帧头位于 IP 数据报的数据区中,因此不影响最大的帧头计算。因此,ICMP 的最大有效负荷可按如下方法计算:

ICMP 有效负荷(最大)＝ 接口层最大值(以太网 1514 字节,不含 CRC)

＝接口层帧头(以太网 14 字节,不含 CRC)

＝最小 IP 帧头(IP 最小帧头是 20 字节)

＝1514－14－20＝1480(字节)

为了发送最大长度的 ICMP 数据包,大型缓冲区大小至少应为:

ICMP 缓冲区最大长度＝最长的 ICMP 有效负荷(1480 字节)＋

最大帧头大小(134 字节)

＝1480＋134＝1614(字节)

小型发送缓冲的大小也必须至少配置为网络接口/设备支持的最小数据包长度。这意味着,需要配置一个支持每一层最小帧头尺寸的缓冲区。每层的最小帧头长度分别如下:

● 最小以太网帧头:14 字节(固定长度,不含校验码)。
● 最小 ARP 帧头:28 字节(固定长度,IPv4 以太网)。
● 最小 IP 帧头:20 字节(包含最短的 IP 选项)。
● 最小 TCP 帧头:20 字节(包含最短的 TCP 选项)。
● 最小 UDP 帧头:8 字节(固定大小)。

对以太网帧而言,以下的计算说明 ARP 包和 UDP/IP 的最小帧头尺寸相同,为42 字节:

ARP 包(最小)＝接口层最小帧头(以太网 14 字节,不含 CRC)＋

ARP 最小帧头(ARP 最小帧头,28 字节)

＝14＋28＝42(字节)

UDP 包(最小)＝接口层最小帧头(以太网 14 字节,不含 CRC)＋

IP 最小帧头(IP 最小帧头,20 字节)＋

UDP 最小帧头(UDP 最小帧头,8 字节)＋

＝ 14 ＋ 20 ＋ 8 ＝ 42(字节)

由于以太网帧必须至少为 60 字节(不包括 4 字节 CRC),所以小型发送缓冲区必须设置至少配置为 152 字节来容纳最短长度的有效负荷:

最小发送包大小＝接口层最小大小(以太网 60 字节,不含 CRC)＋

最大帧头大小(134 字节)－

最小数据包大小(42 字节)－

＝60＋134－42＝152(字节)

图 F15-2 展示了一个发送缓冲区。该缓冲区中为最大帧头预留了 134 字节空间,应用程序层数据大小为 0～1 472 字节。因此,缓冲数据区的有效大小范围为 152～1 614 字节。

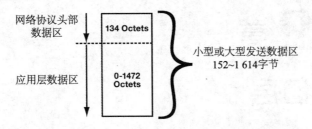

图 F15-2　发送缓冲数据区

需要注意的是,应用层数据大小加上最长头部的 134 字节不一定精确等于小型或大型发送缓冲数据区所分配的空间数,这主要是因为某些协议(例如 ICMP 协议)的头部不包括在典型的网络协议帧头中而是从第 134 字节开始。还应该注意的是,如果小型和大型发送缓冲数据区都被启用,那么当没有可用的小型发送缓冲区数据区时,协议栈会从大型发送数据区中分配空间。

µC/TCP-IP 不要求在接收缓冲数据区中为最大头部预留空间,只要求每个接收缓冲区可以配置接口/设备所支持的最大帧长。对以太网接口来说,收缓冲区必须至少为 1 514 字节,这里假定接口不保存 4 字节的 CRC 校验码;如果缓冲 CRC 校验码,那么应该是 1 518 字节。尽管网络缓冲区可能需要额外字节来保证每个缓冲区的字对齐要求,但由于 µC/TCP-IP 使用了专用函数来创建缓冲区(在 net_dev_cfg.c 中实现),所以不再需要增添附加字节来满足字对齐要求。

第 16 章

网络接口层

本章对 μC/TCP-IP 网络设备、网络设备驱动程序及网络接口之间的交互关系进行了说明。

16.1 网络接口配置

16.1.1 添加网络接口

在 μC/TCP-IP 中，"网络接口（network interface）"这个术语用来描述一个抽象的硬件设备以及将硬件与高层网络协议栈联系起来的数据通路。为了让本地主机与外部主机通信，应用程序开发人员必须为系统添加至少一个网络接口。注意，第一个被添加和启用的接口将作为所有通信的默认接口。

调用 NetIF_Add( )函数的典型代码如程序清单 L16 - 1 所示，请查看附录 B.9. 1"NetIF_Add( )"获得更多信息：

```
if_nbr = NetIF_Add(    (void    * )&NetIF_API_Ether,              (1)
                       (void    * )&NetDev_API_STR912,            (2)
                       (void    * )&NetDev_BSP_STR912_1,          (3)
                       (void    * )&NetDev_Cfg_STR912_1,          (4)
                       (void    * )&NetPHY_API_Generic,           (5)
                       (void    * )&NetPhy_Cfg_STR912_1,          (6)
                       (NET_ERR * )&err);                         (7)
```

程序清单 L16 - 1   调用 NetIF_Add( )

L16 - 1(1)   第一个参数指定从硬件设备接收数据的链路层 API。对以太网接口来说，这个数值将总是被定义为 NetIF_API_Ether，μC/TCP-IP 支持添加任意数量的以太网接口。

L16-1(2)　第二个参数指向包含硬件设备驱动程序 API 函数指针的结构体。如果是 Micriμm 提供的设备驱动程序,那么会在驱动程序源代码的顶部和驱动程序手册中定义结构体;如果 Micriμm 没有提供设备驱动程序,则开发人员负责创建设备驱动程序及其 API 结构体。

L16-1(3)　第三个参数指向包含设备 BSP 接口函数指针的结构体。应用程序开发人员必须定义该结构体中的函数指针,并且实现对应的 BSP 函数。Micriμm 可能会为某些评估板提供 BSP,包含 BSP 接口函数指针的结构及对应的函数模板。请查看 14.7.1 节"网络设备 BSP"以获得更多信息。

L16-1(4)　第四个参数指向设备驱动程序的配置结构,用于配置待添加接口的硬件设备。Micriμm 规定了该配置结构的格式,由于它与具体的硬件相关,因而必须由应用程序开发人员实现。Micriμm 为某些评估板提供了设备配置结构体的示例。请查看 14.6.2 节"以太网设备的 MAC 配置"获取更多信息。

L16-1(5)　第五个参数指向物理层硬件设备的 API。在大多数情况下,如果第一个参数使用的是以太网链路层 API,本参数可以直接使用 NetPHY_API_Generic。NetPHY_API_Generic 是由 Micriμm 所提供的通用以太网物理层设备驱动。如果需要使用自定义的物理层设备驱动程序,那么由开发人员负责创建物理层 API 结构。如果以太网设备内置的物理层设备与(R)MII 不兼容,那么物理层设备驱动程序的 API 结构体字段需要设置为 NULL,并且以太网设备驱动需要为内置的 PHY 实现相应的功能函数。

L16-1(6)　第六个参数指向物理层硬件的设备配置结构,该结构由应用程序开发人员定义,包含物理层设备的连接类型、地址及初始化时所需的链路状态等。对于非(R)MII 标准的物理层设备,该字段为 NULL,而初始化物理层设备的工作由以太网设备驱动程序代为完成。请查看 14.6.3 节"以太网远程配置"获取更多信息。

L16-1(7)　最后一个参数指向一个 NET_ERR 类型的变量,用于保存 NetIF_Add( ) 返回错误码。应用程序应该检查这个变量以确保添加网络接口时没有错误发生(此时返回 NET_IF_ERR_NONE)。

　　　　　注意:如果调用 NetIF_Add( )时发生错误,应用程序应该对该接口尝试再次调用 NetIF_Add( )。除非发生临时性硬件故障,应用程序开发人员应该检查错误代码,确定产生错误的原因,重新编写并编译应用代码。如果发生硬件故障,应用程序有必要多次尝试添加接口。有一个重要的原因,可能是 μC/LIB 出现堆内存不足(没有足够的内存来完成添加网络接口操作)。如果发生这样的错误,那么必须在 app_cfg.h

文件中增大 µC/LIB 堆的大小。

当成功添加了一个接口后,下一步的操作就是用网络层协议地址来配置该接口。

16.1.2 配置互联网协议地址

每个网络接口必须至少配置一个 IP 地址,IP 地址可以通过 µC/DHCPc 动态获取,或者在运行时手动配置。如果选择运行时配置,那么下面的函数可以用来为接口设置 IP、子网掩码和网关地址。通过调用下面函数可为一个网络接口设定多个地址。注意:在默认接口上增加的第一个 IP 地址将被作为所有通信的默认地址。

NetASCII_Str_to_IP( )

NetIP_CfgAddrAdd( )

第一个函数帮助开发人员将一个字符串的形式的 IP 地址(如 192.168.1.2)转化为等价的十六进制形式。第二个函数是用于配置一个指定接口的 IP、子网掩码和网关地址。调用上述函数的例子如程序清单 L16 - 2 所示。

```
ip = NetASCII_Str_to_IP((CPU_CHAR * )"192.168.1.2",    &err);        (1)
msk = NetASCII_Str_to_IP((CPU_CHAR * )"255.255.255.0",    &err);
gateway = NetASCII_Str_to_IP((CPU_CHAR * )"192.168.1.1",    &err);
```

程序清单 L16 - 2 调用 NetASCII_Str_to_IP( )

L16 - 2(1) NetASCII_Str_to_IP( )需要两个参数。第一个函数参数指向包含有效 IP 地址的字符串,而第二个参数是一个指向 NET_ERR 类型变量的指针(其中包含返回错误代码)。如果地址转换成功,返回 NET_ASCII_ERR_NONE,并且返回一个包含指定地址的十六进制形式的 NET_IP_ADDR 型变量。

```
cfg_success = NetIP_CfgAddrAdd(    if_nbr,                    (1)
                                   ip,                        (2)
                                   msk,                       (3)
                                   gateway,                   (4)
                                   &err);                     (5)
```

程序清单 L16 - 3 调用 NetIP_CfgAddrAdd( )

L16 - 3(1) 第一个参数代表被配置的网络接口编号,网络接口编号是成功调用 NetIF_Add( )后返回的结果。

L16 - 3(2) 第二个参数是 NET_IP_ADDR 类型的 IP 地址。

L16 - 3(3) 第三个参数是 NET_IP_ADDR 类型的子网掩码。

L16 - 3(4) 第四个参数是 NET_IP_ADDR 类型的网关 IP 地址。

L16 - 3(5)　第五个参数是指向 NET_ERR 类型变量的指针,其中包含了返回的错误码。如果配置成功,则错误码为 NET_IP_ERR_NONE。除此以外,函数也会将根据执行结果返回布尔值 DEF_OK 或 DEF_FAIL。尽管你既可以使用返回值也可以使用 NET_ERR 类型的变量来检查返回状态,但应该优先使用 NET_ERR 类型变量(它包含了更详细的信息)。

　　注意:应用程序可以给一个网络接口配置多个 IP 地址,在交换机、集线器及其配对设备连接多个网络时会有此需求。此外,应用程序也可不为接口配置任何接口地址,这时该接口只能接收数据包而不能发送数据包。

　　另外,可以通过调用 NetIP_CfgAddrRemove( )从一个接口移除某个地址(参见附录 B. 11. 5"NetIP_CfgAddrRemove( )"和 B. 11. 6 "NetIP_CfgAddrRemoveAll( )")。

　　一旦配置完网络接口的 IP,下一步就是启动接口。

16. 2　启动和停止网络接口

16. 2. 1　启动网络接口

　　当一个网络接口被启动后,即成为一个可以发送和接收数据的活跃接口。当一个网络接口被成功添加到系统后,它可以在任意时间被启动。在成功调用 NetIF_Start( )后,网络接口的初始化过程就结束了。必须注意,第一个被添加和启动的接口将成为默认接口。

　　应用程序开发人员需要以适当的参数调用 NetIF_Start( )来启动一个网络接口,NetIF_Start( )的调用代码如下:

```
NetIF_Start(if_nbr,&err);                                                    (1)
```

程序清单 L16 - 4　调用 NetIF_Start( )

L16 - 4(1)　NetIF_Start( )需要两个参数。第一个函数参数是要启动接口的编号(接口编号是在成功添加接口后获得),第二个参数是一个指向 NET_ERR 类型变量的指针,用来接收的返回错误。如果 NetIF_Start( )调用成功,错误码将返回 NET_IF_ERR_NONE。

L16 - 4(2)　在某些情况下,网络接口可能不能不正常启动。应用程序开发人员应检查返回的错误代码,并在错误发生时采取合适的措施。在错误解决后再尝试重新调用 NetIF_Start( )。

16.2.2　停止网络接口

在某些情况下可能需要停止一个网络接口。网络接口在成功被添加到系统后，可以随时被停止。停止一个接口通过调用 NetIF_Stop( )来完成，代码如下：

```
NetIF_Stop(if_nbr,&err);                                                    (1)
```

程序清单 L16 - 5　调用 NetIF_Stop( )

L16 - 5(1)　NetIF_Stop( )需要两个参数。第一个函数参数是要停止接口的编号（接口编号是在成功添加接口后获得），第二个参数是一个指向 NET_ERR 类型变量的指针，用来接收的返回错误。如果 NetIF_Stop( )调用成功，将返回 NET_IF_ERR_NONE。

在某些情况下，网络接口可能不能正常停止。应用程序开发人员应检查返回的错误代码，并在错误发生时采取合适的措施。在错误解决后再尝试重新调用 NetIF_Stop( )。

16.3　网络接口最大传输单元

16.3.1　获取网络接口最大传输单元

某些情况下，应用程序需要获取接口的最大传输单元（MTU，MaximumTransmission Unit），可以通过调用 NetIF_MTU_Get( )完成：

```
mtu = NetIF_MTU_Get(if_nbr,&err);                                           (1)
```

程序清单 L16 - 6　调用 NetIF_MTU_Get( )

L16 - 6(1)　NetIF_MTU_Get( )需要两个参数。第一个函数参数是接口的编号（接口编号在成功添加接口后获得），第二个参数是一个指向 NET_ERR 类型变量的指针，用来接收的返回错误。函数的结果将返回给 NET_MTU 类型的本地变量。

16.3.2　设置网络接口最大传输单元

一些网络使用非标准的 MTU，在这种情况下，应用程序可以通过调用 NetIF_MTU_Set( )为指定的接口设定 MTU。

```
NetIF_MTU_Set(if_nbr, mtu,&err);                                            (1)
```

程序清单 L16 – 7　调用 NetIF_MTU_Set( )

L16 – 7(1)　　NetIF_MTU_Set( )需要三个参数。第一个函数参数是要操作接口的
编号(接口编号是在成功添加接口后获得),第二个函数参数是希望设
置的 MTU 值,第三个参数是一个指向 NET_ERR 类型变量的指针,用
来接收的返回错误。如果该函数调用成功,错误码将返回 NET_IF_
ERR_NONE。

　　　　　　　注意:所配置的 MTU 不能大于网络接口的发送缓冲区大小,发送
缓冲区尺寸是在接口设备配置结构体中设置的。请参阅第 14 章"网络
设备驱动"获取关于配置设备缓冲大小的更多信息。

16.4　网络接口硬件地址

16.4.1　获得网络接口硬件地址

　　许多类型的网络接口硬件需要使用链路层协议地址。以太网的硬件地址被称为
MAC 地址。在某些应用中,可能需要获取某个接口的硬件地址,可以通过调用 Ne-
tIF_AddrHW_Get( )来完成。

```
NetIF_AddrHW_Get(     (NET_IF_NBR   ) if_nbr,                               (1)
                      (CPU_INT08U * )&addr_hw_sender[0],                    (2)
                      (CPU_INT08U * )&addr_hw_len,                          (3)
                      (NET_ERR      * ) perr);                              (4)
```

程序清单 L16 – 8　调用 NetIF_AddrHW_Get( )

L16 – 8(1)　　第一个参数是需要获得硬件地址接口的编号(在成功添加接口时返回
的接口编号)。

L16 – 8(2)　　第二个参数指向保存硬件地址的 CPU_INT08U 类型数组。这个数组
必须足够容纳指定接口返回的硬件地址。数组中第一个字节是硬件地
址的最高字节,即按照大端模式存放。

L16 – 8(3)　　第三个参数是一个指向 CPU_INT08U 类型的变量指针,该变量返回指
定接口的硬件地址长度。

L16 – 8(4)　　第四个参数是一个指向 NET_ERR 类型的变量指针,用来接收的返回
错误。如果函数调用成功,错误码将返回 NET_IF_ERR_NONE。

16.4.2 设置网络接口硬件地址

某些应用程序希望在运行时通过软件来配置设备的硬件地址,而不是像许多以太网设备那样,在运行时自动从 EEPROM 读取并设置硬件地址。如果应用程序要在运行时设置或改变硬件地址,那么可以通过调用 NetIF_AddrHW_Set( )完成。另外,硬件地址也可以通过设备配置结构体静态设置,然后在运行时动态改变。

```
NetIF_AddrHW_Set(    (NET_IF_NBR   )if_nbr,                      (1)
                     (CPU_INT08U * )&addr_hw[0],                 (2)
                     (CPU_INT08U * )&addr_hw_len,                (3)
                     (NET_ERR    * ) perr);                      (4)
```

程序清单 L16-9   调用 NetIF_AddrHW_Set( )

L16-9(1)　第一个参数指定了要操作的网络接口的接口编号(成功添加接口后返回)。

L16-9(2)　第二个参数指向 CPU_INT08U 类型的数组,该数组包含了返回的硬件地址,该硬件地址数组以小段模式保存硬件地址(最低索引号代表硬件地址的最高的有效字节)。

L16-9(3)　第三个参数是一个指向 CPU_INT08U 类型的变量指针,该变量返回指定接口硬件地址长度。一般情况下,如果 addr_hw 被声明为一个 CPU_INT08U 类型的数组,则该地址长度等于 sizeof(addr_hw)。

L16-9(4)　第四个参数是一个指向 NET_ERR 类型的变量指针,用来接收的返回错误。如果函数调用成功,错误码将返回 NET_IF_ERR_NONE。

注意:在接口配置硬件地址前,必须先停止接口;在设置完硬件地址后,再重启该接口。

16.5 获取链路状态

某些应用程序可能需要获取接口的物理层链路状态,这些链路状态信息可以通过调用 NetIF_IO_Ctrl( )或 NetIF_LinkStateGet( )获得。

NetIF_IO_Ctrl( )通过轮询硬件来获得当前的链路状态;当然,你也可以通过调用 NetIF_LinkStateGet( )读取接口链路状态标志来获得近似的链路状态。由于 MII 总线的速度和延时,用轮询以太网硬件的方法来获得链路状态需要花费更多的时间。因此,在一个循环中连续轮询硬件是不可取的。相反,读取接口标志则很快,但是当使用通用以太网 PHY 驱动时,标志的更新周期是 250 ms(默认值)。对 PHY

驱动程序而言,在检测到链路状态改变时(通过链路状态改变中断)可以立刻改变接口标志的值。在这种情况下,调用 NetIF_LinkStateGet( )比较理想。

```
NetIF_IO_Ctrl(    (NET_IF_NBR)if_nbr,                              (1)
                  (CPU_INT08U)NET_IF_IO_CTRL_LINK_STATE_GET_INFO,  (2)
                  (void     * )&link_state,                        (3)
                  (NET_ERR  * )&err);                              (4)
```

程序清单 L16 - 10 调用 NetIF_IO_Ctrl( )

L16 - 10(1)　第一个参数指定了要操作的接口编号。

L16 - 10(2)　第二个参数指定 NetIF_IO_Ctrl( )所需调用的函数,为了得到当前的接口链路状态,应用程序应该指定这个参数为以下二者之一:

NET_IF_IO_CTRL_LINK_STATE_GET

NET_IF_IO_CTRL_LINK_STATE_GET_INFO

L16 - 10(3)　第三个参数是指向链路状态变量的指针,该变量必须由应用程序声明并传递给 NetIF_IO_Ctrl()。

第 **17** 章

套接字编程

本书此前的章节中已经对 μC/TCP-IP 支持的两种网络套接字接口进行了介绍，在本章中，我们将会对套接字编程、套接字数据结构和套接字 API 函数进行讲解。

17.1　网络套接字数据结构

使用套接字通信，需要设置或读取网络套接字地址结构中的网络地址。BSD 套接字定义了所谓的空白套接字地址模版，BSD 的套接字地址实际是一个结构体，这个结构体中不包含特定的地址结构（例如 IPv4 套接字地址）。

```
struct   sockaddr {                        /* Generic BSD   socket address structure      */
    CPU_INT16U     sa_family;              /* Socket address family                       */
    CPU_CHAR       sa_data[14];            /* Protocol - specific address information      */
};


typedef   struct   net_sock_addr {   /* Generic μC/TCP-IP socket address structure */
    NET_SOCK_ADDR_FAMILY            AddrFamily;
    CPU_INT08U                      Addr[NET_SOCK_BSD_ADDR_LEN_MAX = 14];
} NET_SOCK_ADDR;
```

程序清单 L17 - 1　通用（非具体地址）地址结果

```
struct   in_addr {
        NET_IP_ADDR   s_addr;          /* IPv4 address (32 bits)                          */
};
```

```
struct   sockaddr_in {                          /* BSDIPv4 socket address structure        */
    CPU_INT16U          sin_family; /* Internet address family (e.g. AF_INET)    */
    CPU_INT16U          sin_port;   /* Socket   address port number (16 bits)    */
    struct in_addr      sin_addr;   /* IPv4address(32 bits)                      */
    CPU_CHAR            sin_zero[8]; /* Not used (all zeroes)                    */
};


typedef   struct  net_sock_addr_ip {   /* µC/TCP-IP socket address structure      */
    NET_SOCK_ADDR_FAMILY    AddrFamily;
    NET_PORT_NBR            Port;
    NET_IP_ADDR             Addr;
    CPU_INT08U              Unused[NET_SOCK_ADDR_IP_NBR_OCTETS_UNUSED = 8
];
```

程序清单 L17 - 2　因特网(IPv4)地址结构

套接字地址结构体中的 AddrFamily / sa_family / sin_family 字段必须以主机字节顺序进行读写,而所有 Addr/sa_data 字段都必须以网络字节序(大端模式)进行读写。

虽然套接字函数(无论 µC/TCP-IP 还是 BSD)是通过指针传递通用套接字地址的,但应用程序仍然必须声明一个具体的套接字地址结构的变量(例如一个 IPv4 地址结构)。对于那些要求字边界对齐的微处理器而言,必须以编译器支持的形式指定相关地址结构体的对齐方式,以使得套接字地址结构体的所有成员在正确的边界上对齐。

注意:由于编译器有可能不能正确将数组或套接字地址结构的成员对齐到字(word)边界,因而应用程序应该避免将一个字节数组声明为套接字地址结构。

图 F17 - 1 中展示了 µC/TCP-IP 协议栈 IPv4 协议中 NET_SOCK_ADDR_IP (sockaddr_in) 结构体的细节,这个结构体实际上覆盖了 NET_SOCK_ADDR (sockaddr)。

可以使用下面代码的配置图 F17 - 1 中所示的套接字,具体而言,代码清单 L17 - 3 会将套接字地址结构绑定到 10.10.1.65:49876 上。

```
NET_SOCK_ADDR_IP       addr_local;
NET_IP_ADDR            addr_ip;
NET_PORT_NBR           addr_port;
NET_SOCK_RTN_CODE      rtn_code;
NET_ERR                err;


addr_ip = NetASCII_Str_to_IP("10.10.1.65",&err);
addr_port = 49876;
```

```
Mem_Clr(    (void    * )&addr_local,
         (CPU_SIZE_T)sizeof(addr_local));
addr_local.AddrFamily = NET_SOCK_ADDR_FAMILY_IP_V4;  /* = AF_INET Figure 17 - 1 */
addr_local.Addr = NET_UTIL_HOST_TO_NET_32(addr_ip);
addr_local.Port = NET_UTIL_HOST_TO_NET_16(addr_port);
rtn_code = NetSock_Bind(    (NET_SOCK_ID) sock_id,
                            (NET_SOCK_ADDR * )&addr_local,
                                                /* Cast to generic addr   */
                            (NET_SOCK_ADDR_LEN) sizeof(addr_local),
                            (NET_ERR     * )&err);
```

程序清单 L17 - 3   绑定到 10.10.1.65:49876

IPv4 套接字地址结构的地址被强制转换为一个指向通用套接字地址结构的指针。

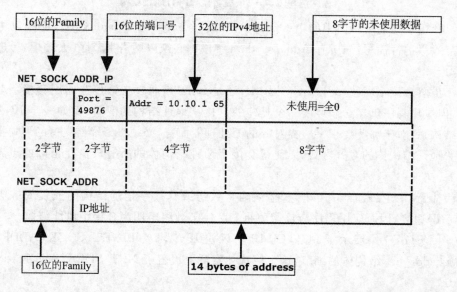

图 F17 - 1   NET_SOCK_ADDR_IP 是 IPv4 指定通用 NET_SOCK_ADDR 数据结构实例

17.2   完整的 SEND( )操作

send( )返回实际被发出的字节数,该值可能少于拟发送的字节数。这个函数只保证尽可能多地发送数据,因此如果有剩余数据未被发送,必开发者须要处理。

```
{
    int   total = 0;                        /* how many bytes we've sent        */
    int   bytesleft = * len;                /* how many we have left to send    */
int   n;

    while (total < * len) {
        n = send(s, buf + total, bytesleft, 0);                              (1)
        if (n == -1) {
            break;
        }
        total += n;                                                         (2)
        bytesleft -= n;                                                     (3)
    }
}
```

程序清单 L17 - 4　完成一个发送 send( )

L17 - 4(1)　发送网络缓冲区中的所有数据。

L17 - 4(2)　增加发送的字节数。

L17 - 4(3)　计算还余下多少字节需要发送。

这又是一个实例,它说明,如果希望 TCP/IP 栈操作顺畅,给定的硬件上获得最佳性能,是否有充足的内存来保证足够的收发缓冲区是在设计时要重点关注的问题。

17.3　套接字应用程序

套接字分为两种,即数据报套接字(datagram sockets)和流式套接字(stream sockets)。以下的章节提供的示例代码中描述这些套接字的工作方式。

除了 BSD 4. x 的套接字接口之外,μC/TCP-IP 协议栈还为开发人员提供了 Micriμm 自定义的套接字函数,以供选择。

虽然这两套 API 很相似,但这两套函数的参数稍微有不同。为了让开发者对 Micriμm API 先有个简单的了解,以下的章节提供的具体示例中描述了这些 API 的使用方法。

如果对 BSD 套接字编程有兴趣,市面上有很多与之相关的书、参考资料和文章可供参考。

下列示例被设计为尽可能的简单,因此只进行了基本的错误检查。当开发实际应用产品时,应该尽可能加强这些错误处理。

17.3.1 数据报套接字

图 F17 - 2 介绍了 UDP 客户端应用程序使用的典型套接字函数。尽管该示例使用 Micriμm 专有的套接字 API,用户也可以使用 BSD 套接字 API 写一个类似的示例。

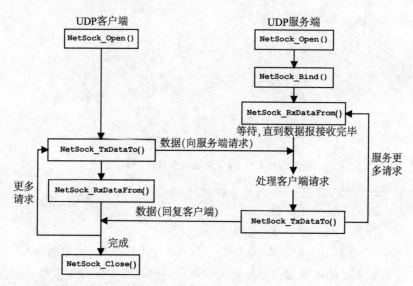

图 F17 - 2 μC/TCP-IP 使用在典型 UDP 客户端服务程序的套接字调用

程序清单 L17 - 5 的代码实现了一个 UDP 服务器,该服务器会创建一个套接字,将其绑定一个 IP 地址,然后在指定的端口上侦听等待数据包到达。请参阅附录 B 中的"μC / TCP-IP API 参考"一节,其中列出了 μC/TCP-IP 的所有套接字 API 函数。

1. 数据报服务器(UDP 服务器)

```
#define   UDP_SERVER_PORT        10001
#define   RX_BUF_SIZE            15
CPU_BOOLEAN   TestUDPServer (void)
{
        NET_SOCK_ID            sock;
        NET_SOCK_ADDR_IP       server_sock_addr_ip;
        NET_SOCK_ADDR_LEN      server_sock_addr_ip_size;
        NET_SOCK_ADDR_IP       client_sock_addr_ip;
        NET_SOCK_ADDR_LEN      client_sock_addr_ip_size;
        NET_SOCK_RTN_CODE      rx_size;
```

```
CPU_CHAR              rx_buf[RX_BUF_SIZE];
CPU_BOOLEAN           attempt_rx;
NET_ERR               err;


sock = NetSock_Open(NET_SOCK_ADDR_FAMILY_IP_V4,                      (1)
                    NET_SOCK_TYPE_DATAGRAM,
                    NET_SOCK_PROTOCOL_UDP,
                    &err);
if (err != NET_SOCK_ERR_NONE) {
    return (DEF_FALSE);
}


server_sock_addr_ip_size = sizeof(server_sock_addr_ip);             (2)
Mem_Clr(    (void     *)&server_sock_addr_ip,
            (CPU_SIZE_T) server_sock_addr_ip_size);
server_sock_addr_ip.AddrFamily    = NET_SOCK_ADDR_FAMILY_IP_V4;
    server_sock_addr_ip.Addr =
              NET_UTIL_HOST_TO_NET_32(NET_SOCK_ADDR_IP_WILD_CARD);
    server_sock_addr_ip.Port =
              NET_UTIL_HOST_TO_NET_16(UDP_SERVER_PORT);


NetSock_Bind(    (NET_SOCK_ID      ) sock,                          (3)
                 (NET_SOCK_ADDR    *)&server_sock_addr_ip,
                 (NET_SOCK_ADDR_LEN)NET_SOCK_ADDR_SIZE,
                 (NET_ERR          *)&err);
if (err != NET_SOCK_ERR_NONE) {
    NetSock_Close(sock,&err);
    return (DEF_FALSE);
}


do {
    client_sock_addr_ip_size = sizeof(client_sock_addr_ip);

    rx_size = NetSock_RxDataFrom(
                 (NET_SOCK_ID )    sock,                            (4)
                 (void *)          rx_buf,
                 (CPU_INT16S )     RX_BUF_SIZE,
                 (CPU_INT16S )     NET_SOCK_FLAG_NONE,
                 (NET_SOCK_ADDR *)&client_sock_addr_ip,
                 (NET_SOCK_ADDR_LEN *)&client_sock_addr_ip_size,
                 (void *)          0,
```

```
                            (CPU_INT08U )      0,
                            (CPU_INT08U * )     0,
                            (NET_ERR * )&err);
            switch (err) {
                case NET_SOCK_ERR_NONE:
                        attempt_rx = DEF_NO;
                    break;
                    case NET_SOCK_ERR_RX_Q_EMPTY:
                    case NET_OS_ERR_LOCK:
                      attempt_rx = DEF_YES;
                    break;
                    default:
                     attempt_rx = DEF_NO;
                        break;
            }
        } while (attempt_rx == DEF_YES);


    NetSock_Close(sock,&err);                                                (5)

        if (err != NET_SOCK_ERR_NONE) {
            return (DEF_FALSE);
        }
        return (DEF_TRUE);
    }
```

程序清单 L17 - 5 数据报服务器

L17 - 5(1) 打开一个数据报套接字(UDP 协议)。

L17 - 5(2) 向 NET_SOCK_ADDR_IP 结构体中填充服务器地址和端口号,然后将
其转化为网络字节序。

L17 - 5(3) 把 server_sock_addr_ip 指定的地址和端口绑定到新创建的套接字。

L17 - 5(4) 在端口 DATAGRAM_SERVER_PORT 上接收数据。

L17 - 5(5) 关闭套接字。

2. 数据报客户端(UDP 客户端)

清单 L17 - 6 中的代码实现了一个 UDP 客户端,它将把"Hello World"发送给在
UDP_SERVER_PORT 上监听的服务器。

```
# define   UDP_SERVER_IP_ADDR          "192.168.1.100"
# define   UDP_SERVER_PORT             10001
# define   UDP_SERVER_TX_STR           "Hello World!"
```

```
CPU_BOOLEAN  TestUDPClient (void)
{
        NET_SOCK_ID              sock;
        NET_IP_ADDR              server_ip_addr;
        NET_SOCK_ADDR_IP         server_sock_addr_ip;
        NET_SOCK_ADDR_LEN        server_sock_addr_ip_size;
        CPU_CHAR                 * pbuf;
        CPU_INT16S               buf_len;
        NET_SOCK_RTN_CODE        tx_size;
        NET_ERR                  err;


        pbuf = UDP_SERVER_TX_STR;
        buf_len = Str_Len(UDP_SERVER_TX_STR);


        sock = NetSock_Open(     NET_SOCK_ADDR_FAMILY_IP_V4,            (1)
                                 NET_SOCK_TYPE_DATAGRAM,
                                 NET_SOCK_PROTOCOL_UDP,
                                 &err);
        if (err != NET_SOCK_ERR_NONE) {
            return (DEF_FALSE);
        }


        server_ip_addr = NetASCII_Str_to_IP(UDP_SERVER_IP_ADDR,&err);  (2)
        if (err != NET_ASCII_ERR_NONE) {
            NetSock_Close(sock,&err);
            return (DEF_FALSE);
        }
    }

    server_sock_addr_ip_size = sizeof(server_sock_addr_ip);            (3)
        Mem_Clr(    (void      * )&server_sock_addr_ip,
            (CPU_SIZE_T) server_sock_addr_ip_size);
        server_sock_addr_ip.AddrFamily = NET_SOCK_ADDR_FAMILY_IP_V4;
        server_sock_addr_ip.Addr = NET_UTIL_HOST_TO_NET_32(server_ip_addr);
        server_sock_addr_ip.Port = NET_UTIL_HOST_TO_NET_16(UDP_SERVER_PORT);


    tx_size = NetSock_TxDataTo(  (NET_SOCK_ID ) sock,                  (4)
                                 (void * ) pbuf,
                                 (CPU_INT16S ) buf_len,
                                 (CPU_INT16S ) NET_SOCK_FLAG_NONE,
                                 (NET_SOCK_ADDR * )&server_sock_addr_ip,
                                 (NET_SOCK_ADDR_LEN) sizeof(server_sock_addr_ip),
                                 (NET_ERR * )&err);
```

```
    NetSock_Close(sock,&err);                                          (5)
    if (err != NET_SOCK_ERR_NONE) {
        return (DEF_FALSE);
    }
    return (DEF_TRUE);
}
```

程序清单 L17-6   数据报客户端

L17-6(1)   打开一个数据报套接字(UDP 协议)。

L17-6(2)   转换 IPv4 地址,从 ASCII 码的点分十进制形式转换为以主机字节序表示的 IPv4 网络协议地址。

L17-6(3)   向 NET_SOCK_ADDR_IP 中填充客户端地址和端口号,然后将其转化为网络字节序。

L17-6(4)   将数据发送到 DATAGRAM_SERVER_IP_ADDR 地址的 DATA-GRAM_SERVER_PORT 端口上。

L17-6(5)   关闭套接字。

17.3.2   流式套接字(TCP 套接字)

图 F17-3 跟图 F8-8 很相似,它给出了一个 TCP 客户端与服务器之间可能用到的套接字函数的典型示例代码。该示例使用了 Micriμm 专有套接字 API 函数。当然,用户也可以用 BSD 套接字 API 写出一个类似的示例。

通常,在 TCP 服务器开始工作后,TCP 客户端会连接并发送请求给服务器。TCP 服务器会一直等待客户端连接的到达,然后创建一个专门的 TCP 套接字连接,这个套接字会处理客户端的请求并且对客户端进行响应(如果必要的话)。这种情况会一直持续下去,直到它们中的一方关闭连接。同时,在服务器同时处理多个客户端连接时,它也能够等待和处理新的客户端连接请求。

1. 流式服务器(TCP 服务器)

代码清单 L17-7 是一个使用 TCP 连接的基本的 C/S 应用。服务器只是简单的等待连接,并且在连接后向客户端发送字符串"Hello World!"。请参考"μC/TCP-IP API 参考"一章,其中列出了 μC/TCP-IP 所有套接字 API 函数。

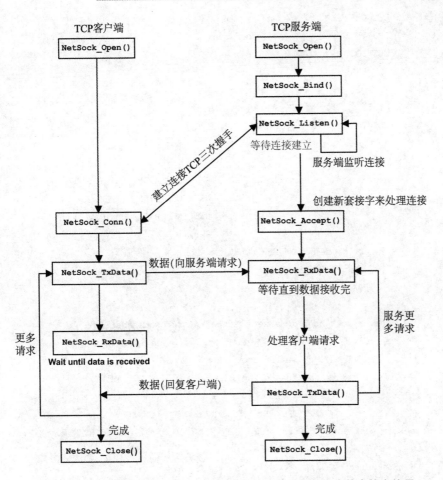

图 F17 - 3　µC/TCP-IP 在典型 TCP 客户端-服务器应用程序中的套接字使用

```
#define  TCP_SERVER_PORT            10000
#define  TCP_SERVER_CONN_Q_SIZE      1
#define  TCP_SERVER_TX_STR          "Hello World!"


CPU_BOOLEAN  TestTCPServer (void)
{
        NET_SOCK_ID          sock_listen;
        NET_SOCK_ID          sock_req;
        NET_SOCK_ADDR_IP     server_sock_addr_ip;
        NET_SOCK_ADDR_LEN    server_sock_addr_ip_size;
        NET_SOCK_ADDR_IP     client_sock_addr_ip;
        NET_SOCK_ADDR_LEN    client_sock_addr_ip_size;
        CPU_BOOLEAN          attempt_conn;
```

```
          CPU_CHAR                  * pbuf;
          CPU_INT16S               buf_len;
          NET_SOCK_RTN_CODE        tx_size;
          NET_ERR                  err;


          pbuf        = TCP_SERVER_TX_STR;
          buf_len     = Str_Len(TCP_SERVER_TX_STR);


          sock_listen = NetSock_Open(    NET_SOCK_ADDR_FAMILY_IP_V4,          (1)
                                         NET_SOCK_TYPE_STREAM,
                                         NET_SOCK_PROTOCOL_TCP,
                                         &err);
          if (err != NET_SOCK_ERR_NONE) {
              return (DEF_FALSE);
          }


          server_sock_addr_ip_size = sizeof(server_sock_addr_ip);            (2)
          Mem_Clr(    (void     * )&server_sock_addr_ip,
              (CPU_SIZE_T) server_sock_addr_ip_size);
          server_sock_addr_ip.AddrFamily = NET_SOCK_ADDR_FAMILY_IP_V4;
          server_sock_addr_ip.Addr =
                    NET_UTIL_HOST_TO_NET_32(NET_SOCK_ADDR_IP_WILD_CARD);
      server_sock_addr_ip.Port = NET_UTIL_HOST_TO_NET_16(TCP_SERVER_PORT);

      NetSock_Bind(    (NET_SOCK_ID ) sock_listen,                           (3)
                       (NET_SOCK_ADDR * )&server_sock_addr_ip,
                       (NET_SOCK_ADDR_LEN) NET_SOCK_ADDR_SIZE,
                       (NET_ERR * )    &err);
          if (err != NET_SOCK_ERR_NONE) {
              NetSock_Close(sock_listen,&err);
              return (DEF_FALSE);
  }


          NetSock_Listen(    sock_listen,                                    (4)
                             TCP_SERVER_CONN_Q_SIZE,
                             &err);
          if (err != NET_SOCK_ERR_NONE) {
              NetSock_Close(sock_listen,&err);
              return (DEF_FALSE);
          }
```

```
        do {
            client_sock_addr_ip_size = sizeof(client_sock_addr_ip);

            sock_req = NetSock_Accept(  (NET_SOCK_ID ) sock_listen,              (5)
                                    (NET_SOCK_ADDR * )&client_sock_addr_ip,
                            (NET_SOCK_ADDR_LEN   * )&client_sock_addr_ip_size,
                                    (NET_ERR * )&err);
            switch (err) {
                    case NET_SOCK_ERR_NONE:
                        attempt_conn = DEF_NO;
                        break;
                    case NET_ERR_INIT_INCOMPLETE:
                    case NET_SOCK_ERR_NULL_PTR:
                    case NET_SOCK_ERR_NONE_AVAIL:
                    case NET_SOCK_ERR_CONN_ACCEPT_Q_NONE_AVAIL:
                    case NET_SOCK_ERR_CONN_SIGNAL_TIMEOUT:
                    case NET_OS_ERR_LOCK:
                        attempt_conn = DEF_YES;
                        break;
                    default:
                        attempt_conn = DEF_NO;
                        break;
            }
        } while (attempt_conn == DEF_YES);

        if (err != NET_SOCK_ERR_NONE) {
            NetSock_Close(sock_req,&err);
            return (DEF_FALSE);
        }

    tx_size = NetSock_TxData(sock_req,                                           (6)
                            pbuf,
                            buf_len,
                            NET_SOCK_FLAG_NONE,
                    &err);

    NetSock_Close(sock_req,&err);                                               (7)
    NetSock_Close(sock_listen,&err);
    return (DEF_TRUE);

}
```

程序清单 L17 - 7　流式服务

L17 - 7(1)　　创建一个流式套接字(TCP 协议)。

L17 - 7(2)　　向 NET_SOCK_ADDR_IP 结构中填充为服务器地址和端口号,然后将其转换为网络字节序。

L17 - 7(3)　　把 server_sock_addr_ip 指定的地址和端口绑定到新创建的套接字。

L17 - 7(4)　　设置套接字,使其侦听一个指定端口上的连接请求。

L17 - 7(5)　　接收连接请求,并且为该连接创建一个新的套接字。应该注意,由于可能存在超时情况(当没有客户端尝试连接客户端),所以该函数是在一个循环内部被调用的。

L17 - 7(6)　　一旦服务器和客户端之间的连接建立后,则发送数据。注意,尽管此处没有使用该函数的返回值,但一个真正的应用程序应该通过将该返回值与消息长度进行比较,以确保所有的数据都已经被发送。

L17 - 7(7)　　关闭套接字。如果服务器需要保持活动状态,那么可以将侦听套接字保持开启以接受额外的连接请求。通常,服务器所做的工作是:等待连接、调用 accept( )接受连接、然后使用 OSTaskCreate( )创建一个任务来处理该连接。

2. 流式客户端(TCP 客户端)

程序清单 L17 - 8 实现了客户端连接到指定服务器,并且接收服务器发出的字符串。

```
#define   TCP_SERVER_IP_ADDR        "192.168.1.101"
#define   TCP_SERVER_PORT           10000
#define   RX_BUF_SIZE               15


CPU_BOOLEAN   TestTCPClient (void)
{
        NET_SOCK_ID             sock;
        NET_IP_ADDR             server_ip_addr;
        NET_SOCK_ADDR_IP        server_sock_addr_ip;
        NET_SOCK_ADDR_LEN       server_sock_addr_ip_size;
        NET_SOCK_RTN_CODE       conn_rtn_code;
        NET_SOCK_RTN_CODE       rx_size;
        CPU_CHAR                rx_buf[RX_BUF_SIZE];
        NET_ERR                 err;

        sock = NetSock_Open(      NET_SOCK_ADDR_FAMILY_IP_V4,        (1)
                                  NET_SOCK_TYPE_STREAM,
                                  NET_SOCK_PROTOCOL_TCP,
                                  &err);
```

```
        if (err != NET_SOCK_ERR_NONE) {
            return (DEF_FALSE);
        }


        server_ip_addr = NetASCII_Str_to_IP(TCP_SERVER_IP_ADDR,&err);        (2)
        if (err != NET_ASCII_ERR_NONE) {
            NetSock_Close(sock,&err);
            return (DEF_FALSE);
        }


        server_sock_addr_ip_size = sizeof(server_sock_addr_ip);              (3)
        Mem_Clr(     (void *)&server_sock_addr_ip,
                     (CPU_SIZE_T)server_sock_addr_ip_size);
        server_sock_addr_ip.AddrFamily = NET_SOCK_ADDR_FAMILY_IP_V4;
        server_sock_addr_ip.Addr = NET_UTIL_HOST_TO_NET_32(server_ip_addr);
    server_sock_addr_ip.Port = NET_UTIL_HOST_TO_NET_16(TCP_SERVER_PORT);

conn_rtn_code = NetSock_Conn(    (NET_SOCK_ID ) sock,                        (4)
                                 (NET_SOCK_ADDR *)&server_sock_addr_ip,
                                 (NET_SOCK_ADDR_LEN)sizeof(server_sock_addr_ip),
                                 NET_ERR *)&err);
        if (err != NET_SOCK_ERR_NONE) {
            NetSock_Close(sock,&err);
            return (DEF_FALSE);
        }


        rx_size = NetSock_RxData(sock,                                       (5)
                                 rx_buf,
                                 RX_BUF_SIZE,
                                 NET_SOCK_FLAG_NONE,
                                 &err);
        if (err != NET_SOCK_ERR_NONE) {
            NetSock_Close(sock,&err);
            return (DEF_FALSE);
        }


        NetSock_Close(sock,&err);                                           (6)
        return (DEF_TRUE);
    }
```

程序清单 L17 - 8　流式客户端

L17 - 8(1)　　打开一个流式套接字(TCP 协议)。

L17 - 8(2)　　转换 IPv4 地址,从 ASCII 码表示的点分十进制形式转换为以主机字节序表示的 IPv4 网络协议地址。

L17 - 8(3)　　向 NET_SOCK_ADDR_IP 中填充客户端地址和端口号,然后将其转化为网络字节序。

L17 - 8(4)　　将套接字连接到远程主机。

L17 - 8(5)　　从连接的套接字中接收数据。注意:尽管此处没有用到该函数的返回值,但在一个真正的应用程序中应该确保所有所需的数据已经被都接收到。

L17 - 8(6)　　关闭套接字。

17.4　加密套接字

如果使用了网络安全模块(即 μC/SSL),那么可以用 μC/TCP-IP 的网络安全管理器(Network security manager)来加密套接字。网络安全管理器提供的 API 主要用于在一个指定的套接字上设置密钥和安全标志。有关网络安全管理器的详细信息,请参阅附录 C"网络套接字配置器";也可以在附录 E - 6"使用网络安全管理器"中找到一个使用网络安全管理器的示例。

17.5　2MSL

报文最大生存时间(Maximum Segment Lifetime,MSL)是一个 TCP 报文可以在网络中存在的最长时间,默认值为 2 分钟。2MSL 顾名思义则是 MSL 的两倍,是一个 TCP 报文在网络上传输的最大生存时间(考虑到发送、确认两个过程,故为 2 倍的 MSL)。

目前,Micriμm 不支持多个拥有完全相同的连接信息的套接字,以防止新建套接字绑定到其他套接字已经绑定的地址上。因此,对于 TCP 套接字来说,必须为每个 close( )操作设置 2MSL 的计时器,以确保在该计时器超时前,不能在相同套接字上调用 bind( )绑定。然而,这种机制可能会在套接字资源的释放和重用上造成很大的延时。μC/TCP-IP 默认以整数值指定 MSL(单位:秒),并推荐将该值设定为 3 秒。

如果 TCP 连接总是被频繁建立和关闭,那么该值可能会造成新套接字在创建时的延时。因此,必须在释放 TCP 连接时指定一个更小的超时值,促使其尽可能快地释放。但是,如果使用一个零延时又会使得 μC/TCP-IP 无法执行完整的 TCP 连接关闭操作,反而会导致发送 RST(TCP reset)报文。

对于 UDP 套接字而言,close( )是不带延时的,也不会因为在调用 close( )后立即调用 bind( )而引起阻塞。

17.6　μC/TCP-IP 套接字错误码

当套接字函数返回错误码时,应该检查错误代码以确定这些错误是暂时性错误还是致命(fatal)错误(例如套接字已经关闭),还是非错误(non-fault)情况(如没有数据接收)。

17.6.1　致命的套接字错误码

当任意一个 μC/TCP-IP 套接字函数返回下列任意一种致命错误码时,其他套接字函数不应该对该套接字做任何进一步的访问,而必须立即使用 close( )关闭套接字:

NET_SOCK_ERR_INVALID_FAMILY

NET_SOCK_ERR_INVALID_PROTOCOL

NET_SOCK_ERR_INVALID_TYPE

NET_SOCK_ERR_INVALID_STATE

NET_SOCK_ERR_FAULT

当任意一个 μC/TCP-IP 套接字函数返回下列任意一种致命错误码时,其他套接字函数不应该对该套接字做任何进一步的访问,但不能使用 close( )关闭套接字:

NET_SOCK_ERR_NOT_USED

17.6.2　套接字错误码列表

请查看附录 D.7"IP 错误码",其中对所有 μC/TCP-IP 错误码进行了简单介绍。

第 **18** 章

定时器管理

μC/TCP-IP 管理软件定时器用于跟踪各种网络相关的超时事件。管理定时器的函数在 net_tmr. 文件中定义。μC/TCP-IP 对定时器的需求主要包括：

- 网络接口/设备驱动链路层监控：共 1 个。
- 网络接口性能统计：共 1 个。
- ARP 高速缓存管理：每个高速缓存入口 1 个。
- IP 分片组装：每个分片链表 1 个。
- 各种 TCP 连接超时：每个 TCP 连接最多 7 个。
- 调试监控任务(见下章)：共 1 个。
- 性能监控任务：共 1 个。

定时器任务(timer task)作为 μC/TCP-IP 必须的 3 个任务之一，用来管理和更新定时器。定时器任务会周期更新定时器，NET_TMR_CFG_TASK_FREQ 参数决定了网络定时器更新的频率(以 Hz 为单位)。该值不能是一个浮点值，通常被设定为 10 Hz。

请参见附录 C.5.1 以获得更多关于定时器使用和配置的信息。

网络定时器组成一个双向链表，如图 F18 - 1 所示，链表由定时器任务管理。执行管理操作的函数是 NetTmr_TaskHandler( )，该函数是一个操作系统函数，而且只能被网络操作系统接口函数调用。NetTmr_TaskHandler( )会阻塞直到网络初始化完成。

F18 - 1(1)　定时器类型。包括 NONE 类型(代表未使用)，TMR 类型(表示正在使用)。该字段以 ASCII 码表示。在显示网络定时器的内存结构时，定时器类型以 ASCII 码的形式表示。

F18 - 1(2)　定时器以链表的形式维护，NetTmr_TaskListHead 是指向定时器链表头节点的指针。

F18 - 1(3)　Prevptr 和 NextPtr 用于组成定时器双向链表，Flag 字段当前未使用。

NetTmr_TaskHandler( )在处理定时器链表内的定时器前首先需获得全局网络锁，以此来阻塞所有其他网络协议任务。然后，该函数每次会处理定时器链表内的每

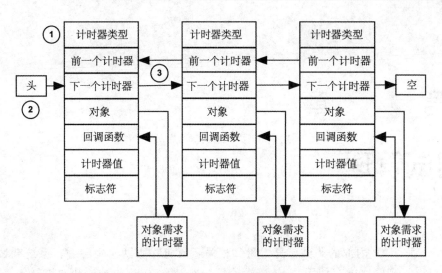

图 F18 - 1　定时器链表

一个网络定时器,将其计数器减一。如果定时器超时,先将定时器释放,再执行定时器的回调函数,这样可以保证在回调函数需要使用定时器时至少有一个定时器可用。最后 NetTmr_TaskHandler( )释放全局网络锁。

新定时器被添加在定时器链表的头部。随着新定时器被逐渐添加到链表中,旧的定时器将逐渐向定时器链表的尾部移动。一旦某个定时器超时或被弃用,它将从链表中被删除。

在处理定时器链表的过程中,如果 NetTmr_TaskHandler( )在检测到一个无效定时器,该定时器会从链表上被删除/断开。因此,剩余的有效定时器也会从定时器链表中断开且不再被处理。最后,定时器任务会终止。

由于 NetTmr_TaskHandler( )的操作与定时器的获取/设置(Get/Set)操作异步,因此,每个计数器的减数计数初值会多加一个 1,多一个 tick 可以使代码无需对初值 0 进行检查,任何初值都合法,而且任何一个定时器最多在下一个 tick 超时。即初值为 0 的定时器也是是合法的,该定时器会在下一个 tick 超时。

以 NetTmr_ ＊ ＊ ＊( )命名的函数是内部函数,应用程序不能直接调用,因此这些函数没有在这里和附录 B“μC/TCP-IP API 参考”中描述。如果需要了解更多关于这些函数的细节,请阅读 net_tmr. ＊ 文件。

第 **19** 章

调试管理

  μC/TCP-IP 内部的调试信息常量和相关函数能够协助应用层进行系统调试,应用层可以得到网络内存使用情况、资源使用情况、网络错误或默认状态等信息。这些常量和函数定义在 net_dbg. 文件中,其中大部分函数需要通过使能对应的常量来激活(见附录 C"μC/TCP-IP 配置和优化")。

19.1　网络调试信息常量

  网络调试信息常量(Debug information constants)可以为开发者提供 μC/TCP-IP 在运行时的统计信息,包括 μC/TCP-IP 配置、数据类型及结构体大小和内存使用情况等。调试信息常量可以在 net_dbg. c 中找到,包含在 GLOBAL NETWORK MODULEDEBUG INFORMATION CONSTANTS 和 GLOBAL NETWORK MODULE DATA SIZE CONSTANTS 段中。通过将 NET_DBG_CFG_DBG_INFO _EN 配置为 DEF_ENABLED,可以使能这些调试信息常量。

  这些常量可以以如下所示的方法使用:

```
CPU_INT16U      net_version;
CPU_INT32U      net_data_size;
CPU_INT32U      net_data_nbr_if;


net_version = Net_Version;
net_data_size = Net_DataSize;
net_data_nbr_if = NetIF_CfgMaxNbrIF;
printf("μC/TCP-IP Version          : %05d\n", net_version);
printf("Total Network RAM Used      : %05d\n", net_data_size);
printf("Number Network Interfaces   : %05d\n", net_data_nbr_if);
```

19.2　网络调试监控程序

　　网络调试监控任务(network debug monitor task)定期检查 μC/TCP-IP 的当前运行状态,并把状态保存到全局变量中,这些全局变量可能被其他网络模块使用。

　　目前,只有当 ICMP 传输源抑制(见附录 C.10.1)使能时网络调试监控任务才被启用,因为这是唯一需要周期性更新网络状态的网络功能。由于应用程序可以直接(异步)调用调试监控任务所使用的相关函数,因而应用程序其实并不需要使用调试监控任务。

第20章

统计和错误计数器

μC/TCP-IP 内部维护有计数值器和统计信息,用于记录各种预期及未预期的错误状态。由于某些统计信息需要使用额外的代码和内存,因而相关功能是可选的,且仅当 NET_CTR_CFG_STAT_EN 或 NET_CTR_CFG_ERR_EN 被使能时启用(参见附录 C.4"网络计数器配置")。

20.1 统 计

μC/TCP-IP 维护了接口和大部分 μC/TCP-IP 对象运行时的统计信息。如果需要的话,应用程序可以从 μC/TCP-IP 中得到各种统计信息,诸如接口处理的帧数、发送和接收指标、缓冲区利用率等统计结果。应用程序也可以重置统计结果,使它们回到默认的初始值(参见 net_stat.h)。

出于各种各样的理由,应用程序会有选择地监控系统。例如,检查缓冲区统计信息可以更好地管理内存的使用。这主要是由于通常习惯于分配比实际需要更多的缓冲区,因而通过检测缓冲区的使用率,可以有效地调整(主要是减少)缓冲区的大小。

网络协议和接口统计信息保存在一个叫做 Net_StatCtrs 的数据结构变量中,可以利用调试器或应用程序(以外部变量的形式引用)在运行时检测该变量。

对象的统计信息与网络协议的统计信息不同。对于前者而言,可以用函数来获得指定统计信息的备份,或将统计值恢复为默认值。这些统计信息都放在名为 NET_STAT_POOL 的数据结构中,该数据结构可以由应用程序声明,在统计类 API 被调用后,统计信息将复制到这个结构变量中。

网络状态统计池数据结构如下:

```
typedef struct net_stat_pool {
            NET_TYPE                Type;
            NET_STAT_POOL_QTY       EntriesInit;
```

```
                NET_STAT_POOL_QTY          EntriesTotal;

                NET_STAT_POOL_QTY          EntriesAvail;

                NET_STAT_POOL_QTY          EntriesUsed;

                NET_STAT_POOL_QTY          EntriesUsedMax;

                NET_STAT_POOL_QTY          EntriesLostCur;

                NET_STAT_POOL_QTY          EntriesLostTotal;

                CPU_INT32U                 EntriesAllocatedCtr;

                CPU_INT32U                 EntriesDeallocatedCtr;

        } NET_STAT_POOL;
```

NET_STAT_POOL_QTY 为 CPU_INT16U 类型,故最大可以设置成 65 535。

访问缓冲区统计数据是通过接口函数实现的,该接口函数由应用程序调用(下一节描述)。在绝大多数情况下,由于在初始化时 Type 成员变量已经被初始化为 NET_STAT_TYPE_POOL 类型,因而我们只需要检测下列属于 NET_STAT_POOL 的变量:

● EntriesAvail:该变量表明在缓冲池中多少缓冲区可用。

● EntriesUsed:该变量表明当前 TCP/IP 协议栈使用了多少缓冲区。

● EntriesUsedMax:该变量表明自最后一次恢复默认值后,缓冲区的最大使用量。

● EntriesAllocatedCtr:该变量表明缓冲区分配的总次数(例如被 TCP/IP 使用的次数)。

● EntriesDeallocatedCtr:这个变量显示缓冲区被返回到缓冲池中的总次数。

如果要打开统计功能,必须将 net_cfg.h 文件中的 NET_CTR_CFG_STAT_EN 配置为 DEF_ENABLED。

20.2　错误计数器

μC/TCP-IP 在运行过程中维护着一组计数器,用于追踪网络协议栈的各种错误状态。如果需要的话,应用程序可以通过检查错误计数器来调试运行当中的问题,包括内存剩余空间较低、性能差或数据包丢失等等。

网络协议的错误计数器被放在一个命名为 Net_ErrCtrs 的结构体变量中,可以利用调试器或应用程序(以外部变量的形式引用)在运行时检测该变量。

要使能这些错误统计,必须将 net_cfg.h 中的 NET_CTR_CFG_ERR_EN 配置为 DEF_ENABLED。

附录 A

μC /TCP-IP 设备驱动 API

本附录是 μC/TCP-IP 设备驱动 API 的参考手册,按字母顺序列出了应用程序可以访问的 API。每个 API 的相关信息按如下格式给出:

- 一个简短的描述。
- 函数原型。
- 所在源代码文件。
- 传递给函数的参数的描述。
- 返回值的描述。
- 使用 API 的说明和注意事项。

A.1 MAC 设备驱动函数

A.1.1 NetDev_Init( )

第一个 API 函数用于初始化以太网设备驱动程序。应用程序每次调用 NetIF_Add( )添加一个接口时,该函数就会被调用一次。如果一块开发板的同一个网络设备有多个实例,那么需要为每一个设备实例调用一次该函数。但是,应用程序不能多次添加同一设备。如果一个网络设备初始化失败,我们建议通过调试寻找故障出现的原因。

注意:该函数与 BSP 函数关系非常密切。请查看第 14 章"网络设备驱动"和附录 A 的"设备驱动程序 BSP 函数"以了解更多信息。

文件

每个设备驱动程序的 net_dev.c。

原型

```
static void NetDev_Init(    NET_IF    * pif,
                            NET_ERR    * perr);
```

注意:由于每一个设备驱动程序的初始化函数只通过驱动程序 API 结构体中的函数指针调用,因此函数不需要被全局定义,应该被定义为静态(static)。

参数

pif:指向要初始化的网络接口。

perr:指向保存错误代码变量的指针。

返回值

无

配置要求

无

注意/警告

Init( )函数一般执行下列操作。根据设备初始化的需求,具体操作步骤可能要增加或减少。

(1) 如果需要的话,配置 MAC 设备的时钟。这通常是通过网络设备 BSP 中的 CfgClk( )函数来实现,该函数位于 net_bsp. c 文件中(见 A.3.1)。

如果需要的话,为内部和外部 MAC 和 PHY 设备配置所有必要的 I/O 引脚。这通常是通过网络设备 BSP 中 CfgGPIO( )函数来实现的,该函数位于 net_bsp. c 文件中(见 A.3.2)。

(2) 配置中断控制器的接收中断和发送中断。根据设备和驱动程序的需求,可能还需要初始化额外的中断服务。这通常是通过调用网络设备 BSP 函数 CfgIntCtrl ( )来实现的,该函数位于 net_bsp. c 文件中的(见 A.3.3)。

(3) 如果设备使用 DMA,为所有必需的描述符分配内存,通过调用 μC/LIB 的内存管理函数实现。

(4) 如果设备使用 DMA,将所有描述符初始化为就绪状态,通过调用本地声明的静态函数来实现。

(5) 如果需要的话,初始化(R)MII 总线接口。这一般需要配置(R)MII 总线频率,频率取决于系统的时钟。当配置时钟分频器时,绝不能使用静态数值。正确的方法是:驱动程序通过时钟函数来获得的系统时钟频率或外设总线频率,然后使用这些值来计算正确的(R)MII 总线频率。这通常是通过调用网络设备 BSP 函数 Clk-FreqGet( )来实现的,该函数位于 net_bsp.c 文件中(见 A.3.4)。

(6) 禁用发送和接收(应该已经被关闭)。

(7) 禁用并且清除挂起的中断(应该已经被清除)。

(8) 如果操作成功,将 perr 设置为 NET_DEV_ERR_NONE;否则,将 perr 设置为相应的错误码。

A.1.2 NetDev_Start( )

第二个函数是设备驱动的启动函数,每次启动接口时会调用该函数。

文件

每个设备驱动程序的 net_dev.c。

原型

```
static void NetDev_Start(NET_IF       * pif,
                         NET_ERR       * perr);
```

注意,由于每一个设备驱动程序的 Start( )函数只通过驱动程序 API 结构体中的函数指针调用,因此函数不需要被全局定义,应该被定义为静态(static)。

参数

pif:指向要启动的接口指针。

perr:指向保存错误代码的变量指针。

返回值

无

配置要求

无

注意/警告

Start( )函数一般执行下列操作:

(1) 通过调用 NetOS_Dev_CfgTxRdySignal( )设置发送就绪信号量的初值。该函数是可选的,只有当硬件设备支持多个发送队列时需要。默认情况下,发送就绪信号量初始值为 1。然而,为了优化使用 DMA 的网络设备的性能,应该把信号量的值设置为发送描述符的个数。不支持 DMA 的网络设备,如果支持多个发送帧排队的,不使用默认值 1 也可能会有性能提高。

(2) 如果需要的话,初始化设备的 MAC 地址。对于以太网设备,这一步是必须的。可以从下列 3 个来源中获得 MAC 地址,但应按优先级先后使用下列方案:

① 使用设备配置结构内的字符串配置 MAC 地址。这是一种静态配置 MAC 地址的方式,可以通过调用 NetASCII_Str_to_MAC( )和 NetIF_AddrHW_SetHandler( )完成。如果该字符串为空字符串或全 0,那么会返回一个错误码并尝试下一个方法。

② 通过 NetIF_AddrHW_GetHandler( )及 NetIF_AddrHW_IsValidHandler( )检查 MAC 地址的有效性。NetIF_AddrHW_Set( )可用于设定 MAC 址。这种方法可以作为一种静态方法在运行时设置 MAC 地址,或使用别的动态方式(如果存在外部存可编程储器)。如果获得的 MAC 地址不能通过函数检测,则:

③ 调用 NetIF_AddrHW_SetHandler( ),利用存放在 MAC 独立地址寄存器(MAC individual address registers)中的数据。如果 MAC 设备上连接能自动加载 EEPROM 内容,那么该寄存器中会存放有效的硬件地址。否则会出错。如果 MAC 设备支持从一个串行 EEPROM 中自动加载数据到独立地址寄存器中,那么通常会使用这种方法。在使用这种方法时,开发人员应将设备配置结构体的 MAC 地址字段设为空字符串,且不应在应用程序中调用 NetIF_AddrHW_Set( )。

(3) 初始化正常工作所需的其他 MAC 寄存器。

(4) 清除所有中断标志。

(5) 使能本地硬件设备中断。在驱动程序的 Init( )函数中,应该已经对中断控制器进行了初始化。

(6) 使能接收和发送。

(7) 如果操作成功,将 perr 设置为 NET_DEV_ERR_NONE;否则,将 perr 设置为相应的错误码。

A. 1. 3 NetDev_Stop( )

API 结构体中的另一个函数是设备的 Stop( )函数,用于停止接口。

文件

每一个设备驱动程序的 net_dev. c。

原型

```
static void NetDev_Stop(NET_IF      * pif,
                        NET_ERR     * perr);
```

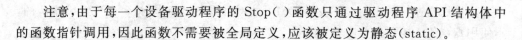

注意,由于每一个设备驱动程序的 Stop( )函数只通过驱动程序 API 结构体中的函数指针调用,因此函数不需要被全局定义,应该被定义为静态(static)。

参数

pif:网络设备接口指针。

perr:指向保存错误代码的变量指针。

返回值

无

配置要求

无

注意/警告

Stop( )函数可能执行下列操作:

(1) 禁用接收和发送。

(2) 禁用所有本地的 MAC 中断源。

(3) 清除所有本地 MAC 中断状态标记。

(4) 对于使用了 DMA 的网络设备,重新初始化所有接收描述符。

(5) 对于使用了 DMA 的网络设备,通过调用 NetOS_IF_DeallocTaskPost( )函数释放所有发送描述符,参数为发送描述符数据区地址。

(6) 对于使用了 DMA 的网络设备,重新初始化所有发送描述符。

(7) 如果操作成功,将 perr 设置为 NET_DEV_ERR_NONE;否则,将 perr 设置为相应的错误码。

A.1.4 NetDev_Rx( )

在中断服务程序向接收任务通知接收事件出现后,该函数由 μC/TCP-IP 的接收任务调用。接收函数需要设备驱动程序返回一个指针,该指针指向接收到的数据区,同时返回接收数据大小。

文件

每一个设备驱动程序的 net_dev.c。

原型

```
static void NetDev_Rx(NET_IF              * pif,
                      CPU_INT08U          * * p_data,
                      CPU_INT16U          * size,
                      NET_ERR             * perr);
```

注意,由于每一个设备驱动程序的 Rx( )函数只通过驱动程序 API 结构体中的函数指针调用,因此此函数不需要被全局定义,应该被定义为静态(static)。

参数

pif:网络设备接口指针。

p_data:指向接收到的数据指针。

size:指向保存接收数据大小的变量指针。

perr:指向保存错误代码的变量指针。

返回值

无

配置要求

无

注意/警告

接收函数一般执行下列操作:

(1) 如果可以的话,检查接收错误。如果在接收时发生错误,那么驱动程序应该将 * size 设置为 0,将 * p_data 设置为(CPU_INT08U *)0,然后返回。根据设备服务状态,可能还需要添加其他额外的步骤。

(2) 对于以太网设备而言,需要将接收帧长度减去 4 字节的 CRC 字长。我们建议一定要检查帧长度,确保在进行减法操作前其大小大于 4 字节以保证不会发生下溢。让 * size 等于减去了 4 字节后的帧长度。

(3) 通过调用 NetBuf_GetDataPtr( )得到新的数据缓冲区。如果没有可用内存,那么将返回错误状态,把 * size 设置为 0、将 * p_data 设置为(CPU_INT08U *)0。对于使用了 DMA 的网络设备,当前的接收描述符应该被标记为空闲或由硬件所有。然后,设备驱动程序从接收函数中返回。

(4) 如果在获取新数据区时没有错误发生,那么使用 DMA 的设备应该执行以下操作:

① 将 * p_data 设置为要被处理的描述符所对应数据区的地址。

② 将接收描述符内的数据区指针指向新获得的缓冲区,新缓冲区通过 NetBuf_GetDataPtr( )获得。

③ 如果需要,更新所有的描述符环指针。

(5) 对于没有使用 DMA 的设备,首先通过 NetBuf_GetDataPtr( )获得缓冲区,然后调用 Mem_Copy( )将设备中的数据复制到缓冲区中,再将缓冲区的地址赋给 * p_data。

(6) 如果操作成功,将 perr 设置为 NET_DEV_ERR_NONE;否则,将 perr 设置为相应的错误码。

A.1.5　NetDev_Tx( )

设备 API 结构体中另一个函数是发送/Tx( )函数。

文件

每一个设备驱动程序的 net_dev.c。

原型

```
static void NetDev_Tx(    NET_IF        * pif,
                          CPU_INT08U    * p_data,
                          CPU_INT16U    size,
                          NET_ERR       * perr)
```

注意,由于每一个设备驱动程序的 Tx( )函数只通过驱动程序 API 结构体中的函数指针调用,因此函数不需要被全局定义,应该被定义为静态(static)。

参数

pif:网络设备接口指针。

p_data:指向要的发送数据。

size:发送数据的大小。

perr:指向保存错误代码的变量指针。

返回值

无

配置要求

无

注意/警告

发送函数应该执行下列操作：

(1) 对于使用 DMA 的硬件，驱动程序应该选择下一个可用的发送描述符，并且将其指向 p_data 指向的数据。

(2) 对于没有使用 DMA 的硬件，应该使用 Mem_Copy( ) 把 p_data 所指缓冲区内的数据复制到设备缓冲区中。

(3) 然后，驱动程序配置设备需要发送的字节数，该值由 size 参数直接传递。使用 DMA 的设备利用发送描述符内的 size 字段；而不使用 DMA 的设备一般使用发送大小寄存器(transmit size register)，该寄存器需要开发人员配置。

(4) 驱动应该完成其他发送数据的所有必要步骤。

(5) 将 perr 设置为 NET_DEV_ERR_NONE，然后从发送函数返回。

A.1.6　NetDev_AddrMulticastAdd( )

API 结构体中的另一个函数是 AddrMulticastAdd( )，它用来给设备添加组播硬件地址(IP-to-Ethernet)。

文件

每一个设备驱动程序的 net_dev.c。

原型

```
static void NetDev_AddrMulticastAdd(NET_IF        * pif,
                                    CPU_INT08U    * paddr_hw,
                                    CPU_INT08U    addr_hw_len,
                                    NET_ERR       * perr);
```

注意：由于每一个设备驱动程序的 AddrMulticastAdd( ) 函数只通过驱动程序 API 结构体中的函数指针调用，因此函数不需要被全局定义，应该被定义为静态 (static)。

参数

pif：网络设备接口指针。

paddr_hw：指向需要添加的组播硬件地址指针。

addr_hw_len：组播地址长度。

perr：指向保存错误代码的变量指针。

返回值

无

配置要求

本 API 只有当 NET_IP_CFG_MULTICAST_SEL 设置成收发组播后才能使用（参见 C.9.2）。

注意/警告

由于很多网络控制器的文档都没有正确说明如何为以太网 MAC 设备添加/配置组播地址,请使用下述的算法来确定和测试正确的组播哈希比特算法：

（1）配置一个数据包捕获程序或组播应用程序,以 01:00:5E:00:00:01 为目的地址广播一个组播包。该 MAC 地址对应 224.0.0.1 的组播 IP,协议栈高层会将这个 IP 地址转换成对应的 MAC 地址并传送给这个函数。

（2）在接收中断服务程序中设置一个断点,然后发送一个包给目标,该断点并不会因为发送操作而被触发。请确保断点不是由于其他无关的网络数据包而触发。有时,异步的网络事件在时间上可能非常接近,因而可能导致令人困惑的结果。在理想情况下,这些测试应该在尽可能断开其他机器的独立网络上进行。

（3）使用调试器暂停应用程序,然后将 MAC 组播哈希寄存器（MAC multicast hash register）的低位部分设置为 0xFFFFFFFF。重复第二步。如果必要的话,将哈希寄存器的高位也设置为 0xFFFFFFFF。这样做的目的是,在开发板接收到广播帧后,来确定哈希比特寄存器中高位还是低位导致设备中断。一旦确定了正确的比特位,就可以很容易地写出和测试哈希算法了。

（4）为了从正确的 CRC 校验码的子集（Correct subset of CRC bits）中获得正确的哈希值,下面的哈希比特算法代码需要根据具体的网络控制器进行微调。对大部分设备而言,绝大多数代码是可以重用的。哈希算法是依次对目标地址的每 6 位进行异或操作得到的。

$$hash[5] = da[5]\verb|^|da[11]\verb|^|da[17]\verb|^|da[23]\verb|^|da[29]\verb|^|da[35]\verb|^|da[41]\verb|^|da[47]$$
$$hash[4] = da[4]\verb|^|da[10]\verb|^|da[16]\verb|^|da[22]\verb|^|da[28]\verb|^|da[34]\verb|^|da[40]\verb|^|da[46]$$
$$hash[3] = da[3]\verb|^|da[09]\verb|^|da[15]\verb|^|da[21]\verb|^|da[27]\verb|^|da[33]\verb|^|da[39]\verb|^|da[45]$$
$$hash[2] = da[2]\verb|^|da[08]\verb|^|da[14]\verb|^|da[20]\verb|^|da[26]\verb|^|da[32]\verb|^|da[38]\verb|^|da[44]$$
$$hash[1] = da[1]\verb|^|da[07]\verb|^|da[13]\verb|^|da[19]\verb|^|da[25]\verb|^|da[31]\verb|^|da[37]\verb|^|da[43]$$
$$hash[0] = da[0]\verb|^|da[06]\verb|^|da[12]\verb|^|da[18]\verb|^|da[24]\verb|^|da[30]\verb|^|da[36]\verb|^|da[42]$$

其中,da0 为接收到的目标地址第一个字节的最低位,而 da47 表示接收到的目标地址最后一个字节的最高位。

```
                           /* ------ CALCULATE HASH CODE ------- */
hash = 0;
for (i = 0; i < 6; i++) {        /* For each row in the bit hash table.  */
  bit_val = 0;                   /* Clear initial xor value for each row.  */
  for (j = 0; j < 8; j++) {      /* For each bit in each octet.    */
    bit_nbr = (j * 6) + i;       /* Determine which bit in stream, 0 - 47.  */
    octet_nbr = bit_nbr/8;       /* Determine which octet bit belongs to.   */
    octet = paddr_hw[octet_nbr]; /* Get octet value.                   */
    bit = octet & (1 << (bit_nbr % 8));  /* Check if octet's bit is set.  */
    bit_val ^= (bit > 0) ? 1 : 0; /* Calculate table row's XOR hash value.  */
  }
  hash |= (bit_val << i);        /* Add row's XOR hash value to final hash.  */
}
                               /* ----- ADD MULTICAST ADDRESS TO DEVICE ----
                                                                        */
reg_sel = (hash >> 5) & 0x01;  /* Determine hash register    to configure. */
reg_bit = (hash >> 0) & 0x1F;  /* Determine hash register bit to configure. */
                               /* (Substitute   0x01/ 0x1F with device's .. */
                               /* .. actual hash register bit masks/shifts.) */
paddr_hash_ctrs = &pdev_data->MulticastAddrHashBitCtr[hash];
(*paddr_hash_ctrs)++;          /* Increment hash bit reference counter.   */
if (reg_sel == 0) {            /* Set multicast hash register bit.   */
  pdev->MCAST_REG_LO |= (1 << reg_bit);
                               /* (Substitute   MCAST_REG_LO/HI with .. */
} else {                       /* .. device's actual multicast registers.) */
  pdev->MCAST_REG_HI |= (1 << reg_bit);
}
                           /* ---------- CALCULATE HASH CODE ---------- */
                               /* Calculate CRC.                     */
crc = NetUtil_32BitCRC_Calc((CPU_INT08U *)paddr_hw,
                            (CPU_INT32U ) addr_hw_len,
                            (NET_ERR    *)perr);
```

程序清单 LA - 1　使用 CRC 哈希算法代码配置设备组播地址的例子

或者也可以通过调用 NetUtil_32BitCRC_CalcCpl( )计算 CRC 哈希值,然后可以进一步按以下 4 种可能的组合方式调用 NetUtil_32BitReflect( )(可选):

① CRC 不补余不取反(CRC without complement and without reflection)。

② CRC 不补余取反(CRC without complement and with reflection)。

③ CRC 补余不取反(CRC with complement and without reflection)。

④ CRC 补余取反(CRC with complement and with reflection)。

```
if ( * perr ! = NET_UTIL_ERR_NONE) {
   return;
}
                                  /* ---- ADD MULTICAST ADDRESS TO DEVICE ---- */
crc = NetUtil_32BitReflect(crc);     /* Optionally,complement CRC.              */
hash = (crc >> 23u) & 0x3F;          /* Determine hash register to configure.   */
reg_bit = (hash % 32u);              /* Determine hash register bit to configure. */
                                     /* (Substitute  23u/ 0x3F with device's ..  */
                                     /* .. actual hash register bit masks/shifts.) */
paddr_hash_ctrs = &pdev_data->MulticastAddrHashBitCtr[hash];
( * paddr_hash_ctrs) + +;            /* Increment hash bit reference counter.   */
if (hash <= 31u) {                   /* Set multicast hash register bit.        */
   pdev->MCAST_REG_LO |= (1 << reg_bit);
                                     /* (Substitute 'MCAST_REG_LO/HI' with ..
                                                                              */
} else {                             /* .. device's actual multicast registers.)
                                                                              */
   pdev->MCAST_REG_HI |= (1 << reg_bit);
}
```

程序清单 LA－2　使用 CRC 和取反函数配置设备组播地址的例子

不幸的是,产品文档不太可能告诉用户在计算哈希值时需要使用哪个补余和取反的组合。大多数情况下,文档中只是将简单地将其称为"标准以太网的 CRC"。这种所谓的"标准以太网的 CRC"要么是上面的四个组合中的一种,要么就是与真正的帧 CRC 不同。

幸运的是,如果代码使用的是补余和取反的方法,那么就可以用调试器重复地调试计算校验码的代码块,并依次执行补余操作或者调用取反函数,直到得到了正确的结果为之。

(5) 更新设备驱动程序的 AddrMulticastAdd( )函数来计算和配置正确的 CRC。

(6) 按如下的方法测试驱动程序的 AddrMulticastAdd( )函数:编写应用程序,使目标板加入组播组(见 B.10.1),将目标板配置为接收目标地址 224.0.0.1 的组播数据包。然后广播 224.0.0.1(见第一步)来测试设备是否接收到了组播数据包。

A.1.7　NetDev_AddrMulticastRemove( )

API 结构体中的另一个函数是 AddrMulticastRemove( )函数,用来为设备移除(IP-to-Etherne)组播硬件地址。

文件

每一个设备驱动程序的 net_dev.c。

原型

```
static void NetDev_AddrMulticastRemove(NET_IF                * pif,
                                       CPU_INT08U             * paddr_hw,
                                       CPU_INT08U             addr_hw_len,
                                       NET_ERR                * perr);
```

注意,由于每一个设备驱动程序的 AddrMulticastAdd( )函数只通过驱动程序 API 结构体中的函数指针调用,因此函数不需要被全局定义,应该被定义为静态 (static)。

参数

pif:网络设备接口指针。

paddr_hw:指向组播硬件地址的指针。

addr_hw_len:组播硬件地址长度。

perr:指向保存错误代码的变量指针。

返回值

无

配置要求

本 API 只有当 NET_IP_CFG_MULTICAST_SEL 设置成收发组播后才能使用 (参见 C.9.2)。

注意/警告

用与 NetDev_AddrMulticastAdd( )内相同的代码来计算设备的 CRC 哈希值 (见 A.1.6),但移除与添加不同的是,移除一个组播地址需要把设备哈希比特参考计 数器减 1,并且清除设备组播寄存器的相关位。

```
                  /* - - - - - - - - - - CALCULATE HASH CODE - - - - - - - - - - */
              /* Use NetDev_AddrMulticastAdd( )'s algorithm to calculate CRC hash.    */
                          /* - REMOVE MULTICAST ADDRESS FROM DEVICE - - */
    paddr_hash_ctrs = &pdev_data->MulticastAddrHashBitCtr[hash];
```

```
if ( * paddr_hash_ctrs > 1u) {      /* If multiple multicast addresses hashed.. */
    ( * paddr_hash_ctrs) - - ;      /* .. decrement hash bit reference counter.. */
    * perr = NET_DEV_ERR_NONE;  /* .. but do NOT unconfigure hash register.  */
    return;
}
* paddr_hash_ctrs = 0u;                /* Clear hash bit reference counter.     */

if (hash <= 31u) {                    /* Clear multicast hash register bit.    */
    pdev - >MCAST_REG_LO & = ~(1u << reg_bit);
        /* (Substitute  MCAST_REG_LO/HI with ..    */
} else {                              /* .. devices actual multicast registers.) */
    pdev - >MCAST_REG_HI & = ~(1u << reg_bit);
}
```

程序清单 LA-3   设备移除组播地址的例子

A.1.8 NetDev_ISR_Handler( )

设备的 ISR_Handler( )函数用于处理各种设备中断。查看 14.5.1 节以获取更多信息。

文件

设备驱动程序的 net_dev.c。

原型

```
static void NetDev_ISR_Handler(    NET_IF            * pif,
                                   NET_DEV_ISR_TYPE  type);
```

注意:由于每一个设备驱动程序的 ISR_Handler( )函数只通过驱动程序 API 结构体中的函数指针调用,因此函数不需要被全局定义,应该被定义为静态(static)。

参数

pif:网络设备接口指针。

type:设备中断类型:

NET_DEV_ISR_TYPE_UNKNOWN

NET_DEV_ISR_TYPE_RX

NET_DEV_ISR_TYPE_RX_RUNT

NET_DEV_ISR_TYPE_RX_OVERRUN

NET_DEV_ISR_TYPE_TX_RDY

　　　　NET_DEV_ISR_TYPE_TX_COMPLETE

　　　　NET_DEV_ISR_TYPE_TX_COLLISION_LATE

　　　　NET_DEV_ISR_TYPE_TX_COLLISION_EXCESS

　　　　NET_DEV_ISR_TYPE_JABBER

　　　　NET_DEV_ISR_TYPE_BABBLE

　　　　NET_DEV_ISR_TYPE_PHY

返回值

　　无

配置要求

　　无

注意/警告

　　设备的 NetDev_ISR_Handler( )函数在返回前应检查是否还有其他中断需要处理。这些额外的检查是必要的,因为可能在中断响应期间内会有其他中断,一次中断处理中处理多个中断源可以减少中断处理的次量和系统开销。

A. 1. 9　NetDev_IO_Ctrl( )

　　设备的输入/输出控制函数可以实现各种各样的功能,例如设置和获取 PHY 链路状态,当链路状态发送改变时更新 MAC 链路状态寄存器等。该函数可能会传入一个可选的 void 指针,该指针用来从调用者处获得设备参数,或者返回设备参数给调用者。

文件

　　设备驱动程序的 net_dev.c。

原型

```
static void NetDev_IO_Ctrl (NET_IF        * pif,
                            CPU_INT08U    opt,
                            void          * p_data,
                            NET_ERR       * perr);
```

　　注意,由于每一个设备驱动程序的 IO_Ctrl( )函数只通过驱动程序 API 结构体

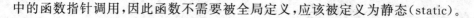

中的函数指针调用,因此函数不需要被全局定义,应该被定义为静态(static)。

参数

    pif:网络设备接口指针。

    opt: I/O 实施的操作。

    p_data:一个变量指针,该变量可能是实施操作所必须的数据或者操作结果
           数据。

    perr:指向保存错误代码的变量指针。

返回值

    无

配置要求

    无

注意/警告

    μC/TCP-IP 定义了以下默认选项:

    NET_DEV_LINK_STATE_GET_INFO

    NET_DEV_LINK_STATE_UPDATE

    NET_DEV_LINK_STATE_GET_INFO 选项表示 p_data 所指是一个 NET_DEV_LINK_ETHER 类型变量。该变量有两个域:Spd 和 Duplex。这两个域由 PHY 设备驱动程序通过调用 PHY API 填入。μC/TCP-IP 内部使用该选项码来定期轮询 PHY 引脚,以查询链路状态。

    NET_DEV_LINK_STATE_UPDATE 选项是由 PHY 驱动程序使用的。当 μC/TCP-IP 轮询 PHY 的链路状态或者当 PHY 中断发生时,PHY 驱动程序会使用该选项来与 MAC 通信,更新当前链路状态。并不是所有的 MAC 都要求 PHY 链路状态需要同步更新。如果系统不要求更新 PHY 链路状态,那么不需要使用该选项。

A.1.10 NetDev_MII_Rd( )

    本函数是 MII(R)总线的读函数。因为 MII(R)总线读操作通常与 MAC 设备有关,本函数一般在以太网设备驱动程序中调用。当 PHY 通信机制与 MAC 层是分开时,net_bsp.c 提供该处理函数,供设备驱动程序调用。

    注意:这个函数必须实行一个超时机制,PHY 不应该无限期阻塞,不应该进入不能回应的状态。

文件

设备驱动程序的 net_dev.c。

原型

```
static void NetDev_MII_Rd(NET_IF          * pif,
                          CPU_INT08U        phy_addr,
                          CPU_INT08U        reg_addr,
                          CPU_INT16U      * p_data,
                          NET_ERR         * perr);
```

注意,由于每一个设备驱动程序的 Phy_RegRd( )函数只通过驱动程序 API 结构体中的函数指针调用,因此函数不需要被全局定义,应该被定义为静态(static)。

参数

pif:网络设备接口指针。

phy_addr:PHY 总线地址。

reg_addr:需要读取的 MII 寄存器号码。

p_data:被读出的数据缓冲区地址指针。

perr:指向保存错误代码的变量指针。

返回值

无

配置要求

无

注意/警告

无

A.1.11 NetDev_MII_Wr( )

本函数是 MII(R)总线写函数。因为 MII(R)总线写操作通常与 MAC 设备有关,本函数一般在以太网设备驱动程序中调用。当 PHY 通信机制与 MAC 层是分开时,net_bsp.c 提供该处理函数,供设备驱动程序调用。

注意:本函数必须实行一个超时机制,PHY 不应该无限期阻塞,不应该进入不能回应的状态。

文件

设备驱动程序的 net_dev.c。

原型

```
static void NetDev_MII_Wr (NET_IF          * pif,
                           CPU_INT08U      phy_addr,
                           CPU_INT08U      reg_addr,
                           CPU_INT16U      data,
                           NET_ERR         * perr);
```

注意，由于每一个设备驱动程序的 Phy_RegWr( )函数只通过驱动程序 API 结构体中的函数指针调用，因此函数不需要被全局定义，应该被定义为静态(static)。

参数

pif:网络设备接口指针。

phy_addr：PHY 总线地址。

reg_addr：需要写入的 MII 寄存器号码。

p_data：保存写出数据的缓冲区地址指针。

perr:指向保存错误代码的变量指针。

返回值

无

配置要求

无

注意/警告

无

A.2 PHY 设备驱动程序函数

A.2.1 NetPhy_Init( )

以太网 PHY 相关 API 的第一个函数是 PHY 驱动程序初始化函数，由以太网接口层在 MAC 设备驱动程序正确初始化后调用。

文件

所有 PHY 驱动程序的 net_phy.c。

原型

```
static void NetPhy_Init(NET_IF          * pif,
                        NET_ERR         * perr)
```

注意:因为每一个 PHY 驱动程序的 Init( )函数只通过驱动程序 API 结构体内的函数指针调用,因此函数不需要被全局定义,应该被定义为静态(static)。

参数

pif:PHY 接口指针。

perr:指向保存错误代码的变量指针。

返回值

无

配置要求

无

注意/警告

PHY 初始化函数负责以下操作:

(1) 重置 PHY 并且等待重置完成的超时事件。如果超时发生则设置 perr 为重置超时错误 NET_PHY_ERR_RESET_TIMEOUT。

(2) 开始自动协商过程。配置 PHY 寄存器来确定 PHY 的连接速度和双工模式等。因为可能需要消耗几秒的时间,系统没有必要一直等到自动协商过程完成。上述过程是通过调用 NetPhy_AutoNegStart( )函数进行的。

(3) 如果没有错误发生,设置 perr 为 NET_PHY_ERR_NONE。

A. 2. 2　NetPhy_EnDis( )

下一个以太网 PHY 函数是使能/禁止函数。本函数由以太网网络接口层在开始或停止一个接口时调用。

文件

所有 PHY 驱动程序的 net_phy.c。

原型

```
static void NetPhy_EnDis (NET_IF        * pif,
                          CPU_BOOLEAN    en,
                          NET_ERR        * perr);
```

注意:因为每一个 PHY 驱动程序的 EnDis( )函数只通过驱动程序 API 结构体内的函数指针调用,因此函数不需要被全局定义,应该被定义为静态(static)。

参数

pif:PHY 接口指针。

en: 需要配置的状态:

   DEF_ENABLED

   DEF_DISABLED

perr:指向保存错误代码的变量指针。

返回值

无

配置要求

无

注意/警告

禁用 PHY 通常会导致 PHY 关闭,这将造成链路变成断开状态。

A.2.3　NetPhy_LinkStateGet( )

以太网 PHY 的 LinkStateGet( )函数用于获得当前的以太网链路状态。结果通过 NET_DEV_LINK_ETHER 结构体传给调用者。NET_DEV_LINK_ETHER 结构体包含链路速度和双工信息域。这个函数被 μC/TCP-IP 定期地调用。

文件

所有 PHY 驱动程序的 net_phy.c。

原型

```
static void NetPhy_LinkStateGet (NET_IF              * pif,
                                 NET_DEV_LINK_ETHER  * plink_state,
                                 NET_ERR             * perr);
```

注意:因为每一个 PHY 驱动程序的 LinkStateGet( )函数只通过驱动程序 API 结构体内的函数指针调用,因此函数不需要被全局定义,应该被定义为静态(static)。

参数

pif:PHY 接口指针。

plink_state:指向链路状态结构变量的指针,用于返回链路状态信息。NET_DEV_LINK_ETHER 结构包含 2 个域,链路速度和双工。链路速度信息通过 plink_state->Spd 返回:

　　　　NET_PHY_SPD_0

　　　　NET_PHY_SPD_10

　　　　NET_PHY_SPD_100

链路双工信息通过 plink_state->Duplex 返回:

　　　　NET_PHY_DUPLEX_UNKNOWN

　　　　NET_PHY_DUPLEX_HALF

　　　　NET_PHY_DUPLEX_FULL

　　　　ET_PHY_SPD_0 和 NET_PHY_DUPLEX_UNKNOWN 代表未连接或者一个错误发生时的未知的链路状态。

perr:指向保存错误代码的变量指针。

返回值

无

配置要求

无

注意/警告

通用 PHY 驱动程序不会返回 PHY 链路状态。相反地,为了避免访问 PHY 专用的寄存器,驱动程序会尝试通过分析 PHY 及其周边部件的性能来确定链路状态。

A. 2. 4　NetPhy_LinkStateSet( )

以太网 PHY 的 LinkStateSet( )函数是用于设置以太网链路状态。结果通过 NET_DEV_LINK_ETHER 结构体传给调用者。NET_DEV_LINK_ETHER 结构体包含链路速度和双工信息域。这个函数被 μC/TCP-IP 定期调用。

文件

所有 PHY 驱动程序的 net_phy. c。

原型

```
static void NetPhy_LinkStateSet (NET_IF              * pif,
                                 NET_DEV_LINK_ETHER  * plink_state,
                                 NET_ERR             * perr);
```

注意:因为每一个 PHY 驱动程序的 LinkStateSet( )函数只通过驱动程序 API 结构体内的函数指针调用,因此函数不需要被全局定义,应该被定义为静态(static)。

参数

pif:PHY 接口指针。

plink_state:指向链路状态结构体变量的指针,该结构体包含需要配置的链路状态信息。

NET_DEV_LINK_ETHER 结构体包含 2 个域,链路速度和双工。链路速度通过 plink_state—>Spd 设置:

NET_PHY_SPD_10

NET_PHY_SPD_100

链路双工通过 plink_state—>Duplex 设置:

NET_PHY_DUPLEX_HALF

NET_PHY_DUPLEX_FULL

Perr:指向保存错误代码的变量指针。

返回值

无

配置要求

无

注意/警告

　　无

A. 2. 5　NetPhy_ISR_Handler( )

　　以太网 PHY 的 ISR_Handler( )函数用于处理 PHY 中断。查看 14.5.2 节以获得如何处理 PHY 中断的详细信息。μC/TCP-IP 不需要 PHY 驱动程序去使能或处理 PHY 中断。通用 PHY 驱动程序甚至不需要定义 PHY 层中断处理函数,对 PHY 的中断处理是通过周期性查询或事件驱动的方式来调用其他 PHY 的 API 函数来实现的。

文件

　　所有 PHY 驱动程序的 net_phy.c。

原型

```
static void NetPhy_ISR_Handler (NET_IF  * pif);
```

　　注意:因为每一个 PHY 驱动程序的 ISR_Handler( )函数只通过驱动程序 API 结构体内的函数指针调用,因此函数不需要被全局定义,应该被定义为静态(static)。

参数

　　pif:PHY 接口指针。

返回值

　　无

配置要求

　　无

注意/警告

　　无

A.3 设备驱动程序 BSP 函数

A.3.1 NetDev_CfgClk( )

本函数由设备驱动程序的 NetDev_Init( )函数调用,用来在一个指定接口上配置网络设备时钟。

文件

net_bsp.c

原型

```
static void NetDev_CfgClk (NET_IF        * pif,
                           NET_ERR * perr);
```

注意:因为 NetDev_CfgClk( )函数只有通过 BSP 接口结构体内的函数指针访问,函数不需要全局可用。应该被定义为静态的。

参数

pif:网络接口指针。

perr:指向保存错误代码的变量指针。错误代码包括:

NET_DEV_ERR_NONE

NET_DEV_ERR_FAULT

以上错误代码并不完备,特定的网络设备函数或设备的 BSP 函数可能会返回其他错误码。

返回值

无

配置要求

无

注意/警告

每一个网络设备的 NetDev_CfgClk( )函数应该配置和使能所有网络设备所需

要的时钟。例如,某些设备需要为嵌入式以太网 MAC 允许时钟以及各类 GPIO 模块来配置以太网 PHY 为(R)MII 兼容模式和中断。

由于每个网络设备都需要一个 NetDev_CfgClk( )函数,建议个设备的 NetDev_CfgClk 函数命名为使用下列约定:

NetDev_[Device]CfgClk[Number]( )

[Device]:网络设备名称或类型,例如 MACB(如果开发板不支持多种设备,则该项可选)。

[Number]:每个具体设备实例的网络设备号(如果开发板不支持多个具体设备的实例,则该项可选)。

例如,为 Atmel AT91SAM9263－EK 开发板上的 2 号 MACB 以太网控制器使用的 NetDev_CfgClk( )函数命名应该为 NetDev_MACB_CfgClk_2( )。或者添加下画线,即 NetDev_MACB_CfgClk_2( )。

请查看 14.7.1 节"网络设备 BSP"。

A.3.2　NetDev_CfgGPIO( )

本函数由设备驱动程序中的 NetDev_Init( )函数调用,用来在一个指定接口上配置网络设备的通用输入/输出端口(GPIO)。

文件

net_bsp.c

原型

```
static void NetDev_CfgGPIO (NET_IF        * pif,
                            NET_ERR       * perr);
```

注意:因为 NetDev_CfgGPIO( )函数只有通过 BSP 接口结构体内的函数指针访问,函数不需要全局可用。应该被定义为静态的。

参数

pif:网络接口指针。

perr:指向保存错误代码的变量指针。错误代码包括:

NET_DEV_ERR_NONE

NET_DEV_ERR_FAULT

以上错误代码并不完备,特定的网络设备函数或设备的 BSP 函数可能会返回其他错误码。

返回值

无

配置要求

无

注意/警告

每个网络设备的 NetDev_CfgGPIO( )函数应该为设备配置需要的 GPIO 引脚。对于以太网设备,通过配置(R)MII 总线引脚或以太网中断引脚(可选),用户可以把以太网接口配置为 RMII 或 MII 模式。

由于每个网络设备都需要一个 NetDev_CfgGPIO( )函数,建议个设备的 Net-Dev_CfgGPIO( )函数命名为使用下列约定:

NetDev_[Device]CfgGPIO[Number]( )

[Device]:网络设备名称或类型,例如 MACB(如果开发板不支持多种设备,则该项可选)。

[Number]:每个具体设备实例的网络设备号(如果开发板不支持多个具体设备的实例,则该项可选)。

例如,为 Atmel AT91SAM9263−EK 开发板上的 2 号 MACB 以太网控制器使用的 NetDev_CfgGPIO( )函数命名,则应该为 NetDev_MACB_CfgGPIO_2( )。或者添加下画线,即 NetDev_MACB_CfgGPIO_2( )。

请查看 14.7.1 节"网络设备 BSP"。

A.3.3 NetDev_CfgIntCtrl( )

本函数由设备驱动程序中的 NetDev_Init( )函数调用,用来在一个指定接口上配置中断和/或中断控制器。

文件

net_bsp.c

原型

```
static void NetDev_CfgIntCtrl (NET_IF        * pif,
                               NET_ERR * perr);
```

注意:因为 NetDev CfgIntCtr ( )函数只能通过 BSP 接口结构体内的函数指针

访问,函数不需要全局可用。应该被定义为静态的。

参数

pif:网络接口指针。

perr:指向保存错误代码的变量指针。错误代码包括:

NET_DEV_ERR_NONE

NET_DEV_ERR_FAULT

以上错误代码并不完备,特定的网络设备函数或设备的 BSP 函数可能会返回其他错误码。

返回值

无

配置要求

无

注意/警告

每个网络设备的 NetDev_CfgIntCtrl( )函数应该配置和使能设备所需的中断源。通常就是配置各网络设备中断服务处理程序(ISR)的中断向量地址,并且使能中断向量地址对应的中断源。因此对于大多数 NetDev_CfgIntCtrl( )函数,应进行下列动作:

(1) 保存每个设备的网络接口号,以确保当被 NetDev_ISR_Handler( )函数用到时,相应接口号应该是可用的(参见 A.3.5 节"NetDev_ISR_Handler( )")。为了使每个设备的中断服务程序能用设备网络接口号调用 NetIF_ISR_Handler( )函数,即使设备是动态地添加的,设备的接口号也应保存。

由于每个网络设备都有一个网络接口号,建议每个网络设备接口号的实例命名使用下列约定:

<Board><Device>[Number]_IF_Nbr

<Board>　　开发板名

<Device>　　网络设备名(或类型)

[Number]　　每个具体设备实例的网络设备号(如果开发板不支持多个具体设备的实例,则该项可选)。

例如,为 Atmel AT91SAM9263－EK 开发板上的 2 号 MACB 以太网控制器使用的网络接口号命名,应该为 AT91SAM9263_EK_MACB_2_IF_Nbr。网络设备接口号应该在系统初始化之前被各自的设备初始化成 NET_IF_NBR_NONE。

(2) 配置每个设备的中断,无论系统使用的是外部的还是 CPU 整合的中断控制器。但是,向量中断控制器(vectored interrupt controller)不需要配置和使能更高级别的中断控制源。在这种情况下,应用程序开发者可能需要用 net_bsp. c 文件中的 ISR 处理函数来配置系统的中断向量表。

NetDev_CfgIntCtrl( )函数应该只能使能每个设备的中断源,但不能使能本地设备级中断(local device-level interrupts)。本地设备级中断只能在设备驱动程序完全配置和启动后才能使用。

由于每个网络设备都需要一个 NetDev_CfgIntCtrl( )函数,建议每台设备的 NetDev_CfgIntCtrl 函数的命名使用下列约定:

NetDev_[Device]CfgIntCtrl[Number]( )

[Device] 网络设备名称或类型,如 MACB(如果开发板不支持多种设备则该项可选)。

[Number] 每个具体设备实例的网络设备号,(如果开发板不支持多个具体设备的实例则该项可选)。

例如,为 Atmel AT91SAM9263-EK 开发板上的 2 号 MACB 以太网控制器的 NetDev_CfggIntCtrl ( )函数命名,则应该为 NetDev_MACB_CfggIntCtrl_2 ( ),或者添加下画线,即 NetDev_MACB_CfggIntCtrlO_2( )。

请参考 14.7.1 节"网络设备 BSP"。

例子

```
static  void  NetDev_MACB_CfgIntCtrl (NET_IF    * pif,
                                      NET_ERR   * perr)
{
                /* Configure AT91SAM9263 - EK MACB #2's specific IF number. */
    AT91SAM9263 - EK_MACB_2_IF_Nbr = pif ->Nbr;
                /* Configure AT91SAM9263 - EK MACB #2's interrupts:          */
    BSP_IntVectSet(BSP_INT,&NetDev_MACB_ISR_Handler_2);
              /* Configure interrupt vector.                                 */
    BSP_IntEn(BSP_INT);          /* Enable    interrupts.                    */
    * perr = NET_DEV_ERR_NONE;
}


static  void  NetDev_MACB_CfgIntCtrlRx_2 (    NET_IF    * pif,
                                              NET_ERR   * perr)
{
                /* Configure AT91SAM9263 - EK MACB #2's specific IF number.  */
    AT91SAM9263 - EK_MACB_2_IF_Nbr = pif - >Nbr;
```

```
                    /* Configure AT91SAM9263 - EK MACB #2's receive interrupt:      */
        BSP_IntVectSet(BSP_INT_RX,&NetDev_MACB_ISR_HandlerRx_2);

                                            /* Configure interrupt vector. */
        BSP_IntEn(BSP_INT_RX);        /* Enable    interrupt.        */
        *perr = NET_DEV_ERR_NONE;

    }
```

A. 3. 4　NetDev_ClkGetFreq( )

本函数由设备驱动程序中的 NetDev_Init( )函数调用,用于为一个指定接口返回网络设备的时钟频率。

文件

net_bsp. c

原型

```
static CPU_INT32U NetDev_ClkGetFreq (NET_IF      * pif,
                                     NET_ERR      * perr);
```

注意:因为 NetDev ClkGetFreq( )函数只能通过 BSP 接口结构体内的函数指针访问,函数不需要全局可用。应该被定义为静态的。

参数

pif:网络接口指针。

perr:指向保存错误代码的变量指针。错误代码包括:

NET_DEV_ERR_NONE

NET_DEV_ERR_FAULT

以上错误代码并不完备,特定的网络设备函数或设备的 BSP 函数可能会返回其他错误码。

返回值

网络设备时钟频率(以赫兹为单位)。

配置要求

无

注意/警告

每个网络设备的 NetDev_ClkFreqGet( )函数用于返回设备的时钟频率。对以太网设备来说,设备的时钟频率通常是设备的(R)MII 总线时钟频率。设备驱动程序的 NetDev_Init( )函数使用返回的时钟频率来配置适当的总线分频值,以确保分频后的(R)MII 总线频率是在一个允许的范围内。一般来说,分频后的(R)MII 总线频率不应高于 2.5MHz。

由于每个网络设备都需要一个 NetDev_ClkFreqGet( )函数,推荐每个设备的 NetDev_ClkFreqGet( )函数命名使用以下约定:

NetDev_[Device]ClkGetFreq[Number]( )

[Device] 网络设备名称或类型,如 MACB(如果开发板不支持多种设备则该项可选)。

[Number] 每个具体设备实例的网络设备号(如果开发板不支持多个具体设备的实例则该项可选)。

例如,为 Atmel AT91SAM9263-EK 开发板上的 2 号 MACB 以太网控制器的 NetDev_ClkFreqGet 函数命名,则应该为 NetDev_MACB_ClkFreqGet_2( )。或者添加下画线,即 NetDev_MACB_ClkFreqGet_2( )。

请查看 14.7.1 节"网络设备 BSP"。

A.3.5 NetDev_ISR_Handler( )

在一个具体的接口上处理网络设备中断。

文件

net_bsp.c

原型

```
static void NetDev_ISR_Handler (void);
```

注意:因为 NetDev_ISR_Handler( )函数只能通过 BSP 接口结构体内的函数指针访问,函数不需要全局可用。应该被定义为静态的。

参数

无

返回值

无

配置要求

无

注意/警告

网络设备的每一个中断或者一组中断,必须由唯一的 BSP 级别的中断服务程序处理(即 NetDev_ISR_Handler( )函数),且与接口中断服务程序相对应(即 NetIF_ISR_Handler( )函数)。对于一些 CPU 来说,NetDev_ISR_Handler( )函数通常是一级或二级中断处理程序。通常来说,当设备中断发生时,应用程序必须配置中断控制器来调用每个网络设备唯一的 NetDev_ISR_Handler( )函数(见 A. 3. 3)。每个唯一的 NetDev_ISR_Handler( )函数必须执行以下操作:

(1) 使用设备唯一的网络接口号和适当的中断类型调用 NetIF_ISR_Handler( )函数。设备网络接口号应该在配置设备的 NetDev_ CfgIntCtrl( )函数后可用(见 A. 3. 3"NetDev_CfgIntCtrl( )")。NetIF_ISR_Handler( )函数会反过来调用设备驱动程序中适当的中断处理程序。

在大多数情况下,每个设备只需要一个 NetDev_ISR_Handler( )函数,本函数会以中断类型码 NET_DEV_ISR_TYPE_UNKNOWN 调用 NetIF_ISR_Handler( )函数。设备驱动程序会通过内部寄存器或者中断控制器确定中断类型。但更多情况下,当发生一个中断时,设备很可能不能确定中断类型。因此可能需要多个不同的 NetDev_ISR_Handler( )函数,并以适当的中断类型调用 NetIF_ISR_Handler( )函数。

以太网 PHY 中断应该使用 NET_DEV_ISR_TYPE_PHY 中断类型码调用 NetIF_ISR_Handler( )函数。

参见 B. 9. 12"NetIF_ISR_Handler( )"。

(2) 通过一个外部或 CPU 内置的中断控制器(interruptcontroller source)清理设备的中断源。

由于网络设备要求每个设备中断都有一个 NetDev_ISR_Handler( )函数,建议每个 NetDev_ISR_Handler( )函数的命名使用下列约定:

NetDev_[Device]ISR_Handler[Type][Number]( )

[Device]:网络设备名称或类型,例如 MACB(如果开发板不支持多种设备则该项可选)。

[Type]:网络设备中断类型,例如接收中断(如果类型是通用或未知则该项可选)。

[Number]:每个具体设备实例的网络设备号(如果开发板不支持多个具体设备

的实例则该项可选)。

例如,为 Atmel AT91SAM9263－EK 开发板上的 2 号 MACB 以太网控制器的接收中断服务程序命名,应该为 NetDev_MACB_ISR_HandlerRx2( )。

参见 14.7.1 节"网络设备 BSP"。

例子

```
static void NetDev_MACB_ISR_Handler_2 (void)
{
    NET_ERR   err;
    NetIF_ISR_Handler(AT91SAM9263 - EK_MACB_2_IF_Nbr, NET_DEV_ISR_TYPE_UNKNOWN,
&err);
        /* Clear external or CPU's integrated interrupt controller. */
}


static void NetDev_MACB_ISR_HandlerRx_2 (void)
{
    NET_ERR   err;
    NetIF_ISR_Handler(AT91SAM9263 - EK_MACB_2_IF_Nbr,NET_DEV_ISR_TYPE_RX,&err);
        /* Clear external or CPU's integrated interrupt controller. */
}
```

附录 B

μC /TCP-IP API 参考

本附录包含了 μC/TCP-IP 的应用程序编程接口（API）所使用的函数或宏。在本附录中的函数/宏是按照字母顺序排列的。本附录未包含所有 BSD 函数/宏，它们被放置在 B. 18 节。

B. 1 通用网络函数

B. 1. 1 Net_Init( )

初始化 μC/TCP-IP，必须在调用其他 μC/TCP-IP API 函数之前调用此函数。

文件

net. h/net. c

原型

```
NET_ERR Net_Init(void);
```

参数

无

返回值

如果成功，返回 NET_ERR_NONE；否则返回相关错误码。

应该检查返回值以确定 μC/TCP-IP 是否初始化成功。如果没有成功，可以通过错误码来确定 μC/TCP-IP 初始化失败的原因，错误码在 net_err. h 中定义。

配置要求

无

注意/警告

μC/LIB 内存管理函数 Mem_Init( )必须在 Net_Init( )之前调用。

B.1.2　Net_InitDflt( )

为所有可以配置的参数初始化默认值。

文件

nct.h/net.c

原型

```
void Net_InitDflt(void);
```

参数

无

返回值

无

配置要求

无

注意/警告

一些默认参数在 net_cfg.h 文件中指定。(查看附录 C"μC/TCP-IP 配置和优化")。

B.1.3　Net_VersionGet( )

获得 μC/TCP-IP 软件版本。

文件

net.h/net.c

原型

```
CPU_INT16U Net_VersionGet(void);
```

参数

无

返回值

μC/TCP-IP 软件版本

配置要求

无

注意/警告

μC/TCP-IP 的软件版本如下：

Vx. yy. zz

V：表示版本号。

x：表示主（major）版本号。

yy：表示次（minor）版本号。

zz：表示子（sub—minor）版本号。

软件版本返回如下：

ver = x. yyzz * 100 * 100

ver：以整数表示软件版本号。

x. yyzz：表示软件版本号，整数部分是主版本号，小数部分表示子版本号。

例如：（version）V2.11.01 应该以 21101 返回。

B.2　网络应用程序接口函数

B.2.1　NetApp_SockAccept( )（TCP）

从一个应用层的监听套接字（socket）返回一个新的应用层套接字，包含错误处理。请查看 B.13.1 节以获取更多信息。

文件

net_app. h/net_app. c

原型

```
NET_SOCK_ID  NetApp_SockAccept(   NET_SOCK_ID           sock_id,
                                  NET_SOCK_ADDR       * paddr_remote,
                                  NET_SOCK_ADDR_LEN   * paddr_len,
                                  CPU_INT16U            retry_max,
                                  CPU_INT32U            timeout_ms,
                                  CPU_INT32U            time_dly_ms,
                                  NET_ERR             * perr);
```

参数

sock_id:套接字 ID。当套接字被创建时,由 App_SockOpen( )/NetSock_Open ( )/socket( )返回。该套接字已经绑定了一个地址,并且用来监听新连接(请看节 B. 13. 29)。

paddr_remote:指向一个套接字地址结构的指针,(参见 17.1 节"网络套接字数据结构")。该地址结构用来返回新接受连接的远程主机地址。

paddr_len:指向套接字地址结构大小的指针,即 sizeof(NET_SOCK_ADDR_ IP)。返回接收连接的套接字地址结构大小。如果没有错误,返回 0;否则返回错误码。

retry_max:最多尝试连接次数。

timeout_ms:套接字每次尝试接收的超时门限。

time_dly_ms:套接字接收延迟时间(ms)。

perr:指向保存错误码的变量,错误码如下:

NET_APP_ERR_NONE

NET_APP_ERR_NONE_AVAIL

NET_APP_ERR_INVALID_ARG

NET_APP_ERR_INVALID_OP

NET_APP_ERR_FAULT

NET_APP_ERR_FAULT_TRANSITORY

返回值

如果没有错误,返回新套接字的的描述符。不然返回 NET_SOCK_BSD_ERR_ ACCEPT。

配置要求

该 API 只有在 NET_APP_CFG_API_EN 使能(见 C. 18. 1)和 NET_CFG_

TRANSPORT_LAYER_SEL 配置为 TCP 时(见 C.12.1)才可用。

注意/警告

只有验证代码启用后,某些套接字参数和/或操作才进行验证(见 C.3.1)。

如果重试次数设为非零(retry_max),并且套接字配置为非阻塞模式(见 C.15.3),那么非零超时(timeout_ms)和/或非零延时(time_dly_ms)也必须要求,否则所有重试都会立即失败,因为没有足够的时间来等待套接字的操作完成。

B.2.2　NetApp_SockBind( )(TCP/UDP)

该函数接口会把一个应用层套接字绑定(Bind)到本地地址,包含错误处理。请参见 B.13.2 以获取更多信息。

文件

net_app.h/net_app.c

原型

```
CPU_BOOLEAN  NetApp_SockBind(  NET_SOCK_ID        sock_id,
                               NET_SOCK_ADDR      * paddr_local,
                               NET_SOCK_ADDR_LEN  addr_len,
                               CPU_INT16U         retry_max,
                               CPU_INT32U         time_dly_ms,
                               NET_ERR            * perr);
```

参数

sock_id:套接字 ID。当套接字被创建时,由 App_SockOpen( )/NetSock_Open( )/socket( )返回。

paddr_local:指向一个套接字地址结构的指针(查看 8.2 节"套接字接口")。该地址结构用于保存本地主机地址。

paddr_len:指向套接字地址结构大小的指针,即 sizeof(NET_SOCK_ADDR_IP)。

retry_max:套接字连续绑定重试的最大次数。

time_dly_ms:套接字绑定延迟时间(ms)。

perr:指向保存错误码的变量,错误码如下:

NET_APP_ERR_NONE

NET_APP_ERR_NONE_AVAIL

NET_APP_ERR_INVALID_ARG

NET_APP_ERR_INVALID_OP
NET_APP_ERR_FAULT

返回值

DEF_OK:应用层套接字成功绑定到本地地址。

DEF_FAIL:出错。

配置要求

该 API 只有在 NET_APP_CFG_API_EN 使能(见 C. 18.1),并且 NET_CFG_ TRANSPORT_LAYER_SEL 配置为 TCP(见 C. 12.1) 和/或 NET_UDP_CFG_ APP_API_SEL 配置为套接字(见 C. 13.1)时可用。

注意/警告

只有验证代码启用后,某些套接字参数和/或操作才进行验证(见 C. 3.1)。

如果重试次数设为非零(retry_max),并且套接字配置为非阻塞模式(见 C. 15.3),那么非零超时(timeout_ms)和/或非零延时(time_dly_ms)也必须要求:否则所有重试都会立即失败,因为没有足够的时间来等待套接字的操作完成。

B. 2. 3　NetApp_SockClose( ) (TCP /UDP)

关闭一个应用层套接字,包含错误处理。参见 B. 13.20 以获取更多信息。

文件

net_app. h/net_app. c

原型

```
CPU_BOOLEAN  NetApp_SockClose (NET_SOCK_ID    sock_id,
                               CPU_INT32U     timeout_ms,
                               NET_ERR        * perr);
```

参数

sock_id:套接字 ID。当套接字被创建时,由 App_SockOpen( )/NetSock_Open( )/ socket( )返回或由 NetApp_SockAccept( )/NetSock_Accept( )/accept( )在连接被接收时返回。

timeout_ms:套接字每次尝试关闭时的超时值。

Perr:指向保存错误码的变量,错误码如下:

NET_APP_ERR_NONE

NET_APP_ERR_INVALID_ARG

NET_APP_ERR_FAULT

NET_APP_ERR_FAULT_TRANSITORY

返回值

DEF_OK:应用层套接字成功关闭。

DEF_FAIL:出错。

配置要求

该 API 只有在 NET_APP_CFG_API_EN 使能(见 C.18.1),并且 NET_CFG_ TRANSPORT_LAYER_SEL 配置为 TCP(见 C.12.1)和/或 NET_UDP_CFG_ APP_API_SEL 配置为套接字(见 C.13.1)时可用。

注意/警告

只有验证代码启用后,某些套接字参数和/或操作才进行验证(见 C.3.1)。

B.2.4　NetApp_SockConn( )(TCP/UDP)

把应用层套接字连接到一个远程地址,包含错误处理。参见 B.13.21 以获取更多信息。

文件

net_app.h/net_app.c

原型

```
CPU_BOOLEAN  NetApp_SockConn(NET_SOCK_ID         sock_id,
                             NET_SOCK_ADDR       * paddr_remote,
                             NET_SOCK_ADDR_LEN   addr_len,
                             CPU_INT16U          retry_max,
                             CPU_INT32U          timeout_ms,
                             CPU_INT32U          time_dly_ms,
                             NET_ERR             * perr);
```

参数

sock_id：套接字 ID。当套接字被创建时，由 App_SockOpen( )/NetSock_Open( )/socket( )返回。

paddr_remote：指向一个套接字地址结构的指针（见 17.1 节"网络套接字数据结构"）。该指针返回远程套接字地址。

addr_len：套接字地址结构大小，即 sizeof(NET_SOCK_ADDR_IP)。

retry_max：最多尝试连接次数。

timeout_ms：套接字每次尝试连接时的超时门限。

time_dly_ms：套接字连接延迟时间(ms)。

perr：指向保存错误码的变量，错误码如下：

NET_APP_ERR_NONE

NET_APP_ERR_NONE_AVAIL

NET_APP_ERR_INVALID_ARG

NET_APP_ERR_INVALID_OP

NET_APP_ERR_FAULT

NET_APP_ERR_FAULT_TRANSITORY

返回值

DEF_OK：应用层套接字成功连接到远程地址。

DEF_FAIL：出错。

配置要求

该 API 只有在 NET_APP_CFG_API_EN 使能（见 C.18.1），并且 NET_CFG_TRANSPORT_LAYER_SEL 配置为 TCP（见 C.12.1）和/或 NET_UDP_CFG_APP_API_SEL 配置为套接字（见 C.13.1）时可用。

注意/警告

只有验证代码启用后，某些套接字参数和/或操作才进行验证（见 C.3.1）。

如果重试次数设为非零（retry_max），并且套接字配置为非阻塞模式（见 C.15.3），那么非零超时（timeout_ms）和/或非零延时时间（time_dly_ms）也必须要求，否则所有重试都会立即失败，因为没有足够的时间来等待套接字的操作完成。

B.2.5 NetApp_SockListen( ) (TCP)

设置一个应用层套接字来监听连接请求，包含错误处理。参见 B.13.29 以获取更多信息。

文件

net_app. h/net_app. c

原型

```
CPU_BOOLEAN  NetApp_SockListen(NET_SOCK_ID     sock_id,
                               NET_SOCK_Q_SIZEsock_q_size,
                               NET_ERR        * perr);
```

参数

sock_id:套接字 ID。当套接字被创建时,由 App_SockOpen( )/NetSock_Open( )/socket( )返回。

sock_q_size:允许等待新连接的最大数量。换句话说,这个参数指定在监听套接字忙于处理当前请求时,允许等待处理连接的最大排队长度。

Perr:指向保存错误码的变量,错误码如下:

NET_APP_ERR_NONE

NET_APP_ERR_NONE_AVAIL

NET_APP_ERR_INVALID_OP

NET_APP_ERR_FAULT

NET_APP_ERR_FAULT_TRANSITORY

返回值

DEF_OK:应用层套接字成功设置监听。

DEF_FAIL:出错。

配置要求

该 API 只有在 NET_APP_CFG_API_EN 使能(见 C. 18. 1)并且 NET_CFG_TRANSPORT_LAYER_SEL 配置为 TCP 时(见 C. 12. 1)才可用。

注意/警告

只有验证代码启用后,某些套接字参数和/或操作才进行验证(见 C. 3. 1)。

B. 2. 6 NetApp_SockOpen( ) (TCP /UDP)

打开一个应用层套接字,包含错误处理。参见 B. 13. 30 以获取更多信息。

文件

net_app. h/net_app. c

原型

```
NET_SOCK_ID  NetApp_SockOpen( NET_SOCK_PROTOCOL_FAMILY    protocol_family,
                              NET_SOCK_TYPE               sock_type,
                              NET_SOCK_PROTOCOL           protocol,
                              CPU_INT16U                  retry_max,
                              CPU_INT32U                  time_dly_ms,
                              NET_ERR                     * perr);
```

参数

protocol_family:套接字使用的协议簇。对于 TCP/IP 套接字来说,总是 NET_SOCK_FAMILY_IP_V4/PF_INET。

sock_type:套接字类型:

NET_SOCK_TYPE_DATAGRAM/PF_DGRAM 对应数据报套接字(即 UDP)

NET_SOCK_TYPE_STREAM/PF_STREAM 对应于流式套接字接口(即 TCP)NET_SOCK_TYPE_DATAGRAM 套接字保护消息边界。典型应用是应用层之间交换单一请求和响应消息。

NET_SOCK_TYPE_STREAM 套接字提供一个可靠的字节流连接。从远端应用层所接收的字节序列与发送时字节序列相同。典型应用是文件传送和终端仿真。

protocol:套接字协议:

NET_SOCK_PROTOCOL_UDP/IPPROTO_UDP 对应于 UDP

NET_SOCK_PROTOCOL_TCP/IPPROTO_TCP 对应于 TCP

0 为默认协议:

UDP 对应于 NET_SOCK_TYPE_DATAGRAM/PF_DGRAM

TCP 对应于 NET_SOCK_TYPE_STREAM/PF_STREAM

retry_max:最多尝试连接次数。

timeout_ms:套接字每次尝试打开时的超时值。

time_dly_ms:套接字打开延迟时间(ms)。

perr:指向保存错误码的变量,错误码如下:

NET_APP_ERR_NONE

NET_APP_ERR_NONE_AVAIL

NET_APP_ERR_INVALID_ARG

NET_APP_ERR_FAULT

返回值

如果没有错误的话,返回套接字描述符/句柄。否则返回 NET_SOCK_BSD_ERR_OPEN。

配置要求

该 API 只有在 NET_APP_CFG_API_EN 使能(见 C.18.1),并且 NET_CFG_TRANSPORT_LAYER_SEL 配置为 TCP(见 C.12.1)和/或 NET_UDP_CFG_APP_API_SEL 配置为套接字(见 C.13.1)时可用。

注意/警告

只有验证代码启用后,某些套接字参数和/或操作才进行验证(见 C.3.1)。

如果重试次数设为非零(retry_max),那么非零延时时间(time_dly_ms)也必须要求,否则所有重试都会立即失败,因为没有足够的时间来等待套接字的操作完成。

B.2.7　NetApp_SockRx( )(TCP/UDP)

通过套接字接收应用层数据,参见 B.13.33 以获取更多信息。

文件

net_app.h/net_app.c

原型

```
CPU_INT16U   NetApp_SockRx (NET_SOCK_ID          sock_id,
                            void                * pdata_buf,
                            CPU_INT16U           data_buf_len,
                            CPU_INT16U           data_rx_th,
                            CPU_INT16S           flags,
                            NET_SOCK_ADDR       * paddr_remote,
                            NET_SOCK_ADDR_LEN   * paddr_len,
                            CPU_INT16U           retry_max,
                            CPU_INT32U           timeout_ms,
                            CPU_INT32U           time_dly_ms,
                            NET_ERR             * perr);
```

参数

sock_id:套接字 ID。当套接字被创建时,由 App_SockOpen( )/NetSock_Open( )/

socket( )返回。

　　pdata_buf：指向接收数据的应用层缓冲区地址。

　　data_buf_len：应用层缓冲区大小（以字节计）。

　　data_rx_th：应用层程序数据接收门限：0，没有最小接收门限，即接收任意数量的数据。推荐在数据报套接字下使用。

　　否则为最大尝试次数内可能接收的最少应用层数据（以字节计）。

　　flags：接收选项。比特'或'操作：

　　NET_SOCK_FLAG_NONE/0：没有选项。

　　NET_SOCK_FLAG_RX_DATA_PEEK/MSG_PEEK：接收套接字数据但不消费。

　　NET_SOCK_FLAG_RX_NO_BLOCK/MSG_DONTWAIT：无阻塞接收套接字数据。

　　大多数情况下，该选项设置为 NET_SOCK_FLAG_NONE/0。

　　paddr_remote：指向一个套接字地址结构的指针（见 17.1 节"网络套接字数据结构"）。该指针返回发送数据的远程套接字地址。

　　paddr_len：指向套接字地址结构大小的指针，即 sizeof(NET_SOCK_ADDR_IP)。返回接收连接的套接字地址结构的大小。如果没有错误，返回 0；否则返回错误码。

　　retry_max：最多接收尝试次数。

　　timeout_ms：套接字每次尝试接收时的超时门限。

　　time_dly_ms：套接字接收延迟时间（ms）。

　　perr：指向保存错误码的变量，错误码如下：

NET_APP_ERR_NONE

NET_APP_ERR_INVALID_ARG

NET_APP_ERR_INVALID_OP

NET_APP_ERR_FAULT

NET_APP_ERR_FAULT_TRANSITORY

NET_APP_ERR_CONN_CLOSED

NET_APP_ERR_DATA_BUF_OVF

NET_ERR_RX

返回值

　　如果没有错误，则返回收到的数据字节数，否则返回 0。

配置要求

　　该 API 只有在 NET_APP_CFG_API_EN 使能（见 C.18.1），并且 NET_CFG_

TRANSPORT_LAYER_SEL 配置为 TCP(见 C.12.1)和/或 NET_UDP_CFG_APP_
API_SEL 配置为套接字(见 C.13.1)时可用。

注意/警告

只有验证代码启用后,某些套接字参数和/或操作才进行验证(见 C.3.1)。

如果重试次数设为非零(retry_max),并且套接字配置为非阻塞模式(见 C.15.3),
那么非零超时(timeout_ms)和/或非零延时(time_dly_ms)也必须要求,否则所有重
试都会立即失败,因为没有足够的时间来等待套接字的操作完成。

B.2.8　NetApp_SockTx( ) (TCP /UDP)

通过套接字发送应用层数据,包含错误处理。参见 B.13.35,以获取更多信息。

文件

net_app. h/net_app. c

原型

```
CPU_INT16U   NetApp_SockTx (NET_SOCK_ID        sock_id,
                            void               * p_data,
                            CPU_INT16U         data_len,
                            CPU_INT16S         flags,
                            NET_SOCK_ADDR      * paddr_remote,
                            NET_SOCK_ADDR_LEN  addr_len,
                            CPU_INT16U         retry_max,
                            CPU_INT32U         timeout_ms,
                            CPU_INT32U         time_dly_ms,
                            NET_ERR            * perr);
```

参数

sock_id:套接字 ID。当套接字被创建时,由 App_SockOpen( )/NetSock_Open( )/
socket( )返回,或由 NetApp_SockAccept( )/NetSock_Accept( )/accept( )在连接
被接收时返回。

p_data:指向发送数据的应用层缓冲区指针。

data_len:应用层缓冲区大小(以字节计)。

flags:发送选项,比特‘或’操作:

NET_SOCK_FLAG_NONE/0:没有选项。

NET_SOCK_FLAG_TX_NO_BLOCK/MSG_DONTWAIT：无阻塞发送套接字数据大多数情况下，该选项设置为 NET_SOCK_FLAG_NONE/0。

paddr_remote：指向一个套接字地址结构的指针（见 8.2 节"套接字接口"）。该指针为数据要发去的远程套接字地址。

addr_len：套接字地址结构大小，即 sizeof(NET_SOCK_ADDR_IP)。

retry_max：最多发送尝试次数。

timeout_ms：套接字每次发送超时门限。

time_dly_ms：套接字发送延迟时间，以 ms 计。

perr：指向保存错误码的变量，错误码如下：

NET_APP_ERR_NONE

NET_APP_ERR_INVALID_ARG

NET_APP_ERR_INVALID_OP

NET_APP_ERR_FAULT

NET_APP_ERR_FAULT_TRANSITORY

NET_APP_ERR_CONN_CLOSED

NET_ERR_TX

返回值

如果没有错误，返回发送的数据字节数，否则返回 0。

配置要求

该 API 只有在 NET_APP_CFG_API_EN 使能（见 C.18.1），并且 NET_CFG_TRANSPORT_LAYER_SEL 配置为 TCP（见 C.12.1）和/或 NET_UDP_CFG_APP_API_SEL 配置为套接字（见 C.13.1）时可用。

注意/警告

只有验证代码启用后，某些套接字参数和/或操作才进行验证（见 C.3.1）。

如果重试次数设为非零（retry_max），并且套接字配置为非阻塞模式（见 C.15.3），那么非零超时（timeout_ms）和/或非零延时（time_dly_ms）也必须要求，否则所有重试都会立即失败，因为没有足够的时间来等待套接字的操作完成。

B.2.9　NetApp_TimeDly_ms( )

设定一个 ms 为单位的延时。

文件

net_app. h/net_app. c

原型

```
void   NetApp_TimeDly_ms (CPU_INT32U    time_dly_ms,
                          NET_ERR       * perr);
```

参数

time_dly_ms:延迟时间,以 ms 计。

perr:指向保存错误码的变量。错误码如下：

NET_APP_ERR_NONE

NET_APP_ERR_INVALID_ARG

NET_APP_ERR_FAULT

返回值

无

配置要求

只有当 NET_APP_CFG_API_EN 使能时有效(见 C. 18.1)。

注意/警告

延时允许为 0。延迟的最大值受限于系统/OS 的支持。

B. 3　ARP 函数

B. 3. 1　NetARP_CacheCalcStat( )

返回 ARP 缓冲区命中率统计。

文件

net_arp. h/net_arp. c

原型

```
CPU_INT08U NetARP_CacheCalcStat(void);
```

参数

无

返回值

如果没有错误,返回 ARP 缓冲区命中率。否则返回 NULL。

配置要求

该 API 只有在给定的网络接口层(以太网)存在时才可用。参见 C.7.3。

注意/警告

无

B.3.2 NetARP_CacheGetAddrHW( )

通过缓冲区 ARP 获取协议地址对应的硬件地址。

文件

net_arp.h/net_arp.c

原型

```
NET_ARP_ADDR_LEN NetARP_CacheGetAddrHW(CPU_INT08U          * paddr_hw,
                                       NET_ARP_ADDR_LEN     addr_hw_len_buf,
                                       CPU_INT08U          * paddr_protocol,
                                       NET_ARP_ADDR_LEN     addr_protocol_len,
                                       NET_ERR             * perr);
```

参数

paddr_hw:指向接收硬件地址数据的变量指针。如果没有错误,该域获得与协议地址对应硬件地的址,否则该域为 0。

addr_hw_len_buf:硬件地址内存缓冲区的大小(字节)。

paddr_protocol:指向协议地址的指针。

addr_protocol_len:协议地址长度(字节)。

perr:指向保存错误码的变量,错误码如下:

NET_APP_ERR_NONE

NET_ARP_ERR_NULL_PTR

NET_ARP_ERR_INVALID_HW_ADDR_LEN

NET_ARP_ERR_INVALID_PROTOCOL_ADDR_LEN

NET_ARP_ERR_CACHE_NOT_FOUND

NET_ARP_ERR_CACHE_PEND

返回值

如果存在,返回硬件地址长度,否则返回 0。

配置要求

该 API 只有在给定的网络接口层(以太网)存在时才可用(见 C.7.3)。

注意/警告

NetARP_CacheGetAddrHW( )可能与 NetARP_ProbeAddrOnNet( )结合使用,用来确定一个协议地址是否在本地网络中存在。

B.3.3   NetARP_CachePoolStatGet( )

获取 ARP 缓冲区的统计信息

文件

net_arp.h/net_arp.c

原型

```
NET_STAT_POOL NetARP_CachePoolStatGet(void);
```

参数

无

返回值

如果没有错误,返回 ARP 缓冲区的统计信息,否则返回 0。

配置要求

该 API 只有在给定的网络接口层(以太网)存在时才可用,参见 C.7.3。

注意/警告

无

B.3.4　NetARP_CachePoolStatResetMaxUsed( )

重置 ARP 缓冲区的统计信息,提供最大可用空间。

文件

net_arp. h/net_arp. c

原型

```
void NetARP_CachePoolStatResetMaxUsed(void);
```

参数

无

返回值

无

配置要求

该 API 只有在给定的网络接口层(以太网)存在时才可用,参见 C.7.3。

注意/警告

无

B.3.5　NetARP_CfgCacheAccessedTh( )

配置 ARP 缓冲区访问推广(promotion)门限。

文件

net_arp. h/net_arp. c

原型

```
CPU_BOOLEAN NetARP_CfgCacheAccessedTh(CPU_INT16U nbr_access);
```

参数

nbr_access:所需要配置的 ARP 缓冲区访问推广门限。

返回值

DEF_OK:成功。
DEF_FAIL:失败。

配置要求

该 API 只有在给定的网络接口层(以太网)存在时才可用,参见 C.7.3。

注意/警告

无

B.3.6　NetARP_CfgCacheTimeout( )

配置 ARP 缓冲区表项的超时时间。若 ARP 缓冲区表项内容在超时前未曾使用,将被删除。

文件

net_arp. h/net_arp. c

原型

```
CPU_BOOLEAN NetARP_CfgCacheTimeout(CPU_INT16U timeout_sec);
```

参数

timeout_sec:ARP 缓冲区超时时间(以秒为单位)。

返回值

DEF_OK:成功。
DEF_FAIL:失败。

配置要求

该 API 只有在给定的网络接口层（以太网）存在时才可用，参见 C.7.3。

注意/警告

无

B. 3. 7　NetARP_CfgReqMaxRetries( )

配置 ARP 最大请求次数。

文件

net_arp. h/net_arp. c

原型

```
CPU_BOOLEAN NetARP_CfgReqMaxRetries(CPU_INT08U max_nbr_retries);
```

参数

max_nbr_retries：ARP 最大请求次数。

返回值

DEF_OK：成功。
DEF_FAIL：失败。

配置要求

该 API 只有在给定的网络接口层（以太网）存在时才可用，参见 C.7.3。

注意/警告

无

B. 3. 8　NetARP_CfgReqTimeout( )

配置 ARP 请求后等待应答的超时门限。

文件

net_arp. h/net_arp. c

原型

```
CPU_BOOLEAN NetARP_CfgReqTimeout(CPU_INT08U timeout_sec);
```

参数

max_nbr_retries：ARP 请求后等待应答的超时门限值。

返回值

DEF_OK：成功。

DEF_FAIL：失败。

配置要求

该 API 只有在给定的网络接口层（以太网）存在时才可用，参见 C. 7. 3。

注意/警告

无

B. 3. 9　NetARP_IsAddrProtocolConflict( )

检查接口协议地址的冲突状态。即本接口的 ARP 主机协议地址与本地网络中其他主机协议地址是否冲突。

文件

net_arp. h/net_arp. c

原型

```
CPU_BOOLEAN NetARP_IsAddrProtocolConflict(NET_IF_NBR     if_nbr,
                                          NET_ERR      * perr);
```

参数

if_nbr：接口号。

perr：指向保存错误码的变量，错误码如下：

NET_APP_ERR_NONE

NET_IF_ERR_INVALID_IF

NET_OS_ERR_LOCK

返回值

DEF_OK：发现冲突。

DEF_FAIL：无冲突。

配置要求

该 API 只有在给定的网络接口层（以太网）存在时才可用，参见 C.7.3。

注意/警告

无

B.3.10　NetARP_ProbeAddrOnNet( )

为给定协议地址发送一个 ARP 请求来探测本地网络。

文件

net_arp. h/net_arp. c

原型

```
void NetARP_ProbeAddrOnNet(NET_PROTOCOL_TYPE      protocol_type,
                           CPU_INT08U           * paddr_protocol_sender,
                           CPU_INT08U           * paddr_protocol_target
                           NET_ARP_ADDR_LEN     addr_protocol_len,
                           NET_ERR              * perr);
```

参数

protocol_type：地址协议类型。

paddr_protocol_sender：指向发送探测的协议地址指针。

paddr_protocol_target：指向在本地网络中探测目标的协议地址。

addr_protocol_len：协议地址长度（以字节计）。

perr：指向保存错误码的变量，错误码如下：

NET_APP_ERR_NONE

NET_ARP_ERR_NULL_PTR

NET_ARP_ERR_INVALID_PROTOCOL_ADDR_LEN

NET_ARP_ERR_CACHE_INVALID_TYPE

NET_ARP_ERR_CACHE_NONE_AVAIL
NET_MGR_ERR_INVALID_PROTOCOL
NET_MGR_ERR_INVALID_PROTOCOL_ADDR
NET_MGR_ERR_INVALID_PROTOCOL_ADDR_LEN
NET_TMR_ERR_NULL_OBJ
NET_TMR_ERR_NULL_FNCT
NET_TMR_ERR_NONE_AVAIL
NET_TMR_ERR_INVALID_TYPE
NET_OS_ERR_LOCK

返回值

无

配置要求

该 API 只有在给定的网络接口层(以太网)存在时才可用,参见 C.7.3。

注意/警告

NetARP_ProbeAddrOnNet( )可能与 NetARP_CacheGetAddrHW( )结合使用,用来确定一个协议地址是否在本地网络可用。

B. 4　网络 ASCII 码函数

B. 4. 1　NetASCII_IP_to_Str( )

转换主机序 IPv4 地址为点分十进制 ASCII 码串。

文件

net_ascii. h/net_ascii. c

原型

```
void  NetASCII_IP_to_Str(NET_IP_ADDR       addr_ip,
                         CPU_CHAR        * paddr_ip_ascii,
                         CPU_BOOLEAN       lead_zeros,
                         NET_ERR         * perr);
```

参数

addr_ip：IPv4 地址（以主机序）。

paddr_ip_ascii：指向 ASCII 码字符串缓冲区的指针。缓冲区应一个大于等于 NET_ASCII_LEN_MAX_ADDR_IP 所定义的 IPv4 地址长度。注意，字符串内第一个 ASCII 码字段表示最高的 IP 地址字节，最后一个字段表示最低的 IP 地址字节。

例如："10. 10. 1. 65"＝0x0A0A0141

lead_zeros：IPv4 地址字节是否加前导 0 格式化。如果加前导 0，会使得每个字节总位数等于最大值的位数 3。

DEF_NO：每个 IP 地址字节不加前导 0

DEF_YES：每个 IP 地址字节加前导 0

perr：指向保存错误码的变量，错误码如下：

NET_APP_ERR_NONE

NET_ASCII_ERR_NULL_PTR

NET_ASCII_ERR_INVALID_CHAR_LEN

返回值

无

配置要求

无

注意/警告

RFC 1983 指出"点分十进制符号是指 A. B. C. D 形式的 IP 地址；每个字母表示一个 4 字节 IP 地址，以十进制表示。"换句话说，点分十进制符号就是以点，或句号 '. '分开的 4 个十进制值。每一个十进制值代表 IP 地址的一个字节，以网络序表示。

IPv4 地址举例：

点分十进制格式	十六进制
127. 0. 0. 1	0x7F000001
192. 168. 1. 64	0xC0A80140
255. 255. 255. 0	0xFFFFFF00
MSB .... LSB	MSB .... LSB

MSB：高字节，Most Significant Byte。

LSB：低字节，Least Significant Byte。

B. 4. 2　NetASCII_MAC_to_Str( )

将 MAC 地址转换成十六进制地址字符串。

文件

net_ascii. h/net_ascii. c

原型

```
void NetASCII_MAC_to_Str(CPU_INT08U          * paddr_mac,
                         CPU_CHAR            * paddr_mac_ascii,
                         CPU_BOOLEAN         hex_lower_case,
                         CPU_BOOLEAN         hex_colon_sep,
                         NET_ERR             * perr);
```

参数

paddr_mac:指向一个保存 MAC 地址的缓冲区指针。缓冲区大小应等于 NET_ASCII_NBR_OCTET_ADDR_MAC。

paddr_mac_ascii:指向一个 ASCII 码字符串的指针。字符串存有十六进制形式,字节之间被冒号':'或短线'-'隔开的 MAC 地址。注意,字符串内第一个 ASCII 码字段表示最高的 MAC 地址字节,字符串内最后一个 ASCII 码字段表示最低的 MAC 地址字节。(译者注:原文有误)

例如:"00:1A:07:AC:22:09"=0x001A07AC2209

hex_lower_case:选择 MAC 地址的 ASCII 码大小写格式:

DEF_NO:大写格式 MAC 地址

DEF_YES:小写格式 MAC 地址

hex_colon_sep:选择格式化 MAC 地址字符,用冒号':'或破折号'一'字符分割十六进制字节 MAC 地址。

DEF_NO:用破折号分割 MAC 地址。

DEF_YES:用破冒号分割 MAC 地址。

perr:指向保存错误码的变量。错误码如下:

NET_APP_ERR_NONE

NET_ASCII_ERR_NULL_PTR

返回值

无

配置要求

无

注意/警告

无

B.4.3 NetASCII_Str_to_IP( )

将点分十进制的 IPv4 地址字符串转换为主机序的 IPv4 地址。

文件

net_ascii. h/net_ascii. c

原型

```
NET_IP_ADDR NetASCII_Str_to_IP(CPU_CHAR       * paddr_ip_ascii,
                               NET_ERR        * perr);
```

参数

paddr_ip_ascii:指向一个 ASCII 码字符串的指针。字符串用于存储点分十进制格式的 IPv4 地址。IPv4 地址的十进制字节必须用点,句号'.'分开。注意,字符串内第一个 ASCII 码字段表示最高的 IP 地址字节,字符串内最后一个 ASCII 码字段表示最低的 IP 地址字节。

例如:"10.10.1.65"=0x0A0A0141

Perr:指向保存错误码的变量。错误码如下:

NET_APP_ERR_NONE

NET_ASCII_ERR_NULL_PTR

NET_ASCII_ERR_INVALID_STR_LEN

NET_ASCII_ERR_INVALID_CHAR

NET_ASCII_ERR_INVALID_CHAR_LEN

NET_ASCII_ERR_INVALID_CHAR_VAL

NET_ASCII_ERR_INVALID_CHAR_SEQ

返回值

如果没有错误,返回点分十进制格式 IPv4 地址。否则返回 NET_IP_ADDR_

NONE。

配置要求

无

注意/警告

RFC 1983 指出"点分十进制符号是指 A. B. C. D 形式的 IP 地址；每个字母表示一个 4 字节 IP 地址，以十进制表示。"换句话说，点分十进制符号就是以点，或句号"."分开的 4 个十进制值。每一个十进制值代表 IP 地址的一个字节，以网络序表示。

IPv4 地址举例：

点分十进制格式	十六进制
127. 0. 0. 1	0x7F000001
192. 168. 1. 64	0xC0A80140
255. 255. 255. 0	0xFFFFFF00
MSB ...... LSB	MSB .... LSB

MSB：高字节，Most Significant Byte。

LSB：低字节，Least Significant Byte。

IPv4 的点分十进制 ASCII 码字符串必须包含十进制数和点，或句号"."；所有其他前置或后置符号无效。ASCII 码字符串必须是以 3 个点号分隔的 4 个十进制值。每个十进制值不能超过 255，位数为 3（包括前导 0）。

B. 4. 4　NetASCII_Str_to_MAC( )

将十六进制地址字符串转换为 MAC 地址。

文件

net_ascii. h/net_ascii. c

原型

```
void NetASCII_Str_to_MAC(CPU_CHAR      * paddr_mac_ascii,
                         CPU_INT08U    * paddr_mac,
                         NET_ERR       * perr);
```

参数

paddr_mac_ascii：指向一个 ASCII 码字符串的指针。字符串存有十六进制形式,字节之间被冒号':'或短线'－'隔开的 MAC 地址。注意,字符串内第一个 ASCII 码字段表示最高的 MAC 地址字节,字符串内最后一个 ASCII 码字段表示最低的 MAC 地址字节。

例如:"00:1A:07:AC:22:09"= 0x001A07AC2209

paddr_mac:指向一个保存 MAC 地址的缓冲区指针。缓冲区大小应等于 NET_ASCII_NBR_OCTET_ADDR_MAC。

perr:指向保存错误码的变量,错误码如下:

NET_APP_ERR_NONE

NET_ASCII_ERR_NULL_PTR

NET_ASCII_ERR_INVALID_STR_LEN

NET_ASCII_ERR_INVALID_CHAR

NET_ASCII_ERR_INVALID_CHAR_LEN

NET_ASCII_ERR_INVALID_CHAR_SEQ

返回值

无

配置要求

无

注意/警告

无

B.5 网络缓冲区函数

B.5.1 NetBuf_PoolStatGet( )

获得一个接口的网络缓冲区统计信息池(statistics pool)。

文件

net_buf.h/net_buf.c

原型

```
NET_STAT_POOL NetBuf_PoolStatGet(NET_IF_NBR if_nbr);
```

参数

if_nbr:接口号。

返回值

如果没有错误,返回网络缓冲区统计信息池,否则返回 NULL。

配置要求

无

注意/警告

无

B.5.2 NetBuf_PoolStatResetMaxUsed( )

重置接口网络缓冲区统计信息池,提供最大空间。

文件

net_buf. h/net_buf. c

原型

```
void NetBuf_PoolStatResetMaxUsed(NET_IF_NBR if_nbr);
```

参数

if_nbr:接口号。

返回值

无

配置要求

无

注意/警告

无

B. 5. 3　NetBuf_RxLargePoolStatGet( )

获得一个接口的大型接收缓冲统计信息池。

文件

net_buf. h/net_buf. c

原型

```
NET_STAT_POOL NetBuf_RxLargePoolStatGet(NET_IF_NBR if_nbr);
```

参数

if_nbr:接口号。

返回值

如果没有错误,返回大型接收缓冲统计信息池。否则返回 NULL。

配置要求

无

注意/警告

无

B. 5. 4　NetBuf_RxLargePoolStatResetMaxUsed( )

重置接口的大型接收缓冲区统计信息池,提供最大空间。

文件

net_buf. h/net_buf. c

原型

```
void NetBuf_RxLargePoolStatResetMaxUsed(NET_IF_NBR if_nbr);
```

参数

　　if_nbr:接口号。

返回值

　　无

配置要求

　　无

注意/警告

　　无

B. 5. 5　NetBuf_TxLargePoolStatGet( )

　　获得一个接口的大型发送缓冲区统计信息池。

文件

　　net_buf. h/net_buf. c

原型

```
NET_STAT_POOL NetBuf_TxLargePoolStatGet(NET_IF_NBR if_nbr);
```

参数

　　if_nbr:接口号。

返回值

　　如果没有错误,返回大型发送缓冲区统计信息池。否则返回 NULL。

配置要求

　　无

注意/警告

　　无

B.5.6　NetBuf_TxLargePoolStatResetMaxUsed( )

重置接口的大型发送缓冲区统计信息池,提供最大空间。

文件

net_buf. h/net_buf. c

原型

```
void NetBuf_TxLargePoolStatResetMaxUsed(NET_IF_NBR if_nbr);
```

参数

if_nbr:接口号。

返回值

无

配置要求

无

注意/警告

无

B.5.7　NetBuf_TxSmallPoolStatGet( )

获得一个接口的小型发送缓冲区统计信息池。

文件

net_buf. h/net_buf. c

原型

```
NET_STAT_POOL NetBuf_TxSmallPoolStatGet(NET_IF_NBR if_nbr);
```

参数

if_nbr:接口号。

返回值

如果没有错误,返回小型发送缓冲区统计信息池。否则返回 NULL。

配置要求

无

注意/警告

无

B.5.8　NetBuf_TxSmallPoolStatResetMaxUsed( )

重置接口的小型发送缓冲区统计信息池,提供最大空间。

文件

net_buf.h/net_buf.c

原型

```
void NetBuf_TxSmallPoolStatResetMaxUsed(NET_IF_NBR if_nbr);
```

参数

if_nbr:接口号。

返回值

无

配置要求

无

注意/警告

无

B.6 网络连接函数

B.6.1 NetConn_CfgAccessedTh( )

配置网络连接访问提升门限。

文件

net_conn. h/net_conn. c

原型

```
CPU_BOOLEAN NetConn_CfgAccessedTh(CPU_INT16U nbr_access);
```

参数

nbr_access:网络连接提升前所期望的网络连接访问门限。

返回值

DEF_OK:成功。
DEF_FAIL:失败。

配置要求

仅当 NET_CFG_TRANSPORT_LAYER_SEL 配置为 TCP(见 C.12.1),且/或 NET_UDP_CFG_APP_API_SEL 配置为套接字时(见 C.13.1),函数才有效。

注意/警告

无

B.6.2 NetConn_PoolStatGet( )

获取网络连接的统计信息池。

文件

net_conn. h/net_conn. c

原型

```
NET_STAT_POOL, NetConn_PoolStatGet(void);
```

参数

空

返回值

如果成功,网络连接的统计信息池。否则返回 NULL。

配置要求

仅当 NET_CFG_TRANSPORT_LAYER_SEL 配置为 TCP(见 C.12.1),且/或 NET_UDP_CFG_APP_API_SEL 配置为套接字时(见 C.13.1),函数才有效。

注意/警告

无

B.6.3 NetConn_PoolStatResetMaxUsed( )

重置网络连接的统计信息池,提供最大空间。

文件

net_conn. h/net_conn. c

原型

```
void NetConn_PoolStatResetMaxUsed(void);
```

参数

无

返回值

无

配置要求

仅当 NET_CFG_TRANSPORT_LAYER_SEL 配置为 TCP(见 C.12.1),且/或

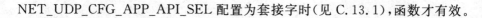

NET_UDP_CFG_APP_API_SEL 配置为套接字时(见 C.13.1),函数才有效。

注意/警告

无

B.7　网络调试函数

B.7.1　NetDbg_CfgMonTaskTime( )

配置网络调试监视器时间。

文件

net_dbg. h/net_dbg. c

原型

```
CPU_BOOLEAN NetDbg_CfgMonTaskTime(CPU_INT16U time_sec);
```

参数

time_sec:网络调试监视器时间值(以秒为单位)。

返回值

DEF_OK:成功。

DEF_FAIL:失败。

配置要求

仅当网络调试监视器任务被允许时,函数才有效。

注意/警告

无

B.7.2　NetDbg_CfgRsrcARP_CacheThLo( )

配置 ARP 缓冲区的最低资源门限。

文件

net_dbg. h/net_dbg. c

原型

```
CPU_BOOLEAN NetDbg_CfgRsrcARP_CacheThLo(CPU_INT08U      th_pct,
                                        CPU_INT08U      hyst_pct);
```

参数

th_pct:ARP 缓冲区最低资源百分比门限值。

hyst_pct:在 ARP 缓冲区达到最低资源门限时要释放空间的百分比。

返回值

DEF_OK:成功。

DEF_FAIL:失败。

配置要求

仅当 NET_DBG_CFG_DBG_STATUS_EN 开启(见 C.2.2),且/或网络调试监视器任务被允许(见 19.2 节),并且给定的网络接口层(以太网)存在(见 C.7.3)时,函数才有效。

注意/警告

无

B.7.3　NetDbg_CfgRsrcBufThLo( )

为接口的网络缓冲区配置最低资源门限。

文件

net_dbg. h/net_dbg. c

原型

```
CPU_BOOLEAN NetDbg_CfgRsrcBufThLo(NET_IF_NBR      if_nbr,
                                  CPU_INT08U      th_pct,
                                  CPU_INT08U      hyst_pct);
```

参数

if_nbr:接口号。

th_pct:缓冲区最低资源百分比门限值。

hyst_pct:缓冲区达到最低资源门限时要释放空间的百分比。

返回值

DEF_OK:成功。

DEF_FAIL:失败。

配置要求

仅当 NET_DBG_CFG_DBG_STATUS_EN 开启(见 C.2.2),且/或网络调试监视器任务被允许(见 19.2 节)时,函数才有效。

注意/警告

无

B.7.4　NetDbg_CfgRsrcBufRxLargeThLo( )

配置接口大型接收缓冲区的最低资源门限。

文件

net_dbg.h/net_dbg.c

原型

```
CPU_BOOLEAN NetDbg_CfgRsrcBufRxLargeThLo(    NET_IF_NBR    if_nbr,
                                             CPU_INT08U    th_pct,
                                             CPU_INT08U    hyst_pct);
```

参数

if_nbr:接口号。

th_pct:缓冲区最低资源百分比门限值。

hyst_pct:缓冲区达到最低资源门限时要释放空间的百分比。

返回值

DEF_OK:成功。

DEF_FAIL:失败。

配置要求

仅当 NET_DBG_CFG_DBG_STATUS_EN 开启(见 C.2.2),且/或网络调试监视器任务被允许(见 19.2 节)时,函数才有效。

注意/警告

无

B.7.5　NetDbg_CfgRsrcBufTxLargeThLo( )

配置接口大型发送缓冲区的最低资源门限。

文件

net_dbg.h/net_dbg.c

原型

```
CPU_BOOLEAN NetDbg_CfgRsrcBufTxLargeThLo(NET_IF_NBR    if_nbr,
                                         CPU_INT08U    th_pct,
                                         CPU_INT08U    hyst_pct);
```

参数

if_nbr:接口号。
th_pct:缓冲区最低资源百分比门限值。
hyst_pct:缓冲区达到最低资源门限时要释放空间的百分比。

返回值

DEF_OK:成功。
DEF_FAIL:失败。

配置要求

仅当 NET_DBG_CFG_DBG_STATUS_EN 开启(见 C.2.2),且/或网络调试监视器任务被允许(见 19.2 节)时,函数才有效。

注意/警告

无

B.7.6 NetDbg_CfgRsrcBufTxSmallThLo( )

配置接口的小型发送缓冲区的最低资源门限。

文件

net_dbg.h/net_dbg.c

原型

```
CPU_BOOLEAN NetDbg_CfgRsrcBufTxSmallThLo(NET_IF_NBR    if_nbr,
                                         CPU_INT08U    th_pct,
                                         CPU_INT08U    hyst_pct);
```

参数

if_nbr:接口号。

th_pct:缓冲区最低资源百分比门限值。

hyst_pct:缓冲区达到最低资源门限时要释放空间的百分比。

返回值

DEF_OK:成功。

DEF_FAIL:失败。

配置要求

仅当 NET_DBG_CFG_DBG_STATUS_EN 开启(见 C.2.2),且/或网络调试监视器任务被允许(见 19.2 节)时,函数才有效。

注意/警告

无

B.7.7 NetDbg_CfgRsrcConnThLo( )

配置网络连接的最低资源门限。

文件

net_dbg.h/net_dbg.c

原型

```
CPU_BOOLEAN NetDbg_CfgRsrcConnThLo(CPU_INT08U    th_pct,
                                   CPU_INT08U    hyst_pct);
```

参数

th_pct:网络连接最低资源百分比门限值。

hyst_pct:网络连接达到最低资源门限时要释放资源的百分比。

返回值

DEF_OK:成功。

DEF_FAIL:失败。

配置要求

仅当 NET_DBG_CFG_DBG_STATUS_EN 开启(见 C.2.2),且/或网络调试监视器任务被允许(见 19.2 节),并且 NET_CFG_TRANSPORT_LAYER_SEL 配置为 TCP(见 C.12.1)且/或 NET_UDP_CFG_APP_API_SEL 配置为套接字(见 C.13.1)时,函数才有效。

注意/警告

无

B.7.8　NetDbg_CfgRsrcSockThLo( )

配置网络套接字的最低资源门限。

文件

net_dbg. h/net_dbg. c

原型

```
CPU_BOOLEAN NetDbg_CfgRsrcSockThLo(CPU_INT08U    th_pct,
                                   CPU_INT08U    hyst_pct);
```

参数

th_pct:套接字最低资源百分比门限值。

hyst_pct:套接字达到最低资源门限时要释放资源的百分比。

返回值

DEF_OK:成功。

DEF_FAIL:失败。

配置要求

仅当 NET_DBG_CFG_DBG_STATUS_EN 开启(见 C. 2. 2),且/或网络调试监视器任务被允许(加 19.2 节),并且 NET_CFG_TRANSPORT_LAYER_SEL 配置为 TCP(见 C. 12. 1)且/或 NET_UDP_CFG_APP_API_SEL 配置为套接字(见 C. 13. 1)时,函数才有效。

注意/警告

无

B. 7. 9　NetDbg_CfgRsrcTCP_ConnThLo( )

配置 TCP 连接的最低资源门限。

文件

net_dbg. h/net_dbg. c

原型

```
CPU_BOOLEAN NetDbg_CfgRsrcTCP_ConnThLo(CPU_INT08U    th_pct,
                                       CPU_INT08U    hyst_pct);
```

参数

th_pct:TCP 连接最低资源百分比门限值。

hyst_pct:TCP 连接达到最低资源门限时要释放资源的百分比。

返回值

DEF_OK:成功。

DEF_FAIL:失败。

配置要求

仅当 NET_DBG_CFG_DBG_STATUS_EN 开启(见 C. 2. 2),且/或网络调试监

视器任务被允许(见 19.2 节),并且 NET_CFG_TRANSPORT_LAYER_SEL 配置为 TCP(见 C.12.1)时,函数才有效。

注意/警告

无

B.7.10　NetDbg_CfgRsrcTmrThLo( )

配置网络定时器的最低资源门限。

文件

net_dbg.h/net_dbg.c

原型

```
CPU_BOOLEAN NetDbg_CfgRsrcTmrThLo(CPU_INT08U    th_pct,
                                  CPU_INT08U    hyst_pct);
```

参数

th_pct:缓冲区最低资源百分比门限值。

hyst_pct:缓冲区达到最低资源门限时要释放资源的百分比。

返回值

DEF_OK:成功。

DEF_FAIL:失败。

配置要求

仅当 NET_DBG_CFG_DBG_STATUS_EN 开启(见 C.2.2),且/或网络调试监视器任务被允许(见 19.2 节)时,函数才有效。

注意/警告

无

B.7.11　NetDbg_ChkStatus( )

返回 μC/TCP-IP 当前运行状态。

文件

net_dbg. h/net_dbg. c

原型

```
NET_DBG_STATUS NetDbg_ChkStatus(void);
```

参数

无

返回值

NET_DBG_STATUS_OK,网络状态良好,即当前不存在告警、故障和错误。否则,返回以下状态条件码,可以是多种状态条件码的逻辑或:

NET_DBG_STATUS_FAULT:网络故障。

NET_DBG_STATUS_RSRC_LOST:网络资源丢失。

NET_DBG_STATUS_RSRC_LO:网络资源不足。

NET_DBG_STATUS_FAULT_BUF:网络缓冲区管理故障。

NET_DBG_STATUS_FAULT_TMR:网络定时器管理故障。

NET_DBG_STATUS_FAULT_CONN:网络连接管理故障。

NET_DBG_STATUS_FAULT_TCP:TCP 层故障。

配置要求

仅当 NET_DBG_CFG_DBG_STATUS_EN 开启时,函数才有效。

注意/警告

无

B. 7. 12 NetDbg_ChkStatusBufs( )

返回 μC/TCP-IP 网络缓冲区的当前运行状态。

文件

net_dbg. h/net_dbg. c

原型

```
NET_DBG_STATUS NetDbg_ChkStatusBufs(void);
```

参数

无

返回值

NET_DBG_STATUS_OK,网络缓冲区状态良好,即当前不存在告警、故障和错误。否则,返回 NET_DBG_SF_BUF,代表网络缓冲区管理故障。

配置要求

仅当 NET_DBG_CFG_DBG_STATUS_EN 开启时,函数才有效。

注意/警告

网络缓冲区的调试状态信息已经被 μC/TCP-IP 弃用。

B. 7. 13　NetDbg_ChkStatusConns( )

返回 μC/TCP-IP 网络连接的当前运行状态。

文件

net_dbg. h/net_dbg. c

原型

```
NET_DBG_STATUS NetDbg_ChkStatusConns(void);
```

参数

无

返回值

NET_DBG_STATUS_OK,状态良好,即当前不存在告警、故障和错误。否则,返回以下状态条件码,可以是多种状态条件码的逻辑或:

NET_DBG_SF_CONN:网络连接管理故障。

NET_DBG_SF_CONN_TYPE:无效的网络连接类型。

NET_DBG_SF_CONN_FAMILY:无效的网络连接家族。

NET_DBG_SF_CONN_PROTOCOL_IX_NBR_MAX:网络连接协议列表的索引无效。

NET_DBG_SF_CONN_ID:无效的网络连接 ID。

NET_DBG_SF_CONN_ID_NONE:无连接 ID 的网络连接。

NET_DBG_SF_CONN_ID_UNUSED:网络连接到未使用的连接。

NET_DBG_SF_CONN_LINK_TYPE:网络连接的链接类型无效。

NET_DBG_SF_CONN_LINK_UNUSED:网络连接的链接未使用。

NET_DBG_SF_CONN_LINK_BACK_TO_CONN:网络连接无效链接回同一个连接。

NET_DBG_SF_CONN_LINK_NOT_TO_CONN:网络连接未链接链回同一个连接。

NET_DBG_SF_CONN_LINK_NOT_IN_LIST:网络连接未在合适的连接列表中。

NET_DBG_SF_CONN_POOL_TYPE:网络连接池类型无效。

NET_DBG_SF_CONN_POOL_ID:网络连接池 ID 无效。

NET_DBG_SF_CONN_POOL_DUP:网络连接池包含重复连接。

NET_DBG_SF_CONN_POOL_NBR_MAX:网络连接池的连接数超过最大连接数。

NET_DBG_SF_CONN_LIST_NBR_NOT_SOLITARY:网络连接列表的连接数不等于独立连接。

NET_DBG_SF_CONN_USED_IN_POOL:网络连接已使用,但是在池中。

NET_DBG_SF_CONN_USED_NOT_IN_LIST:网络连接已使用,但是不在列表中。

NET_DBG_SF_CONN_UNUSED_IN_LIST:网络连接未使用,但是在列表中。

NET_DBG_SF_CONN_UNUSED_NOT_IN_POOL:网络连接未使用,但是不在池中。

NET_DBG_SF_CONN_IN_LIST_IN_POOL:网络连接在列表中,也在池中。

NET_DBG_SF_CONN_NOT_IN_LIST_NOT_IN_POOL:网络连接既不在列表中,也不在池中。

配置要求

仅当 NET_DBG_CFG_DBG_STATUS_EN 开启(见 C.2.2),并且 NET_CFG_TRANSPORT_LAYER_SEL 配置为 TCP(见 C.12.1)且/或 NET_UDP_CFG_APP_API_SEL 配置为套接字(见 C.13.1)时,函数才有效。

注意/警告

无

B.7.14　NetDbg_ChkStatusRsrcLost( ) / NetDbg_MonTaskStatusGetRsrcLost( )

返回当前是否有 μC/TCP-IP 资源丢失。

文件

net_dbg.h/net_dbg.c

原型

```
NET_DBG_STATUS NetDbg_ChkStatusRsrcLost(void);
NET_DBG_STATUS NetDbg_MonTaskStatusGetRsrcLost(void);
```

参数

无

返回值

如果没有网络资源丢失,返回 NET_DBG_STATUS_OK;否则,返回以下状态条件码,可以是多种状态条件码的逻辑或:

NET_DBG_SF_RSRC_LOST:存在网络资源丢失。

NET_DBG_SF_RSRC_LOST_BUF_SMALL:小网络缓冲区资源丢失。

NET_DBG_SF_RSRC_LOST_BUF_LARGE:大网络缓冲区资源丢失。

NET_DBG_SF_RSRC_LOST_TMR:网络定时器资源丢失。

NET_DBG_SF_RSRC_LOST_CONN:网络连接资源丢失。

NET_DBG_SF_RSRC_LOST_ARP_CACHE:网络 ARP 缓存资源丢失。

NET_DBG_SF_RSRC_LOST_TCP_CONN:网络 TCP 连接资源丢失。

NET_DBG_SF_RSRC_LOST_SOCK:网络套接字资源丢失。

配置要求

NetDbg_ChkStatusRsrcLost( ):函数在 NET_DBG_CFG_DBG_STATUS_EN (见 C.2.2)开启时有效。

NetDbg_MonTaskStatusGetRsrcLost( ):函数在网络调试监控任务(见 19.2

节)已经启动时有效。

注意/警告

NetDbg_ChkStatusRsrcLost( ):以内嵌方式检查网络条件丢失状态。

NetDbg_MonTaskStatusGetRsrcLost( ):通过网络调试监控任务检查网络条件丢失状态。

B.7.15 NetDbg_ChkStatusRsrcLo( ) / NetDbg_MonTaskStatusGetRsrcLo( )

检查当前 μC/TCP-IP 资源是否不足。

文件

net_dbg.h/net_dbg.c

原型

```
NET_DBG_STATUS NetDbg_ChkStatusRsrcLo(void);
NET_DBG_STATUS NetDbg_MonTaskStatusGetRsrcLo(void);
```

参数

无

返回值

如果未出现网络资源不足,返回 NET_DBG_STATUS_OK;否则,返回以下状态条件码,可以是多种状态条件码的逻辑或:

NET_DBG_SF_RSRC_LO:存在网络资源不足。

NET_DBG_SF_RSRC_LO_BUF_SMALL:小网络缓冲区资源不足。

NET_DBG_SF_RSRC_LO_BUF_LARGE:大网络缓冲区资源不足。

NET_DBG_SF_RSRC_LO_TMR:网络定时器资源不足。

NET_DBG_SF_RSRC_LO_CONN:网络连接资源不足。

NET_DBG_SF_RSRC_LO_ARP_CACHE:网络 ARP 资源不足。

NET_DBG_SF_RSRC_LO_TCP_CONN:网络 TCP 连接资源不足。

NET_DBG_SF_RSRC_LO_SOCK:网络套接字资源不足。

配置要求

NetDbg_ChkStatusRsrcLo( ):函数在 NET_DBG_CFG_DBG_STATUS_EN

(见 C.2.2)开启时有效。

NetDbg_MonTaskStatusGetRsrcLo( ):函数在网络调试监控任务(见 19.2 节)启动时有效。

注意/警告

NetDbg_ChkStatusRsrcLo( ):以内嵌方式检查网络条件丢失状态。

NetDbg_MonTaskStatusGetRsrcLo( ):通过网络调试监控任务检查网络条件丢失状态。

B.7.16　NetDbg_ChkStatusTCP( )

返回 μC/TCP-IP TCP 连接的当前运行状态。

文件

net_dbg.h/net_dbg.c

原型

```
NET_DBG_STATUS NetDbg_ChkStatusTCP(void);
```

参数

无

返回值

如果 TCP 连接状态良好,不存在告警、故障和错误,返回 NET_DBG_STATUS_OK;否则,返回以下状态条件码,可以是多种状态条件码的逻辑或:

NET_DBG_SF_TCP:存在 TCP 层故障。

NET_DBG_SF_TCP_CONN_TYPE:TCP 连接类型无效。

NET_DBG_SF_TCP_CONN_ID:TCP 连接 ID 无效。

NET_DBG_SF_TCP_CONN_LINK_TYPE:TCP 连接的链接类型无效。

NET_DBG_SF_TCP_CONN_LINK_UNUSED:TCP 连接的链接未使用。

NET_DBG_SF_TCP_CONN_POOL_TYPE:TCP 连接池类型无效。

NET_DBG_SF_TCP_CONN_POOL_ID:TCP 连接池 ID 无效。

NET_DBG_SF_TCP_CONN_POOL_DUP:TCP 连接池包含重复连接。

NET_DBG_SF_TCP_CONN_POOL_NBR_MAX:TCP 连接池的连接数量超过最大连接数。

NET_DBG_SF_TCP_CONN_USED_IN_POOL:使用的 TCP 连接在池中。

NET_DBG_SF_TCP_CONN_UNUSED_NOT_IN_POOL:未使用的 TCP 连接不在池中。

NET_DBG_SF_TCP_CONN_Q:存在 TCP 连接队列故障。

NET_DBG_SF_TCP_CONN_Q_BUF_TYPE:TCP 连接队列缓冲区类型无效。

NET_DBG_SF_TCP_CONN_Q_BUF_UNUSED:存在未使用的 TCP 连接队列缓冲区。

NET_DBG_SF_TCP_CONN_Q_LINK_TYPE:TCP 连接队列缓冲区的链接类型无效。

NET_DBG_SF_TCP_CONN_Q_LINK_UNUSED:存在未使用的 TCP 连接缓冲区链接。

NET_DBG_SF_TCP_CONN_Q_BUF_DUP:TCP 连接队列包含重复缓冲区。

配置要求

仅当 NET_DBG_CFG_DBG_STATUS_EN 开启(见 C.2.2),并且 NET_CFG_TRANSPORT_LAYER_SEL 配置为 TCP(见 C.12.1)时,函数才有效。

注意/警告

无

B.7.17　NetDbg_ChkStatusTmrs( )

返回 μC/TCP-IP 网络定时器的当前运行状态。

文件

net_dbg.h/net_dbg.c

原型

```
NET_DBG_STATUS NetDbg_ChkStatusTmrs(void);
```

参数

无

返回值

如果网络定时器状态良好,不存在告警、故障和错误,返回 NET_DBG_STA-

TUS_OK;否则,返回以下状态条件码,可以是多种状态条件码的逻辑或:

NET_DBG_SF_TMR:存在网络定时器管理故障。

NET_DBG_SF_TMR_TYPE:网络定时器类型无效。

NET_DBG_SF_TMR_ID:网络定时器 ID 无效。

NET_DBG_SF_TMR_LINK_TYPE:网络定时器链接类型无效。

NET_DBG_SF_TMR_LINK_UNUSED:存在未使用的网络定时器链接。

NET_DBG_SF_TMR_LINK_BACK_TO_TMR:网络定时器的无效链接链回同一个定时器。

NET_DBG_SF_TMR_LINK_TO_TMR:网络定时器的无效链接链回定时器。

NET_DBG_SF_TMR_POOL_TYPE:网络定时器池类型无效。

NET_DBG_SF_TMR_POOL_ID:网络定时器池 ID 无效。

NET_DBG_SF_TMR_POOL_DUP:网络定时器池包含重复定时器。

NET_DBG_SF_TMR_POOL_NBR_MAX:网络定时器池的定时器数量超过最大定时器数量。

NET_DBG_SF_TMR_LIST_TYPE:网络定时器任务列表类型无效。

NET_DBG_SF_TMR_LIST_ID:网络定时器任务列表 ID 无效。

NET_DBG_SF_TMR_LIST_DUP:网络定时器任务列表包含重复定时器。

NET_DBG_SF_TMR_LIST_NBR_MAX:网络定时器任务列表中的定时器数量超过最大定时器数量。

NET_DBG_SF_TMR_LIST_NBR_USED:网络定时器任务列表中的定时器数量不等于已使用的定时器数量。

NET_DBG_SF_TMR_USED_IN_POOL:网络定时器已使用,但不在池中。

NET_DBG_SF_TMR_UNUSED_NOT_IN_POOL:网络定时器未使用,但不在池中。

NET_DBG_SF_TMR_UNUSED_IN_LIST:网络定时器未使用,但不在定时器任务列表中。

配置要求

仅当 NET_DBG_CFG_DBG_STATUS_EN 开启(见 C. 2. 2)时,函数才有效。

注意/警告

无

B. 7. 18　NetDbg_MonTaskStatusGetRsrcLost( )

返回当前是否有 μC/TCP-IP 资源丢失,详细信息参见 B. 7. 14。

文件

net_dbg. h/net_dbg. c

原型

```
NET_DBG_STATUS NetDbg_MonTaskStatusGetRsrcLost(void);
```

B. 7. 19   NetDbg_MonTaskStatusGetRsrcLo( )

返回当前是否有 μC/TCP-IP 资源不足,详细信息参见 B. 7. 15。

文件

net_dbg. h/net_dbg. c

原型

```
NET_DBG_STATUS NetDbg_MonTaskStatusGetRsrcLo(void);
```

B. 8   ICMP 函数 NetICMP_CfgTxSrcQuenchTh( )

配置 ICMP 发送源抑制表项的访问传输门限。

文件

net_icmp. h/net_icmp. c

原型

```
CPU_BOOLEAN NetICMP_CfgTxSrcQuenchTh(CPU_INT16U th);
```

参数

th:从同一个主机收到的 IP 数据包数量的门限,达到门限时 ICMP 会发出一个抑制源消息。

返回值

DEF_OK:成功。

DEF_FAIL:失败。

配置要求

无

注意/警告

无

B.9　网络接口函数

B.9.1　NetIF_Add( )

添加一个网络设备和硬件作为网络接口。

文件

net_if.h/net_if.c

原型

```
NET_IF_NBR NetIF_Add(    void    * if_api,
                         void    * dev_api,
                         void    * dev_bsp,
                         void    * dev_cfg,
                         void    * phy_api,
                         void    * phy_cfg,
                         NET_ERR * perr);
```

参数

If_api:指向网络接口和硬件设备所需的链路层 API 的指针。多数情况下,所需的链路层接口指向以太网 API,NetIF_API_Ether(见 L16.1(1))

dev_api:指向网络接口所需设备驱动的 API 的指针(见 14.3 节)

dev_bsp:指向网络接口的给定设备的 BSP 接口指针(见 14.7.1 节)

dev_cfg:指向用于配置给定网络接口硬件设备的配置结构的指针(见 14.6.2 节)

phy_api:指向网络接口的可选物理层设备驱动 API 的指针。多数情况下使用通用的物理层设备驱动 API,NetPhy_API_Generic。但对于非 MII 或者非 RMII 兼容的物理层组件来说,可能需要另外的物理层设备驱动 API(见 14.4 节)。

phy_cfg:指向用于配置给定网络接口物理层硬件的配置结构的指针(见 14.6.3 节)。

perr:指向保存返回错误码的变量指针,可能的错误码如下:

NET_IF_ERR_NONE

NET_IF_ERR_NULL_PTR

NET_IF_ERR_INVALID_IF

NET_IF_ERR_INVALID_CFG

NET_IF_ERR_NONE_AVAIL

NET_BUF_ERR_POOL_INIT

NET_BUF_ERR_INVALID_POOL_TYPE

NET_BUF_ERR_INVALID_POOL_ADDR

NET_BUF_ERR_INVALID_POOL_SIZE

NET_BUF_ERR_INVALID_POOL_QTY

NET_BUF_ERR_INVALID_SIZE

NET_OS_ERR_INIT_DEV_TX_RDY

NET_OS_ERR_INIT_DEV_TX_RDY_NAME

NET_OS_ERR_LOCK

返回值

如果设备和硬件成功添加,返回网络接口号。否则返回 NET_IF_NBR_NONE。

配置要求

无

注意/警告

第一个添加和启动的网络接口是默认接口,用于所有默认通信(见 B.11.1 和 B.11.2)。物理层 API 和配置参数都必须被指定,或传递 NULL 指针。

特定的接口或者设备驱动可能返回附加错误码。

在 16.1.1 节"添加网络接口"中,有关于如何添加接口的实例。

B.9.2　NetIF_AddrHW_Get( )

取得网络接口的硬件地址。

文件

net_if.h/net_if.c

原型

```
void NetIF_AddrHW_Get(NET_IF_NBR    if_nbr,
                      CPU_INT08U    * paddr_hw,
                      CPU_INT08U    * paddr_len,
                      NET_ERR       * perr);
```

参数

if_nbr:接口号。

paddr_hw:指向保存接口硬件地址的变量指针。

paddr_len:指向传递地址缓冲区(paddr_hw 所指)的长度变量指针。如果没有错误,返回的是硬件地址的大小。

perr:指向保存返回错误码的变量指针。可能的错误码如下:

    NET_IF_ERR_NONE

    NET_IF_ERR_NULL_PTR

    NET_IF_ERR_NULL_FNCT

    NET_IF_ERR_INVALID_IF

    NET_IF_ERR_INVALID_CFG

    NET_IF_ERR_INVALID_ADDR_LEN

    NET_OS_ERR_LOCK

返回值

无

配置要求

无

注意/警告

硬件地址以网络字节序返回,即硬件地址的指针所指的位置是高字节。特定的接口或者设备驱动可能返回附加错误码。

B.9.3　NetIF_AddrHW_IsValid( )

验证网络接口的硬件地址是否有效。

文件

net_if. h/net_if. c

原型

```
CPU_BOOLEAN NetIF_AddrHW_IsValid(NET_IF_NBR      if_nbr,
                                 CPU_INT08U     * paddr_hw
                                 NET_ERR        * perr);
```

参数

if_nbr:接口号。

paddr_hw:指向网络接口硬件地址的指针。

perr:指向保存返回错误码的变量指针。可能的错误码如下：

NET_IF_ERR_NONE

NET_IF_ERR_NULL_PTR

NET_IF_ERR_NULL_FNCT

NET_IF_ERR_INVALID_IF

NET_IF_ERR_INVALID_CFG

NET_OS_ERR_LOCK

返回值

DEF_YES:硬件地址有效。

DEF_NO:硬件地址无效。

配置要求

无

注意/警告

无

B. 9. 4 NetIF_AddrHW_Set( )

设置网络接口的硬件地址。

文件

net_if. h/net_if. c

原型

```
void NetIF_AddrHW_Set(NET_IF_NBR      if_nbr,
                      CPU_INT08U    * paddr_hw,
                      CPU_INT08U      addr_len,
                      NET_ERR       * perr);
```

参数

if_nbr:接口号。

paddr_hw:接口硬件地址指针。

addr_len:硬件地址长度。

perr:指向保存返回错误码的变量指针。可能的错误码如下:

NET_IF_ERR_NONE

NET_IF_ERR_NULL_PTR

NET_IF_ERR_NULL_FNCT

NET_IF_ERR_INVALID_IF

NET_IF_ERR_INVALID_CFG

NET_IF_ERR_INVALID_STATE

NET_IF_ERR_INVALID_ADDR

NET_IF_ERR_INVALID_ADDR_LEN

NET_OS_ERR_LOCK

返回值

无

配置要求

无

注意/警告

硬件地址必须遵从网络字节序,即硬件地址的指针所指的位置是高字节。

在设置新的硬件地址前,网络接口必须停止,直到接口重新启动时,设置才会生效。

特定的接口或者设备驱动可能返回附加错误码。

B.9.5 NetIF_CfgPerfMonPeriod( )

配置网络接口性能监控处理程序（Network Interface Performance Monitor Handler）的超时周期。

文件

net_if.h/net_if.c

原型

```
CPU_BOOLEAN NetIF_CfgPerfMonPeriod(CPU_INT16U timeout_ms);
```

参数

timeout_ms：网络接口性能监控的超时周期（以 ms 为单位）。

返回值

DEF_OK：成功。
DEF_FAIL：失败。

配置要求

仅当 NET_CTR_CFG_STAT_EN（见 C.4.1）开启时，函数有效。

注意/警告

无

B.9.6 NetIF_CfgPhyLinkPeriod( )

配置网络接口物理链路状态处理程序（Network Interface Physical Link State Handler）的超时周期。

文件

net_if.h/net_if.c

原型

```
CPU_BOOLEAN NetIF_CfgPhyLinkPeriod(CPU_INT16U timeout_ms);
```

参数

timeout_ms:网络接口物理链路状态处理程序的超时周期(以 ms 为单位)。

返回值

DEF_OK:成功。

DEF_FAIL:失败。

配置要求

无

注意/警告

无

B. 9. 7　NetIF_GetRxDataAlignPtr( )

获取指向接收应用层数据缓冲区的对齐指针。

文件

net_if. h/net_if. c

原型

```
void    * NetIF_GetRxDataAlignPtr(NET_IF_NBR    if_nbr,
                                  void        * p_data,
                                  NET_ERR     * perr);
```

参数

if_nbr:网络接口号。

p_data:指向接收应用程序数据缓冲区的指针,以取得对齐指针(见注意/警告#2)。

perr:指向保存返回错误码的变量指针。可能的错误码如下:

NET_IF_ERR_NONE

NET_IF_ERR_NULL_PTR

NET_IF_ERR_INVALID_IF

NET_IF_ERR_ALIGN_NOT_AVAIL

NET_ERR_INIT_INCOMPLETE

NET_ERR_INVALID_TRANSACTION

NET_OS_ERR_LOCK

返回值

如果没有错误,返回指向对齐的接收应用程序数据缓冲区地址的指针。

否则返回 NULL 指针。

配置要求

无

注意/警告♯1

(1) 应用程序数据缓冲区和网络接口的网络缓冲数据区域之间的最佳对齐是无法保证的。仅在满足以下所有条件时,这种对齐才是可能的:网络接口的网络缓冲数据的整个区域必须与 CPU 的数据字长的整数倍对齐。否则,其中一个应用程序数据缓冲区与网络接口的网络缓冲数据区域之间的对齐是不可能的。

(2) 即使应用程序数据缓冲区和网络缓冲数据的整个区域能够对齐,也无法保证两者之间的每次数据读/写都能最佳对齐。对于应用程序数据缓冲区和网络缓冲数据区域之间的每次读/写,仅当以下所有条件都满足时,才能得到最佳对齐:

应用程序数据缓冲区和网络缓冲数据区域之间的数据读/写的起始地址,必须与 CPU 字对齐地址的偏移量相同。

换句话说,应用程序数据缓冲区的给定读/写地址对 CPU 字的模,必须等于网络缓冲数据区的给定读/写地址 CPU 字的模值。

这种情况可能不是在任何时候都满足,当:

(1) 从分段的包中读/写数据。

(2) 没有最大限度的从流类型的包(TCP 数据段)读/写数据。

(3) 数据包头选项数量可变(如 IP 选项)。

然而,即使无法保证应用程序数据缓冲区和网络缓冲数据区域之间每次读/写的最佳对齐,还是应该经常进行对齐优化,以改进网络的吞吐量。

注意/警告♯2

因为应用程序数据缓冲区的第一个对齐的地址,可能是在起始地址之后的 0 到 (CPU_CFG_DATA_SIZE−1)字节,应用程序数据缓冲区应该分配并且预留额外的 (CPU_CFG_DATA_SIZE−1)字节。

然而,应用程序数据缓冲区的有效、可用的大小,仍然受限于它最初定义的大小 (在预留额外字节之前),并且不会因额外的、预留的字节而增大。

B.9.8　NetIF_GetTxDataAlignPtr( )

获取指向发送应用程序数据缓冲区的对齐指针。

文件

net_if.h/net_if.c

原型

```
void    * NetIF_GetTxDataAlignPtr(NET_IF_NBR    if_nbr,
                                  void          * p_data,
                                  NET_ERR       * perr);
```

参数

if_nbr:网络接口号。

p_data:指向发送应用程序数据缓冲区的指针,以取得对齐指针(见注意/警告♯2)。

perr:指向保存返回错误码的变量指针。可能的错误码如下:

　　NET_IF_ERR_NONE

　　NET_IF_ERR_NULL_PTR

　　NET_IF_ERR_INVALID_IF

　　NET_IF_ERR_ALIGN_NOT_AVAIL

　　NET_ERR_INIT_INCOMPLETE

　　NET_ERR_INVALID_TRANSACTION

　　NET_OS_ERR_LOCK

返回值

如果没有错误,返回指向对齐的发送应用程序数据缓冲区地址的指针。

否则返回 NULL 指针。

配置要求

无

注意/警告♯1

（1）应用程序数据缓冲区和网络接口的网络缓冲数据区域之间的最佳对齐是无法保证的。仅在满足以下所有条件时,这种对齐才是可能的:网络接口的网络缓冲数据的整个区域必须与 CPU 的数据字长的整数倍对齐。

否则,其中一个应用程序数据缓冲区与网络接口的网络缓冲数据区域之间的对齐是不可能的。

(2) 即使应用程序数据缓冲区和网络缓冲数据的整个区域能够对齐,也无法保证两者之间的每次数据读/写都能最佳对齐。

对于应用程序数据缓冲区和网络缓冲数据区域之间的每次读/写,仅当以下所有条件都满足时,才能得到最佳对齐:应用程序数据缓冲区和网络缓冲数据区域之间的数据读/写的起始地址,必须与 CPU 字对齐地址的偏移量相同。

换句话说,应用程序数据缓冲区的给定读/写地址对 CPU 字的模,必须等于网络缓冲数据区的给定读/写地址 CPU 字的模值。

这种情况可能不是在任何时候都满足,当:

(1) 从分段的包中读/写数据。

(2) 没有最大限度的从流类型的包(TCP 数据段)读/写数据。

(3) 数据包头选项数量可变(如 IP 选项)。

然而,即使无法保证应用程序数据缓冲区和网络缓冲数据区域之间每次读/写的最佳对齐,还是应该经常进行对齐优化,以改进网络的吞吐量。

注意/警告#2

因为应用程序数据缓冲区的第一个对齐的地址,可能是在起始地址之后的 0 到 (CPU_CFG_DATA_SIZE−1)字节,应用程序数据缓冲区应该分配并且预留额外的 (CPU_CFG_DATA_SIZE−1)字节。

然而,应用程序数据缓冲区的有效、可用的大小,仍然受限于它最初定义的大小 (在预留额外字节之前),并且不会因额外的、预留的字节而增大。

B.9.9　NetIF_IO_Ctrl( )

网络接口和/或设备特定 I/O 控制。

文件

net_if.h/net_if.c

原型

```
void NetIF_IO_Ctrl(NET_IF_NBR    if_nbr,
                   CPU_INT08U    opt,
                   void          * p_data,
                   NET_ERR       * perr);
```

参数

　　if_nbr:网络接口号。

　　opt:待执行的 I/O 控制选项。额外的控制选项可由设备驱动定义:

　　　　NET_IF_IO_CTRL_LINK_STATE_GET

　　　　NET_IF_IO_CTRL_LINK_STATE_UPDATE

　　p_data:指向接收 I/O 控制信息的变量指针。

　　perr:指向保存返回错误码的变量指针。可能的错误码如下:

　　　　NET_IF_ERR_NONE

　　　　NET_IF_ERR_NULL_PTR

　　　　NET_IF_ERR_NULL_FNCT

　　　　NET_IF_ERR_INVALID_IF

　　　　NET_IF_ERR_INVALID_CFG

　　　　NET_IF_ERR_INVALID_IO_CTRL_OPTNET_OS_ERR_LOCK

返回值

　　无

配置要求

　　无

注意/警告

　　特定的接口或者设备驱动可能返回附加错误码。

B. 9. 10　NetIF_IsEn( )

　　验证网络接口是否已启动。

文件

　　net_if. h/net_if. c

原型

```
CPU_BOOLEAN NetIF_IsEn(NET_IF_NBR      if_nbr,
                       NET_ERR         * perr);
```

参数

if_nbr:网络接口号。

perr:指向保存返回错误码的变量指针。可能的错误码如下：

NET_IF_ERR_NONE

NET_IF_ERR_INVALID_IF

NET_OS_ERR_LOCK

返回值

DEF_YES:网络接口有效并且启动。

DEF_NO:网络接口无效或者未启动。

配置要求

无

注意/警告

无

B. 9. 11 NetIF_IsEnCfgd( )

验证配置的网络接口是否已启动。

文件

net_if. h/net_if. c

原型

```
CPU_BOOLEAN NetIF_IsEnCfgd(NET_IF_NBR    if_nbr,
                           NET_ERR       * perr);
```

参数

if_nbr:网络接口号。

perr:指向保存返回错误码的变量指针。可能的错误码如下：

NET_IF_ERR_NONE

NET_IF_ERR_INVALID_IF

NET_OS_ERR_LOCK

返回值

DEF_YES:网络接口有效并且启动。

DEF_NO:网络接口无效或者未启动。

配置要求

无

注意/警告

无

B. 9. 12　NetIF_ISR_Handler( )

管理网络接口的设备中断。

文件

net_if. h/net_if. c

原型

```
void NetIF_ISR_Handler(NET_IF_NBR          if_nbr,
                       NET_DEV_ISR_TYPE type,
                       NET_ERR              * perr);
```

参数

if_nbr:网络接口号。

type:设备中断类型。

NET_DEV_ISR_TYPE_UNKNOWN:管理未知设备中断。

NET_DEV_ISR_TYPE_RX:管理设备接收中断。

NET_DEV_ISR_TYPE_RX_OVERRUN:管理设备接收溢出中断。

NET_DEV_ISR_TYPE_TX_RDY:管理设备发送就绪中断。

NET_DEV_ISR_TYPE_TX_COMPLETE:管理设备发送完成中断。

这不是中断类型的完备列表,特定的网络设备可能会处理其他类型的中断。

perr:指向保存返回错误码的变量指针。可能的错误码如下:

NET_IF_ERR_NONE

NET_IF_ERR_INVALID_CFG

NET_IF_ERR_NULL_FNCT

NET_IF_ERR_INVALID_STATE

NET_ERR_INIT_INCOMPLETE

NET_IF_ERR_INVALID_IF

这并不是完备的返回错误列表,特定网络接口或设备可能返回其他需要的特定错误码。

返回值

无

配置要求

无

注意/警告

无

B. 9. 13　NetIF_IsValid( )

验证网络接口号的有效性。

文件

net_if. h/net_if. c

原型

```
CPU_BOOLEAN NetIF_IsValid(NET_IF_NBR    if_nbr,
                          NET_ERR      * perr);
```

参数

if_nbr:网络接口号。

perr:指向保存返回错误码的变量指针。可能的错误码如下:

NET_IF_ERR_NONE

NET_IF_ERR_INVALID_IF

NET_OS_ERR_LOCK

返回值

DEF_YES:网络接口号有效。

DEF_NO:网络接口号无效/还未配置。

配置要求

无

注意/警告

无

B. 9. 14　NetIF_IsValidCfgd( )

验证已配置的网络接口号的有效性。

文件

net_if. h/net_if. c

原型

```
CPU_BOOLEAN NetIF_IsValidCfgd(NET_IF_NBR      if_nbr,
                             NET_ERR        * perr);
```

参数

if_nbr:网络接口号。

perr:指向保存返回错误码的变量指针。可能的错误码如下:

　　NET_IF_ERR_NONE

　　NET_IF_ERR_INVALID_IF

　　NET_OS_ERR_LOCK

返回值

DEF_YES:网络接口号有效。

DEF_NO:网络接口号无效/还未配置或者被保留。

配置要求

无

注意/警告

无

B. 9. 15　NetIF_LinkStateGet( )

获取网络接口最近获得的物理链路状态。

文件

net_if. h/net_if. c

原型

```
CPU_BOOLEAN NetIF_LinkStateGet(NET_IF_NBR    if_nbr,
                               NET_ERR     * perr);
```

参数

if_nbr:网络接口号。

perr:指向保存返回错误码的变量指针。可能的错误码如下:

NET_IF_ERR_NONE

NET_IF_ERR_INVALID_IF

NET_OS_ERR_LOCK

返回值

NET_IF_LINK_UP:如果没有错误,并且网络接口最近得知的物理链路状态是 UP。

NET_IF_LINK_DOWN:状态为 down。

配置要求

无

注意/警告

使用带有 NET_IF_IO_CTRL_LINK_STATE_GET 选项的 NetIF_IO_Ctrl( ) 函数,可以获取一个网络接口的当前物理链路状态。

B. 9. 16　NetIF_LinkStateWaitUntilUp( )

等待一个网络接口的物理链路状态为 UP。

文件

net_if.h/net_if.c

原型

```
CPU_BOOLEAN NetIF_LinkStateWaitUntilUp(NET_IF_NBR    if_nbr,
                                       CPU_INT16U    retry_max,
                                       CPU_INT32U    time_dly_ms,
                                       NET_ERR      * perr);
```

参数

if_nbr:网络接口号。

retry_max:连续打开套接字的最大重试次数。

time_dly_ms:短暂的套接字打开延迟时间,以 ms 计。

perr:指向保存返回错误码的变量指针。可能的错误码如下:

NET_IF_ERR_NONE

NET_IF_ERR_INVALID_IF

NET_IF_ERR_LINK_DOWN

NET_ERR_INIT_INCOMPLETE

NET_OS_ERR_LOCK

返回值

NET_IF_LINK_UP:如果没有错误,并且网络接口物理链路状态为 UP。

NET_IF_LINK_DOWN:状态为 down。

配置要求

无

注意/警告

如果重试次数(retry_max)为非零,那么延迟时间(time_dly_ms)也应该是非零。否则所有的重试很可能立即失败,因为没有等待的时间让网络接口的链路状态转为 UP。

B.9.17 NetIF_MTU_Get( )

取得网络接口的 MTU(Maximum Transmission Unit)。

文件

net_if. h/net_if. c

原型

```
NET_MTU NetIF_MTU_Get(NET_IF_NBR      if_nbr,
                      NET_ERR         * perr);
```

参数

if_nbr:网络接口号。

perr:指向保存返回错误码的变量指针。可能的错误码如下:

NET_IF_ERR_NONE

NET_IF_ERR_INVALID_IF

NET_OS_ERR_LOCK

返回值

如果没有错误,返回网络接口的 MTU,否则返回 0。

配置要求

无

注意/警告

无

B. 9. 18　NetIF_MTU_Set( )

设置网络接口的 MTU(Maximum Transmission Unit)。

文件

net_if. h/net_if. c

原型

```
oid NetIF_MTU_Set(NET_IF_NBR      if_nbr,
                  NET_MTU         mtu,
                  NET_ERR         * perr);
```

参数

if_nbr:网络接口号。

mtu:MTU 配置值。

perr:指向保存返回错误码的变量指针。可能的错误码如下:

NET_IF_ERR_NONE

NET_IF_ERR_NULL_FNCT

NET_IF_ERR_INVALID_IF

NET_IF_ERR_INVALID_CFG

NET_IF_ERR_INVALID_MTU

NET_OS_ERR_LOCK

返回值

无

配置要求

无

注意/警告

特定的接口或者设备驱动可能返回附加错误码。

B. 9. 19　NetIF_Start( )

启动网络接口。

文件

net_if. h/net_if. c

原型

```
void NetIF_Start(NET_IF_NBR    if_nbr,
                 NET_ERR       * perr);
```

参数

if_nbr:网络接口号。

perr:指向保存返回错误码的变量指针。可能的错误码如下:

NET_IF_ERR_NONE

NET_IF_ERR_NULL_FNCT

NET_IF_ERR_INVALID_IF

NET_IF_ERR_INVALID_CFG

NET_IF_ERR_INVALID_STATE

NET_OS_ERR_LOCK

返回值

无

配置要求

无

注意/警告

特定的接口或者设备驱动可能返回附加错误码。

B.9.20　NetIF_Stop( )

停止网络接口。

文件

net_if. h/net_if. c

原型

```
void NetIF_Stop(NET_IF_NBR      if_nbr,
                NET_ERR         * perr);
```

参数

if_nbr:网络接口号。

perr:指向保存返回错误码的变量指针。可能的错误码如下:

NET_IF_ERR_NONE

NET_IF_ERR_NULL_FNCT

NET_IF_ERR_INVALID_IF

NET_IF_ERR_INVALID_CFG

NET_IF_ERR_INVALID_STATE

NET_OS_ERR_LOCK

返回值

无

配置要求

无

注意/警告

特定的接口或者设备驱动可能返回附加错误码。

B. 10　IGMP 函数

B. 10. 1　NetIGMP_HostGrpJoin（ ）

加入一个主机组。

文件

net_igmp. h/net_igmp. c

原型

```
void NetIGMP_HostGrpJoin(NET_IF_NBR     if_nbr,
                         NET_IP_ADDR    addr_grp,
                         NET_ERR        * perr);
```

参数

if_nbr:待加入主机组的接口号。

addr_grp:待加入的主机组的 IP 地址。

perr:指向保存返回错误码的变量指针。可能的错误码如下:

NET_IGMP_ERR_NONE

NET_IGMP_ERR_INVALID_ADDR_GRP

NET_IGMP_ERR_HOST_GRP_NONE_AVAIL

NET_IGMP_ERR_HOST_GRP_INVALID_TYPE

NET_IF_ERR_INVALID_IF

NET_ERR_INIT_INCOMPLETE

NET_OS_ERR_LOCK

返回值

DEF_OK:成功加入主机组。

DEF_FAIL:失败。

配置要求

仅当用于发送和接收多播的 NET_IP_CFG_MULTICAST_SEL(见 C.9.2)开启时,函数才有效。

注意/警告

addr_grp 必须遵从主机字节序。

B.10.2　NetIGMP_HostGrpLeave( )

离开一个主机组。

文件

net_igmp.h/net_igmp.c

原型

```
void NetIGMP_HostGrpLeave (NET_IF_NBR    if_nbr,
                           NET_IP_ADDR   addr_grp,
                           NET_ERR       * perr);
```

参数

if_nbr:待离开主机组的接口号。

addr_grp:待离开的主机组的 IP 地址。

perr:指向保存返回错误码的变量指针。可能的错误码如下:

　　NET_IGMP_ERR_NONE

　　NET_IGMP_ERR_HOST_GRP_NOT_FOUND

　　NET_ERR_INIT_INCOMPLETE

　　NET_OS_ERR_LOCK

返回值

DEF_OK:成功离开主机组。

DEF_FAIL：失败。

配置要求

仅当用于发送和接收多播的 NET_IP_CFG_MULTICAST_SEL（见 C.9.2）开启时，函数才有效。

注意/警告

addr_grp 必须遵从主机字节序。

B.11　IP 函数

B.11.1　NetIP_CfgAddrAdd( )

为接口添加静态 IP 地址、子网掩码和默认网关。

文件

net_ip.h/net_ip.c

原型

```
CPU_BOOLEAN NetIP_CfgAddrAdd(NET_IF_NBR      if_nbr,
                             NET_IP_ADDR     addr_host,
                             NET_IP_ADDR     addr_subnet_mask,
                             NET_IP_ADDR     addr_dflt_gateway,
                             NET_ERR        * perr);
```

参数

if_nbr：待配置的接口号。

addr_host：待添加的接口 IP 地址。

addr_subnet_mask：待设定的 IP 地址子网掩码。

addr_dflt_gateway：待设定的 IP 默认网关地址。

perr：指向保存返回错误码的变量指针。可能的错误码如下：

　　NET_IP_ERR_NONE

　　NET_IP_ERR_INVALID_ADDR_HOST

　　NET_IP_ERR_INVALID_ADDR_GATEWAY

　　NET_IP_ERR_ADDR_CFG_STATE

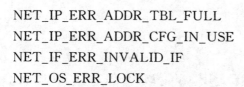

NET_IP_ERR_ADDR_TBL_FULL
NET_IP_ERR_ADDR_CFG_IN_USE
NET_IF_ERR_INVALID_IF
NET_OS_ERR_LOCK

返回值

DEF_OK：成功。
DEF_FAIL：失败。

配置要求

无

注意/警告

IP 地址必须遵从主机字节序。
接口的配置可以有两种：
(1) 一个或者多个静态配置的 IP 地址。
(2) 一个动态配置的 IP 地址。
如果接口的地址配置成动态的，只有当所有的动态地址被移除时，才能添加静态地址。

接口可配置的 IP 地址最大值受限于 NET_IP_CFG_IF_MAX_NBR_ADDR（见 C.9.1）。

要注意到，在默认接口中，第一个添加的 IP 地址将是用于默认通信的默认地址（见 B.9.1）。

主机可以不配置网关地址，仅与本地网络中的其他主机进行通信。然而，任何配置的网关地址必须与主机 IP 地址处于同一网络中（例如，IP 地址与网关地址的网络部分必须相同）。

B.11.2　NetIP_CfgAddrAddDynamic( )

为接口添加动态 IP 地址、子网掩码和默认网关。

文件

net_ip. h/net_ip. c

原型

```
CPU_BOOLEAN NetIP_CfgAddrAddDynamic(NET_IF_NBR    if_nbr,
                                    NET_IP_ADDR   addr_host,
                                    NET_IP_ADDR   addr_subnet_mask,
                                    NET_IP_ADDR   addr_dflt_gateway,
                                    NET_ERR      * perr);
```

参数

if_nbr:待配置的接口号。

addr_host:待添加的接口 IP 地址。

addr_subnet_mask:待设定的 IP 地址子网掩码。

addr_dflt_gateway:待设定的 IP 默认网关地址。

perr:指向保存返回错误码的变量指针。可能的错误码如下:

NET_IP_ERR_NONE

NET_IP_ERR_INVALID_ADDR_HOST

NET_IP_ERR_INVALID_ADDR_GATEWAY

NET_IP_ERR_ADDR_CFG_STATE

NET_IP_ERR_ADDR_CFG_IN_USE

NET_IF_ERR_INVALID_IF

NET_ERR_INIT_INCOMPLETE

NET_OS_ERR_LOCK

返回值

DEF_OK:成功。

DEF_FAIL:失败。

配置要求

无

注意/警告

IP 地址必须遵从主机字节序。

接口的配置可以有两种:

(1) 一个或者多个静态配置的 IP 地址。

(2) 一个动态配置的 IP 地址。

此函数应当仅能由特定的网络应用程序函数调用(如 DHCP 初始化函数)。然而,如果应用程序试图动态分配 IP 地址,在调用 NetIP_CfgAddrAddDynamic( )前,必须调用 NetIP_CfgAddrAddDynamicStart( )。要注意到,在默认接口中,第一个添加的 IP 地址将是用于默认通信的默认地址(见 B.9.1)。

主机可以不配置网关地址,仅与本地网络中的其他主机进行通信。然而,任何配置的网关地址必须与主机 IP 地址处于同一网络中(例如,IP 地址与网关地址的网络部分必须相同)。

B.11.3　NetIP_CfgAddrAddDynamicStart( )

启动接口的动态 IP 地址配置。

文件

net_ip.h/net_ip.c

原型

```
CPU_BOOLEAN NetIP_CfgAddrAddDynamicStart(NET_IF_NBR      if_nbr,
                                         NET_ERR        * perr);
```

参数

if_nbr:待启动动态 IP 地址配置的接口号。

perr:指向保存返回错误码的变量指针。可能的错误码如下:

　　NET_IP_ERR_NONE

　　NET_IP_ERR_ADDR_CFG_STATE

　　NET_IP_ERR_ADDR_CFG_IN_PROGRESS

　　NET_IF_ERR_INVALID_IF

　　NET_OS_ERR_LOCK

返回值

DEF_OK:成功。

DEF_FAIL:失败。

配置要求

无

注意/警告

此函数应当仅能由特定的网络应用程序函数调用(如 DHCP 初始化函数)。然而，如果应用程序试图动态配置 IP 地址，在调用 NetIP_CfgAddrAddDynamic( )前，必须调用 NetIP_CfgAddrAddDynamicStart( )。

B. 11. 4　NetIP_CfgAddrAddDynamicStop( )

停止接口的动态 IP 地址配置。

文件

net_ip. h/net_ip. c

原型

```
CPU_BOOLEAN NetIP_CfgAddrAddDynamicStop(NET_IF_NBR    if_nbr,
                                        NET_ERR      * perr);
```

参数

if_nbr:网络接口号。

perr:指向保存返回错误码的变量指针。可能的错误码如下：

　NET_IP_ERR_NONE

　NET_IP_ERR_ADDR_CFG_STATE

　NET_IF_ERR_INVALID_IF

　NET_OS_ERR_LOCK

返回值

DEF_OK:成功。

DEF_FAIL:失败。

配置要求

无

注意/警告

此函数应当仅由恰当的网络应用程序函数调用（比如 DHCP 初始化函数）。然而，如果应用程序试图动态配置 IP 地址，仅在 NetIP_CfgAddrAddDynamicStart( ) 被调用后，并且 IP 地址配置失败时，才能调用 NetIP_CfgAddrAddDynamicStop( )。

B.11.5　NetIP_CfgAddrRemove( )

删除接口中已配置的 IP 地址。

文件

net_ip.h/net_ip.c

原型

```
CPU_BOOLEAN NetIP_CfgAddrRemove(NET_IF_NBR    if_nbr,
                                NET_IP_ADDR   addr_host,
                                NET_ERR       * perr);
```

参数

if_nbr:网络接口号。

addr_host:待删除的 IP 地址。

perr:指向保存返回错误码的变量指针。可能的错误码如下:

　　NET_IP_ERR_NONE

　　NET_IP_ERR_INVALID_ADDR_HOST

　　NET_IP_ERR_ADDR_CFG_STATE

　　NET_IP_ERR_ADDR_TBL_EMPTY

　　NET_IP_ERR_ADDR_NOT_FOUND

　　NET_IF_ERR_INVALID_IF

　　NET_OS_ERR_LOCK

返回值

DEF_OK:成功。

DEF_FAIL:失败。

配置要求

无

注意/警告

无

B.11.6　NetIP_CfgAddrRemoveAll( )

删除接口中所有已配置的 IP 地址。

文件

net_ip. h/net_ip. c

原型

```
CPU_BOOLEAN NetIP_CfgAddrRemoveAll(NET_IF_NBR    if_nbr,
                                   NET_ERR      * perr);
```

参数

if_nbr:网络接口号。

perr:指向保存返回错误码的变量指针。可能的错误码如下:

　　NET_IP_ERR_NONE

　　NET_IP_ERR_ADDR_CFG_STATE

　　NET_IF_ERR_INVALID_IF

　　NET_OS_ERR_LOCK

返回值

DEF_OK:成功。

DEF_FAIL:失败。

配置要求

无

注意/警告

无

B.11.7　NetIP_CfgFragReasmTimeout( )

配置 IP 分段重组超时。

文件

net_ip. h/net_ip. c

原型

```
CPU_BOOLEAN NetIP_CfgFragReasmTimeout(CPU_INT08U timeout_sec);
```

参数

timeout_sec：IP 分段重组超时门限值（以秒为单位）

返回值

DEF_OK：成功。

DEF_FAIL：失败。

配置要求

无

注意/警告

分段重组超时是接收同一 IP 数据包的片段之间，所允许的最长时间。

B. 11. 8　NetIP_GetAddrDfltGateway( )

取得已配置的 IP 地址的默认网关。

文件

net_ip. h/net_ip. c

原型

```
NET_IP_ADDR NetIP_GetAddrDfltGateway(NET_IP_ADDR    addr,
                                     NET_ERR        * perr);
```

参数

addr：已配置的 IP 地址。

perr：指向保存返回错误码的变量指针。可能的错误码如下：

　　NET_IP_ERR_NONE

　　NET_IP_ERR_INVALID_ADDR_HOST

　　NET_OS_ERR_LOCK

返回值

如果成功,返回已配置的 IP 主机地址的默认网关(遵从主机字节序)。否则返回 NET_IP_ADDR_NONE。

配置要求

无

注意/警告

所有 IP 地址都要遵从主机字节序。

B.11.9　NetIP_GetAddrHost( )

取得接口已配置的 IP 地址。

文件

net_ip.h/net_ip.c

原型

```
CPU_BOOLEAN NetIP_GetAddrHost(NET_IF_NBR        if_nbr,
                              NET_IP_ADDR      * paddr_tbl,
                              NET_IP_ADDRS_QTY * paddr_tbl_qty,
                              NET_ERR          * perr);
```

参数

if_nbr:网络接口号。

paddr_tbl:指向接收接口 IP 地址的 IP 地址表的指针,IP 地址遵从主机字节序。

paddr_tbl_qty:指向变量的指针。如果没有错误,返回 IP 地址的实际数量,否则返回 0。

perr:指向保存返回错误码的变量指针。可能的错误码如下:

NET_IP_ERR_NONE

NET_IP_ERR_NULL_PTR

NET_IP_ERR_ADDR_NONE_AVAIL

NET_IP_ERR_ADDR_CFG_IN_PROGRESS

NET_IP_ERR_ADDR_TBL_SIZE

NET_IF_ERR_INVALID_IF

NET_OS_ERR_LOCK

返回值

DEF_OK:成功。

DEF_FAIL:失败。

配置要求

无

注意/警告

返回的 IP 地址须遵从主机字节序。

B. 11. 10　NetIP_GetAddrHostCfgd( )

获得与远程 IP 地址相对应的已配置 IP 地址。

文件

net_ip. h/net_ip. c

原型

```
NET_IP_ADDR NetIP_GetAddrHostCfgd(NET_IP_ADDR addr_remote);
```

参数

addr_remote:远程 IP 地址。

返回值

如果有效,返回已配置的 IP 地址。否则返回 NET_IP_ADDR_NONE。

配置要求

无

注意/警告

返回的 IP 地址须遵从主机字节序。

B. 11. 11　NetIP_GetAddrSubnetMask( )

获取 IP 地址的子网掩码。

文件

net_ip. h/net_ip. c

原型

```
NET_IP_ADDR NetIP_GetAddrSubnetMask(NET_IP_ADDR    addr,
                                    NET_ERR        * perr);
```

参数

addr：IP 地址。

perr：指向保存返回错误码的变量指针。可能的错误码如下：

　　　NET_IP_ERR_NONE

　　　NET_IP_ERR_INVALID_ADDR_HOST

　　　NET_OS_ERR_LOCK

返回值

如果没有错误，返回 IP 地址的子网掩码（遵从主机字节序）。否则返回 NET_IP_ADDR_NONE。

配置要求

无

注意/警告

IP 地址须遵从主机字节序。

B. 11. 12　NetIP_IsAddrBroadcast( )

验证 IP 地址是否为有限的广播 IP 地址。

文件

net_ip. h/net_ip. c

原型

```
CPU_BOOLEAN NetIP_IsAddrBroadcast(NET_IP_ADDR addr);
```

参数

Addr:待验证的 IP 地址。

返回值

DEF_OK:如果 IP 地址是一个有限的广播 IP 地址。
DEF_FAIL:失败。

配置要求

无

注意/警告

IP 地址须遵从主机字节序。广播 IP 地址为 255.255.255.255。

B. 11. 13 NetIP_IsAddrClassA( )

验证 IP 地址是否为 A 类 IP 地址。

文件

net_ip. h/net_ip. c

原型

```
CPU_BOOLEAN NetIP_IsAddrClassA(NET_IP_ADDR addr);
```

参数

addr:待验证的 IP 地址

返回值

DEF_OK:如果 IP 地址是 A 类 IP 地址。
DEF_FAIL:失败。

配置要求

无

注意/警告

IP 地址须遵从主机字节序。A 类 IP 地址的最高有效位是"0"。

B.11.14　NetIP_IsAddrClassB( )

验证 IP 地址是否为 B 类 IP 地址。

文件

net_ip. h/net_ip. c

原型

```
CPU_BOOLEAN NetIP_IsAddrClassB(NET_IP_ADDR addr);
```

参数

addr:待验证的 IP 地址。

返回值

DEF_OK:如果 IP 地址是 B 类 IP 地址。
DEF_FAIL:失败。

配置要求

无

注意/警告

IP 地址须遵从主机字节序。B 类 IP 地址的最高有效位是"10"。

B.11.15　NetIP_IsAddrClassC( )

验证 IP 地址是否为 C 类 IP 地址。

文件

net_ip. h/net_ip. c

原型

```
CPU_BOOLEAN NetIP_IsAddrClassC(NET_IP_ADDR addr);
```

参数

addr:待验证的 IP 地址。

返回值

DEF_OK:如果 IP 地址是 C 类 IP 地址。
DEF_FAIL:失败。

配置要求

无

注意/警告

IP 地址须遵从主机字节序。C 类 IP 地址的最高有效位是"110"。

B. 11. 16　NetIP_IsAddrHost( )

验证 IP 地址是否为主机的 IP 地址。

文件

net_ip. h/net_ip. c

原型

```
CPU_BOOLEAN NetIP_IsAddrHost(NET_IP_ADDR addr);
```

参数

addr:待验证的 IP 地址。

返回值

DEF_OK:如果 IP 地址是主机的 IP 地址之一。
DEF_FAIL:失败。

配置要求

无

注意/警告

IP 地址须遵从主机字节序。

B. 11. 17   NetIP_IsAddrHostCfgd( )

验证 IP 地址是否为主机已配置的 IP 地址。

文件

net_ip. h/net_ip. c

原型

```
CPU_BOOLEAN NetIP_IsAddrHostCfgd(NET_IP_ADDR addr);
```

参数

addr:待验证的 IP 地址。

返回值

DEF_OK:如果 IP 地址是主机的任意已配置的 IP 地址之一。
DEF_FAIL:失败。

配置要求

无

注意/警告

IP 地址须遵从主机字节序。

B. 11. 18   NetIP_IsAddrLocalHost( )

验证 IP 地址是否为本地主机 IP 地址。

文件

net_ip. h/net_ip. c

原型

```
CPU_BOOLEAN NetIP_IsAddrLocalHost(NET_IP_ADDR addr);
```

参数

addr:待验证的 IP 地址。

返回值

DEF_OK:如果 IP 地址是本地主机 IP 地址。
DEF_FAIL:失败。

配置要求

无

注意/警告

IP 地址须遵从主机字节序。本地主机 IP 地址是在"127. <host>"子网中的任意主机地址。

B. 11. 19　NetIP_IsAddrLocalLink( )

验证 IP 地址是否为链路本地 IP 地址(link-local IP address)。

文件

net_ip. h/net_ip. c

原型

```
CPU_BOOLEAN NetIP_IsAddrLocalHost(NET_IP_ADDR addr);
```

参数

addr:待验证的 IP 地址。

返回值

DEF_YES:如果 IP 地址是链路本地 IP 地址。
DEF_NO:失败。

配置要求

无

注意/警告

IP 地址须遵从主机字节序。链路本地 IP 地址是在"169.254.<host>"子网中的任意主机地址。

B.11.20　NetIP_IsAddrsCfgdOnIF( )

检查接口中是否配置有 IP 地址。

文件

net_ip. h/net_ip. c

原型

```
CPU_BOOLEAN NetIP_IsAddrsHostCfgdOnIF(NET_IF_NBR    if_nbr,
                                      NET_ERR      * perr);
```

参数

if_nbr:网络接口号。

perr:指向保存返回错误码的变量指针。可能的错误码如下:

　　NET_IP_ERR_NONE

　　NET_IF_ERR_INVALID_IF

　　NET_OS_ERR_LOCK

返回值

DEF_YES:如果接口中配置有 IP 地址。

DEF_NO:失败。

配置要求

无

注意/警告

无

B. 11. 21　NetIP_IsAddrThisHost( )

验证 IP 地址是否为"本机"初始化 IP 地址。

文件

net_ip. h/net_ip. c

原型

```
CPU_BOOLEAN NetIP_IsAddrThisHost(NET_IP_ADDR addr);
```

参数

addr:待验证的 IP 地址。

返回值

DEF_YES:如果 IP 地址是"本机"初始化 IP 地址。
DEF_NO:失败。

配置要求

无

注意/警告

IP 地址须遵从主机字节序。"本机"初始化 IP 地址为 0.0.0.0。

B. 11. 22　NetIP_IsValidAddrHost( )

验证 IP 地址是否为有效的 IP 地址。

文件

net_ip. h/net_ip. c

原型

```
CPU_BOOLEAN NetIP_IsValidAddrHost(NET_IP_ADDR addr_host);
```

参数

addr_host：待验证的 IP 地址。

返回值

DEF_YES：如果 IP 主机地址有效。
DEF_NO：失败。

配置要求

无

注意/警告

IP 地址须遵从主机字节序。有效的 IP 地址一定不是以下几种之一："本机"（见 B.11.21）、给定主机、本地主机（见 B.11.18）、有限广播（见 B.11.12）、直接广播。

B.11.23 NetIP_IsValidAddrHostCfgd( )

验证 IP 地址是否为有效的、可配置的 IP 地址。

文件

net_ip.h/net_ip.c

原型

```
CPU_BOOLEAN NetIP_IsValidAddrHostCfgd(NET_IP_ADDR    addr_host,
                                      NET_IP_ADDR    addr_subnet_mask);
```

参数

addr_host：待验证的 IP 地址。
addr_subnet_mask：IP 地址子网掩码。

返回值

DEF_YES：如果是可配置的 IP 主机地址。
DEF_NO：失败。

配置要求

无

注意/警告

IP 地址须遵从主机字节序。可配置的 IP 主机地址一定不是以下几种之一:"本机"(见 B.11.21)、专用主机、本地主机(见 B.11.18)、有限广播(见 B.11.12)、直接广播、子网广播。

B.11.24　NetIP_IsValidAddrSubnetMask( )

验证 IP 地址子网掩码。

文件

net_ip.h/net_ip.c

原型

```
CPU_BOOLEAN NetIP_IsValidAddrSubnetMask(NET_IP_ADDR addr_subnet_mask);
```

参数

addr_subnet_mask:IP 地址子网掩码。

返回值

DEF_YES:如果 IP 地址子网掩码有效。
DEF_NO:失败。

配置要求

无

注意/警告

IP 地址须遵从主机字节序。

B.12　网络安全函数

B.12.1　NetSecureMgr_InstallBuf( )

从缓冲区安装证书授权(CA)、证书(CERT)或者私匙(KEY)。

文件

net_secure_mgr. h/net_secure_mgr. c

调用来源

应用程序

原型

```
CPU_BOOLEAN NetSecureMgr_InstallBuf(void           * p_buf,
                                    CPU_INT08U       type,
                                    CPU_INT08U       fmt,
                                    CPU_SIZE_T       size,
                                    NET_ERR         * p_err);
```

参数

p_buf:指向要安装的 CA,CERT 或者 KEY 缓冲区的指针。

type:要安装的 CA,CERT 或者 KEY 的类型:

NET_SECURE_MGR_INSTALL_TYPE_CA:证书授权(CA)。

NET_SECURE_INSTALL_TYPE_CERT:公开密匙证书。

NET_SECURE_INSTALL_TYPE_KEY:私匙。

fmt:要安装的 CA,CERT 或者 KEY 的格式:

NET_SECURE_MGR_INSTALL_FMT_PEM

NET_SECURE_MGR_INSTALL_FMT_DER

size:要安装的 CA,CERT 或者 KEY 的大小。

p_err:指向保存返回错误码的变量指针,可能的错误码如下:

NET_SECURE_MGR_ERR_NONE

NET_SECURE_MGR_ERR_NULL_PTR

NET_SECURE_MGR_ERR_TYPE

NET_SECURE_MGR_ERR_FMT

NET_SECURE_ERR_INSTALL_NOT_TRUSTED

NET_SECURE_ERR_INSTALL_DATE_EXPIRATION

NET_SECURE_ERR_INSTALL_DATE_CREATION

NET_SECURE_ERR_INSTALL_CA_SLOT

NET_SECURE_ERR_INSTALL

返回值

DEF_OK:CA,CERT 或 KEY 安装成功。

DEF_FAIL:失败。

配置要求

仅当 NET_SECURE_CFG_EN 开启(见 C. 16. 1),并且配置 NET_CFG_TRANSPORT_LAYER_SEL(见 C. 12. 1)为 TCP 时,函数才有效。

注意/警告

无

B. 12. 2 NetSecureMgr_InstallFile( )

从文件安装证书授权(CA),证书(CERT)或者私匙(KEY)。

文件

net_secure_mgr. h/net_secure_mgr. c

调用来源

应用程序

原型

```
CPU_BOOLEAN NetSecureMgr_InstallFile(CPU_CHAR    * p_filename,
                                     CPU_INT08U  type,
                                     CPU_INT08U  fmt,
                                     NET_ERR     * p_err);
```

参数

p_filename:指向要安装的 CA,CERT 或 KEY 文件名的指针。

type:要安装的 CA,CERT 或者 KEY 的类型:

NET_SECURE_MGR_INSTALL_TYPE_CA:证书授权(CA)。

NET_SECURE_INSTALL_TYPE_CERT:公开密匙证书。

NET_SECURE_INSTALL_TYPE_KEY:私匙。

fmt:CA,CERT 或者 KEY 的格式:

NET_SECURE_MGR_INSTALL_FMT_PEM

NET_SECURE_MGR_INSTALL_FMT_DER

p_err:指向保存返回错误码的变量指针。可能的错误码如下:

NET_SECURE_MGR_ERR_NONE

NET_SECURE_MGR_ERR_NULL_PTR

NET_SECURE_MGR_ERR_TYPE

NET_SECURE_MGR_ERR_FMT

NET_SECURE_ERR_INSTALL_NOT_TRUSTED

NET_SECURE_ERR_INSTALL_DATE_EXPIRATION

NET_SECURE_ERR_INSTALL_DATE_CREATION

NET_SECURE_ERR_INSTALL_CA_SLOT

NET_SECURE_ERR_INSTALL

返回值

DEF_OK:CA,CERT 或 KEY 安装成功。

DEF_FAIL:失败。

配置要求

仅当 NET_SECURE_CFG_EN 开启(见 C.16.1),并且配置 NET_CFG_TRANSPORT_LAYER_SEL(见 C.12.1)为 TCP 时,函数才有效。

注意/警告

p_filename 必须所指向的文件名必须具有完整路径,例如文件名:

\server-cert. der

\<Your Target Path>\server-key. pem

…相应的文件名字符串:

"\\server-cert. der"

"\\<Your Target Path>\\server-key. pem"

其中:

<Your Target Path>:用户的目标文件系统的文件夹路径。

B.13　网络套接字函数

B.13.1　NetSock_Accept( )/accept( )(TCP)

在服务器套接字上监听新的套接字连接(见 B.13.29)。当一个新的连接到达并已成功完成 TCP 握手后,该函数将返回一个新的套接字 ID,同时通过套接字地址结构返回远程主机的地址和端口号。

文件

net_sock. h/net_sock. c

net_bsd. h/net_bsd. c

原型

```
NET_SOCK_ID NetSock_Accept(NET_SOCK_ID      sock_id,
                           NET_SOCK_ADDR     * paddr_remote,
                           NET_SOCK_ADDR_LEN * paddr_len,
                           NET_ERR           * perr);


int accept(int            sock_id,
           struct sockaddr * paddr_remote,
           socklen_t       * paddr_len);
```

参数

sock_id:由 NetSock_Open( )/socket( )创建套接字时创建的 socket ID,此套接字被假定绑定到一个地址上后监听新的连接(见 B.13.29)。

paddr_remote:指向一个套接字地址结构(见 17.1 节"网络套接字数据结构"),用于返回新接受连接的远程主机的地址。

paddr_len:指向保存套接字地址结构体的大小变量的指针,即 sizeof(NET_SOCK_ADDR_IP)。在没有错误时返回所接受连接的套接字地址结构的大小;否则返回 0。

perr:指向保存错误码的变量,错误码包括:

NET_SOCK_ERR_NONE

NET_SOCK_ERR_NULL_PTR

NET_SOCK_ERR_NONE_AVAIL

NET_SOCK_ERR_NOT_USED

NET_SOCK_ERR_CLOSED

NET_SOCK_ERR_INVALID_SOCK

NET_SOCK_ERR_INVALID_FAMILY

NET_SOCK_ERR_INVALID_TYPE

NET_SOCK_ERR_INVALID_STATE

NET_SOCK_ERR_INVALID_OP

NET_SOCK_ERR_CONN_ACCEPT_Q_NONE_AVAIL
NET_SOCK_ERR_CONN_SIGNAL_TIMEOUT
NET_SOCK_ERR_CONN_FAIL
NET_SOCK_ERR_FAULT
NET_ERR_INIT_INCOMPLETE
NET_OS_ERR_LOCK

返回值

成功时返回所接受的新连接的非负套接字描述符 ID;否则返回 NET_SOCK_BSD_ERR_ACCEPT/-1。

如果套接字配置为非阻塞,返回值 NET_SOCK_BSD_ERR_ACCEPT/-1 表示在 NetSock_Accept( )/accept( )被调用时没有连接请求在排队。在这种情况下,服务器可以在稍后"轮询(poll)"一个新连接。

配置要求

仅当为 NET_CFG_TRANSPORT_LAYER_SEL 配置为 TCP(见 C. 12.1)时 NetSock_Accept( )可用。除此以外,只有使能了 NET_BSD_CFG_API_EN(见 C. 17.1)时 accept( )函数可用。

注意/警告

请参阅 8.2 节"Socket 接口"获取有关套接字地址结构格式的信息。

B. 13. 2　NetSock_Bind( )/ bind( )(TCP /UDP)

将网络地址绑定到套接字上。通常情况下,服务器套接字绑定到某个地址,但客户端套接字却不一定。尽管服务器可以绑定到本地的主机地址之一,但通常的做法是将其绑定到 0 - 1024 端口号之间的所谓通配符地址(wildcard address, NET_SOCK_ADDR_IP_WILDCARD/ INADDR_ANY)上。而客户端套接字通常绑定到本地主机的地址之一,而且往往使用随机的端口号(令配置套接字地址结构体中端口号字段的值为 0)。

文件

net_sock. h/net_sock. c
net_bsd. h/net_bsd. c

原型

```
NET_SOCK_RTN_CODE NetSock_Bind(NET_SOCK_ID          sock_id,
                               NET_SOCK_ADDR       * paddr_local,
                               NET_SOCK_ADDR_LEN    addr_len,
                               NET_ERR             * perr);

int bind(int                 sock_id,
    s    truct sockaddr   * paddr_local,
         socklen_t          addr_len);
```

参数

sock_id：由 NetSock_Open( )/socket( )创建套接字时创建的 socket ID。

paddr_local：指向一个要绑定的本地主机地址（见 8.2 节"Socket 接口"）。

addr_len：指向保存套接字地址结构体的大小变量的的指针，即
   sizeof(NET_SOCK_ADDR_IP)。

perr：指向保存错误码的变量。错误码包括：
   NET_SOCK_ERR_NONE
   NET_SOCK_ERR_NOT_USED
   NET_SOCK_ERR_CLOSED
   NET_SOCK_ERR_INVALID_SOCK
   NET_SOCK_ERR_INVALID_FAMILY
   NET_SOCK_ERR_INVALID_PROTOCOL
   NET_SOCK_ERR_INVALID_TYPE
   NET_SOCK_ERR_INVALID_STATE
   NET_SOCK_ERR_INVALID_OP
   NET_SOCK_ERR_INVALID_ADDR
   NET_SOCK_ERR_ADDR_IN_USE
   NET_SOCK_ERR_PORT_NBR_NONE_AVAIL
   NET_SOCK_ERR_CONN_FAIL
   NET_IF_ERR_INVALID_IF
   NET_IP_ERR_ADDR_NONE_AVAIL
   NET_IP_ERR_ADDR_CFG_IN_PROGRESS
   NET_CONN_ERR_NULL_PTR
   NET_CONN_ERR_NOT_USED
   NET_CONN_ERR_NONE_AVAIL

NET_CONN_ERR_INVALID_CONN

    NET_CONN_ERR_INVALID_FAMILY

    NET_CONN_ERR_INVALID_TYPE

    NET_CONN_ERR_INVALID_PROTOCOL_IX

    NET_CONN_ERR_INVALID_ADDR_LEN

    NET_CONN_ERR_ADDR_NOT_USED

    NET_CONN_ERR_ADDR_IN_USE

    NET_ERR_INIT_INCOMPLETE

    NET_OS_ERR_LOCK

返回值

成功时返回 NET_SOCK_BSD_ERR_NONE/0；否则返回 NET_SOCK_BSD_ERR_BIND/−1。

配置要求

仅当 NET_CFG_TRANSPORT_LAYER_SEL 被配置为 TCP(见 C.12.1)，和/或 NET_UDP_CFG_APP_API_SEL 被配置为套接字(见 C.13.1 节)时，NetSock_Bind( )可用(见 C.12.1)。

此外，仅当 NET_BSD_CFG_API_EN 启用时(见 C.17.1)时，bind( )可用。

注意/警告

有关套接字地址结构格式，请参阅 8.2 节"Socket 接口"。

套接字可以被绑定到主机任意一个配置过的地址，任意的本地主机地址(127.x.y.z 网段，如 127.0.0.1)，任意链路本地地址(169.254.y.z 网段，如 169.254.65.111)，以及通配符地址(NET_SOCK_ADDR_IP_WILDCARD/ INADDR_ANY，即 0.0.0.0)。

套接字就被可以绑定到特定端口号或随机端口号，将套接字地址结构体的端口号字段设置为 0 可绑定到随机端口。套接字可能无法绑定到配置为随机端口范围的端口号(见 C.15.2 和 C.15.7)。

NET_SOCK_CFG_PORT_NBR_RANDOM_BASE <= RandomPortNbrs<=

(NET_SOCK_CFG_PORT_NBR_RANDOM_BASE + NET_SOCK_CFG_NBR_SOCK + 10)

B.13.3　NetSock_CfgBlock( )(TCP/UDP)

配置套接字阻塞模式。

文件

net_sock. h/net_sock. c

原型

```
CPU_BOOLEAN NetSock_CfgBlock(NET_SOCK_ID   sock_id,
                             CPU_INT08U    block,
                             NET_ERR       * perr);
```

参数

sock_id：套接字 ID。由 NetSock_Open( )/socket( )在创建时返回或者由 Net-Sock_Accept( )/accept( )接受连接时返回的套接字 ID。

block：阻塞模式取值：

NET_SOCK_BLOCK_SEL_DFLT   阻塞套接字操作

NET_SOCK_BLOCK_SEL_BLOCK   阻塞套接字操作

NET_SOCK_BLOCK_SEL_NO_BLOCK   不阻塞套接字操作

perr：指向保存错误码的变量，错误码包括：

NET_SOCK_ERR_NONE

NET_SOCK_ERR_NOT_USED

NET_SOCK_ERR_INVALID_SOCK

NET_SOCK_ERR_INVALID_ARG

NET_ERR_INIT_INCOMPLETE

NET_OS_ERR_LOCK

返回值

成功时返回 DEF_OK；否则返回 DEF_FAIL。

配置要求

仅当 NET_CFG_TRANSPORT_LAYER_SEL 被配置为 TCP(见 C.12.1)，和/或 NET_UDP_CFG_APP_API_SEL 被配置为套接字(见 C.13.1)时，函数有效。

注意/警告

无

B.13.4 NetSock_CfgSecure( )（TCP）

配置套接字安全模式。

文件

net_sock.h/net_sock.c

原型

```
CPU_BOOLEAN NetSock_CfgBlock(NET_SOCK_ID    sock_id,
                             CPU_INT08U     secure,
                             NET_ERR       * perr);
```

参数

sock_id：套接字 ID。由 NetSock_Open( )/socket( )在创建时返回。

block：安全模式取值：

DEF_ENABLED：安全套接字

DEF_DISABLED：非安全套接字

perr：指向保存错误码的变量。错误码包括：

NET_SOCK_ERR_NONE

NET_SOCK_ERR_NOT_USED

NET_SOCK_ERR_INVALID_ARG

NET_SOCK_ERR_INVALID_TYPE

NET_SOCK_ERR_INVALID_STATE

NET_SOCK_ERR_INVALID_SOCK

NET_ERR_INIT_INCOMPLETE

NET_SECURE_ERR_NOT_AVAIL

NET_OS_ERR_LOCK

返回值

成功时返回 DEF_OK；否则返回 DEF_FAIL。

配置要求

仅当 NET_CFG_TRANSPORT_LAYER_SEL 被配置为 TCP（见 C.12.1），和/或 NET_UDP_CFG_APP_API_SEL 被配置为套接字（见 C.13.1）时，函数有效。

注意/警告

仅对流式套接字(如 TCP)有效。

B.13.5 NetSock_CfgTimeoutConnAcceptDflt( )(TCP)

将套接字接受连接时的超时时间恢复配置默认值。

文件

net_sock.h/net_sock.c

原型

```
CPU_BOOLEAN NetSock_CfgTimeoutConnAcceptDflt(NET_SOCK_ID    sock_id,
                                             NET_ERR        * perr);
```

参数

sock_id:套接字 ID。由 NetSock_Open( )/socket( )在创建时返回或者由 Net-Sock_Accept( )/accept( )接受连接时返回的套接字 ID。

perr:指向保存错误码的变量。错误码包括:

    NET_SOCK_ERR_NONE

    NET_SOCK_ERR_NOT_USED

    NET_SOCK_ERR_INVALID_SOCK

    NET_ERR_INIT_INCOMPLETE

    NET_OS_ERR_INVALID_TIME

    NET_OS_ERR_LOCK

返回值

成功时返回 DEF_OK;否则返回 DEF_FAIL。

配置要求

仅当 NET_CFG_TRANSPORT_LAYER_SEL 被配置为 TCP(见 C.12.1),时,函数有效。

注意/警告

无

B. 13. 6　NetSock_GetTimeoutConnAcceptGet_ms( )（TCP）

获取套接字接受连接的超时门限。

文件

net_sock. h/net_sock. c

原型

```
CPU_INT32U NetSock_CfgTimeoutConnAcceptGet_ms(NET_SOCK_ID     sock_id,
                                              NET_ERR         * perr);
```

参数

sock_id:套接字 ID。由 NetSock_Open( )/socket( )在创建时返回或者由 Net-Sock_Accept( )/accept( )接受连接时返回的套接字 ID。

perr:指向保存错误码的变量。错误码包括：

NET_SOCK_ERR_NONE

NET_SOCK_ERR_NOT_USED

NET_SOCK_ERR_INVALID_SOCK

NET_ERR_INIT_INCOMPLETE

NET_OS_ERR_INVALID_TIME

NET_OS_ERR_LOCK

返回值

发生错误时返回 0;如果配置为无超时,返回 NET_TMR_TIME_INFINITE;其他情况返回以 ms 为单位的超时门限。

配置要求

仅当 NET_CFG_TRANSPORT_LAYER_SEL 被配置为 TCP(见 C. 12. 1),时,函数有效。

注意/警告

无

B. 13. 7　NetSock_CfgTimeoutConnAcceptSet（）(TCP)

配置套接字接受连接的超时门限。

文件

net_sock. h/net_sock. c

原型

```
CPU_BOOLEAN NetSock_CfgTimeoutConnAcceptSet(NET_SOCK_ID    sock_id,
                                            CPU_INT32U     timeout_ms,
                                            NET_ERR        * perr);
```

参数

sock_id：套接字 ID。由 NetSock_Open( )/socket( )在创建时返回或者由 Net-Sock_Accept( )/accept( )接受连接时返回的套接字 ID。

timeout_ms：超时时间取值，如果希望无限等待，则为 NET_TMR_TIME_IN-FINIT；否则以 ms 为单位的值。

perr：指向保存错误码的变量。错误码包括：

NET_SOCK_ERR_NONE

NET_SOCK_ERR_NOT_USED

NET_SOCK_ERR_INVALID_SOCK

NET_ERR_INIT_INCOMPLETE

NET_OS_ERR_INVALID_TIME

NET_OS_ERR_LOCK

返回值

成功时返回 DEF_OK；否则返回 DEF_FAIL。

配置要求

仅当 NET_CFG_TRANSPORT_LAYER_SEL 被配置为 TCP(见 C. 12. 1)，时，函数有效。

注意/警告

无

B.13.8　NetSock_CfgTimeoutConnCloseDflt( ) (TCP)

将套接字关闭的超时时间设置为配置默认值。

文件

net_sock.h/net_sock.c

原型

```
CPU_BOOLEAN NetSock_CfgTimeoutConnCloseDflt(NET_SOCK_ID    sock_id,
                                            NET_ERR        * perr);
```

参数

sock_id：套接字 ID。由 NetSock_Open( )/socket( )在创建时返回或者由 Net-Sock_Accept( )/accept( )接受连接时返回的套接字 ID。

perr：指向保存错误码的变量。错误码包括：

NET_SOCK_ERR_NONE

NET_SOCK_ERR_NOT_USED

NET_SOCK_ERR_INVALID_SOCK

NET_ERR_INIT_INCOMPLETE

NET_OS_ERR_INVALID_TIME

NET_OS_ERR_LOCK

返回值

成功时返回 DEF_OK；否则返回 DEF_FAIL。

配置要求

仅当 NET_CFG_TRANSPORT_LAYER_SEL 被配置为 TCP(见 C.12.1)时，函数有效。

注意/警告

无

B.13.9　NetSock_CfgTimeoutConnCloseGet_ms( ) (TCP)

返回套接字关闭超时时间。

文件

net_sock. h/net_sock. c

原型

```
CPU_INT32U NetSock_CfgTimeoutConnCloseGet_ms(NET_SOCK_ID    sock_id,
                                             NET_ERR        * perr);
```

参数

sock_id:套接字 ID。由 NetSock_Open( )/socket( )在创建时返回或者由 Net-Sock_Accept( )/accept( )接受连接时返回的套接字 ID。

perr:指向保存错误码的变量。错误码包括:

NET_SOCK_ERR_NONE

NET_SOCK_ERR_NOT_USED

NET_SOCK_ERR_INVALID_SOCK

NET_ERR_INIT_INCOMPLETE

NET_OS_ERR_INVALID_TIME

NET_OS_ERR_LOCK

返回值

无错误时返回 0;如果配置为无限等待,返回 NET_TMR_TIME_INFINITE;否则返回以 ms 为单位的值。

配置要求

仅当 NET_CFG_TRANSPORT_LAYER_SEL 被配置为 TCP(见 C. 12. 1)时,函数有效。

注意/警告

无

B. 13. 10 NetSock_CfgTimeoutConnCloseSet( ) (TCP)

设置套接字关闭超时时间。

文件

net_sock. h/net_sock. c

原型

```
CPU_BOOLEAN NetSock_CfgTimeoutConnCloseSet(NET_SOCK_ID    sock_id,
                                           CPU_INT32U     timeout_ms,
                                           NET_ERR       * perr);
```

参数

sock_id：套接字 ID。由 NetSock_Open( )/socket( )在创建时返回或者由 Net-Sock_Accept( )/accept( )接受连接时返回的套接字 ID。

timeout_ms：超时时间取值：如果希望无限等待，则为 NET_TMR_TIME_IN-FINIT；

否则以 ms 为单位的值；

perr：指向保存错误码的变量。错误码包括：

NET_SOCK_ERR_NONE

NET_SOCK_ERR_NOT_USED

NET_SOCK_ERR_INVALID_SOCK

NET_ERR_INIT_INCOMPLETE

NET_OS_ERR_INVALID_TIME

NET_OS_ERR_LOCK

返回值

成功时返回 DEF_OK；否则返回 DEF_FAIL。

配置要求

仅当 NET_CFG_TRANSPORT_LAYER_SEL 被配置为 TCP（见 C.12.1）时，函数有效。

注意/警告

无

B.13.11　NetSock_CfgTimeoutConnReqDflt( )（TCP）

设置套接字连接请求超时时间为默认值。

文件

net_sock.h/net_sock.c

原型

```
CPU_BOOLEAN NetSock_CfgTimeoutConnReqDflt(NET_SOCK_ID    sock_id,
                                          NET_ERR       * perr);
```

参数

sock_id:套接字 ID。由 NetSock_Open( )/socket( )在创建时返回或者由 Net-Sock_Accept( )/accept( )接受连接时返回的套接字 ID。

perr:指向保存错误码的变量。错误码包括：

NET_SOCK_ERR_NONE

NET_SOCK_ERR_NOT_USED

NET_SOCK_ERR_INVALID_SOCK

NET_ERR_INIT_INCOMPLETE

NET_OS_ERR_INVALID_TIME

NET_OS_ERR_LOCK

返回值

成功时返回 DEF_OK;否则返回 DEF_FAIL。

配置要求

仅当 NET_CFG_TRANSPORT_LAYER_SEL 被配置为 TCP(见 C.12.1)时，函数有效。

注意/警告

无

B.13.12　NetSock_CfgTimeoutConnReqGet_ms( )（TCP）

获取套接字连接请求超时时间。

文件

net_sock.h/net_sock.c

原型

```
CPU_INT32U NetSock_CfgTimeoutConnReqGet_ms(NET_SOCK_ID    sock_id,
                                           NET_ERR        * perr);
```

参数

sock_id:套接字 ID。由 NetSock_Open( )/socket( )在创建时返回或者由 Net-Sock_Accept( )/accept( )接受连接时返回的套接字 ID。

perr:指向保存错误码的变量。错误码包括:

NET_SOCK_ERR_NONE

NET_SOCK_ERR_NOT_USED

NET_SOCK_ERR_INVALID_SOCK

NET_ERR_INIT_INCOMPLETE

NET_OS_ERR_INVALID_TIME

NET_OS_ERR_LOCK

返回值

无错误时返回 0;如果配置为无限等待,返回 NET_TMR_TIME_INFINITE;否则返回以 ms 为单位的值。

配置要求

仅当 NET_CFG_TRANSPORT_LAYER_SEL 被配置为 TCP(见 C.12.1)时,函数有效。

注意/警告

无

B.13.13　NetSock_CfgTimeoutConnReqSet( )(TCP)

设置套接字连接超时时间。

文件

net_sock.h/net_sock.c

原型

```
CPU_BOOLEAN NetSock_CfgTimeoutConnReqSet(NET_SOCK_ID    sock_id,
                                         CPU_INT32U     timeout_ms,
                                         NET_ERR        * perr);
```

参数

sock_id:套接字 ID。由 NetSock_Open( )/socket( )在创建时返回或者由 Net-Sock_Accept( )/accept( )接受连接时返回的套接字 ID。

timeout_ms:超时时间取值:如果希望无限等待,则为 NET_TMR_TIME_IN-FINIT;

否则以 ms 为单位的值;

perr:指向保存错误码的变量。错误码包括:

NET_SOCK_ERR_NONE

NET_SOCK_ERR_NOT_USED

NET_SOCK_ERR_INVALID_SOCK

NET_ERR_INIT_INCOMPLETE

NET_OS_ERR_INVALID_TIME

NET_OS_ERR_LOCK

返回值

成功时返回 DEF_OK;否则返回 DEF_FAIL。

配置要求

仅当 NET_CFG_TRANSPORT_LAYER_SEL 被配置为 TCP(见 C.12.1)时,函数有效。

注意/警告

无

B. 13. 14 NetSock_CfgTimeoutRxQ_Dflt( ) (TCP/UDP)

设置套接字接收队列超时时间为默认值。

文件

net_sock. h/net_sock. c

原型

```
CPU_BOOLEAN NetSock_CfgTimeoutRxQ_Dflt(NET_SOCK_ID    sock_id,
                                       NET_ERR        * perr);
```

参数

sock_id：套接字 ID。由 NetSock_Open( )/socket( )在创建时返回或者由 Net-Sock_Accept( )/accept( )接受连接时返回的套接字 ID。

perr：指向保存错误码的变量。错误码包括：

NET_SOCK_ERR_NONE
NET_SOCK_ERR_NOT_USED
NET_SOCK_ERR_INVALID_SOCK
NET_SOCK_ERR_INVALID_TYPE
NET_SOCK_ERR_INVALID_PROTOCOL
NET_TCP_ERR_CONN_NOT_USED
NET_TCP_ERR_INVALID_CONN
NET_CONN_ERR_NOT_USED
NET_CONN_ERR_INVALID_CONN
NET_ERR_INIT_INCOMPLETE
NET_OS_ERR_INVALID_TIME
NET_OS_ERR_LOCK

返回值

成功时返回 DEF_OK；否则返回 DEF_FAIL。

配置要求

仅当 NET_CFG_TRANSPORT_LAYER_SEL 被配置为 TCP(见 C.12.1)，和/或 NET_UDP_CFG_APP_API_SEL 被配置为套接字(见 C.13.1)时，函数有效。

注意/警告

无

B.13.15　NetSock_CfgTimeoutRxQ_Get_ms( )（TCP /UDP）

获取套接字接收队列超时时间。

文件

net_sock. h/net_sock. c

原型

```
CPU_INT32U NetSock_CfgTimeoutRxQ_Get_ms(NET_SOCK_ID      sock_id,
                                        NET_ERR          * perr);
```

参数

sock_id：套接字 ID。由 NetSock_Open( )/socket( )在创建时返回或者由 Net-Sock_Accept( )/accept( )接受连接时返回的套接字 ID。

perr：指向保存错误码的变量。错误码包括：

NET_SOCK_ERR_NONE

NET_SOCK_ERR_NOT_USED

NET_SOCK_ERR_INVALID_SOCK

NET_SOCK_ERR_INVALID_TYPE

NET_SOCK_ERR_INVALID_PROTOCOL

NET_TCP_ERR_CONN_NOT_USED

NET_TCP_ERR_INVALID_CONN

NET_CONN_ERR_NOT_USED

NET_CONN_ERR_INVALID_CONN

NET_ERR_INIT_INCOMPLETE

NET_OS_ERR_INVALID_TIME

NET_OS_ERR_LOCK

返回值

无错误时返回 0；如果配置为无限等待，返回 NET_TMR_TIME_INFINITE；否则返回以 ms 为单位的值。

配置要求

仅当 NET_CFG_TRANSPORT_LAYER_SEL 被配置为 TCP(见 C.12.1)，和/或 NET_UDP_CFG_APP_API_SEL 被配置为套接字(见 C.13.1)时，函数有效。

注意/警告

无

B.13.16 NetSock_CfgTimeoutRxQ_Set( )（TCP/UDP）

设置套接字连接接收队列超时时间值。

文件

net_sock.h/net_sock.c

原型

```
CPU_BOOLEAN NetSock_CfgTimeoutRxQ_Set(NET_SOCK_ID    sock_id,
                                      CPU_INT32U     timeout_ms,
                                      NET_ERR        * perr);
```

参数

sock_id：套接字 ID。由 NetSock_Open( )/socket( )在创建时返回或者由 Net-Sock_Accept( )/accept( )接受连接时返回的套接字 ID。

timeout_ms：超时时间取值：如果希望无限等待，则为 NET_TMR_TIME_IN-FINIT；否则以 ms 为单位的值。

perr：指向保存错误码的变量。错误码包括：

NET_SOCK_ERR_NONE

NET_SOCK_ERR_NOT_USED

NET_SOCK_ERR_INVALID_SOCK

NET_SOCK_ERR_INVALID_TYPE

NET_SOCK_ERR_INVALID_PROTOCOL

NET_TCP_ERR_CONN_NOT_USED

NET_TCP_ERR_INVALID_CONN

NET_CONN_ERR_NOT_USED

NET_CONN_ERR_INVALID_CONN

NET_ERR_INIT_INCOMPLETE

NET_OS_ERR_INVALID_TIME

NET_OS_ERR_LOCK

返回值

成功时返回 DEF_OK；否则返回 DEF_FAIL。

配置要求

仅当 NET_CFG_TRANSPORT_LAYER_SEL 被配置为 TCP(见 C.12.1),和/或 NET_UDP_CFG_APP_API_SEL 被配置为套接字(见 C.13.1)时,函数有效。

注意/警告

无

B.13.17 NetSock_CfgTimeoutTxQ_Dflt( ) (TCP)

设置套接字发送队列超时时间为默认值。

文件

net_sock.h/net_sock.c

原型

```
CPU_BOOLEAN NetSock_CfgTimeoutTxQ_Dflt(NET_SOCK_ID    sock_id,
                                       NET_ERR        * perr);
```

参数

sock_id:套接字 ID。由 NetSock_Open( )/socket( )在创建时返回或者由 NetSock_Accept( )/accept( )接受连接时返回的套接字 ID。

perr:指向保存错误码的变量。错误码包括:

NET_SOCK_ERR_NONE
NET_SOCK_ERR_NOT_USED
NET_SOCK_ERR_INVALID_SOCK
NET_SOCK_ERR_INVALID_TYPE
NET_SOCK_ERR_INVALID_PROTOCOL
NET_TCP_ERR_CONN_NOT_USED
NET_TCP_ERR_INVALID_CONN
NET_CONN_ERR_NOT_USED
NET_CONN_ERR_INVALID_CONN
NET_ERR_INIT_INCOMPLETE
NET_OS_ERR_INVALID_TIME
NET_OS_ERR_LOCK

返回值

成功时返回 DEF_OK；否则返回 DEF_FAIL。

配置要求

仅当 NET_CFG_TRANSPORT_LAYER_SEL 被配置为 TCP（见 C.12.1）时，函数有效。

注意/警告

无

B.13.18 NetSock_CfgTimeoutTxQ_Get_ms( )（TCP）

获取套接字发送队列超时时间。

文件

net_sock.h/net_sock.c

原型

```
CPU_INT32U NetSock_CfgTimeoutTxQ_Get_ms(NET_SOCK_ID    sock_id,
                                         NET_ERR        * perr);
```

参数

sock_id：套接字 ID。由 NetSock_Open( )/socket( )在创建时返回或者由 Net-Sock_Accept( )/accept( )接受连接时返回的套接字 ID。

perr：指向保存错误码的变量。错误码包括：

NET_SOCK_ERR_NONE

NET_SOCK_ERR_NOT_USED

NET_SOCK_ERR_INVALID_SOCK

NET_SOCK_ERR_INVALID_TYPE

NET_SOCK_ERR_INVALID_PROTOCOL

NET_TCP_ERR_CONN_NOT_USED

NET_TCP_ERR_INVALID_CONN

NET_CONN_ERR_NOT_USED

NET_CONN_ERR_INVALID_CONN

NET_ERR_INIT_INCOMPLETE

NET_OS_ERR_INVALID_TIME

NET_OS_ERR_LOCK

返回值

成功时返回 DEF_OK;否则返回 DEF_FAIL。

配置要求

仅当 NET_CFG_TRANSPORT_LAYER_SEL 被配置为 TCP(见 C.12.1)时,函数有效。

注意/警告

无

B.13.19　NetSock_CfgTimeoutTxQ_Set( )(TCP)

设置套接字发送队列超时时间。

文件

net_sock.h/net_sock.c

原型

```
CPU_BOOLEAN NetSock_CfgTimeoutTxQ_Set(NET_SOCK_ID    sock_id,
                                       CPU_INT32U     timeout_ms,
                                       NET_ERR        * perr);
```

参数

sock_id:套接字 ID。由 NetSock_Open( )/socket( )在创建时返回或者由 Net-Sock_Accept( )/accept( )接受连接时返回的套接字 ID。

perr:指向保存错误码的变量。错误码包括:

NET_SOCK_ERR_NONE

NET_SOCK_ERR_NOT_USED

NET_SOCK_ERR_CLOSED

NET_SOCK_ERR_INVALID_SOCK

NET_SOCK_ERR_INVALID_FAMILY

NET_SOCK_ERR_INVALID_STATE

NET_SOCK_ERR_CLOSE_IN_PROGRESS

NET_SOCK_ERR_CONN_SIGNAL_TIMEOUT

NET_SOCK_ERR_CONN_FAIL

NET_SOCK_ERR_FAULT

NET_CONN_ERR_NULL_PTR

NET_CONN_ERR_NOT_USED

NET_CONN_ERR_INVALID_CONN

NET_CONN_ERR_INVALID_ADDR_LEN

NET_CONN_ERR_ADDR_IN_USE

NET_ERR_INIT_INCOMPLETE

NET_OS_ERR_LOCK

返回值

成功时返回 DEF_OK;否则返回 DEF_FAIL。

配置要求

仅当 NET_CFG_TRANSPORT_LAYER_SEL 被配置为 TCP(见 C.12.1)时, 函数有效。

注意/警告

无

B.13.20　NetSock_Close( ) / close( ) (TCP/UDP)

终止通信并释放套接字。

文件

net_sock.h/net_sock.c

net_bsd.h/net_bsd.c

原型

```
NET_SOCK_RTN_CODE NetSock_Close(NET_SOCK_ID    sock_id,
                                NET_ERR        * perr);



int close(int sock_id);
```

参数

sock_id:套接字 ID。由 NetSock_Open( )/socket( )在创建时返回或者由 Net-Sock_Accept( )/accept( )接受连接时返回的套接字 ID。

perr:指向保存错误码的变量。错误码包括：

    NET_SOCK_ERR_NONE

    NET_SOCK_ERR_NOT_USED

    NET_SOCK_ERR_CLOSED

    NET_SOCK_ERR_INVALID_SOCK

    NET_SOCK_ERR_INVALID_FAMILY

    NET_SOCK_ERR_INVALID_STATE

    NET_SOCK_ERR_CLOSE_IN_PROGRESS

    NET_SOCK_ERR_CONN_SIGNAL_TIMEOUT

    NET_SOCK_ERR_CONN_FAIL

    NET_SOCK_ERR_FAULT

    NET_CONN_ERR_NOT_USED

    NET_CONN_ERR_INVALID_CONN

    NET_CONN_ERR_INVALID_ADDR_LENB

    NET_CONN_ERR_ADDR_IN_USE

    NET_ERR_INIT_INCOMPLETE

    NET_OS_ERR_LOCK

返回值

成功时返回 NET_SOCK_BSD_ERR_NONE/0；否则返回 NET_SOCK_BSD_ERR_CLOSE/-1。

配置要求

仅当 NET_CFG_TRANSPORT_LAYER_SEL 被配置为 TCP(见 C.12.1)，和/或 NET_UDP_CFG_APP_API_SEL 被配置为套接字(见 C.13.1)时，函数有效。

另外，如果 NET_BSD_CFG_API_EN 被使能(见 C.17.1)时才可以使用 close( )。

注意/警告

关闭套接字后不应该再对套接字做任何操作。

B.13.21　NetSock_Conn( ) / connect( )（TCP/UDP）

将一个本地套接字连接到一个远程套接字地址。如果该本地套接字之前没有绑定到某个本地地址和端口上，那么该套接字将被绑定到默认地址和随机端口上。当连接成功时，套接字将可以访问本地和远程接口地址。

虽然 UDP 和 TCP 都可以连接到远程的服务器或者主机上，但是 UDP 和 TCP 连接有着本质的区别。

对于 TCP 套接字，只在完成和远程 TCP 主机的三次握手后 NetSock_Conn( )/connect( )才成功返回。成功连接意味着建立了一个与远程套接字相关联的、类似电话的连接，该连接会在一方或者两方关闭连接一直有效。

对于 UDP 套接字，NetSock_Conn( )/connect( )仅仅为本地套接字保存远程套接字地址，所有 UDP 数据报都将被发送到远程套接字中。这种虚拟连接并不是永久性的，可能随时被重新配置。

文件

net_sock.h/net_sock.c

net_bsd.h/net_bsd.c

原型

```
NET_SOCK_RTN_CODE NetSock_Conn(NET_SOCK_ID          sock_id,
                               NET_SOCK_ADDR        * paddr_remote,
                               NET_SOCK_ADDR_LEN    addr_len,
                               NET_ERR              * perr);


int connect(int              sock_id,
            struct sockaddr  * paddr_remote,
            socklen_t        addr_len);
```

参数

sock_id：套接字 ID。由 NetSock_Open( )/socket( )在创建时返回。

paddr_remote：指向一个包含远程套接字地址的结构体（见 8.2 节"套接字"）的指针。

addr_len：地址结构体的大小[如 sizeof(NET_SOCK_ADDR_IP)]。

perr：指向保存错误码的变量，错误码包括：

NET_SOCK_ERR_NONE

NET_SOCK_ERR_NOT_USED

NET_SOCK_ERR_CLOSED

NET_SOCK_ERR_INVALID_SOCK

NET_SOCK_ERR_INVALID_FAMILY

NET_SOCK_ERR_INVALID_PROTOCOL

NET_SOCK_ERR_INVALID_TYPE

NET_SOCK_ERR_INVALID_STATE

NET_SOCK_ERR_INVALID_OP

NET_SOCK_ERR_INVALID_ADDR

NET_SOCK_ERR_INVALID_ADDR_LEN

NET_SOCK_ERR_PORT_NBR_NONE_AVAIL

NET_SOCK_ERR_CONN_SIGNAL_TIMEOUT

NET_SOCK_ERR_CONN_IN_USE

NET_SOCK_ERR_CONN_FAIL

NET_SOCK_ERR_FAULT

NET_IF_ERR_INVALID_IF

NET_IP_ERR_ADDR_NONE_AVAIL

NET_IP_ERR_ADDR_CFG_IN_PROGRESS

NET_CONN_ERR_NULL_PTR

NET_CONN_ERR_NOT_USED

NET_CONN_ERR_NONE_AVAIL

NET_CONN_ERR_INVALID_CONN

NET_CONN_ERR_INVALID_FAMILY

NET_CONN_ERR_INVALID_TYPE

NET_CONN_ERR_INVALID_PROTOCOL_IX

NET_CONN_ERR_INVALID_ADDR_LEN

NET_CONN_ERR_ADDR_NOT_USED

NET_CONN_ERR_ADDR_IN_USE

NET_ERR_INIT_INCOMPLETE

NET_OS_ERR_LOCK

返回值

成功时返回 NET_SOCK_BSD_ERR_NONE/0；否则返回 NET_SOCK_BSD_ERR_CONN/-1，。

配置要求

仅当 NET_CFG_TRANSPORT_LAYER_SEL 被配置为 TCP(见 C.12.1),和/或 NET_UDP_CFG_APP_API_SEL 被配置为套接字(见 C.13.1)时,函数有效。

另外,如果 NET_BSD_CFG_API_EN 被使能(见 C.17.1)时,才可以使用 connect( )。

注意/警告

见 8.2 节"接口"中的套接字地址结构。

B. 13. 22　NET_SOCK_DESC_CLR( ) / FD_CLR( ) (TCP /UDP)

移除一个作为文件描述集成员的套接字文件描述符 ID,参见 B.13.34"NetSock_Sel( ) / select( ) (TCP/UDP)"。

文件

net_sock. h

原型

```
NET_SOCK_DESC_CLR(desc_nbr, pdesc_set);
```

参数

desc_nbr:套接字 ID。由 NetSock_Open( )/socket( )在创建时返回或者由 NetSock_Accept( )/accept( )接受连接时返回的套接字 ID。

pdesc_set:指向一个接口文件描述集的指针。

返回值

无

配置要求

仅当 NET_CFG_TRANSPORT_LAYER_SEL 被配置为 TCP(见 C.12.1),和/或 NET_UDP_CFG_APP_API_SEL 被配置为套接字(见 C.13.1),并且 NET_SOCK_CFG_SEL_EN(见 C.15.4)被使能时,函数有效。

另外,如果 NET_BSD_CFG_API_EN 被使能(见 C.17.1),才可以使用 FD_CLR( )。

注意/警告

NetSock_Sel( )/select( )用于检查或等待一个套接字文件描述集中的任何套接字成员的可用操作或者错误条件。

即使套接字文件描述符 ID 或者文件描述集是无效的,或套接字文件描述符 ID 不包含在描述符集中,也不会返回错误。

B. 13. 23　NET_SOCK_DESC_COPY( )(TCP /UDP)

复制一个文件描述集到另一个文件描述集中,参见 B. 13. 34"NetSock_Sel( ) / select( )(TCP/UDP)"。

文件

net_sock. h

原型

```
NET_SOCK_DESC_COPY(pdesc_set_dest, pdesc_set_src);
```

参数

pdesc_set_dest:指向目标套接字文件描述集的指针。

pdesc_set_src:指向源套接字文件描述集的指针。

返回值

无

配置要求

仅当 NET_CFG_TRANSPORT_LAYER_SEL 被配置为 TCP(见 C. 12. 1),和/ 或 NET_UDP_CFG_APP_API_SEL 被配置为套接字(见 C. 13. 1),并且 NET_ SOCK_CFG_SEL_EN(见 C. 15. 4)被使能时,函数有效。

另外,如果 NET_BSD_CFG_API_EN 被使能(见 C. 17. 1),才可以使用 FD_CLR ( )。

注意/警告

NetSock_Sel( )/select( )用于检查或等待一个套接字文件描述集中的任何套接字成员的可用操作或者错误条件。

即使套接字文件描述符 ID 或者文件描述集是无效的,或套接字文件描述符 ID 不包含在描述符集中,也不会返回错误。

B.13.24　NET_SOCK_DESC_INIT( ) / FD_ZERO( )(TCP/UDP)

初始化文件描述集或者对其进行清零,参见 B.13.34"NetSock_Sel( ) / select( )(TCP/UDP)"。

文件

net_sock.h

原型

```
NET_SOCK_DESC_INIT(pdesc_set);
```

参数

pdesc_set:指向文件描述集的指针。

返回值

无

配置要求

仅当 NET_CFG_TRANSPORT_LAYER_SEL 被配置为 TCP(见 C.12.1),和/或 NET_UDP_CFG_APP_API_SEL 被配置为套接字(见 C.13.1),并且 NET_SOCK_CFG_SEL_EN(见 C.15.4)被使能时,函数有效。

另外,如果 NET_BSD_CFG_API_EN 被使能(见 C.17.1),才可以使用 FD_CLR( )。

注意/警告

NetSock_Sel( )/select( )用于检查或等待一个套接字文件描述集中的任何套接字成员的可用操作或者错误条件。

即使套接字文件描述符 ID 或者文件描述集是无效的,或套接字文件描述符 ID 不包含在描述符集中,也不会返回错误。

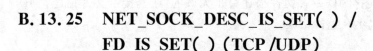

B.13.25　NET_SOCK_DESC_IS_SET( ) / FD_IS_SET( ) (TCP /UDP)

检查一个套接字文件描述 ID 是否是一个文件描述集的成员,参见 B.13.34 "NetSock_Sel( ) / select( )（TCP/UDP)"。

文件

net_sock.h

原型

```
NET_SOCK_DESC_IS_SET(desc_nbr, pdesc_set);
```

参数

desc_nbr:套接字 ID。由 NetSock_Open( )/socket( )在创建时返回或者由 NetSock_Accept( )/accept( )接受连接时返回的套接字 ID。

pdesc_set:指向文件描述集的指针。

返回值

如果套接字文件描述 ID 是文件描述集的一个成员返回 1;否则返回 0。

配置要求

仅当 NET_CFG_TRANSPORT_LAYER_SEL 被配置为 TCP(见 C.12.1),和/或 NET_UDP_CFG_APP_API_SEL 被配置为套接字(见 C.13.1),并且 NET_SOCK_CFG_SEL_EN(见 C.15.4)被使能时,函数有效。

另外,如果 NET_BSD_CFG_API_EN 被使能(见 C.17.1),才可以使用 FD_IS_SET( )。

注意/警告

NetSock_Sel( )/select( )用于检查或等待一个套接字文件描述集中的任何套接字成员的可用操作或者错误条件。

如果套接字文件描述符 ID 或者文件描述集是无效的,则返回 0。

B. 13. 26　NET_SOCK_DESC_SET( ) / FD_SET( ) (TCP/UDP)

将一个套接字描述符 ID 添加到一个文件描述集中,参见 B. 13. 34"NetSock_Sel ( ) / select( ) (TCP/UDP)"。

文件

net_sock. h

原型

```
NET_SOCK_DESC_SET(desc_nbr, pdesc_set);
```

参数

desc_nbr:套接字 ID。由 NetSock_Open( )/socket( )在创建时返回或者由 NetSock_Accept( )/accept( )接受连接时返回的套接字 ID。

pdesc_set:指向文件描述集的指针。

返回值

无

配置要求

仅当 NET_CFG_TRANSPORT_LAYER_SEL 被配置为 TCP(见 C. 12. 1),和/或 NET_UDP_CFG_APP_API_SEL 被配置为套接字(见 C. 13. 1),并且 NET_SOCK_CFG_SEL_EN(见 C. 15. 4)被使能时,函数有效。

另外,如果 NET_BSD_CFG_API_EN 被使能(见 C. 17. 1),才可以使用 FD_SET ( )。

注意/警告

NetSock_Sel( )/select( )用于检查或等待一个套接字文件描述集中的任何套接字成员的可用操作或者错误条件。

即使套接字文件描述符 ID 或者文件描述集是无效的,或套接字文件描述符 ID 不包含在描述符集中,也不会返回错误。

B. 13. 27　NetSock_GetConnTransportID( )

如果可以获取,则获取一个套接字传输层连接处理 ID(即 TCP 连接 ID)。

文件

net_sock. h/net_sock. c

原型

```
NET_CONN_ID NetSock_GetConnTransportID(NET_SOCK_ID     sock_id,
                                        NET_ERR         * perr);
```

参数

sock_id:套接字 ID。由 NetSock_Open( )/socket( )在创建时返回或者由 Net-Sock_Accept( )/accept( )接受连接时返回的套接字 ID。

perr:指向保存错误码的变量,错误码包括:

NET_SOCK_ERR_NONE

NET_SOCK_ERR_NOT_USED

NET_SOCK_ERR_INVALID_SOCK

NET_SOCK_ERR_INVALID_TYPE

NET_CONN_ERR_NOT_USED

NET_CONN_ERR_INVALID_CONN

NET_ERR_INIT_INCOMPLETE

NET_OS_ERR_LOCK

返回值

如果没有错误则返回连接控制 ID;否则返回 NET_CONN_ID_NONE。

配置要求

仅当 NET_CFG_TRANSPORT_LAYER_SEL 被配置为 TCP(见 C. 12. 1),和/或 NET_UDP_CFG_APP_API_SEL 被配置为套接字(见 C. 13. 1)时,函数有效。

注意/警告

无

B.13.28　NetSock_IsConn( )（TCP/UDP）

检查一个套接字是否连接到了一个远程套接字。

文件

net_sock.h/net_sock.c

原型

```
CPU_BOOLEAN NetSock_IsConn(NET_SOCK_ID          sock_id,
                           NET_ERR             * perr);
```

参数

sock_id：套接字 ID。由 NetSock_Open( )/socket( )在创建时返回或者由 Net-Sock_Accept( )/accept( )接受连接时返回的套接字 ID。

perr：指向保存错误码的变量，错误码包括：

NET_SOCK_ERR_NONE

NET_SOCK_ERR_NOT_USED

NET_SOCK_ERR_INVALID_SOCK

NET_ERR_INIT_INCOMPLETE

NET_OS_ERR_LOCK

返回值

如果套接字有效且以连接返回 DEF_YES；否则返回 DEF_NO。

配置要求

仅当 NET_CFG_TRANSPORT_LAYER_SEL 被配置为 TCP（见 C.12.1），和/或 NET_UDP_CFG_APP_API_SEL 被配置为套接字（见 C.13.1）时，函数有效。

注意/警告

无

B.13.29　NetSock_Listen( ) / listen( )（TCP）

将一个套接字设置为等待接受连接的状态，该套接字必须已经绑定到一个本地地址。如果成功,则请求 TCP 的连接将会被排队,直到被套接字(见 B. 13. 1"Net-Sock_Accept( )/ accept( )(TCP)")所接受。

文件

net_sock. h/net_sock. c

net_bsd. h/net_bsd. c

原型

```
NET_SOCK_RTN_CODE NetSock_Listen(NET_SOCK_ID      sock_id,
                                 NET_SOCK_Q_SIZE  sock_q_size,
                                 NET_ERR          * perr);


int listen(int sock_id,int sock_q_size);
```

参数

sock_id:套接字 ID。由 NetSock_Open( )/socket( )在创建时返回。

sock_q_size:允许等待的新连接的最大数量。换言之,该参数指定了在监听接口忙于当前请求时挂起连接的最大队列长度。

perr:指向保存错误码的变量。错误码包括:

NET_SOCK_ERR_NONE

NET_SOCK_ERR_NOT_USED

NET_SOCK_ERR_CLOSED

NET_SOCK_ERR_INVALID_SOCK

NET_SOCK_ERR_INVALID_FAMILY

NET_SOCK_ERR_INVALID_PROTOCOL

NET_SOCK_ERR_INVALID_TYPE

NET_SOCK_ERR_INVALID_STATE

NET_SOCK_ERR_INVALID_OP

NET_SOCK_ERR_CONN_FAIL

NET_CONN_ERR_NOT_USED

NET_CONN_ERR_INVALID_CONN

NET_ERR_INIT_INCOMPLETE

NET_OS_ERR_LOCK

返回值

成功时返回 NET_SOCK_BSD_ERR_NONE/0;否则返回 NET_SOCK_BSD_

ERR_LISTEN/－1。

配置要求

　　仅当 NET_CFG_TRANSPORT_LAYER_SEL 被配置为 TCP(见 C.12.1),和/或 NET_UDP_CFG_APP_API_SEL 被配置为套接字(见 C.13.1),并且 NET_SOCK_CFG_SEL_EN(见 C.15.4)被使能时,函数有效。

　　另外,只有 NET_BSD_CFG_API_EN 被使能(见 C.17.1)时,才可以使用 listen( )。

注意/警告

　　无

B.13.30　NetSock_Open( ) / socket( ) (TCP/UDP)

　　创建一个数据报(如 UDP)或者流式套接字(如 TCP)。

文件

　　net_sock.h/net_sock.c
　　net_bsd.h/net_bsd.c

原型

```
NET_SOCK_ID NetSock_Open(NET_SOCK_PROTOCOL_FAMILY    protocol_family,
                         NET_SOCK_TYPE               sock_type,
                         NET_SOCK_PROTOCOL           protocol,
                         NET_ERR                     * perr);


int socket(int protocol_family, int sock_type, int protocol);
```

参数

　　protocol_family:协议簇类型,在使用 TCP/IP 协议时必须为 NET_SOCK_FAMILY_IP_V4/PF_INET。

　　sock_type:套接字类型。

　　NET_SOCK_TYPE_DATAGRAM/PF_DGRAM 对应数据报套接字(如 UDP)。

　　NET_SOCK_TYPE_STREAM/PF_STREAM 对应于流式套接字接口(如 TCP)。

NET_SOCK_TYPE_DATAGRAM 套接字保护消息边界。交换单一请求和响应消息的应用程序是使用这种类型套接字的典型例子。

NET_SOCK_TYPE_STREAM 套接字提供一个可靠的字节流连接,其中接受字节序列与发送字节序列相同,文件传输和中断仿真应用是需要这种类型协议的例子。

protocol:套接字协议。

NET_SOCK_PROTOCOL_UDP/IPPROTO_UDP 对应于 UDP。

NET_SOCK_PROTOCOL_TCP/IPPROTO_TCP 对应于 TCP。

0 为默认协议:

UDP 对应于 NET_SOCK_TYPE_DATAGRAM/PF_DGRAM

TCP 对应于 NET_SOCK_TYPE_STREAM/PF_STREAM

perr:指向保存错误码的变量。错误码包括:

NET_SOCK_ERR_NONE

NET_SOCK_ERR_NONE_AVAIL

NET_SOCK_ERR_INVALID_FAMILY

NET_SOCK_ERR_INVALID_PROTOCOL

NET_SOCK_ERR_INVALID_TYPE

NET_ERR_INIT_INCOMPLETE

NET_OS_ERR_LOCK

下表将向用户展示可以指定的三个参数组合:

TCP/ IP 协议	参 数		
	协议簇	套接字类型	协议
UDP	NET_SOCK_FAMILY_IP_V4	NET_SOCK_TYPE_DATAGRAM	NET_SOCK_PROTOCOL_UDP
UDP	NET_SOCK_FAMILY_IP_V4	NET_SOCK_TYPE_DATAGRAM	0
TCP	NET_SOCK_FAMILY_IP_V4	NET_SOCK_TYPE_STREAM	ET_SOCK_PROTOCOL_TCP
TCP	NET_SOCK_FAMILY_IP_V4	NET_SOCK_TYPE_STREAM	0

返回值

如果成功,返回一个非负值做为新套接字的套接字描述符 ID;否则,返回 NET_SOCK_BSD_ERR_OPEN/−1。

配置要求

仅当 NET_CFG_TRANSPORT_LAYER_SEL 被配置为 TCP(见 C.12.1),和/或 NET_UDP_CFG_APP_API_SEL 被配置为套接字(见 C.13.1),并且 NET_

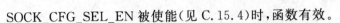

SOCK_CFG_SEL_EN 被使能(见 C.15.4)时,函数有效。

另外,只有 NET_BSD_CFG_API_EN 被使能(见 C.17.1)时,才可以使用 sokcet( )。

注意/警告

一旦套接字被创建,套接字协议簇、协议类型都将固定下来。换言之,在运行时你不能把一个 TCP 流式套接字改为一个 UDP 数据包报套接字(反之亦然)。

相互连接的两个套接字都必须拥有相同的协议簇及协议类型。

B.13.31　NetSock_PoolStatGet( )

获取套接字统计池(statistics pool)信息。

文件

net_sock.h/net_sock.c

原型

```
NET_STAT_POOL NetSock_PoolStatGet(void);
```

参数

无

返回值

成功时返回套接字状态;否则返回 NULL 状态。

配置要求

仅当 NET_CFG_TRANSPORT_LAYER_SEL 被配置为 TCP(见 C.12.1),和/或 NET_UDP_CFG_APP_API_SEL 被配置为套接字(见 C.13.1),并且 NET_SOCK_CFG_SEL_EN(见 C.15.4)被使能时,函数有效。

注意/警告

无

B. 13. 32　NetSock_PoolStatResetMaxUsed( )

复位套接字统计池的最大表项数。

文件

net_sock. h/net_sock. c

原型

```
void NetSock_PoolStatResetMaxUsed(void);
```

参数

无

返回值

无

配置要求

仅当 NET_CFG_TRANSPORT_LAYER_SEL 被配置为 TCP(见 C.12.1),和/或 NET_UDP_CFG_APP_API_SEL 被配置为套接字(见 C.13.1)时,函数有效。
注意/警告
无

B. 13. 33　NetSock_RxData( ) / recv( ) (TCP)
　　　　　　NetSock_RxDataFrom( ) / recvfrom( ) (UDP)

拷贝指定数量字节的接收数据到应用层缓冲区。

文件

net_sock. h/net_sock. c
net_bsd. h/net_bsd. c

原型

```
NET_SOCK_RTN_CODE NetSock_RxData(NET_SOCK_ID       sock_id,
                                 void            * pdata_buf,
                                 CPU_INT16U        data_buf_len,
                                 CPU_INT16S        flags,
                                 NET_ERR         * perr);


NET_SOCK_RTN_CODE NetSock_RxDataFrom(NET_SOCK_ID       sock_id,
                                     void            * pdata_buf,
                                     CPU_INT16U        data_buf_len,
                                     CPU_INT16S        flags,
                                     NET_SOCK_ADDR   * paddr_remote,
                                     NET_SOCK_ADDR_  * paddr_len,
                                     void            * pip_opts_buf,
                                     CPU_INT08U        ip_opts_buf_len,
                                     CPU_INT08U      * pip_opts_len,
                                     NET_ERR         * perr);


ssize_t recv(int            sock_id,
             void         * pdata_buf,
             size_t         data_buf_len,
             int            flags);


ssize_t recvfrom(int               sock_id,
                 void            * pdata_buf,
          _      size_t            data_buf_len,
                 int               flags,
                 struct sockaddr * paddr_remote,
                 socklen_t       * paddr_len);
```

参数

sock_id:套接字 ID。由 NetSock_Open( )/socket( )在创建时返回或者由 Net-Sock_Accept( )/accept( )接受连接时返回的套接字 ID。

pdata_buf:指向应用层接收缓冲区的指针。

data_buf_len:以字节为单位的缓冲区大小。

flags:接收选项。各选项可逻辑"或"操作:

　　NET_SOCK_FLAG_NONE/0:不使用标志。

　　NET_SOCK_FLAG_RX_DATA_PEEK/MSG_PEEK:保留接收到的

数据。

  NET_SOCK_FLAG_RX_NO_BLOCK/MSG_DONTWAIT:无阻塞接收数据。

大多数情况下,该参数应 NET_SOCK_FLAG_NONE/0。

paddr_remote:指向套接字结构体的指针(见 8.2 节"套接字"接口),套接字结构体用来保存发送数据的主机地址。

paddr_len:套接字地址结构体大小,即 sizeof(NET_SOCK_ADDR_IP),当函数调用成功时返回相应套接字地址结构体的大小,否则返回 0。

pip_opts_buf:指向存放可能的 IP 选项的缓冲区。

pip_opts_len:指向保存接收到的 IP 选项的大小。

perr:指向保存错误码的变量。错误码包括:

  NET_SOCK_ERR_NONE

  NET_SOCK_ERR_NULL_PTR

  NET_SOCK_ERR_NULL_SIZE

  NET_SOCK_ERR_NOT_USED

  NET_SOCK_ERR_CLOSED

  NET_SOCK_ERR_INVALID_SOCK

  NET_SOCK_ERR_INVALID_FAMILY

  NET_SOCK_ERR_INVALID_PROTOCOL

  NET_SOCK_ERR_INVALID_TYPE

  NET_SOCK_ERR_INVALID_STATE

  NET_SOCK_ERR_INVALID_OP

  NET_SOCK_ERR_INVALID_FLAG

  NET_SOCK_ERR_INVALID_ADDR_LEN

  NET_SOCK_ERR_INVALID_DATA_SIZE

  NET_SOCK_ERR_CONN_FAIL

  NET_SOCK_ERR_FAULT

  NET_SOCK_ERR_RX_Q_EMPTY

  NET_SOCK_ERR_RX_Q_CLOSED

  NET_ERR_RX

  NET_CONN_ERR_NULL_PTR

  NET_CONN_ERR_NOT_USED

  NET_CONN_ERR_INVALID_CONN

  NET_CONN_ERR_INVALID_ADDR_LEN

  NET_CONN_ERR_ADDR_NOT_USED

  NET_ERR_INIT_INCOMPLETE

NET_OS_ERR_LOCK

返回值

成功时返回接收到的字节数；如果套接字被关闭返回 NET_SOCK_BSD_RTN_CODE_CONN_CLOSED/0；否则返回 NET_SOCK_BSD_ERR_RX/−1

阻塞与非阻塞

μC/TCP-IP 默认使用阻塞套接字。但是，该设置可以在编译的时候将 NET_SOCK_CFG_BLOCK_SEL（见 C.15.3）设置为下列值之一而改变：

NET_SOCK_BLOCK_SEL_DFLT 将阻塞模式设置为默认的、或阻塞的，除非修改运行时选项。

NET_SOCK_BLOCK_SEL_BLOCK 将阻塞模式设置为默认阻塞的。这意味着，一个套接字的接收函数将在接收到至少一个字节的数据或套接字连接被关闭前一直等待，除非由 NetSock_CfgTimeoutRxQ_Set( )（见 B.13.16）中指定一个超时时间。

NET_SOCK_BLOCK_SEL_NO_BLOCK 将阻塞模式设置为默认非阻塞模式。这意味着，一个套接字接收函数不会等待，无论关闭套接字连接或一个错误或指示没有可用的数据或其他可能的错误，都会立即返回任何可用的数据。用户的应用程序因此必须在套接字上轮询数据。

当前版本的 μC/TCP-IP 在编译时间为所有的套接字选择阻塞模式，未来的版本可能会允许在个别套接字上选择阻塞或无阻塞。然而，每个套接字的接收函数都可以接传递 NET_SOCK_FLAG_RX_NO_BLOCK/MSG_DONTWAIT 标志在当次函数中调用中禁用阻塞模式。

配置要求

NetSock_RxData( )/NetSock_RxDataFrom( ) 仅当 NET_CFG_TRANSPORT_LAYER_SEL 被配置为 TCP（见 C.12.1），和/或 NET_UDP_CFG_APP_API_SEL 被配置为套接字（见 C.13.1）时有效。

另外，只有使能了 NET_BSD_CFG_API_EN（见 C.17.1）时，recv( )/recvfrom( ) 有效。

注意/警告

TCP 套接字通常使用 NetSock_RxData( )/ recv( )的，而 UDP 套接字通常使用 NetSock_RxDataFrom( )/ recvfrom( )。

对于流式套接字（即 TCP），字节是被保证没有遗漏地、按相同的顺序收到。

对于数据报套接字（即 UDP），每个接收到的数据报对应一个发送出来的数据报,但并不保证数据报的顺序和无差错传输。此外,如果应用程序的内存缓冲区不够容纳整个数据报时,数据报的数据将被截断,剩余的数据将被丢弃。

只有一些接收标志选项被实现了。如果要求使用其他的标志选项,那么将返回一个错误,而不会使标志选项被忽略。

B. 13. 34　NetSock_Sel( ) / select( )(TCP /UDP)

检查套接字是否准备好读写操作或有错误。

文件

net_sock. h/net_sock. c

net_bsd. h/net_bsd. c

原型

```
NET_SOCK_RTN_CODE NetSock_Sel(NET_SOCK_QTY       sock_nbr_max,
                              NET_SOCK_DESC     * psock_desc_rd,
                              NET_SOCK_DESC     * psock_desc_wr,
                              NET_SOCK_DESC     * psock_desc_err,
                              NET_SOCK_TIMEOUT  * ptimeout,
                              NET_ERR           * perr);


int select(int              desc_nbr_max,
           struct fd_set   * pdesc_rd,
           struct fd_set   * pdesc_wr,
           struct fd_set   * pdesc_err,
           struct timeval  * ptimeout);
```

参数

sock_nbr_max:文件描述符集中的最大套接字文件描述符个数。

psock_desc_rd:指向套接字文件描述符集合。检查可用的读操作:

如果没有错误,则返回准备好写操作的实际套接字文件描述符。

如果有错误,则返回初始化的、无任何修改的套接字文件描述符集合。

如果有超时,则返回一个空值(即用零填充的)的描述符集。

psock_desc_wr:指向套接字文件描述符集合。检查可用的写操作:

如果没有错误,则返回准备好写操作的实际套接字文件描述符。

如果有错误,则返回初始化的、无任何修改的套接字文件描述符集合。

如果有超时,则返回一个空值(即用零填充的)的描述符集。

psock_desc_err:指向套接字描述符集合。检查套接字错误:

返回有挂起错误的套接字文件描述符。

如果有错误,则返回初始化的、无任何修改的套接字文件描述符集合。

如果有超时,则返回一个空值(即用零填充的)的描述符集。

ptimeout:指向超时参数。

perr:指向保存错误码的变量。错误码包括:

    NET_SOCK_ERR_NONE

    NET_SOCK_ERR_TIMEOUT

    NET_ERR_INIT_INCOMPLETE

    NET_SOCK_ERR_INVALID_DESC

    NET_SOCK_ERR_INVALID_TIMEOUT

    NET_SOCK_ERR_INVALID_SOCK

    NET_SOCK_ERR_INVALID_TYPE

    NET_SOCK_ERR_NOT_USED

    NET_SOCK_ERR_EVENTS_NBR_MAX

    NET_OS_ERR_LOCK

返回值

成功时返回套接字已就绪操作的数量;超时时返回 NET_SOCK_BSD_RTN_CODE_TIMEOUT/0;否则返回 NET_SOCK_BSD_ERR_SEL/－1。

配置要求

NetSock_RxData( )/NetSock_RxDataFrom( )仅当 NET_CFG_TRANSPORT_LAYER_SEL 被配置为 TCP(见 C.12.1),和/或 NET_UDP_CFG_APP_API_SEL 被配置为套接字(见 C.13.1),并且 NET_SOCK_CFG_SEL_EN 被允许(见 C.15.4)时有效。

另外,只有使能了 NET_BSD_CFG_API_EN(见 C.17.1)时,select( )有效。

注意/警告

仅支持套接字文件描述符。

描述符宏定义用于装备和解码套接字文件描述符(见 B.13.22 及 B.13.26)。参见"net_sock.c NetSock_Sel( )注意/警告♯3"以获取更多信息。

B. 13. 35　NetSock_TxData( ) / send( ) (TCP)
##　　　　　NetSock_TxDataTo( ) / sendto( ) (UDP)

将应用程序内存缓冲区中的数据发送到某个远程套接字。

文件

net_sock. h/net_sock. c

net_bsd. h/net_bsd. c

原型

```
NET_SOCK_RTN_CODE NetSock_TxData(NET_SOCK_ID        sock_id,
                                 void              * p_data,
                                 CPU_INT16U         data_len,
                                 CPU_INT16S         flags,
                                 NET_ERR           * perr);


NET_SOCK_RTN_CODE NetSock_TxDataTo(NET_SOCK_ID         sock_id,
                                   void               * p_data,
                                   CPU_INT16U          data_len,
                                   CPU_INT16S          flags,
                                   NET_SOCK_ADDR      * paddr_remote,
                                   NET_SOCK_ADDR_LEN   addr_len,
                                   NET_ERR            * perr);


ssize_t send (int          sock_id,
              void        * p_data,
              _size_t      data_len,
              int          flags);


ssize_t sendto(int           sock_id,
               void         * p_data,
               _size_t       data_len,
               int           flags,
               struct sockaddr  * paddr_remote,
               socklen_t        addr_len);
```

参数

sock_id：套接字 ID。由 NetSock_Open( )/socket( )在创建时返回或者由 Net-
Sock_Accept( )/accept( )接受连接时返回的套接字 ID。

p_data：指向要发送的应用层发送缓冲区。

data_len：应用层数据缓冲区大小，以字节为单位的。

flags：发送选项。选项间支持"或"操作：

　　　　NET_SOCK_FLAG_NONE/0：不使用标志。

　　　　NET_SOCK_FLAG_TX_NO_BLOCK/MSG_DONTWAIT：无阻塞发送
数据。

大多数情况下，该参数应 NET_SOCK_FLAG_NONE/0。

paddr_remote：指向套接字结构体（见 8.2 节"套接字"接口），其内部存有远端套
接字地址。

paddr_len：套接字地址结构体大小，即 sizeof(NET_SOCK_ADDR_IP)。

perr：指向保存错误码的变量。错误码包括：

　　NET_SOCK_ERR_NONE

　　NET_SOCK_ERR_NULL_PTR

　　NET_SOCK_ERR_NULL_SIZE

　　NET_SOCK_ERR_NOT_USED

　　NET_SOCK_ERR_CLOSED

　　NET_SOCK_ERR_INVALID_SOCK

　　NET_SOCK_ERR_INVALID_FAMILY

　　NET_SOCK_ERR_INVALID_PROTOCOL

　　NET_SOCK_ERR_INVALID_TYPE

　　NET_SOCK_ERR_INVALID_STATE

　　NET_SOCK_ERR_INVALID_OP

　　NET_SOCK_ERR_INVALID_FLAG

　　NET_SOCK_ERR_INVALID_ADDR_LEN

　　NET_SOCK_ERR_INVALID_DATA_SIZE

　　NET_SOCK_ERR_CONN_FAIL

　　NET_SOCK_ERR_FAULT

　　NET_SOCK_ERR_RX_Q_EMPTY

　　NET_SOCK_ERR_RX_Q_CLOSED

　　NET_ERR_RX

　　NET_CONN_ERR_NULL_PTR

　　NET_CONN_ERR_NOT_USED

NET_CONN_ERR_INVALID_CONN

NET_CONN_ERR_INVALID_ADDR_LEN

NET_CONN_ERR_ADDR_NOT_USED

NET_ERR_INIT_INCOMPLETE

NET_OS_ERR_LOCK

返回值

成功时返回发送的字节数；如果套接字被关闭返回 NET_SOCK_BSD_RTN_CODE_CONN_CLOSED/0；否则返回 NET_SOCK_BSD_ERR_TX/—1。

注意：成功返回不代表数据被接收方正确的接收，只是表示待发送数据经过发送队列后被发送出去而已。

阻塞与非阻塞

μC/TCP-IP 默认使用阻塞套接字。但是，该设置可以在编译的时候将 NET_SOCK_CFG_BLOCK_SEL（见 C.15.3）设置为下列值之一而改变：

NET_SOCK_BLOCK_SEL_DFLT 将阻塞模式设置为默认的、或阻塞的，除非通过修改运行时选项。

NET_SOCK_BLOCK_SEL_BLOCK 将阻塞模式设置为默认阻塞的。这意味着，一个套接字的发送函数将发送完最后一个字节数据或套接字连接被关闭前一直等待，除非由 NetSock_CfgTimeoutTxQ_Set( )（见 B.13.19）中指定一个超时时间。

NET_SOCK_BLOCK_SEL_NO_BLOCK 将阻塞模式设置为默认非阻塞模式。这意味着，一个套接字发送函数不会等待，无论关闭套接字连接或一个错误或数据发送完或其他可能的错误，都会立即返回。用户的应用程序因此必须在套接字上轮询。

当前版本的 μC/TCP-IP 在编译时为所有的套接字选择阻塞模式，未来的版本可能会允许在个别套接字上选择阻塞或无阻塞。然而，每个套接字的发送函数都可以接传递 NET_SOCK_FLAG_RX_NO_BLOCK/MSG_DONTWAIT 标志在当次函数中调用中禁用阻塞模式。

除了这些套接字级别的选项外，当前版本的 μC/TCP-IP 还支持在设备驱动级别阻塞（直到设备发送就绪）。

配置要求

NetSock_TxData( )/NetSock_TxDataTo( )仅当 NET_CFG_TRANSPORT_LAYER_SEL 被配置为 TCP（见 C.12.1），和/或 NET_UDP_CFG_APP_API_SEL 被配置为套接字（见 C.13.1）时效。

另外，只有 NET_BSD_CFG_API_EN（见 C.17.1）使能时，send( )/sendto( )有效。

注意/警告

TCP 套接字通常使用 NetSock_TxData( )/send( ),而 UDP 套接字通常使用 NetSock_TxDataTo( )/sendto( )。

对于数据报套接字(即 UDP),每个接收到的数据报对应一个发送出来的数据报,但并不保证数据报的顺序和无差错传输。此外,如果应用程序的内存缓冲区不够容纳整个数据报时,数据报的数据将被截断,剩余的数据将被丢弃。

对于数据报套接字(即 UDP)所有数据被自动发送,例如,每次调用发送函数时必须将发送数据在一个单一的、完整的数据包中发送。由于 μC/TCP-IP 目前不支持 IP 分片,所以如果一个数据报套接字尝试发送一个大于最大数据包的缓冲区,套接字的发送将中止并没有数据会被发送出去。

只有一些接收标志选项被实现了。如果要求使用其他的标志选项,那么将返回一个错误,而不会使标志选项被忽略。

B.14　TCP 函数

B.14.1　NetTCP_ConnCfgMaxSegSizeLocal( )

设置 TCP 连接的本地最大报文长度。

文件

net_tcp.h/net_tcp.c

原型

```
CPU_BOOLEAN NetTCP_ConnCfgMaxSegSizeLocal(NET_TCP_CONN_ID    conn_id_tcp,
                                          NET_TCP_SEG_SIZE   max_seg_size);
```

参数

conn_id_tcp:TCP 连接 ID。

max_seg_size:最大报文长度。

perr:指向保存错误码的变量。错误码包括:

NET_TCP_ERR_NONE

NET_TCP_ERR_INVALID_ARG

NET_TCP_ERR_INVALID_CONN

NET_TCP_ERR_CONN_NOT_USED
NET_ERR_INIT_INCOMPLETE
NET_OS_ERR_LOCK

返回值

成功时返回 DEF_OK;否则返回 DEF_FAIL。

配置要求

仅当 NET_CFG_TRANSPORT_LAYER_SEL 被配置为 TCP(见 C. 12. 1)时,函数有效。

注意/警告

conn_id_tcp 参数代表 TCP 连接 ID 而不是套接字 ID。下面代码可用于获取 TCP 连接句柄和配置 TCP 连接参数(见 B. 13327"NetSock_GetConnTransportID ( )"):

```
NET_SOCK_ID          sock_id;
NET_TCP_CONN_ID      conn_id_tcp;
NET_ERR              err;


sock_id = Application's TCP socket ID;      /* Get application's TCP socket   ID. */
                                            /* Get socket's      TCP connection ID. */
conn_id_tcp = (NET_TCP_CONN_ID)NetSock_GetConnTransportID(sock_id, &err);


if (err == NET_SOCK_ERR_NONE) {                     /* If NO errors, ...    */
                    /* ... configure TCP connection local maximum segment size. */
    NetTCP_ConnCfgMaxSegSizeLocal(conn_id_tcp, 1360u);
}
```

B. 14. 2   NetTCP_ConnCfgReTxMaxTh( )

配置 TCP 连接的同段最大重传次数。

文件

net_tcp. h/net_tcp. c

原型

```
CPU_BOOLEAN NetTCP_ConnCfgReTxMaxTh(NET_TCP_CONN_ID    conn_id_tcp,
                                    CPU_INT16U         nbr_max_re_tx);
```

参数

conn_id_tcp：TCP 连接 ID。

nbr_max_re_tx：最大重传次数。

perr：指向保存错误码的变量。错误码包括：

NET_TCP_ERR_NONE

NET_TCP_ERR_INVALID_ARG

NET_TCP_ERR_INVALID_CONN

NET_TCP_ERR_CONN_NOT_USED

NET_ERR_INIT_INCOMPLETE

NET_OS_ERR_LOCK

返回值

成功时返回 DEF_OK；否则返回 DEF_FAIL。

配置要求

仅当 NET_CFG_TRANSPORT_LAYER_SEL 被配置为 TCP（见 C. 12.1）时，函数有效。

注意/警告

conn_id_tcp 参数代表 TCP 连接 ID 而不是套接字 ID。下面代码可用于获取 TCP 连接句柄和配置 TCP 连接参数（见 B. 13. 27"NetSock_GetConnTransportID（）"）：

```
NET_SOCK_ID        sock_id;
NET_TCP_CONN_ID    conn_id_tcp;
NET_ERR            err;


sock_id = Application's TCP socket ID;     /* Get application's TCP socket   ID. */
                                           /* Get socket's   TCP connection ID. */
conn_id_tcp = (NET_TCP_CONN_ID)NetSock_GetConnTransportID(sock_id, &err);
```

```
if (err == NET_SOCK_ERR_NONE) {                    /* If NO errors, ...    */
                    /* ... configure TCP connection maximum re-transmit threshold. */
    NetTCP_ConnCfgReTxMaxTh(conn_id_tcp, 4u);
}
```

B. 14. 3   NetTCP_ConnCfgReTxMaxTimeout( )

配置 TCP 连接的重传超时时间。

文件

net_tcp. h/net_tcp. c

原型

```
CPU_BOOLEAN NetTCP_ConnCfgReTxMaxTimeout(NET_TCP_CONN_ID       conn_id_tcp,
                                         NET_TCP_TIMEOUT_SEC   timeout_sec);
```

参数

conn_id_tcp：TCP 连接 ID。

timeout_sec：期望的最大重传超时时间（单位秒）。

返回值

成功时返回 DEF_OK；否则返回 DEF_FAIL。

配置要求

仅当 NET_CFG_TRANSPORT_LAYER_SEL 被配置为 TCP（见 C. 12. 1）时，函数有效。

注意/警告

conn_id_tcp 参数代表 TCP 连接 ID 而不是套接字 ID。下面代码可用于获取 TCP 连接句柄和配置 TCP 连接参数（见 B. 13. 27 "NetSock_GetConnTransportID（ ）"）：

```
NET_SOCK_ID         sock_id;
NET_TCP_CONN_ID     conn_id_tcp;
NET_ERR             err;
```

```
sock_id = Application's TCP socket ID;        /* Get application's TCP socket  ID. */
                                               /* Get socket's     TCP connection ID. */
conn_id_tcp = (NET_TCP_CONN_ID)NetSock_GetConnTransportID(sock_id, &err);

if (err == NET_SOCK_ERR_NONE) {               /* If NO errors, ...    */
                   /* ... configure TCP connection maximum re-transmit timeout.    */
    NetTCP_ConnCfgReTxMaxTimeout(conn_id_tcp, 30u);
}
```

B. 14. 4　NetTCP_ConnCfgRxWinSize( )

配置 TCP 连接的接收窗口大小。

文件

net_tcp. h/net_tcp. c

原型

```
CPU_BOOLEANNetTCP_ConnCfgRxWinSize(NET_TCP_CONN_ID      conn_id_tcp,
                                   NET_TCP_WIN_SIZE     win_size);
```

参数

conn_id_tcp:要配置的 TCP 连接 ID。
win_size:期望的接收窗口大小。

返回值

成功时返回 DEF_OK;否则返回 DEF_FAIL。

配置要求

仅当 NET_CFG_TRANSPORT_LAYER_SEL 被配置为 TCP(见 C. 12. 1)时,
函数有效。

注意/警告

conn_id_tcp 参数代表 TCP 连接 ID 而不是套接字 ID。下面代码可用于获取
TCP 连接句柄和配置 TCP 连接参数(见 B. 13. 27 "NetSock_GetConnTransportID
( )"):

```
NET_SOCK_ID              sock_id;
NET_TCP_CONN_ID          conn_id_tcp;
NET_ERR                  err;


sock_id = Application's TCP socket ID;          /* Get application's TCP socket   ID. */
                                                /* Get socket's     TCP connection ID. */
conn_id_tcp = (NET_TCP_CONN_ID)NetSock_GetConnTransportID(sock_id, &err);


if (err == NET_SOCK_ERR_NONE) {                 /* If NO errors, ...      */
                        /* ... configure TCP connection receive window size.      */
    NetTCP_ConnCfgRxWinSize(conn_id_tcp, (4u * 1460u));
}
```

B. 14. 5　NetTCP_ConnCfgTxAckImmedRxdPushEn( )

配置 TCP 连接是否立即为收到的数据发出 ACK 及"推送"TCP 报文段。

文件

net_tcp. h/net_tcp. c

原型

```
CPU_BOOLEAN NetTCP_ConnCfgTxAckImmedRxdPushEn(NET_TCP_CONN_ID  conn_id_tcp,
                                              CPU_BOOLEAN      tx_immed_ack_en);
```

参数

conn_id_tcp：要配置的 TCP 连接 ID。

tx_immed_ack_en：为收到的数据发出 ACK 及"推送"TCP 报文段的方式：

DEF_ENABLED：立即 ACK。

DEF_DISABLED：不立即 ACK。

返回值

成功时返回 DEF_OK；否则返回 DEF_FAIL。

配置要求

仅当 NET_CFG_TRANSPORT_LAYER_SEL 被配置为 TCP(见 C. 12. 1)时，
函数有效。

注意/警告

conn_id_tcp 参数代表 TCP 连接 ID 而不是套接字 ID。下面代码可用于获取 TCP 连接句柄和配置 TCP 连接参数(见 B.13.27):

```
NET_SOCK_ID        sock_id;
NET_TCP_CONN_ID    conn_id_tcp;
NET_ERR            err;

sock_id = Application's TCP socket ID;      /* Get application's TCP socket    ID. */
                                            /* Get socket's    TCP connection ID. */
conn_id_tcp = (NET_TCP_CONN_ID)NetSock_GetConnTransportID(sock_id, &err);

if (err == NET_SOCK_ERR_NONE) {             /* If NO errors, ...    */
        /* ... configure TCP connection transmit immediate ACK for received PUSH. */
    NetTCP_ConnCfgTxAckImmedRxdPushEn(conn_id_tcp, DEF_NO);
}
```

B.14.6　NetTCP_ConnCfgTxNagleEn( )

配置 TCP 连接是否在发送时使能 Nagle 算法。

文件

net_tcp.h/net_tcp.c

原型

```
CPU_BOOLEAN NetTCP_ConnCfgTxNagleEn(NET_TCP_CONN_ID    conn_id_tcp,
                                    CPU_BOOLEAN        nagle_en);
```

参数

conn_id_tcp:要配置的 TCP 连接 ID。

tx_immed_ack_en:期望设置是否使能 Nagle 算法的值:

DEF_ENABLED:TCP 连接延迟发送,直到所有未应答的报文均被 ACK,或者可以发送 MSS(Maximum Segment Size)大小的报文段。

DEF_DISABLED:只要本地、远程主机的拥塞控制允许就发输数据。

返回值

成功时返回 DEF_OK；否则返回 DEF_FAIL。

配置要求

仅当 NET_CFG_TRANSPORT_LAYER_SEL 被配置为 TCP（见 C. 12. 1）时，函数有效。

注意/警告

conn_id_tcp 参数代表 TCP 连接 ID 而不是套接字 ID。下面代码可用于获取 TCP 连接句柄和配置 TCP 连接参数（见 B. 13. 27 "NetSock_GetConnTransportID ( )"）：

```
NET_SOCK_ID          sock_id;
NET_TCP_CONN_ID      conn_id_tcp;
NET_ERR              err;


sock_id = Application's TCP socket ID;    /* Get application's TCP socket    ID. */
                                         /* Get socket's    TCP connection ID. */
conn_id_tcp = (NET_TCP_CONN_ID)NetSock_GetConnTransportID(sock_id, &err);


if (err == NET_SOCK_ERR_NONE) {          /* If NO errors, ...    */
                                /* ... configure TCP connection Nagle algorithm.    */
    NetTCP_ConnCfgTxNagleEn(conn_id_tcp, DEF_NO);
}
```

NetTCP_ConnCfgTxNagleEn( )由应用层调用，但是不能获得全局网络锁之后调用（参见"net. h 注意/警告 ♯3"）。这是必需的，因为应用程序的网络协议套件 API 函数访问其他网络协议的任务是异步的。

B. 14. 7　NetTCP_ConnPoolStatGet( )

获取 TCP 连接的统计池信息。

文件

net_tcp. h/net_tcp. c

原型

```
NET_STAT_POOL NetTCP_ConnPoolStatGet(void);
```

参数

无

返回值

如果没有错误,则返回 TCP 连接的统计池信息;否则返回 NULL。

配置要求

仅当 NET_CFG_TRANSPORT_LAYER_SEL 被配置为 TCP(见 C.12.1)时,函数有效。

注意/警告

无

B.14.8　NetTCP_ConnPoolStatResetMaxUsed( )

重置 TCP 连接的统计池,提供最大表项空间。

文件

net_tcp. h/net_tcp. c

原型

```
void NetTCP_ConnPoolStatResetMaxUsed(void);
```

参数

无

返回值

无

配置要求

仅当 NET_CFG_TRANSPORT_LAYER_SEL 被配置为 TCP(见 C.12.1)时,

函数有效。

注意/警告

无

B. 14. 9　NetTCP_InitTxSeqNbr( )

应用层定义的用于初始化 TCP 的初始传输序号计数器(Initial Transmit Se-
quence Number Counter)的函数。

文件

net_tcp. h/net_bsp. c

原型

```
void NetTCP_InitTxSeqNbr(void);
```

参数

无

返回值

无

配置要求

仅当 NET_CFG_TRANSPORT_LAYER_SEL 被配置为 TCP(见 C. 12. 1)时,
函数有效。

注意/警告

如果包含 TCP 模块,应用程序就需要初始化 TCP 的初始传输序号计数器。可
能的初始化方法包括:

(1) 基于时间的初始化是一个首选方法,因为它更恰当地提供了一个伪随机初
始序列号。

(2) 硬件生成的随机数初始化不是首选方法,因为它会产生一个伪随机初始序
列号的离散集,这往往是相同的初始序列号。

(3) 硬编码的初始序列号不是一个首选方法,因为它不是随机的。

B.15　网络定时函数

B.15.1　NetTmr_PoolStatGet( )

获取网络定时器的统计池信息。

文件

net_tmr.h/net_tmr.c

原型

```
NET_STAT_POOL NetTmr_PoolStatGet(void);
```

参数

无

返回值

如果没有错误,则返回网络定时器的统计池信息。否则返回 NULL。

配置要求

无

注意/警告

无

B.15.2　NetTmr_PoolStatResetMaxUsed( )

重置网络定时器统计池,提供最大可用空间。

文件

net_tmr.h/net_tmr.c

原型

```
void NetTmr_PoolStatResetMaxUsed(void);
```

参数

  无

返回值

  无

配置要求

  无

注意/警告

  无

B. 16　UDP 函数

B. 16. 1　NetUDP_RxAppData( )

从 UDP 数据包接收缓冲区中复制指定字节的数据到应用层内存空间。

文件

  net_udp. h/net_udp. c

原型

```
CPU_INT16U      NetUDP_RxAppData(NET_BUF      * pbuf,
                                 void         * pdata_buf,
                                 CPU_INT16U    data_buf_len,
                                 CPU_INT16U    flags,
                                 void          * pip_opts_buf,
                                 CPU_INT08U    ip_opts_buf_len,
                                 CPU_INT08U    * pip_opts_len,
                                 NET_ERR       * perr);
```

参数

  pbuf:指向收到的 UDP 数据包的数据缓冲区。
  pdata_buf:指向应用层缓冲区,用于接收应用层数据。

data_buf_len:应用层接收缓冲区大小(单位字节)。

flags:接收选项。按位'或'标志:

NET_UDP_FLAG_NONE:没有选择 UDP 接收标志。

NET_UDP_FLAG_RX_DATA_PEEK:接收 UDP 应用层数据,但不消费数据(不释放 UDP 接收包缓冲区)。

pip_opts_buf:如果没有错误的话,指向缓冲区,用于接收可能的 IP 选项。

ip_opts_buf_len:接收到的 IP 选项的长度,以字节为单位。

pip_opts_len:如果没有错误的话,指向接收到的 IP 选项长度变量。

perr:指向接收函数返回的错误值的变量。错误类型如下:

NET_UDP_ERR_NONE

NET_UDP_ERR_NULL_PTR

NET_UDP_ERR_INVALID_DATA_SIZE

NET_UDP_ERR_INVALID_FLAG

NET_ERR_INIT_INCOMPLETE

NET_ERR_RX

返回值

成功时返回接收到的字节数;否则返回 0。

配置要求

无

注意/警告

NetUDP_RxAppData( )将会在 NetUDP_RxAppDataHandler( )中被调用,而且被调用前已经获取全局锁。NetUDP_RxAppDataHandler( )应用层实现的函数(见 B.16.2)。

每个接收到的 UDP 数据报对应一个发送出来的数据报,但并不保证数据报的提交顺序。此外,如果应用层内存缓冲区不够容纳整个数据报时,数据报的数据将被截断,剩余的数据将被丢弃。因此,应用程序的内存缓冲区应该足够大,应该为可能收到的最大 UDP 数据报大小(即 65 507 字节)或应用程序的预期最大的 UDP 数据报的大小。

只有部分 UDP 发送标志选项被实现。如果要求使用其他未实现的标志选项,那么将返回一个错误,而不会轻易忽略标志选项。

B. 16. 2   NetUDP_RxAppDataHandler( )

应用程序定义的处理程序,用于在不使用套接字时将接收的 UDP 数据包解复用并传递给应用程序。

文件

net_udp. h/net_bsp. c

原型

```
void NetUDP_RxAppDataHandler(NET_BUF          * pbuf,
                             NET_IP_ADDR       src_addr,
                             NET_UDP_PORT_NBR  src_port,
                             NET_IP_ADDR       dest_addr,
                             NET_UDP_PORT_NBR  dest_port,
                             NET_ERR          * perr);
```

参数

pbuf:指向存放 UDP 数据报的缓冲区。

src_addr:UDP 数据报的源 IP 地址。

src_port:UDP 数据报的源端口号。

dest_addr:UDP 数据报的目的 IP 地址。

dest_port:UDP 数据报的目的 UDP 端口。

perr:指向接受以下函数返回的错误值的变量。

　　NET_APP_ERR_NONE

　　NET_ERR_RX_DEST

　　NET_ERR_RX

返回值

无

配置要求

只有当 NET_CFG_TRANSPORT_LAYER_SEL 为应用层解复用时有效(见 C. 13. 1)。

注意/警告

NetUDP_RxAppDataHandler( )已经与所需的全局锁一起调用,也将会调用 NetUDP_RxAppData( )来复制所接收 UDP 数据包的数据(见 B.16.1)。

如果 NetUDP_RxAppDataHandler( )在处理函数内立即向应用程序返回数据,应该越快越好,因为全局锁在该过程被一直占用。因此,在 NetUDP_RxAppDataHandler( )执行期间,没有任何其他网络接收或发送动作可以执行。

NetUDP_RxAppDataHandler( )可以推迟向应用程序返回数据,但必须:

在调用 NetUDP_RxAppData( )之前获取网络全局锁。

在调用 NetUDP_RxAppData( )之后释放网络全局锁。

如果 NetUDP_RxAppDataHandler( )成功解复用 UDP 数据包,它最终应该调用 NetUDP_RxAppData( )解析 UDP 数据包的应用层数据。如果 NetUDP_RxAppData( )成功解析了 UDP 数据包中的应用层数据,NetUDP_RxAppDataHandler( )一定不能调用 NetUDP_RxPktFree( )释放 UDP 数据包的网络缓冲区,因为 NetUDP_RxAppData( )已经释放的网络缓冲区。如果 UDP 数据包被成功地解复用和解析,那么 NetUDP_RxAppDataHandler( )一定返回 NET_APP_ERR_NONE。

如果 NetUDP_RxAppDataHandler( )解复用没有成功,也因此没有调用 NetUDP_RxAppData( ),那么 NetUDP_RxAppDataHandler( )应返回 NET_ERR_RX_DEST,而且不能释放或丢弃包含 UDP 数据包的网络缓冲区。

但是,无论 NetUDP_RxAppDataHandler( )或 NetUDP_RxAppData( )由于何种原因失败,NetUDP_RxAppDataHandler( )都应该调用 NetUDP_RxPktDiscard( )丢弃 UDP 数据包的网络缓冲区并应返回 NET_ERR_RX。

B.16.3 NetUDP_TxAppData( )

通过 UDP 发送应用层缓冲区中的数据。

文件

net_udp.h/net_udp.c

原型

```
CPU_INT16UNetUDP_TxAppData(void              * p_data,
                           CPU_INT16U         data_len,
                           NET_IP_ADDR        src_addr,
                           NET_UDP_PORT_NBR   src_port,
                           NET_IP_ADDR        dest_addr,
```

```
NET_UDP_PORT_NBR        dest_port,
NET_IP_TOS              TOS,
NET_IP_TTL              TTL,
CPU_INT16U              flags_udp,
CPU_INT16U              flags_ip,
void                    * popts_ip,
NET_ERR                 * perr);
```

参数

p_data：指向应用层数据。

data_len：应用层数据长度（单位字节）。

src_addr：源 IP 地址。

src_port：源 UDP 端口号。

dest_addr：目的 IP 地址。

dest_port：目的 UDP 端口号。

TOS：数据包的 TOS。

TTL：数据包的 TTL。

NET_IP_TTL_MIN	1	最小值	TTL 发送值
NET_IP_TTL_MAX	255	最大值	TTL 发送值
NET_IP_TTL_DFLT		默认值	TTL 发送值
NET_IP_TTL_NONE	0	用默认 TTL 替换	

flags_udp：UDP 数据包传输选项。按"或"操作：

  NET_UDP_FLAG_NO：无特殊要求。

  NENET_UDP_FLAG_TX_CHK_SUM_DIS：禁用校验和。

  NET_UDP_FLAG_TX_BLOCK：置位时阻塞、清零时非阻塞。

flags_ip：IP 数据包传输选项。按"或"操作：

  NET_IP_FLAG_NONE：无特殊要求。

  NET_IP_FLAG_TX_DONT_FRAG：不分片。

popts_ip：指向 IP 选项数据结构。

  NULL：不使用 IP 选项。

  NET_IP_OPT_CFG_ROUTE_TS：路由及时间戳选项。

  NET_IP_OPT_CFG_SECURITY：使用安全选项。

perr：指向接受以下函数返回的错误值的变量。

  NET_UDP_ERR_NONE

  NET_UDP_ERR_NULL_PTR

NET_UDP_ERR_INVALID_DATA_SIZE

NET_UDP_ERR_INVALID_LEN_DATA

NET_UDP_ERR_INVALID_PORT_NBR

NET_UDP_ERR_INVALID_FLAG

NET_BUF_ERR_NULL_PTR

NET_BUF_ERR_NONE_AVAIL

NET_BUF_ERR_INVALID_TYPE

NET_BUF_ERR_INVALID_SIZE

NET_BUF_ERR_INVALID_IX

NET_BUF_ERR_INVALID_LEN

NET_UTIL_ERR_NULL_PTR

NET_UTIL_ERR_NULL_SIZE

NET_UTIL_ERR_INVALID_PROTOCOL

NET_ERR_TX NET_ERR_INIT_INCOMPLETE

NET_ERR_INVALID_PROTOCOL

NET_OS_ERR_LOCK

返回值

成功时返回发送的字节数。

配置要求

无

注意/警告

UDP 数据报被自动发送,即每次调用发送函数时必须将发送数据在一个单一完整的数据包中发送。由于 μC/TCP-IP 目前不支持 IP 分片,所以应用层试图发送一个长度大于最大缓冲区的 UDP 数据包,发送将中止并,而且没有数据会发出。

只有部分 UDP 发送标志选项被实现。如果要求使用其他未实现的标志选项,那么将返回一个错误,而不会轻易忽略标志选项。

B.17　通用网络功能函数

B.17.1　NET_UTIL_HOST_TO_NET_16( )

将 16bit 整型从 CPU host-order 转化为 network-order。

文件

net_util. h

原型

```
NET_UTIL_HOST_TO_NET_16(val);
```

参数

val:待转换的 16bit 整型。

返回值

network-order 表示的 16bit 整型。

配置要求

无

注意/警告

如果微处理器有边界对齐的要求,val 及其他任何用来接收返回值的 16 位整数变量必须位于对齐的 CPU 地址处。这意味着,所有 16 位字上的地址是必须是 2 个字节的整数倍。

B. 17. 2　NET_UTIL_HOST_TO_NET_32( )

将 32bit 整型从 CPU host-order 转化为 network-order。

文件

net_util. h

原型

```
NET_UTIL_HOST_TO_NET_32(val);
```

参数

val:待转换的 32bit 整型。

返回值

network-order:表示的 32bit 整型。

配置要求

无

注意/警告

如果微处理器有边界对齐的要求,val 及其他任何用来接收返回值的 32 位整数变量必须位于对齐的 CPU 地址处。这意味着,所有 32 位字上的地址是必须是 4 个字节的整数倍。

B.17.3　NET_UTIL_NET_TO_HOST_16( )

将 16bit 整型从 network-order 转化为 CPU host-order。

文件

net_util. h

原型

```
NET_UTIL_NET_TO_HOST_16(val);
```

参数

val:待转换的 16bit 整型。

返回值

CPU host-order:表示的 16bit 整型。

配置要求

无

注意/警告

如果微处理器有边界对齐的要求,val 及其他任何用来接收返回值的 16 位整数变量必须位于对齐的 CPU 地址处。这意味着,所有 16 位字上的地址是必须是 2 个字节的整数倍。

B. 17. 4 NET_UTIL_NET_TO_HOST_32( )

将 32bit 整型从 network-order 转化为 CPU host-order。

文件

net_util. h

原型

```
NET_UTIL_NET_TO_HOST_32(val);
```

参数

val:待转换的 32bit 整型。

返回值

CPU host-order:表示的 32bit 整型。

配置要求

无

注意/警告

如果微处理器有边界对齐的要求,val 及其他任何用来接收返回值的 32 位整数变量必须位于对齐的 CPU 地址处。这意味着,所有 32 位字上的地址是必须是 4 个字节的整数倍。

B. 17. 5 NetUtil_TS_Get( )

应用层定义的函数,用户获取当前的因特网时间戳(Internet Timestamp)。

文件

net_util. h/net_bsp. c

原型

```
NET_TS NetUtil_TS_Get (void);
```

参数

无

返回值

如果可用的话,则返回当前的因特网时间戳;否则返回 NET_TS_NONE。

配置要求

无

注意/警告

RFC＃791 3.1 节"选项:因特网时间戳"中指出:"因特网时间戳是右对齐、自 UT [Universal Time]午夜开始计算的毫秒的时间戳。"

应用程序负责提供正确时区的实时时钟,以便实现互联网的时间戳。如果可能的话,为了实现这一功能目标板硬件必须包括正确的时区及与实时时钟配置。然而,NetUtil_TS_Get( )不是绝对必需的,如果实时时钟硬件不可用,它可能会返回 NET_TS_NONE。

B. 17. 6 NetUtil_TS_Get_ms( )

应用层定义的函数,用于获取当前以 ms 为单位的时间戳。

文件

net_util. h/net_bsp. c

原型

```
NET_TS_MS NetUtil_TS_Get_ms (void);
```

参数

无

返回值

以 ms 为单位的当前时间戳。

配置要求

无

注意/警告

应用程序负责提供一毫秒的时间戳,该时间戳应该有足够的分辨率和范围以满足最小/最大的 TCP RTO 值的要求(见"net_bsp.c NetUtil_TS_Get_ms( ))。

μC/OS-II 和 μC/OS-III 都利用其操作系统时钟作为时钟源实现了毫秒时间戳,有关于这些实现请参见以下目录:

\Micrium\Software\uC－TCPIP－V2\BSP\Template\OS\uCOS-II

\Micrium\Software\uC－TCPIP－V2\BSP\Template\OS\uCOS-II

B.18 BSD 函数

B.18.1 accept( )(TCP)

在监听服务器套接字上等待一个新的套接字连接。参见 B.13.1 节。

文件

net_bsd.h/net_bsd.c

原型

```
int accept(int        sock_id,
        struct     sockaddr * paddr_remote,
        socklen_t  * paddr_len);
```

B.18.2 bind( ) (TCP/UDP)

给套接字绑定网络地址。详细信息请参见 B.13.2 节。

文件

net_bsd.h/net_bsd.c

原型

```
int bind(   int            sock_id,
        struct sockaddr * paddr_local,
        socklen_t      addr_len);
```

B. 18. 3　close( ) (TCP /UDP)

终止连接并释放一个套接字。详细信息请参见 B. 13. 20 节。

文件

net_bsd. h/net_bsd. c

原型

```
int close(int sock_id);
```

B. 18. 4　connect( ) (TCP /UDP)

将一个本地套接字连接到一个远端套接字地址。详细信息请参见 B. 13. 21 节。

文件

net_bsd. h/net_bsd. c

原型

```
int connect(int              sock_id,
            struct sockaddr * paddr_remote,
            socklen_t         addr_len);
```

B. 18. 5　FD_CLR( ) (TCP /UDP)

从一个文件描述符集中移除一个套接字文件描述符 ID。详细信息请参见 B. 13. 22 节。

文件

net_bsd. h

原型

```
FD_CLR(fd, fdset p);
```

配置要求

NET_BSD_CFG_API_EN 使能时有效(见 C.17.1)。

B. 18. 6　FD_ISSET( ) (TCP /UDP)

检查一个套接字描述符 ID 是否为一个文件描述符集中的成员。详细信息请参见 B. 13. 25。

文件

net_bsd. h

原型

```
FD_ISSET(fd, fdset p);
```

配置要求

NET_BSD_CFG_API_EN 使能时有效(见 C.17.1)。

B. 18. 7　FD_SET( )(TCP /UDP)

将一个套接字文件描述符 ID 以一个成员的方式添加到文件描述符集。详细信息请参见 B. 13. 26。

文件

net_bsd. h

原型

```
FD_SET(fd, fdset p);
```

配置要求

NET_BSD_CFG_API_EN 使能时有效(见 C.17.1)。

B.18.8　FD_ZERO( )(TCP/UDP)

初始化/清零一个文件描述符集。详细信息请参见 B.13.24。

文件

net_bsd.h

原型

```
FD_ZERO(fdset p);
```

配置要求

NET_BSD_CFG_API_EN 使能时有效（见 C.17.1）。

B.18.9　htonl( )

将一个 32 位的整型数值从 CPU 主机序（host-order）转化为网络序（network-order）。详细信息请参见 B.17.2。

文件

net_bsd.h

原型

```
htonl(val);
```

配置要求

NET_BSD_CFG_API_EN 使能时有效（见 C.17.1）。

B.18.10　htons( )

将一个 16 位的整型数值从 CPU 主机序转化为网络序。详细信息请参见 B.17.1。

文件

net_bsd.h

原型

```
htons(val);
```

B. 18. 11 inet_addr( )(IPv4)

将一个点分十进制表示的 IPv4 地址字符串转化为一个主机序的 IPv4 地址。详细信息请参见 B. 4. 3。

文件

net_bsd. h/net_bsd. c

原型

```
in_addr_t inet_addr(char * paddr);
```

参数

paddr:指向一个含有点分十进制 IPV4 地址的 ASCII 码字符串的指针。

返回值

如果成功,返回 IPV4 地址,以主机序组成的 ASCII 码字符串来表示。

失败,返回−1(例如,0xFFFFFFFF)。

配置要求

当 NET_BSD_CFG_API_EN 使能(见 C. 17. 1),并且为 TCP 配置了 NET_CFG_TRANSPORT_LAYER_SEL(见 C. 12. 1)或者为套接字配置了 NET_UDP_CFG_APP_API_SEL(见 C. 13. 1)时该函数有效。

注意/警告

RFC 1983 中规定"点分十进制标记法…即 A. B. C. D 形式的 IP 地址;其中每个字母用十进制来表示一个 4 字节 IP 地址中的一个字节"。换句话说,点分十进制标记法就是用小圆点或者句号,即字符'. '来分隔 4 个十进制的字节值。每个十进制值表示 IP 地址的一个字节,按网络序以最高有效字节(MSB)开始。

IPV4 地址示例

点分十进制标记法	十六进制值
127.0.0.1	0x7F000001
192.168.1.64	0xC0A80140
255.255.255.0	0xFFFFFF00
MSB……..LSB	MSB……..LSB

注：1. MSB：点分十进制 IP 地址的最高有效字节。

2. LSB：点分十进制 IP 地址的最低有效字节。

IPV4 的点分十进制 ASCII 码字符串仅包含十进制数和点；所有其他的字符都视为无效，包括任何前导的或后续的字符。ASCII 码字符串必须准确包含以 3 个点分隔开的 4 个十进制值。每个十进制值一定不能超过字节值的最大值(255)，并且在计算前导 0 的个数的情况下每个字节不能超过最大数字位数(3)。

B.18.12 inet_ntoa( ) (IPv4)

将一个主机序的 IPv4 地址转化为一个点分十进制表示的 IPv4 地址字符串。详细信息请参见 B.4.1 节。

文件

net_bsd.h/net_bsd.c

原型

```
char * inet_ntoa(struct in_addr addr);
```

参数

in_addr：IPV4 地址（主机序）。

返回值

如果成功，返回转换成 ASCII 码字符串的 IPV4 地址的指针(参考注意/警告)。失败，返回 NULL 指针。

配置要求

当 NET_BSD_CFG_API_EN 使能（见 C.17.1），并且为 TCP 配置了 NET_CFG_TRANSPORT_LAYER_SEL（见 C.12.1）或者为套接字配置了 NET_UDP_CFG_APP_API_SEL（见 C.13.1）时该函数有效。

注意/警告

RFC 1983 中规定"点分十进制标记法…即 A. B. C. D 形式的 IP 地址;其中每个字母用十进制来表示一个 4 字节 IP 地址中的一个字节"。换句话说,点分十进制标记法就是用小圆点或者句号,即字符'.'来分隔 4 个十进制的字节值。每个十进制值表示 IP 地址的一个字节,按网络序以最高有效字节(MSB)开始。

IPV4 地址示例

点分十进制标记法	十六进制值
127.0.0.1	0x7F000001
192.168.1.64	0xC0A80140
255.255.255.0	0xFFFFFF00
MSB…LSB	MSB…LSB

注:1. MSB:点分十进制 IP 地址的最高有效字节。

2. LSB:点分十进制 IP 地址的最低有效字节。

由于返回的 ASCII 码字符串存储在一个全局 ASCII 码字符串数组中,所以此函数是不可重入的也非线程安全的。因此,应该在其他地方调用 inet_ntoa( )之前尽可能快地复制返回的字符串。

B. 18. 13　listen( )(TCP)

设置一个套接字用来接收发来的连接。详细信息请参见 B.13.29。

文件

net_bsd. h/net_bsd. c

原型

```
int listen(int     sock_id,
           int     sock_q_size);
```

B. 18. 14　ntohl( )

将一个 32 位的整型数值从网络序转化为 CPU 主机序。详细信息请参见 B.17.4。

文件

net_bsd. h

原型

```
ntohl(val);
```

配置要求

NET_BSD_CFG_API_EN 使能时有效(见 C.17.1)。

B.18.15　ntohs( )

将一个 16 位的整型数值从网络序转化为 CPU 主机序。详细信息请参见 B.17.3 节。

文件

net_bsd. h

原型

```
ntohs(val);
```

配置要求

NET_BSD_CFG_API_EN 使能时有效(见 C.17.1)。

B.18.16　recv( )/recvfrom( )(TCP/UDP)

从远端套接字复制指定数量的字节数据到应用程序的内存缓存中。详细信息请参见 B.13.33 节。

文件

net_bsd. h/net_bsd. c

原型

```
ssize_t recv(int        sock_id,
             void       * pdata_buf,
             _size_t    data_buf_len,
             int        flags);


ssize_t recvfrom(int            sock_id,
                 void           * pdata_buf,
                 _size_t        data_buf_len,
                 int            flags,
                 struct sockaddr * paddr_remote,
                 socklen_t      * paddr_len);
```

B. 18. 17 select( ) (TCP /UDP)

检查是否有套接字准备好读写或者出错。详细信息请参见 B. 13. 34"NetSock_Sel( )/select( ) (TCP/UDP)"。

文件

net_bsd. h/net_bsd. c

原型

```
int select(int            desc_nbr_max,
           struct fd_set  * pdesc_rd,
           struct fd_set  * pdesc_wr,
           struct fd_set  * pdesc_err,
           struct timeval * ptimeout);
```

B. 18. 18 send( ) /sendto( ) (TCP /UDP)

从应用程序内存缓存中复制数据到套接字中,并发送给远端套接字。详细信息请参见 B. 13. 35。

文件

net_bsd. h/net_bsd. c

原型

```
ssize_t send(    int            sock_id,
                 void           * p_data,
                 _size_t        data_len,
                 int            flags);


ssize_t sendto(int sock_id,
                 void                * p_data,
                 _size_t             data_len,
                 int                 flags,
                 struct sockaddr     * paddr_remote,
                 socklen_t           addr_len);
```

B. 18. 19   socket( ) (TCP /UDP)

创建一个数据报套接字(例如 UDP)或者流套接字(例如 TCP)。详细信息请参见 B. 13. 30。

文件

net_bsd. h/net_bsd. c

原型

```
int socket(int     protocol_family,
           int     sock_type,
           int     protocol);
```

附录 C

μC /TCP-IP 配置和优化

μC/TCP-IP 可以通过将近 70 个♯define 来配置。这些配置项定义在 net_cfg. h 和 app_cfg. h 文件中,这两个文件在每个应用程序中都会出现。μC/TCP-IP 采用这种方法,是在编译的时候可以根据功能是否使能以及网络对象的配置数量来调节代码和数据的大小。这样就可以根据应用程序的需求来调节 μC/TCP-IP 所占的 ROM 和 RAM 空间。

大多数♯define 应该配置成默认值。少数数值可能永远不需要改动,因为取值的可能性只有一种。大约有 12 个左右的配置项,可能要按照需求配置,与默认值不同。

我们建议从用粗体表示的推荐默认配置值开始。

不同于附录 B,本附录按照 net_cfg. h 的顺序来进行组织,net_cfg. h 是 μC/TCP-IP 的模板配置文件。

C.1 网络配置

C.1.1 NET_CFG_INIT_CFG_VALS

NET_CFG_INIT_CFG_VALS 用于决定内部 TCP/IP 参数是设置成默认值还是由用户来指定:

NET_INIT_CFG_VALS_DFLT:μC/TCP-IP 用默认值初始化所有参数。

NET_INIT_CFG_VALS_APP_INIT:应用程序用指定值来初始化所有 μC/TCP-IP 参数。

NET_INIT_CFG_VALS_DFLT:用默认值来配置 μC/TCP-IP 的网络参数,应用层只需要调用 Net_Init( )来初始化。我们推荐这样做,因为配置网络参数需要对协议栈有深刻的理解。事实上,我们选择的默认值是大多数参考资料中所推荐的,如表 TC‑1 所列。

表 TC–1　μC/TCP-IP 内部配置参数

参　数	单　位	最小值	最大值	默认值	配置函数
接口的网络缓存的低阈值	占总接口网络缓存数的百分比	5%	50%	5%	NetDbg_CfgRsrcBufThLo( )
接口的网络缓存的低阈值滞后	占总接口网络缓存数的百分比	0%	15%	3%	NetDbg_CfgRsrcBufThLo( )
接口的大型接收缓存低阈值	占总接口大型接收缓存数的百分比	5%	50%	5%	NetDbg_CfgRsrcBufRxLargeThLo( )
接口的大型接收缓存低阈值滞后	占总接口大型接收缓存数的百分比	0%	15%	3%	NetDbg_CfgRsrcBufRxLargeThLo( )
接口的小型传送缓存低阈值	占总接口小型传送缓存数的百分比	5%	50%	5%	NetDbg_CfgRsrcBufTxSmallThLo( )
接口的小型传送缓存低阈值滞后	占总接口小型传送缓存数的百分比	0%	15%	3%	NetDbg_CfgRsrcBufTxSmallThLo( )
接口的大型传送缓存低阈值	占总接口大型传送缓存数的百分比	5%	50%	5%	NetDbg_CfgRsrcBufTxLargeThLo( )
接口的大型传送缓存低阈值滞后	占总接口大型传送缓存数的百分比	0%	15%	3%	NetDbg_CfgRsrcBufTxLargeThLo( )
网络定时器低阈值	占总网络定时器数的百分比	5%	50%	5%	NetDbg_CfgRsrcTmrLoTh( )
网络定时器低阈值滞后	占总网络定时器数的百分比	0%	15%	3%	NetDbg_CfgRsrcTmrLoTh( )
网络连接数低阈值	占总网络连接数的百分比	5%	50%	5%	NetDbg_CfgRsrcConnLoTh( )
网络连接数低阈值滞后	占总网络连接数的百分比	0%	15%	3%	NetDbg_CfgRsrcConnLoTh( )
ARP Cache 低阈值	占总 ARP Cache 数的百分比	5%	50%	5%	NetDbg_CfgRsrcARP_CacheLoTh( )
ARP Cache 低阈值滞后	占总 ARP Cache 数的百分比	0%	15%	3%	NetDbg_CfgRsrcARP_CacheLoTh( )
TCP 连接数低阈值	占总 TCP 连接数的百分比	5%	50%	5%	NetDbg_CfgRsrcTCP_ConnLoTh( )

续表 TC - 1

参 数	单 位	最小值	最大值	默认值	配置函数
TCP 连接数低阈值滞后	占总 TCP 连接数的百分比	0%	15%	3%	NetDbg _ CfgRsrcTCP _ ConnLoTh( )
套接字低阈值	占总套接字数的百分比	5%	50%	5%	NetDbg_CfgRsrcSockLoTh( )
套接字低阈值滞后	占总套接字数的百分比	0%	15%	3%	NetDbg_CfgRsrcSockLoTh( )
资源监控任务时间	秒/(s)	1	600	60	NetDbg_CfgMonTaskTime( )
接入的网络连接数低阈值	网络连接数	10	65000	100	NetConn_CfgAccessTh( )
网络接口物理连接监测期	毫秒/(ms)	50	60000	250	NetIF_CfgPhyLinkPeriod( )
网络接口性能监测期	毫秒/(ms)	50	60000	250	NetIF_CfgPerfMonPeriod( )
ARP Cache 超时	秒/(s)	60	600	600	NetARP_CfgCacheTimeout( )
接入的 ARP Cache 阈值	ARP Cache 数	100	65000	100	NetARP_CfgCacheAccessedTh( )
ARP 请求超时	秒/(s)	1	10	5	NetARP_CfgReqTimeout( )
ARP 请求最大重试次数	最大的 ARP 请求重传数	0	5	3	NetARP _ CfgReqMaxRetries( )
IP 接收段重组超时	秒(s)	1	15	5	NetIP_ CfgFragReasmTimeout( )
ICMP 传输源终止包阈值	已传输的 ICMP 源终止包数	1	100	5	NetICMP_CfgTxSrcQuenchTh( )

　　NET_INIT_CFG_VALS_APP_INIT：对列出的参数进行修改需要调用相应的配置函数。这些值可以存储在非易失存储器中，在系统启动的时候由应用程序来恢复（比如，使用 EEPROM 或者有备用电池的 RAM）。这类值也可以直接以代码的形式编入应用程序中。这些值无论怎样配置，如果这个选项被使能，应用程序就必须用上面列出的配置函数来初始化所有配置参数。

　　另外，应用程序也可以调用 Net_InitDflt( )将所有内部配置参数初始化为默认值，然后再调用配置函数对配置进行必要的修改。

C.1.2　NET_CFG_OPTIMIZE

通过 NET_CFG_OPTIMIZE 来优化 μC/TCP-IP 代码,可能会得到更好的性能或者更小的代码尺寸。

NET_OPTIMIZE_SPD:优化 μC/TCP-IP 以取得最佳速度性能。

NET_OPTIMIZE_SIZE:优化 μC/TCP-IP 以取得最小的二进制镜像。

C.1.3　NET_CFG_OPTIMIZE_ASM_EN

通过 NET_CFG_OPTIMIZE_ASM_EN 来优化 μC/TCP-IP 部分代码,可能会调用优化的汇编函数:

DEF_DISABLED:编译的 μC/TCP-IP 中不包含优化的汇编文件/函数。

DEF_ENABLED:编译的 μC/TCP-IP 中包含优化的汇编文件/函数。

C.1.4　NET_CFG_BUILD_LIB_EN

通过配置 NET_CFG_BUILD_LIB_EN,μC/TCP-IP 可以被某些工具链编译成一个可链接目标库:

DEF_DISABLED:μC/TCP-IP 不被编译成可链接目标库。

DEF_ENABLED:把 μC/TCP-IP 编译成可链接目标库。

C.2　调试配置

μC/TCP-IP 中包含了相当多用来简化调试的代码,并包含有一些配置常量用来辅助调试。

C.2.1　NET_DBG_CFG_INFO_EN

NET_DBG_CFG_INFO_EN 用于使能或禁止 μC/TCP-IP 调试信息:

(1) 将内部常量指向全局变量。

(2) 计算内部变量数据大小并将其指向全局变量。

NET_DBG_CFG_INFO_EN 可以设置成 DEF_DISABLED 或 DEF_EN-ABLED。

C.2.2 NET_DBG_CFG_STATUS_EN

NET_DBG_CFG_STATUS_EN 用来使能或禁止 μC/TCP-IP 运行时的状态信息：

(1) 内部资源使用率——低或丢失资源。

(2) 内部故障或错误。

NET_DBG_CFG_STATUS_EN 可以设置成 DEF_DISABLED 或 DEF_ENABLED。

C.2.3 NET_DBG_CFG_MEM_CLR_EN

NET_DBG_CFG_MEM_CLR_EN 用于在申请或释放网络数据结构的时候对其内部清零。通过清零操作，内部数据结构的所有字节被设置成"0"或者默认初始值。NET_DBG_CFG_MEM_CLR_EN 可以设置成 DEF_DISABLED 或 DEF_ENABLED。除非因调试目的要检查内部数据结构的内容，这个配置项一般设置成 DEF_DISABLED。将内部网络数据结构清零，可以有助于区分正确数据和污数据。

C.2.4 NET_DBG_CFG_TEST_EN

NET_DBG_CFG_TEST_EN 在内部用于测试或调试，可以设置成 DEF_DISABLED 或 DEF_ENABLED。

C.3 参数检查配置

μC/TCP-IP 中的大多数函数中都包含一些代码，用于验证传入到函数内部参数的有效性。也就是，μC/TCP-IP 会检查传入的指针是否为空指针，传入参数是否在有效范围内等。下列常量用来配置额外的参数检查。

C.3.1 NET_ERR_CFG_ARG_CHK_EXT_EN

NET_ERR_CFG_ARG_CHK_EXT_EN 允许激活检查函数参数的代码，这些函数可以是用户直接调用的函数，也可以是内部的函数，这些函数接收了用户调用的 API 传来的参数。并且使能本项可以检查在 API 任务和函数执行特定功能之前，μC/TCP-IP 是否已初始化。

NET_ERR_CFG_ARG_CHK_EXT_EN 可以设置成 DEF_DISABLED 或 DEF_ENABLED。

C.3.2　NET_ERR_CFG_ARG_CHK_DBG_EN

NET_ERR_CFG_ARG_CHK_DBG_EN 允许生成相关检查代码，从而确保传入函数的指针不为 NULL、参数在指定范围内等等。NET_ERR_CFG_ARG_CHK_DBG_EN 可以设置成 DEF_DISABLED 或 DEF_ENABLED。

C.4　网络计数器配置

μC/TCP-IP 包含用于跟踪内部事件的代码，内容涵盖接收包数量、发送包数量等。μC/TCP-IP 还包含若干计数器用于记录各种错误事件。下列常量用于使能或禁止相关网络计数器。

C.4.1　NET_CTR_CFG_STAT_EN

NET_CTR_CFG_STAT_EN 决定是否需要包含用于记录统计数据的代码和数据空间。NET_CTR_CFG_STAT_EN 可以设置成 DEF_DISABLED 或 DEF_ENABLED。

C.4.2　NET_CTR_CFG_ERR_EN

NET_CTR_CFG_ERR_EN 决定是否需要包含用于记录错误事件的代码和数据空间。NET_CTR_CFG_ERR_EN 可以设置成 DEF_DISABLED 或 DEF_ENABLED。

C.5　网络定时器配置

μC/TCP-IP 管理软件定时器。软件定时器用于跟踪超时或执行回调函数时使用。

C.5.1　NET_TMR_CFG_NBR_TMR

NET_TMR_CFG_NBR_TMR 指定 μC/TCP-IP 要管理的定时器的数量。定时

器的数量会影响 μC/TCP-IP 所需 RAM 空间的大小。每个定时器空间需要 12 字节加 4 个指针。定时器用于以下情况：

(1) 网络调试监控任务：总共 1 个。

(2) 网络性能监控：总共 1 个。

(3) 网络链接状态处理：总共 1 个。

(4) 每个 ARP 缓存条目：每个 ARP 缓存 1 个。

(5) 每个 IP 重组分片：每个 IP 分片链 1 个。

(6) 每个 TCP 链接：每个 TCP 链接 7 个。

我们推荐将 NET_TMR_CFG_NBR_TMR 至少设置成 12，但最好设置为与最大数量定时器相当。

例如，如果使能了网络调试监控任务（见 19.2 节"网络调试监控任务"），配置了 20 个 ARP 缓存（NET_ARP_CFG_NBR_CACHE = 20），而且还配置了 10 个 TCP 链接数（NET_TCP_CFG_NBR_CONN = 10）。网络调试监控任务最多需要 1 个定时器，网络性能监控器需要 1 个，链接状态处理器需要 1 个，ARP 缓存需要 20×1 个，TCP 链接需要 10×7 个，那么总定时器数量为

♯Timers（总定时器数量）= 1 + 1 + 1 + (20×1) + (10×7) = 93

C.5.2 NET_TMR_CFG_TASK_FREQ

NET_TMR_CFG_TASK_FREQ 确定网络定时器刷新的频率。这个值不能是浮点数。NET_TMR_CFG_TASK_FREQ 一般设置成 10Hz。

C.6 网络缓冲区配置

μC/TCP-IP 管理网络缓冲区，从而与网络应用和设备进行数据交换。网络缓冲区的配置与第 14 章"网络设备驱动"描述的网络设备相关。

C.7 网络接口层配置

C.7.1 NET_IF_CFG_MAX_NBR_IF

NET_IF_CFG_MAX_NBR_IF 确定 μC/TCP-IP 可以创建的最大网络接口数。默认是只有一个网络接口，配置为 1。

C.7.2 NET_IF_CFG_LOOPBACK_EN

NET_IF_CFG_LOOPBACK_EN 决定是否包含用于支持环回接口的代码和数据空间,环回接口只用于内部环回通信。NET_IF_CFG_LOOPBACK_EN 可以设置成 DEF_DISABLED 或 DEF_ENABLED。

C.7.3 NET_IF_CFG_ETHER_EN

NET_IF_CFG_ETHER_EN 决定是否包含用于支持以太网接口设备的代码和空间。NET_IF_CFG_ETHER_EN 可以设置成 DEF_DISABLED 或 DEF_ENABLED,如果目标系统希望通过以太网通信的话,该项必须使能。

C.7.4 NET_IF_CFG_ADDR_FLTR_EN

NET_IF_CFG_ADDR_FLTR_EN 决定是否使能地址过滤:
DEF_DISABLED   地址不被过滤或者 DEF_ENABLED 地址被过滤。

C.7.5 NET_IF_CFG_TX_SUSPEND_TIMEOUT_MS

NET_IF_CFG_TX_SUSPEND_TIMEOUT_MS 用来配置网络接口发送挂起超时门限。其值要设置成整型,单位是 ms。建议将 NET_IF_CFG_TX_SUSPEND_TIMEOUT_MS 默认设置成 1 ms。

C.8 ARP (地址解析协议)配置

ARP 仅仅使用在特定的网络接口中,比如以太网接口。

C.8.1 NET_ARP_CFG_HW_TYPE

μC/TCP-IP 的当前版本仅支持以太网类型网络,所以 NET_ARP_CFG_HW_TYPE 应该始终设置成 NET_ARP_HW_TYPE_ETHER。

C.8.2 NET_ARP_CFG_PROTOCOL_TYPE

μC/TCP-IP 的当前版本仅支持 IPv4,所以 NET_ARP_CFG_PROTOCOL_

TYPE 应该始终设置成 NET_ARP_PROTOCOL_TYPE_IP_V4。

C. 8. 3　NET_ARP_CFG_NBR_CACHE

ARP 保存 IP 地址到物理地址（比如 MAC）的映射。NET_ARP_CFG_NBR_CACHE 用于配置 ARP 缓冲区的表项数。每个缓冲区表项需要的 RAM 大约 18 字节加 5 个指针，还有 1 个硬件地址和协议地址（假设是 IPv4 地址和以太网接口的话，就是 10 字节）。

应用程序所需的 ARP 缓冲区大小与要连接的主机有关。如果应用层仅仅通过本地网络默认网关（例如路由器）连接外网主机的话，那么只需要配置一个 ARP 表项。

通过 μC/TCP-IP 测试一个最小的网络，至少需要 3 个 ARP 表项。

C. 8. 4　NET_ARP_CFG_ADDR_FLTR_EN

NET_ARP_CFG_ADDR_FLTR_EN 决定是否使能地址过滤：
DEF_DISABLED　地址不被过滤或者 DEF_ENABLED 地址被过滤。

C. 9　IP 配置

C. 9. 1　NET_IP_CFG_IF_MAX_NBR_ADDR

NET_IP_CFG_IF_MAX_NBR_ADDR 决定在运行时每个网络接口可以配置的最大 IP 地址数。建议将 NET_IP_CFG_IF_MAX_NBR_ADDR 默认设置成每个网络接口只设置 1 个 IP 地址，如果目标板需要每个接口有多个地址就增加该值。

C. 9. 2　NET_IP_CFG_MULTICAST_SEL

NET_IP_CFG_MULTICAST_SEL 用于决定 IP 组播支持等级。该参数允许的值为：
NET_IP_MULTICAST_SEL_NONE：不支持组播。
NET_IP_MULTICAST_SEL_TX：传送支持组播。
NET_IP_MULTICAST_SEL_TX_RX：传送和接收都支持组播。

C. 10　ICMP 配置

C. 10. 1　NET_ICMP_CFG_TX_SRC_QUENCH_EN

当网络资源变得很少时(见 19.2 节"网络调试监控任务"),ICMP 传送 ICMP 源抑制消息给其他主机。NET_ICMP_CFG_TX_SRC_QUENCH_EN 可以设置成:

DEF_DISABLED:ICMP 不发送任何源抑制消息。

或者 DEF_ENABLED:必要的时候 ICMP 发送源抑制消息。

C. 10. 2　NET_ICMP_CFG_TX_SRC_QUENCH_NBR

NET_ICMP_CFG_TX_SRC_QUENCH_NBR 配置 ICMP 发送源抑制表项的数量。每个源抑制表项需要 RAM 大约 12 字节和 2 个指针。

表项的数量依赖于所连接的主机数量。建议将 NET_ICMP_CFG_TX_SRC_QUENCH_NBR 设置成 5,如果 μC/TCP-IP 目标板要和更多或更少的主机通信时再做调整。

C. 11　IGMP 配置　NET_IGMP_CFG_MAX_NBR_HOST_GRP

NET_IGMP_CFG_MAX_NBR_HOST_GRP 配置在任意时刻能加入的 IGMP 主机组数量。每个表项需要 RAM 大约 12 字节,加上 3 个指针,还有一个协议地址 (IPv4 地址就是 4 字节)。

应用程序需要的 IGMP 主机组数量取决于在给定时间希望加入多少个主机组。由于每个配置的组播地址需要它自己的 IGMP 主机组,我们建议为应用程序使用的每个组播地址配置至少一个主机组,另外还要多配置一个额外的主机组。因此,对于单一组播地址,建议将 NET_IGMP_CFG_MAX_NBR_HOST_GRP 初始化为 2。

C. 12　传输层配置　NET_CFG_TRANSPORT_LAYER_SEL

μC/TCP-IP 允许用户选择只包含 UDP 代码或者 UDP 和 TCP 代码都包含。大多数应用软件需要 TCP,也需要 UDP。然而,只包含 UDP 可以减少 μC/TCP-IP 所需的代码和数据空间。NET_CFG_TRANSPORT_LAYER_SEL 可以设置成:

NET_TRANSPORT_LAYER_SEL_UDP_TCP:TCP 和 UDP 都包括。

NET_TRANSPORT_LAYER_SEL_UDP :仅包括 UDP。

C.13　UDP 配置

C.13.1　NET_UDP_CFG_APP_API_SEL

NET_UDP_CFG_APP_API_SEL 用于决定向哪个方向发送解复用的 UDP 数据报。也就是,数据报是发送到套接字层,还是发送至应用层函数,还是都发。NET_UDP_CFG_APP_API_SEL 可以设置成以下值:

NET_UDP_APP_API_SEL_SOCK:仅将数据报送至套接字层。

NET_UDP_APP_API_SEL_APP:仅将数据报送至应用层。

NET_UDP_APP_API_SEL_SOCK_APP:数据报先送至套接字层,再送至应用层。

如果配置了 NET_UDP_APP_API_SEL_APP 或 NET_UDP_APP_API_SEL_SOCK_APP,应用程序必须定义 NetUDP_RxAppDataHandler( )来接收多路数据报(见 B.16.2)。

C.13.2　NET_UDP_CFG_RX_CHK_SUM_DISCARD_EN

当接收到无效校验码的 UDP 数据报时,NET_UDP_CFG_RX_CHK_SUM_DISCARD_EN 用于决定处理方式,是丢弃还是上传。在验证 UDP 数据报校验码之前,有必要先检查 UDP 数据报是否携带了一个合法的的校验码(见 RFC♯768,"字段:校验码"一节)。

NET_UDP_CFG_RX_CHK_SUM_DISCARD_EN 可以设置成:

DEF_DISABLED:UDP 层会处理并且标记所有接收到的不带校验码的 UDP 数据报,从而可以让应用层来选择性丢弃不带校验码的数据报(见 RFC♯1122,4.1.3.4 节)。

DEF_ENABLED:丢弃所有不带校验码的数据报。

C.13.3　NET_UDP_CFG_TX_CHK_SUM_EN

NET_UDP_CFG_TX_CHK_SUM_EN 用于确定在发送 UDP 时候是否计算校验码。应用层可能选择性控制是否要生成 UDP 数据报校验码(见 RFC♯1122,4.1.3.4 节)。

NET_UDP_CFG_TX_CHK_SUM_EN 可以设置成:DEF_DISABLED:所有传送的 UDP 数据报都不带校验码。

DEF_ENABLED:所有传送的 UDP 数据报均带校验码。

C.14 TCP 配置

C.14.1 NET_TCP_CFG_NBR_CONN

NET_TCP_CFG_NBR_CONN 配置 μC/TCP-IP 可以同时处理的最大 TCP 连接数。这个连接数取决于应用层需要同时进行的 TCP 连接数。每个 TCP 连接需要 RAM 大约 220 字节加上 16 个指针。建议将 NET_TCP_CFG_NBR_CONN 设置成 10,如果需要 TCP 连接有变化再做调整。

C.14.2 NET_TCP_CFG_RX_WIN_SIZE_OCTET

NET_TCP_CFG_RX_WIN_SIZE_OCTET 配置每个 TCP 连接的接收窗口大小。建议将 TCP 窗口大小设置为每个 TCP 连接的最大段大小(MSS)的整数倍。例如,系统的以太网 MSS 为 1460,那么 5840(4×1460)就比默认窗口大小 4096(4KB)要好。

C.14.3 NET_TCP_CFG_TX_WIN_SIZE_OCTET

NET_TCP_CFG_TX_WIN_SIZE_OCTET 配置每个 TCP 连接的发送窗口大小。建议将 TCP 窗口大小设置为每个 TCP 连接的最大段大小(MSS)的整数倍。例如,系统的以太网 MSS 为 1460,那么 5840(4×1460)就比默认窗口大小 4096(4KB)要好。

C.14.4 NET_TCP_CFG_TIMEOUT_CONN_MAX_SEG_SEC

NET_TCP_CFG_TIMEOUT_CONN_MAX_SEG_SEC 配置 TCP 连接的默认最大段生存时间(MSL),单位为整数秒。建议将其设置成 3 秒。

如果 TCP 连接迅速建立和关闭,这个超时可能会延迟新建 TCP 连接的时间。因此,需要设置一个相对较低的超时值,从而可以尽可能快地释放 TCP 连接,并让新连接有效。然而,如果将超时设置成 0 秒,会阻止 μC/TCP-IP 进行完整的 TCP 连接关闭过程,并会发送 TCP 重置(RST)报文。

C. 14. 5   NET_TCP_CFG_TIMEOUT_CONN_ACK_DLY_MS

NET_TCP_CFG_TIMEOUT_CONN_ACK_DLY_MS 配置 TCP 应答延时,单位为整数毫秒。建议将其设置成默认的 500ms,因为 RFC♯2581,4.2 节中规定 "ACK 必须在第一个应答包到达后的 500ms 内产生"。

C. 14. 6   NET_TCP_CFG_TIMEOUT_CONN_RX_Q_MS

NET_TCP_CFG_TIMEOUT_CONN_RX_Q_MS 配置每个 TCP 连接的接收超时(用毫秒表示,或者用 NET_TMR_TIME_INFINITE 表示,即没有超时)。建议将其设置成 3000ms 或者没有超时,即 NET_TMR_TIME_INFINITE。

C. 14. 7   NET_TCP_CFG_TIMEOUT_CONN_TX_Q_MS

NET_TCP_CFG_TIMEOUT_CONN_TX_Q_MS 配置每个 TCP 连接的发送超时(用 ms 表示,或者用 NET_TMR_TIME_INFINITE 表示,即没有超时)。建议将其设置成 3000ms 或者没有超时,即 NET_TMR_TIME_INFINITE。

C. 15   网络套接字配置

µC/TCP-IP 在 TCP/UDP/IP 协议上支持 BSD 4. x 套接字和基本的套接字 API。

C. 15. 1   NET_SOCK_CFG_FAMILY

µC/TCP-IP 当前版本仅支持 IPv4 BSD 套接字,因此 NET_SOCK_CFG_FAMILY 应该始终设置成 NET_SOCK_FAMILY_IP_V4。

C. 15. 2   NET_SOCK_CFG_NBR_SOCK

NET_SOCK_CFG_NBR_SOCK 配置 µC/TCP-IP 能同时处理的最大套接字数量。这个值完全取决于应用层需要同时有多少个套接字连接。每个套接字需要 RAM 大约 28 字节加上 3 个指针。建议将其设置成 10,或根据需要调节。

C.15.3　NET_SOCK_CFG_BLOCK_SEL

NET_SOCK_CFG_BLOCK_SEL 决定套接字默认的阻塞(非阻塞)行为:

NET_SOCK_BLOCK_SEL_DFLT:套接字默认阻塞,但在将来的版本中可能单独设置。

NET_SOCK_BLOCK_SEL_BLOCK:套接字默认阻塞。

NET_SOCK_BLOCK_SEL_NO_BLOCK:套接字默认非阻塞。

如果设置了阻塞模式,可以指定超时时限。超时时限由 net_sock.c 中实现的各种超时函数来决定。

NetSock_CfgTimeoutRxQ_Set( ):配置数据报套接字接收超时。

NetSock_CfgTimeoutConnReqSet( ):配置套接字连接超时。

NetSock_CfgTimeoutConnAcceptSet( ):配置套接字接受超时。

NetSock_CfgTimeoutConnClOSset( ):配置套接字关闭超时。

C.15.4　NET_SOCK_CFG_SEL_EN

NET_SOCK_CFG_SEL_EN 决定是否包含用于支持套接字 select( )功能的代码和数据空间:

DEF_DISABLED:禁止 BSD 的 select( ) API。

或者 DEF_ENABLED:使能 BSD 的 select( ) API。

C.15.5　NET_SOCK_CFG_SEL_NBR_EVENTS_MAX

NET_SOCK_CFG_SEL_NBR_EVENTS_MAX 用于配置 select( )函数能等待的最大套接字事件或操作的数量。建议将其设置成不小于 10,如果需要的话再做调整。

C.15.6　NET_SOCK_CFG_CONN_ACCEPT_Q_SIZE_MAX

NET_SOCK_CFG_CONN_ACCEPT_Q_SIZE_MAX 用于配置流类型套接字的 accept( )连接的最大队列值。建议将其设置成不小于 5,可根据套接字连接数多少而调整。

C.15.7 NET_SOCK_CFG_PORT_NBR_RANDOM_BASE

NET_SOCK_CFG_PORT_NBR_RANDOM_BASE 用于根据暂时的或随机的端口数量来配置起始套接字数基值。由于每个套接字需要 2 倍的随机端口数,此基值必须设置成:

随机端口数基值 <= 65535 − (2 * NET_SOCK_CFG_NBR_SOCK)

建议使用默认值 65 000 来作为一个好的起始值。

C.15.8 NET_SOCK_CFG_TIMEOUT_RX_Q_MS

NET_SOCK_CFG_TIMEOUT_RX_Q_MS 为 UDP 数据报操作 recv( ) 配置套接字超时值(用 ms 表示,或者用 NET_TMR_TIME_INFINITE 表示,即没有超时)。建议将其设置为 3000ms 或者没有超时,即 NET_TMR_TIME_INFINITE。

C.15.9 NET_SOCK_CFG_TIMEOUT_CONN_REQ_MS

NET_SOCK_CFG_TIMEOUT_CONN_REQ_MS 为流套接字操作 connect( ) 配置套接字超时门限(用 ms 表示,或者用 NET_TMR_TIME_INFINITE 表示没有超时)。建议将其设置为 3000ms 或者没有超时,即 NET_TMR_TIME_INFINITE。

C.15.10 NET_SOCK_CFG_TIMEOUT_CONN_ACCEPT_MS

NET_SOCK_CFG_TIMEOUT_CONN_ACCEPT_MS 为套接字操作 accept( ) 配置套接字超时门限(用 ms 表示,或者用 NET_TMR_TIME_INFINITE 表示没有超时)。建议将其设置为 3000ms 或者没有超时,即 NET_TMR_TIME_INFINITE。

C.15.11 NET_SOCK_CFG_TIMEOUT_CONN_CLOSE_MS

NET_SOCK_CFG_TIMEOUT_CONN_CLOSE_MS 为套接字操作 close( ) 配置套接字超时门限(用 ms 表示,或者用 NET_TMR_TIME_INFINITE 表示没有超时)。建议将其设置为 10000ms 或者没有超时,即 NET_TMR_TIME_INFINITE。

C.16 网络安全管理配置

C.16.1 NET_SECURE_CFG_EN

NET_SECURE_CFG_EN 决定是否使能网络安全管理。一旦网络安全管理被使能,就会加入网络安全模块(μC/SSL)。NET_SECURE_CFG_EN 可以设置成:

DEF_DISABLED:禁止网络安全管理和安全端口层。

或者 DEF_ENABLED:使能网络安全管理和安全端口层。

C.16.2 NET_SECURE_CFG_FS_EN

NET_SECURE_CFG_FS_EN 决定文件系统操作是否可用于安装密钥。一旦使能,会加入一个文件系统(μC/FS)。NET_SECURE_CFG_FS_EN 可以设置成:

DEF_DISABLED:禁止从文件系统安装密钥。

或者 DEF_ENABLED:允许密钥从文件系统安装。

C.16.3 NET_SECURE_CFG_VER

NET_SECURE_CFG_VER 决定网络安全层的默认协议版本号,可以设置为如下值:

NET_SECURE_SSL_V2_0	SSL V2.0
NET_SECURE_SSL_V3_0	SSL V3.0
NET_SECURE_TLS_V1_0	TLS V1.0720
NET_SECURE_TLS_V1_1	TLS V1.1
NET_SECURE_TLS_V1_2	TLS V1.2

请参考给定的网络安全模块(μC/SSL)来决定支持哪个协议版本。

C.16.4 NET_SECURE_CFG_WORD_SIZE

如果合适,NET_SECURE_CFG_WORD_SIZE 为网络安全端口配置优化的字大小:

CPU_WORD_SIZE_08	8 位字大小
CPU_WORD_SIZE_16	16 位字大小
CPU_WORD_SIZE_32	32 位字大小

CPU_WORD_SIZE_64　　64 位字大小

如果特定网络安全模块(例如 μC/SSL)支持 64 位数据类型且优化有效,NET_SECURE_CFG_WORD_SIZE 则应该配置成 CPU_WORD_SIZE_64。

C.16.5　NET_SECURE_CFG_CLIENT_DOWNGRADE_EN

NET_SECURE_CFG_CLIENT_DOWNGRADE_EN 决定是否使能客户端降级(client downgrade)选项。一旦使能,客户端应用程序可以连接到一个使用比 NET_SECURE_CFG_VER 更老版本协议的服务端。

NET_SECURE_CFG_CLIENT_DOWNGRADE_EN 可以设置成 DEF_DISABLED 或 DEF_ENABLED,但建议禁止此功能。

C.16.6　NET_SECURE_CFG_SERVER_DOWNGRADE_EN

NET_SECURE_CFG_SERVER_DOWNGRADE_EN 决定是否使能服务端降级(server downgrade)选项。一旦使能,服务器就可以接收来自使用比 NET_SECURE_CFG_VER 更老版本协议的客户端请求。NET_SECURE_CFG_SERVER_DOWNGRADE_EN 可以设置成 DEF_DISABLED 或 DEF_ENABLED,但建议使能此功能。

C.16.7　NET_SECURE_CFG_MAX_NBR_SOCK

NET_SECURE_CFG_MAX_NBR_SOCK 配置安全套接字的最大数量。如果用户的应用是一个简单的 TCP 服务器,需要两个安全套接字(一个是监听套接字,一个是接收套接字)。如果应用是一个简单的 TCP 客户端,就只需要一个安全套接字。建议将 NET_SECURE_CFG_MAX_NBR_SOCK 设置成 5,有必要时时再做调整。然而,最大的安全套接字数必须小于等于 NET_SOCK_CFG_NBR_SOCK(见 C.15.2)。

C.16.8　NET_SECURE_CFG_MAX_NBR_CA

NET_SECURE_CFG_MAX_NBR_CA 配置能够安装的最大认证授权(CA)数。如果安装了多个 CA,要将它们保存在链表中。当客户端接收到服务端公钥认证时,它将遍历整个链表来确定其安装的 CA 是否相信该服务端。

C.16.9　NET_SECURE_CFG_MAX_KEY_LEN

NET_SECURE_CFG_MAX_KEY_LEN 配置 CA、公钥认证或者私钥的最大长度(字节数)。建议将其值设置为默认的标准密钥长度 1500,如果有需要的话可以调整。在 Windows 环境下,可以通过右击 DER 或 PEM 文件,然后选择"属性"来查找任何 CA、公钥或密钥的长度。使用 DER 编码密钥比用 PEM 来编码密钥要更简单。

C.16.10　NET_SECURE_CFG_MAX_ISSUER_CN_LEN

NET_SECURE_CFG_MAX_ISSUER_CN_LEN 配置常用名(common name)的最大长度(字节数)。在创建认证的时选择常用名。大多数情况下,使用拥有证书的公司的名字(比如 Micrium,Google,Paypal 等)。建议将 NET_SECURE_CFG_MAX_ISSUER_CN_LEN 设置成 20,如果需要更长或更短的常用名时再做调整。

C.16.11　NET_SECURE_CFG_MAX_PUBLIC_KEY_LEN

NET_SECURE_CFG_MAX_PUBLIC_KEY_LEN 配置公钥的最大长度(字节数)。公钥是公钥认证的一部分,在创建认证的时选择公钥。建议将其设置成 256,如果需要更长或更短的公钥时再做调整。

C.17　BSD 套接字配置　NET_BSD_CFG_API_EN

NET_BSD_CFG_API_EN 决定编译文件中是否要包含标准 BSD 4.x 套接字 API:

DEF_DISABLED:禁止 BSD 4.x 层 API。

DEF_ENABLED:允许 BSD 4.x 层 API。

C.18　网络应用接口配置　NET_APP_CFG_API_EN

NET_APP_CFG_API_EN 决定编译文件中是否包含一个简化的网络应用编程接口(API):

DEF_DISABLED:禁止网络 API 层。

DEF_ENABLED:使能网络 API 层。

C.19　网络连接管理配置

C.19.1　NET_CONN_CFG_FAMILY

　　μC/TCP-IP 的当前版本仅支持 IPv4 连接,所以 NET_CONN_CFG_FAMILY 应该设为 NET_CONN_FAMILY_IP_V4_SOCK。

C.19.2　NET_CONN_CFG_NBR_CONN

　　NET_CONN_CFG_NBR_CONN 配置 μC/TCP-IP 能同时处理的最大连接数。这个数值完全取决于应用层需要同时建立的连接个数,并且必须至少大于所配置的应用连接数和传输层(TCP)连接数。每个连接需要 RAM 大约 28 字节,加上 5 个指针,还有两个协议地址(假设是 IPv4 地址的话就是 8 字节)。建议将其设置为 20,可根据需要再做调整。

C.20　应用相关配置

　　本小节定义了与 μC/TCP-IP 相关但是由应用程序指定的配置常量。大多数配置常量和 μC/TCP-IP 的各方面都有关联,比如 CPU、OS、设备、或者网络接口端口。其他配置常量与编译器和标准库方面有关。

　　这些配置常量定义在应用程序的 app_cfg.h 中。

C.20.1　操作系统配置

　　以下配置常量与 μC/TCP-IP 的 OS(操作系统)相关。对于大多数 OS 来说,μC/TCP-IP 任务优先级、栈大小、还有其他选项需要为不同的 OS 来配置不同的值(详细信息请看该 OS 的文档)。

　　μC/TCP-IP 任务的优先级取决于应用层的网络通信需求。对大多数应用来说,μC/TCP-IP 任务的优先级一般都比其他应用层任务的优先级低。

　　对于 μC/OS-II 和 μC/OS-III 来说,以下宏必须在 app_cfg.h 中配置:

NET_OS_CFG_IF_TX_DEALLOC_PRIO　　　　10　　　(最高优先级)

NET_OS_CFG_TMR_TASK_PRIO　　　　　　　51

NET_OS_CFG_IF_RX_TASK_PRIO　　　　　　　52　　　(最低优先级)

优先级 10、51 和 52 对于大多数应用层任务是个很好的参考点。把网络接口发送释放任务的优先级设置得比其它使用 μC/TCP-IP 网络服务的应用程序的优先级高,而将网络定时任务和网络接收任务的优先级设置得比其它应用的优先级低。

NET_OS_CFG_IF_TX_DEALLOC_TASK_STK_SIZE   1000

NET_OS_CFG_IF_RX_TASK_STK_SIZE   1000

NET_OS_CFG_TMR_TASK_STK_SIZE   1000

对大多数应用层任务来说,最好将栈空间大小设置为 1000。确定所需任务堆栈大小的唯一有保证的方式,就是为每个任务计算最大的栈空间。一个任务的最大使用栈空间,就是任务在函数调用路径上堆栈使用最大时的总空间,再加上中断使用的最大栈空间。要注意的是,最深的函数调用路径不一定是堆栈使用最多的路径。

针对此问题,既简单又有效的方法应该是由编译器或者由静态分析工具来处理,这样可以基于编译器的实际生成代码和优化设置来计算函数/任务的最大使用栈空间。因此对于优化任务堆栈配置,我们推荐使用和读者的编译工具链相兼容的任务堆栈计算工具。

C. 20. 2 μC/TCP-IP 配置

以下配置常量与 μC/TCP-IP 的 OS 相关。对于大多数 OS 来说,μC/TCP-IP 的最大队列大小配置会因为 OS 的不同而有所差异(详细信息请看该 OS 的文档)。

对于 μC/OS-II 和 μC/OS-III 来说,以下宏必须在 app_cfg. h 中配置:

NET_OS_CFG_IF_RX_Q_SIZE

NET_OS_CFG_IF_TX_DEALLOC_Q_SIZE

为这些宏配置的取值与额外的应用程序信息相关,比如为总接口数配置的发送接收缓存数量。

我们推荐为上述宏做如下配置:NET_OS_CFG_IF_RX_Q_SIZE 的配置,应该可以反映所有物理接口上 DMA 接收描述符的总数量。如果 DMA 不可用,或者同时配置了 DMA 和 I/O 接口,那么这个数值应该反映所有接口的最大数据包数量,即在一个接收中断事件中被响应和通知的最大数据包数量。

例如,如果一个接口有 10 个接收描述符,而另一个接口是基于 I/O 却可以在它的内部内存中接收 4 帧数据,并可以用一个中断请求触发,那么 NET_OS_CFG_IF_RX_Q_SIZE 宏应该配置成 14。如果该值大于遍历所有接口的中断能接收的最大的帧数量,这并没有坏处,但是多出的队列空间将不会被用到。

NET_OS_CFG_IF_RX_Q_SIZE 应该定义为所有接口所定义的大小型发送缓冲区的总和。

C. 21　μC /TCP-IP 优化

C. 21. 1　为额外的性能而优化 μC /TCP-IP

有几种配置组合可以改进整个 μC/TCP-IP 的性能。可以从以下几个方面进行考虑：

(1) 如果体系结构允许的话,使能汇编优化。

(2) 配置 μC/TCP-IP 为速度优化。

(3) 为 TCP 通信配置最佳的窗口大小。禁止参数检查,统计和错误计数器。

汇编优化

首先,如果使用 ARM 体系结构,或者其他支持优化的体系结构,net_util_a. asm 和 lib_mem_a. asm 应该加入到工程中,还要定义和使能下列宏：

app_cfg. h：♯define LIB_MEM_CFG_OPTIMIZE_ASM_EN

net_cfg. h：设置 NET_CFG_OPTIMIZE_ASM_EN 为 DEF_ENABLED

这些文件一般都存放在下列目录中：

\Micriμm\Software\uC-LIB\Ports\ARM\IAR\lib_mem_a. asm

\Micriμm\Software\uC-TCPIP-V2\Ports\ARM\IAR\net_util_a. asm

使能速度优化

其次,可以在编译网络协议栈的时候使能速度优化。

这项工作可以通过在 net_cfg. h 中配置 NET_CFG_OPTIMIZE 为 NET_OPTI-MIZE_SPD 来完成。

TCP 优化

再次,net_cfg. h 中的两个宏 NET_TCP_CFG_RX_WIN_SIZE_OCTET 和 NET_TCP_CFG_TX_WIN_SIZE_OCTET 应该配置为每个 TCP 连接的接收和发送窗口大小。建议将 TCP 窗口大小设置成每个 TCP 连接的最大段大小(MSS)的整数倍。例如,对于以太网 MSS 为 1460 的系统,相对默认的 4096(4KB)窗口大小来说,5840 (4×1460)就可能是一个更好的配置,。

禁止参数检查

最后,一旦应用程序已做过验证,将参数检查、统计和错误计数器配置为 DEF_

DISABLED 来禁止掉。相关配置项包括:

NET_ERR_CFG_ARG_CHK_EXT_EN

NET_ERR_CFG_ARG_CHK_DBG_EN

NET_CTR_CFG_STAT_EN

NET_CTR_CFG_ERR_EN

附录 D

μC /TCP-IP 错误代码

此附录对 net_err. h 头文件中定义的错误代码进行了简要介绍。文中未提到的错误代码请在 net_err. h 文件中通过其数值或用途检索。

每个错误都对应一个数值,且错误代码已分组。分组的定义如下:

错误代码组	数字序列
网络-操作系统(OS)层	1 000
网络应用码库	2 000
ASCII 码库	3 000
网络统计管理	4 000
网络计时管理	5 000
网络缓存管理	6 000
网络连接管理	6 000
网络板级支持包(BSP)	10 000
网络设备	11 000
网络物理层	12 000
网络接口层	13 000
ARP 层	15 000
层管理	20 000
IP 层	21 000
ICMP 层	22 000
IGMP 层	23 000
UDP 层	30 000
TCP 层	31 000
应用层	40 000
网络套接层	41 000
安全管理层	50 000
网络安全层	51 000

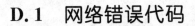

D.1　网络错误代码

10	NET_ERR_INIT_INCOMPLETE	网络初始化未完成
20	NET_ERR_INVALID_PROTOCOL	非法/未知网络协议类型
30	NET_ERR_INVALID_TRANSACTION	非法/未知网络缓冲池类型
400	NET_ERR_RX	常规接收错误。收到的数据被丢弃
450	NET_ERR_RX_DEST	目的地址和/或端口数字在此主机上不可用
500	NET_ERR_TX	常规传输错误。数据并未被传输。系统调用 send( )，NetSock_TxData( ) 或 NetSock_TxDataTo( ) 前将产生一个短暂的延迟，使多余的缓冲能够被释放

D.2　ARP 错误代码

15000	NET_ARP_ERR_NONE	ARP 操作顺利完成
15020	NET_ARP_ERR_NULL_PTR	(一个或多个)参数传递了 NULL 指针
15102	NET_ARP_ERR_INVALID_HW_ADDR_LEN	非法的 ARP 硬件地址长度
15105	NET_ARP_ERR_INVALID_PROTOCOL_LEN	非法的 ARP 协议地址长度
15150	NET_ARP_ERR_CACHE_NONE_AVAIL	没有可用的 ARP 缓存入口地址
15151	NET_ARP_ERR_CACHE_INVALID_TYPE	非法或未知的 ARP 缓存类型
15155	NET_ARP_ERR_CACHE_NOT_FOUND	未找到 ARP 缓存入口
15156	NET_ARP_ERR_CACHE_PEND	ARP 缓存解析中

D.3　网络 ASCII 错误代码

3000	NET_ASCII_ERR_NONE	ASCII 码操作顺利完成
3020	NET_ASCII_ERR_NULL_PTR	(一个或多个)参数传递了 NULL 指针
3100	NET_ASCII_ERR_INVALID_STR_LEN	非法的 ASCII 码字符串长度
3101	NET_ASCII_ERR_INVALID_CHAR_LEN	非法的 ASCII 码字符长度
3102	NET_ASCII_ERR_INVALID_STR_VAL	非法的 ASCII 码字符值
3103	NET_ASCII_ERR_INVALID_CHAR_SEQ	非法的 ASCII 码字符序列
3200	NET_ASCII_ERR_INVALID_CHAR	非法的 ASCII 码字符

D. 4　网络缓存错误代码

6010	NET_BUF_ERR_NONE_AVAIL	没有所需大小的网络缓存可用
6031	NET_BUF_ERR_INVALID_SIZE	非法的网络缓冲池大小
6032	NET_BUF_ERR_INVALID_IX	非法的缓存索引(超出了数据区)
6033	NET_BUF_ERR_INVALID_LEN	非法的缓存长度(超出了数据区)
6040	NET_BUF_ERR_POOL_INIT	网络缓存池初始化失败
6050	NET_BUF_ERR_INVALID_POOL_TYPE	非法的网络缓冲池类型
6051	NET_BUF_ERR_INVALID_POOL_ADDR	非法的网络缓冲池地址
6053	NET_BUF_ERR_INVALID_POOL_QTY	配置了非法的缓冲池数量

D. 5　ICMP 错误代码

D. 6　网络接口错误代码

13000	NET_IF_ERR_NONE	网络接口操作顺利完成
13010	NET_IF_ERR_NONE_AVAIL	没有可用的网络接口。应当增加 net_cfg. h 文件中 NET_IF_CFG_MAX_NBR_IF 字段的值
13020	NET_IF_ERR_NULL_PTR	(一个或多个)参数传递了 NULL 指针
13021	NET_IF_ERR_NULL_FNCT	出现了空的接口 API 指针
13100	NET_IF_ERR_INVALID_IF	定义了非法的网络接口值
13101	NET_IF_ERR_INVALID_CFG	定义了非法的网络接口设置
13110	NET_IF_ERR_INVALID_STATE	网络接口状态对指定的操作非法
13120	NET_IF_ERR_INVALID_IO_CTRL_OPT	定义了非法的 I/O 控制参数
13200	NET_IF_ERR_INVALID_MTU	定义了非法的硬件最大传输单元(MTU)
13210	NET_IF_ERR_INVALID_ADDR	定义了非法的硬件地址
13211	NET_IF_ERR_INVALID_ADDR_LEN	定义了非法的硬件地址长度

D.7 IP 错误代码

21000	NET_IP_ERR_NONE	IP 操作顺利完成
21020	NET_IP_ERR_NULL_PTR	(一个或多个)参数传递了空指针
21115	NET_IP_ERR_INVALID_ADDR_HOST	非法的主机 IP 地址
21117	NET_IP_ERR_INVALID_ADDR_GATEWAY	非法的网关 IP 地址
21201	NET_IP_ERR_ADDR_CFG_STATE	IP 地址状态对目的操作非法
21202	NET_IP_ERR_ADDR_CFG_IN_PROCESS	接口地址配置中
21203	NET_IP_ERR_ADDR_CFG_IN_USE	目的 IP 地址当前被占用
21210	NET_IP_ERR_ADDR_NONE_AVAIL	没有配置 IP 地址
21211	NET_IP_ERR_ADDR_NOT_FOUND	IP 地址未找到
21220	NET_IP_ERR_ADDR_TBL_SIZE	传递了非法的 IP 地址表大小参数
21221	NET_IP_ERR_ADDR_TBL_EMPTY	IP 地址表为空
21222	NET_IP_ERR_ADDR_TBL_FULL	IP 地址表已满

D.8 IGMP 错误代码

23000	NET_IGMP_ERR_NONE	IGMP 操作顺利完成
23100	NET_IGMP_ERR_INVALID_VER	非法的 IGMP 版本
23101	NET_IGMP_ERR_INVALID_TYPE	非法的 IGMP 消息类型
23102	NET_IGMP_ERR_INVALID_LEN	非法的 IGMP 消息长度
23103	NET_IGMP_ERR_INVALID_CHK_SUM	非法的 IGMP 校验和
23104	NET_IGMP_ERR_INVALID_ADDR_SRC	非法的 IGMP IP 源地址
23105	NET_IGMP_ERR_INVALID_ADDR_DEST	非法的 IGMP IP 目的地址
23106	NET_IGMP_ERR_INVALID_ADDR_GRP	非法的 IGMP IP 主机组地址
23200	NET_IGMP_ERR_HOST_GRP_NONE_AVAIL	没有可用的主机组
23201	NET_IGMP_ERR_HOST_GRP_INVALID_TYPE	无效的或未知的 IGMP 主机组类型
23202	NET_IGMP_ERR_HOST_GRP_NOT_FOUND	未找到 IGMP 主机组

D. 9　操作系统错误代码

1010	NET_OS_ERR_LOCK	不需要网络全局访问锁。依赖于操作系统的锁可能已经损坏

D. 10　UDP 错误代码

30040	NET_UDP_ERR_INVALID_DATA_SIZE	UDP 收发的数据与对应的缓冲区大小不一致（接收时，多余数据被丢弃；发送时则不发送任何数据）。
30105	NET_UDP_ERR_INVALID_FLAG	定义了非法的 UDP 标志
30101	NET_UDP_ERR_INVALID_LEN_DATA	非法的协议/数据长度
30103	NET_UDP_ERR_INVALID_PORT_NBR	非法的 UDP 端口数
30000	NET_UDP_ERR_NONE	UDP 操作顺利完成
30020	NET_UDP_ERR_NULL_PTR	（一个或多个）参数传递了空指针
	NET_UDP_ERR_NULL_SIZE	（一个或多个）参数传递了空的大小

D. 11　网络套接字错误代码

41072	NET_SOCK_ERR_ADDR_IN_USE	套接字地址（IP/端口号）被占用
41020	NET_SOCK_ERR_CLOSED	套接字已经/曾经关闭
41106	NET_SOCK_ERR_CLOSE_IN_PROGRESS	套接字正在关闭
41130	NET_SOCK_ERR_CONN_ACCEPT_Q_NONE_AVAIL	接受链接句柄的标识符不可用
41110	NET_SOCK_ERR_CONN_FAIL	套接字操作失败
41100	NET_SOCK_ERR_CONN_IN_USE	套接字地址（IP/端口号）已经连接
41122	NET_SOCK_ERR_CONN_SIGNAL_TIMEOUT	套接字操作在制定的超时时间前未得到通知
41091	NET_SOCK_ERR_EVENTS_NBR_MAX	配置的套接字活动数超过了最大值
41021	NET_SOCK_ERR_FAULT	致命的套接字错误；立即关闭套接字
41070	NET_SOCK_ERR_INVALID_ADDR	定义了非法的套接字地址

续表

41071	NET_SOCK_ERR_INVALID_ADDR_LEN	定义了非法的套接字地址长度
41055	NET_SOCK_ERR_INVALID_CONN	非法的套接字连接
41040	NET_SOCK_ERR_INVALID_DATA_SIZE	套接字收发的数据与对应的缓冲区大小不一致（接收时，多余数据被丢弃；发送时则不发送任何数据）
41054	NET_SOCK_ERR_INVALID_DESC	非法的套接字描述符数值
41050	NET_SOCK_ERR_INVALID_FAMILY	非法的套接字家族；立即关闭套接字
41058	NET_SOCK_ERR_INVALID_FLAG	定义了非法的套接字标志
41057	NET_SOCK_ERR_INVALID_OP	非法套接字操作；例如套接字不在适用于定义的套接字调用的状态
41080	NET_SOCK_ERR_INVALID_PORT_NBR	定义了非法的端口数值
41051	NET_SOCK_ERR_INVALID_PROTOCOL	非法的套接字协议；立即关闭套接字
41053	NET_SOCK_ERR_INVALID_SOCK	定义了非法的套接字数值
41056	NET_SOCK_ERR_INVALID_STATE	非法的套接字状态；立即关闭套接字
41059	NET_SOCK_ERR_INVLAID_TIMEOUT	未定义或定义了非法超时时间
41052	NET_SOCK_ERR_INVLAID_TYPE	非法套接字类型；立即关闭套接字
41000	NET_SOCK_ERR_NONE	套接字操作顺利完成
41010	NET_SOCK_ERR_NONE_AVAIL	没有可供分配的套接字；请增加 net_cfg. h 文件中的 NET_SOCK_CFG_NBR_SOCK 字段的值
41011	NET_SOCK_ERR_NOT_USED	未使用套接字；请勿关闭套接字或将其用于其他操作
41030	NET_SOCK_ERR_NULL_PTR	（一个或多个）套接字传递了空指针
41031	NET_SOCK_ERR_NULL_SIZE	（一个或多个）套接字传递了空的大小
41085	NET_SOCK_ERR_PORT_NBR_NONE_AVAIL	随机本地端口号不可用
41400	NET_SOCK_ERR_RX_Q_CLOSED	套接字接收队列已关闭（从对等端接收到了 FIN 信号）
41401	NET_SOCK_ERR_RX_Q_EMPTY	套接字接收队列为空
41022	NET_SOCK_ERR_ERR_TIMEOUT	超时前未发生任何套接字活动

D.12　网络安全管理错误代码

50005	NET_SECURE_MGR_ERR_FORMAT	非法的密钥材料格式
50002	NET_SECURE_MGR_ERR_INT	初始化网络安全管理模块失败
50000	NET_SECURE_MGR_ERR_NONE	网络安全管理操作顺利完成
50001	NET_SECURE_MGR_ERR_NOT_AVAIL	网络安全管理不可用
50003	NET_SECURE_MGR_ERR_NULL_PTR	（一个或多个）参数传递了空指针
50004	NET_SECURE_MGR_ERR_TYPE	非法的密钥材料类型

D.13　网络安全错误代码

51011	NET_SECURE_ERR_BLK_FREE	从内存池中释放区块失败
51010	NET_SECURE_ERR_BLK_GET	从内存池中取得区块失败
51013	NET_SECURE_ERR_HANDSHAKE	安全握手失败
51002	NET_SECURE_ERR_INIT_POOL	初始化内存池失败
51020	NET_SECURE_ERR_INSTALL	安装密钥材料失败
51024	NET_SECURE_ERR_INSTALL_CA_SLOT	没有可用的 CA 区段
51023	NET_SECURE_ERR_INSTALL_DATE_CREATION	非法的密钥材料生成日期
51022	NET_SECURE_ERR_INSTALL_DATE_EXPIRATION	密钥材料过期
51021	NET_SECURE_ERR_INSTALL_NOT_TRUSTED	密钥材料不可信
50000	NET_SECURE_ERR_NONE	网络安全操作顺利完成
51001	NET_SECURE_ERR_NOT_AVAIL	从内存池获取安全回话失败
51012	NET_SECURE_ERR_NULL_PTR	（一个或多个）参数传递了空指针

附录 E

μC /TCP-IP 典型应用

此附录对 μC/TCP-IP 使用中最常见的问题给出简要的解释。

E. 1　μC /TCP-IP 配置和初始化

E. 1. 1　μC /TCP-IP 栈配置

相关内容参见附录 C"μC/TCP-IP 配置与优化"。

E. 1. 2　μC /LIB 内存堆初始化

μC/LIB 内存堆用于如下对象：

(1) 小型发送缓冲区。

(2) 大型发送缓冲区。

(3) 大型接收缓冲区。

(4) 网络缓冲区(网络缓冲区头部和指向数据区的指针)。

(5) DMA 接收描述符。

(6) DMA 传送描述符。

(7) 接口数据区。

(8) 设备驱动数据区。

在下面的示例中,假定网络设备驱动有 DMA 支持。DMA 描述符在之前已分析过。网络缓冲区数据区(1、2、3)的大小基于配置而变化。参见第 15 章,"缓冲区管理"。在本例中,下列对象的大小以字节表示：

(1) 小型发送缓冲区:152。

(2) 大型发送缓冲区:1594(为最大 TCP 包配置)。

(3) 大型接收缓冲区:1518。

（4）DMA 接收描述符大小：8。

（5）DMA 传送描述符大小：8。

（6）以太网接口数据区：7。

（7）平均以太网设备驱动数据区：108。

由于所有内存缓冲池对象要 4 字节对齐，所以最坏的情况是为每个对象加上 3 字节来保证对齐要求。但是这种情况不一定会出现，因为大多数对象的大小一般都是 4 的倍数。如果是这样，数据区的基址能保证对齐即可。实际分配时，给对象分配即满足其空间大小需求，又保证可被 4 整除的最小值空间，就可以最大限度地避免空间浪费。

内存堆栈的近似值可以通过如下表达式来计算：

接口缓冲区数＝小型发送缓冲区数＋

大型发送缓冲区数＋

大型接收缓冲区数

接口网络缓冲区数＝接口缓冲区数

对象数＝接口缓冲区数＋

接口网络缓冲区数＋

接收描述符数＋

传送描述符数＋

一块以太网数据区＋

一块设备驱动数据区

接口所需内存＝（小型发送缓冲区数×152）＋

（大型发送缓冲区数×1594）＋

（大型接收缓冲区数×1518）＋

（接收描述符数×8）＋

（发送描述符数×8）＋

（以太网 IF 数据区×7）＋

（以太网驱动数据区×108）＋

（对象数×3）

所需总内存数＝接口数×接口所需内存

示例

做出如下配置后，所需堆内存大小如下：

（1）10 小型发送缓冲区。

（2）10 大型发送缓冲区。

（3）10 大型接收缓冲区。

（4）6 个接收描述符。

（5）20 个传送描述符。

（6）以太网接口（接口＋所需设备驱动数据区）

```
接口缓冲区数 = 10 + 10 + 10 = 30
接口网络缓冲区数 = 接口缓冲区数 = 30
对象数 = (30 + 30 + 6 + 20 + 1 + 1) = 88
接口所需内存 = (10 × 152) +
            (10 × 1594) +
            (10 × 1518) +
            (6 × 8) +
            (20 × 8) +
            (1 × 7) +
            (1 × 108) +
            (88 × 3) = 33 227 B
所需总内存 = 33 227( + 本地内存, 使能的情况下)
```

一旦接口工作,需要的内存数量就会与计算的结果相当,除非不需要接收描述符、发送描述符、接口数据区或者设备驱动数据区。

以上只是估算。在某些情况下,在成功初始化所有接口,并且完成额外的应用程序内存分配(如果合适的话)之后,通过检查变量 Mem_PoolHeap. SegSizeRem 的值,还可能需要对 μC/LIB 堆的大小进行调整。

如果有多余的堆空间,可以通过 LIB_MEM_CFG_HEAP_SIZE 宏定义(在 app_cfg. h 中)减小堆的空间。

E. 1. 3　μC /TCP-IP 任务堆栈

总的来说,μC/TCP-IP 任务堆栈的大小取决于 CPU 体系结构和所用的编译器。

在 ARM 处理器上,经验证明,对于大多数的应用来说,将任务堆栈配置为 1024 个 OS_STK 单位(4096 字节)就足够了。如果分析过设备的运行情况,发现有多余的堆栈空间,可以相应地减少堆栈。

确定所需任务堆栈大小的唯一有保证的方式,就是为每个任务计算最大的栈空间。一个任务的最大使用栈空间,就是任务在函数调用路径上堆栈使用最大时的总空间,再加上中断使用的最大栈空间。要注意的是,最深的函数调用路径不一定是堆栈使用最多的路径。

针对此问题,既简单又有效的方法应该是由编译器或者由静态分析工具来处理,这样可以基于编译器的实际生成代码和优化设置来计算函数/任务的最大使用栈空间。因此对于优化任务堆栈配置,我们推荐使用与你的编译工具链相兼容的任务堆栈计算工具。

参见 C. 20.1"操作系统配置"。

E.1.4   μC/TCP-IP 任务优先级

我们推荐按如下方式配置网络协议栈的任务优先级:

NET_OS_CFG_IF_TX_DEALLOC_TASK_PRIO   (最高优先级)

NET_OS_CFG_TMR_TASK_PRIO

NET_OS_CFG_IF_RX_TASK_PRIO   (最低优先级)

我们推荐将 μC/TCP-IP 定时器任务和网络接口接收任务的优先级设置成比大多数其他应用层任务优先级低;而将网络接口发送释放任务的优先级设置成比所有使用 μC/TCP-IP 网络服务的应用层任务优先级高。

参见 C.20.1 节"操作系统配置"。

E.1.5   μC/TCP-IP 队列大小

参见 C.20.2 节"μC/TCP-IP 配置"。

E.1.6   μC/TCP-IP 初始化

下列示例代码演示了两个相同网络接口的初始化过程,由应用层通过 AppInit_TCPIP( )函数完成。在 13.3 节"应用代码"中可以找到另一个类似的示例。

第一个接口绑定到两个不同的 IP 地址上,这两个地址处于两个不同的网络。第二个接口绑定到上面两个网络之一,但可以很容易地插入到一个单独的网络。

```
static void AppInit_TCPIP (void)
{
        NET_IF_NBR        if_nbr;
        NET_IP_ADDR       ip;
        NET_IP_ADDR       msk;
        NET_IP_ADDR       gateway;
        CPU_BOOLEAN       cfg_success;
        NET_ERR           err;
        Mem_Init( );                                              (1)
        err = Net_Init( );                                        (2)
        if (err ! = NET_ERR_NONE) {
            return;
        }
```

```
        if_nbr = NetIF_Add((void      * )&NetIF_API_Ether,               (3)
                          (void        * )&NetDev_API_FEC,
                          (void        * )&NetDev_BSP_FEC_0,
                          (void        * )&NetDev_Cfg_FEC_0,
                          (void        * )&NetPHY_API_Generic,
                          (void        * )&NetPhy_Cfg_FEC_0,
                          (NET_ERR * )&err);
        if (err == NET_IF_ERR_NONE) {
            ip = NetASCII_Str_to_IP((CPU_CHAR * )"192.168.1.2", &err);          (4)
            msk = NetASCII_Str_to_IP((CPU_CHAR * )"255.255.255.0", &err);
            gateway = NetASCII_Str_to_IP((CPU_CHAR * )"192.168.1.1", &err);
            cfg_success = NetIP_CfgAddrAdd(if_nbr, ip, msk, gateway, &err);     (5)
            ip = NetASCII_Str_to_IP((CPU_CHAR * )"10.10.1.2", &err);            (6)
            msk = NetASCII_Str_to_IP((CPU_CHAR * )"255.255.255.0", &err);
            gateway = NetASCII_Str_to_IP((CPU_CHAR * )"10.10.1.1", &err);
            cfg_success = NetIP_CfgAddrAdd(if_nbr, ip, msk, gateway, &err);     (7)
            NetIF_Start(if_nbr, &err);                                         (8)
        }
        if_nbr = NetIF_Add((void      * )&NetIF_API_Ether,               (9)
                          (void        * )&NetDev_API_FEC,
                          (void        * )&NetDev_BSP_FEC_1,
                          (void        * )&NetDev_Cfg_FEC_1,
                          (void        * )&NetPHY_API_Generic,
                          (void        * )&NetPhy_Cfg_FEC_1,
                          (NET_ERR * )&err);
        if (err == NET_IF_ERR_NONE) {
            ip = NetASCII_Str_to_IP((CPU_CHAR * )"192.168.1.3",   &err);    (10)
            _Str_to_IP((CPU_CHAR * )"255.255.255.0", &err);
            gateway = NetASCII_Str_to_IP((CPU_CHAR * )"192.168.1.1",  &err);
            cfg_success = NetIP_CfgAddrAdd(if_nbr, ip, msk, gateway, &err); (11)
            NetIF_Start(if_nbr, &err);                                     (12)
        }
    }
}
```

程序清单 LE - 1　完成初始化示例

LE - 1(1)　初始化 μC/LIB 内存管理。大多数应用层在 AppInit_TCPIP( )前调用该函数,即在初始化 μC/TCP-IP 之前调用内存管理函数。

LE - 1(2)　初始化 μC/TCP-IP。此函数必须在 μC/LIB 函数 Mem_Init( )后仅调用一次。应该检查返回错误码是否为 NET_ERR_NONE。

LE - 1(3)　为系统添加第一个网络接口。在此例中,以太网接口绑定到一个 Freescale 的 FEC 硬件设备上,并且配置为与通用(MII 或 RMII)兼容的物理层设备。该接口使用的设备配置结构与第八步中添加的第二个接口的配置结构不同。每个接口需要一个唯一的设备 BSP 接口和配置结构。如果物理层的配置是完全相同的话,不同物理层也可以重复利用设备配置结构。应该在开启接口之前检查返回的错误值。

LE-1(4)   获取第一个接口的第一个 IP 地址的等效十六进制值。

LE-1(5)   为第一个接口配置 IP 地址。

LE-1(6)   获取第一个接口的第二个 IP 地址的等效十六进制值。在配置 IP 地址的时候也使用了同一个本地变量。一旦 IP 地址被配置到接口上,本地将不再需要地址的备份。

LE-1(7)   为第一个接口配置第二个 IP 地址。

LE-1(8)   开启第一个接口。应该检查返回错误码,这也取决于应用层在发现操作不成功时是否需要重新启动接口。此例假设当启动接口的时候没有错误发生。至此,第一个接口的初始化完成。如果没有其它初始化工作要做,第一个接口就可以在其配置的任一地址上响应 ICMP Echo 请求(ping)。

LE-1(9)   向系统添加第二个网络接口。此例中,以太网接口绑定到一个 Freescale 的 FEC 硬件设备上,并且配置为与通用(MII 或 RMII)兼容的物理层设备。该接口使用的设备配置结构与第三步中添加的第一个接口不同。每个接口需要一个唯一的设备 BSP 接口和配置结构。如果物理层的配置是完全相同的话,不同物理层也可以重复利用设备配置结构。应该在开启接口之前检查返回的错误值。

LE-1(10)   获取第二个接口的 IP 地址的等效十六进制值。

LE-1(11)   为第二个接口配置 IP 地址。

LE-1(12)   开启第二个接口。应该检查返回错误码,这也取决于应用层在发现操作不成功时是否需要重新启动接口。此例假设当启动接口的时候没有错误发生。第二个接口初始化完成,并将在其配置的地址上响应 ICMP Echo 请求(ping)。

E.2 网络接口、设备和缓冲区

E.2.1 网络接口配置

1. 添加一个接口

通过调用 NetIF_Add( )来将添加接口。新的接口需要对应的 BSP。添加的顺序非常关键,应该确保指派给接口的接口号与 net_bsp.c 中定义的代码相匹配。关于配置和添加接口的信息请参见的 16.1 节"网络接口配置"。

2. 开启一个接口

通过调用 NetIF_Start( )来开启接口。关于开启接口的详细信息请参见 16.2.1 节"开启网络接口"。

3. 停止一个接口

通过调用 NetIF_Stop( )来关闭接口。关于关闭接口的详细信息请参见 16.2.2 节"关闭网络接口"。

4. 检查接口是否使能

应用层可以通过调用 NetIF_IsEn( )或 NetIF_IsEnCfgd( )来检查一个接口是否使能。详细信息请参见 B.9.10"NetIF_IsEn( )"和 B.9.11"NetIF_IsEnCfgd( )"。

E.2.2　网络和设备缓冲区配置

大型发送缓冲区是 1 594 字节参见 15.3 节"网络缓冲区字节"。

1. 接收或发送缓冲区数的配置

为接口配置大型接收,小型发送和大型发送缓冲区数量取决于很多因素。

(1) 想要达到的性能等级。

(2) 传送或者接收的数据的数量。

(3) 目标板应用层发送数据或者消耗接收数据的能力。

(4) 平均 CPU 利用率。

(5) 平均网络使用率。

关于带宽延迟积(Bandwidth-delay product)的讨论一直有用。总的来说,缓冲区越多越好。然而,缓冲区的数量可以基于应用而裁剪。例如,一个应用接收大量数据但传送很少,那么为像 TCP 应答这样的操作分配小量的发送缓冲区,并将剩余内存分配到大块接收缓冲区,这种配置可以充分满足要求。类似地,如果应用层发送和接收量都很少,那么应该分配更多的发送缓冲区。然而,要注意:

如果应用层中消耗接收数据的任务很少能运行,或者 CPU 利用率一直很高,应用层的接收任务得到 CPU 运行的概率很低,就需要分配更多的接收缓冲区。

为了确保达到最佳性能,有两个方式是可取的。一种是定义足够多的缓冲区,另一种是在应用层运行了一段时间之后使用接口和缓冲池统计数据技术,根据统计数据来精简缓冲区数量。一个繁忙的网络需要更多的接收缓冲区,因为可能还要处理额外收到的广播消息。

总的来说,必须配置至少两个大型和两个小型发送缓冲区。这里假定网络和

CPU 都不是很忙。

许多应用会配置 4 块或更多的大型接收缓冲区用于接收。然而,对于需要在目标系统和对端移动大量数据的 TCP 应用,就需要定义更多的接收缓冲区。

发送或接收缓冲区分配太少可能会导致通信的延时,甚至有可能造成死锁。配置缓冲区数量的时候要十分谨慎。μC/TCP-IP 在测试的时候经常配置 10 块或更多的小型传送,大型传送和大型接收缓冲区。

所有设备配置结构和声明都在文件 net_dev_cfg. c 和 net_dev_cfg. h 中提供。每个配置结构必须按照指定顺序完全初始化。以下程序显示了缓冲区数量定义的位置。

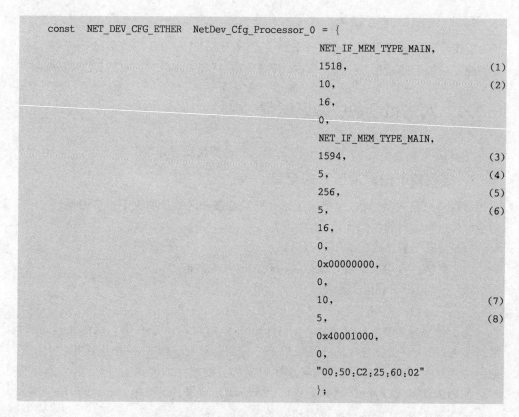

```
const  NET_DEV_CFG_ETHER  NetDev_Cfg_Processor_0 = {
                                    NET_IF_MEM_TYPE_MAIN,
                                    1518,                        (1)
                                    10,                          (2)
                                    16,
                                    0,
                                    NET_IF_MEM_TYPE_MAIN,
                                    1594,                        (3)
                                    5,                           (4)
                                    256,                         (5)
                                    5,                           (6)
                                    16,
                                    0,
                                    0x00000000,
                                    0,
                                    10,                          (7)
                                    5,                           (8)
                                    0x40001000,
                                    0,
                                    "00:50:C2:25:60:02"
                                    };
```

程序清单 LE - 2 网络设备驱动缓冲区配置

LE - 2(1)   接收缓冲区大小。此字段设置最大可接受数据包的大小,也可以设置成与应用需求相匹配。

LE - 2(2)   接收缓冲区数量。此设置项控制要分配给接口的接收缓冲区的数量。如果接口仅仅接收 UDP 的话,这个值必须设置为不小于 1 个缓冲区。如果接口希望传输 TCP 数据,该值必须满足由 BDP 计算而得的最小接收缓冲区数。

LE - 2(3)　　大型发送缓冲区大小。此字段控制分配给设备的大型发送缓冲区的字节大小。如果大型发送缓冲区数量设置成 0 的话此字段不起作用。将大型发送缓冲区设置成低于 1594 字节会阻碍栈传送全尺寸 IP 数据报 (full − sized IP datagram) 的能力，因为现在不支持 IP 传送分片。Micriμm 推荐将此字段设置成 1594 来适应 μC/TCP-IP 内部的数据包操作机制。

LE - 2(4)　　大型发送缓冲区数量。此字段控制分配给设备的大型发送缓冲区数量。开发者可能将此字段设置为 0 来为额外的小型发送缓冲区腾出空间，然而，最大可传输的 UDP 数据包大小取决于小型发送缓冲区的大小（参见 ♯5）。

LE - 2(5)　　小型发送缓冲区大小。对于 RAM 少的设备来说，分配小型发送缓冲区和大型发送缓冲区都是有可能的。总的来说，Micriμm 推荐将小型发送缓冲区设置为 256。开发者可以调整此值来满足应用需求。如果小型发送缓冲区数量设置为 0 的话，此字段不起作用。

LE - 2(6)　　小型发送缓冲区的数量。此字段控制分配给设备的小型发送缓冲区数量。开发者可以将此字段设置为 0 来给大型发送缓冲区腾出空间。

　　　　要配置的 DMA 描述符数量

　　　　如果硬件设备是一个支持 DMA 的以太网 MAC，那么配置的接收描述符数量会对接口的总体性能有较大影响。

　　　　对于有 10 个或更少的大型接收缓冲区的应用来说，最好将接收描述符数量配置成接收缓冲区的数量的 60%～70%。

　　　　此例中，10 块接收缓冲区的 60% 可以腾出 4 块接收缓冲区，用于等待应用任务的处理。应用在处理数据的时候，硬件可以一直接收额外的帧数据，直到达到接收描述符数值。

　　　　然而，接收描述符的配置达到一定比例时，再增加它的数量也不会对性能造成更大的影响了。对于有 20 个或更多缓冲区的应用来说，描述符的个数可以配置成接收缓冲区数的 50%。在这个比例之下，只有接收缓冲区数量多少会影响性能，尤其对于更慢更忙的 CPU 和高使用率的网络来说。

　　　　总的来说，如果 CPU 不忙，并且 μC/TCP-IP 接收任务有机会经常获得运行权的话，由于有大数量的可用接收缓冲区（例如 50 或者更多），接收描述符占接收缓冲区的比率可以进一步减少。

　　　　发送描述符的数量应该配置成小型与大型发送缓冲区之和。

　　　　这些数量仅仅是一个起点值。为了达到最大性能需求，设备的应用程序和相关环境将会最终决定发送和接收描述符的数量。

　　　　描述符太少可能会引起通信延时。参见程序清单 LE.2。

LE - 2(7)　　接收描述符数量。如果是基于 DMA 的设备，设备驱动在初始化的时候使用该值,目的是为设备分配固定大小的接收描述符缓冲池。接收描述符的数量必须小于接收缓冲区的数量。Micriμm 推荐将接收描述符的数量设置为接收缓冲区数量的 60%~70%。非基于 DMA 的设备可以将此值配置为 0。

LE-2(8) 发送描述符数量。如果是基于 DMA 的设备,设备驱动在初始化的时候使用该值,目的是为设备分配固定大小的发送描述符缓冲池。为了达到最佳性能,传送描述符的数量应该等于设备配置的小型、大型发送缓冲区数量的和。非基于 DMA 的设备可以将此值配置为 0。

2. 配置 TCP 窗口大小

一旦配置好了发送和接收缓冲区的数量和大小,像之前描述的那样,最后要做就是配置 TCP 发送和接收窗口大小。这些参数可以在 net_cfg.h 中的 TRANSMISSION CONTROL PROTOCOL LAYER CONFIGURATION 区域找到。

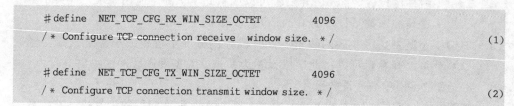

```
#define   NET_TCP_CFG_RX_WIN_SIZE_OCTET        4096
/* Configure TCP connection receive  window size. */                    (1)


#define   NET_TCP_CFG_TX_WIN_SIZE_OCTET        4096
/* Configure TCP connection transmit window size. */                    (2)
```

程序清单 LE-3   TCP 传送和接收窗口大小配置

LE-3(1) #define 配置 TCP 接收窗口大小。如果设备支持 DMA,建议将此值设置为接收描述符的数量乘以 MSS;如果不支持 DMA,将其设置为接收缓冲区的数量乘以 MSS。例如,如果需要 4 个描述符或者 4 个接收缓冲区,TCP 接收窗口大小就是 $4 \times 1460 = 5840$(字节)。

LE-3(2) #define 配置 TCP 发送窗口大小。如果设备支持 DMA,建议将此值设置为传送描述符的数量乘以 MSS;如果不支持 DMA,将其设置为发送缓冲区的数量乘以 MSS。例如,如果需要 2 个描述符或者 2 个接收缓冲区,TCP 接收窗口大小就是 $2 \times 1460 = 2920$(字节)。

3. 编写或者获取额外的设备驱动

关于获取额外设备驱动的信息请联系 Micriμm。如果某个特定设备驱动尚未开发,Micriμm 可以提供工程咨询服务来协助驱动开发。

另外,可以通过修改 μC/TCP-IP 源代码提供的驱动模版来开发新的设备驱动。详细信息参见第 14 章"网络设备驱动"。

E.2.3   以太网 MAC 地址

得到一个接口的 MAC 地址:应用层可以调用 NetIF_AddrHW_Get( )来获取指

定接口的 MAC 地址。

改变一个接口的 MAC 地址:应用层可以调用 NetIF_AddrHW_Set( )来设置指定接口的 MAC 地址。

在网络中获取主机的 MAC 地址:想要知道网络中某个主机的 MAC 地址,网络协议栈就必须存有指定主机协议地址的 ARP 缓存表项。应用层可以通过调用 NetARP_CacheGetAddrHW( )来查看 ARP 缓存表项是否存在。

如果没有找到对应的 ARP 缓存表项,应用层可以调用 NetARP_ProbeAddrOnNet( )来向网络中的所有主机发送 ARP 请求。如果目标主机出现了,本机不久就会接收到 ARP 响应,应用层应该稍后调用 NetARP_CacheGetAddrHW( )来查看 ARP 回复是否已经加入到 ARP 缓存中。

下面的例子显示了如何获取本地局域网主机的以太网 MAC 地址。

```
void AppGetRemoteHW_Addr (void)
{
    NET_IP_ADDR         addr_ip_local;
    NET_IP_ADDR         addr_ip_remote;
    CPU_CHAR            * paddr_ip_remote;
    CPU_CHAR            addr_hw_str[NET_IF_ETHER_ADDR_SIZE_STR];
    CPU_INT08U          addr_hw[NET_IF_ETHER_ADDR_SIZE];
    NET_ERR             err;

    / * ------------- PREPARE IP ADDRs ------------- * /
    paddr_ip_local = "10.10.1.10";   / * MUST be one of host's configured IP
addrs.  * /
    addr_ip_local = NetASCII_Str_to_IP(   (CPU_CHAR * ) paddr_ip_local,
                                          (NET_ERR   * )&err);
    if (err ! = NET_ASCII_ERR_NONE) {
        printf(" Error # % d converting IP address % s", err, paddr_ip_local);
        return;
    }

    paddr_ip_remote = "10.10.1.50";/ * Remote host's IP addr to get hardware addr. * /
    addr_ip_remote = NetASCII_Str_to_IP((CPU_CHAR * ) paddr_ip_remote,
                                          (NET_ERR   * )&err);
    if (err ! = NET_ASCII_ERR_NONE) {
        printf(" Error # % d converting IP address % s", err, paddr_ip_remote);
        return;
    }
    addr_ip_local = NET_UTIL_HOST_TO_NET_32(addr_ip_local);
```

```
        addr_ip_remote = NET_UTIL_HOST_TO_NET_32(addr_ip_remote);
        /* ------------ PROBE ADDR ON NET ------------ */
        NetARP_ProbeAddrOnNet(      (NET_PROTOCOL_TYPE) NET_PROTOCOL_TYPE_IP_V4,
                                    (CPU_INT08U       *)  &addr_ip_local,
                                    (CPU_INT08U       *)  &addr_ip_remote,
                                    (NET_ARP_ADDR_LEN )   sizeof(addr_ip_remote),
                                    (NET_ERR          *)  &err);
    if (err != NET_ARP_ERR_NONE) {
        printf(" Error # % d probing address % s on network", err, addr_ip_remote);
        return;
    }
    OSTimeDly(2);          /* Delay short time for ARP to probe network.   */

        /* ---- QUERY ARP CACHE FOR REMOTE HW ADDR ---- */
    (void)NetARP_CacheGetAddrHW(    (CPU_INT08U       *)&addr_hw[0],
                                    (NET_ARP_ADDR_LEN) sizeof(addr_hw_str),
                                    (CPU_INT08U       *)&addr_ip_remote,
                                    (NET_ARP_ADDR_LEN) sizeof(addr_ip_remote),
                                    (NET_ERR          *)&err);
    switch (err) {
        case NET_ARP_ERR_NONE:
                NetASCII_MAC_to_Str((CPU_INT08U *)&addr_hw[0],
                                    (CPU_CHAR    *)&addr_hw_str[0],
                                    (CPU_BOOLEAN ) DEF_NO,
                                    (CPU_BOOLEAN ) DEF_YES,
                                    (NET_ERR    *)&err);
            if (err != NET_ASCII_ERR_NONE) {
                printf(" Error # % d converting hardware address", err);
                return;
            }
        printf(" Remote IP Addr % s @ HW Addr % s\n\r",
                                        paddr_ip_remote, &addr_hw_str[0]);
        break;
    case NET_ARP_ERR_CACHE_NOT_FOUND:
        printf("  Remote IP Addr % s NOT found on network\n\r", paddr_ip_remote);
        break;
    case NET_ARP_ERR_CACHE_PEND:
        printf("  Remote IP Addr % s NOT YET found on network\n\r", paddr_ip_remote);
        break;
    case NET_ARP_ERR_NULL_PTR:
    case NET_ARP_ERR_INVALID_HW_ADDR_LEN:
```

```
    case NET_ARP_ERR_INVALID_PROTOCOL_ADDR_LEN:
default:
    printf("Error # %d querying ARP cache", err);
    break;
}
}
```

程序清单 LE-4 获取一个主机的以太网 MAC 地址

E.2.4 以太网 PHY 连接状态

增加连接状态轮询速度

应用层可以通过调用 NetIF_CfgPhyLinkPeriod( )（见 B.9.6）来增加 μC/TCP-IP 的连接状态轮询速度。默认值为 250 ms。

获取当前接口的连接状态

μC/TCP-IP 提供两种机制来获取接口的连接状态。

（1）用一个函数来周期性读取全局变量的值。

（2）用一个函数来直接读取硬件的当前连接状态值。

方法 1 提供了一个获取连接状态的最快的机制，因为这样不需要和物理层设备进行通信。对于大多数应用层来说，这种机制更合适。如果有需要的话，轮询速度可以通过调用 NetIF_CfgPhyLinkPeriod( )来增加。使用方法 1，应用层需要调用 NetIF_LinkStateGet( )，该函数会返回 NET_IF_LINK_UP 或者 NET_IF_LINK_DOWN。

可以通过改进物理层设备与其驱动的配合来改进方法 1 的准确度，驱动要支持连接状态改变的中断。这样，一旦连接状态改变，包含连接状态的全局变量的值就会立即跟着更新。因此，如果有需要的话，轮询速度可以适当减少，调用 NetIF_LinkStateGet( )可以返回真实的连接状态。

方法 2 需要应用程序调用 NetIF_IO_Ctrl( )，并传入参数 NET_IF_IO_CTRL_LINK_STATE_GET 或者 NET_IF_IO_CTRL_LINK_STATE_GET_INFO。

- 如果应用指定 NET_IF_IO_CTRL_LINK_STATE_GET，那么函数返回 NET_IF_LINK_UP 或者 NET_IF_LINK_DOWN。
- 相反，如果应用指定 NET_IF_IO_CTRL_LINK_STATE_GET_INFO，那么函数返回连接状态的详细信息，例如速度、双工与否。

方法 2 的优势是，返回的连接状态是在函数调用时硬件的实时连接状态。然而，这种方法会增加与物理层设备的通信量，因此会浪费一些周期去等待结果，因为 CPU 与物理层设备之间的总线连接速度一般有几兆赫兹。

- 强制设置一个以太网 PHY 为指定连接状态。一般 μC/TCP-IP 提供的 PHY

驱动不支持禁止自动协商(disabling auto-negotiation)和指定特定连接状态(specifying a desired link state)。这个限制是为了让 MII 寄存器块与所有兼容(R)MII 的物理层设备相兼容。

然而,μC/TCP-IP 的确提供了一种机制,可以指导物理层设备仅仅报告指定的自动协商状态。该功能可以通过调节物理层设备的配置来实现,该配置在 net_dev_cfg.c 中,要和可选连接速度(alternative link speed)还有双工值(duplex values)一起指定。

以下是一个物理层设备配置结构的例子。

```
NET_PHY_CFG_ETHER NetPhy_Cfg_Generic_0 = {
                                0,
                                NET_PHY_BUS_MODE_MII,
                                NET_PHY_TYPE_EXT,
                                NET_PHY_SPD_AUTO,
                                NET_PHY_DUPLEX_AUTO
                                };
```

参数 NET_PHY_SPD_AUTO 和 NET_PHY_DUPLEX_AUTO 可以用以下设置值替代:

NET_PHY_SPD_10

NET_PHY_SPD_100

NET_PHY_SPD_1000

NET_PHY_SPD_AUTO

NET_PHY_DUPLEX_HALF

NET_PHY_DUPLEX_FULL

NET_PHY_DUPLEX_AUTO

这个机制仅当两端设备的物理层同时支持自动协商的时候有效。

E.3　IP 地址配置

E.3.1　IP 地址及其点分十进制表达式的相互转换

μC/TCP-IP 包含各种处理 IP 地址字符串的操作函数。

如下示例显示了如何使用 NetASCII 模块来进行 IP 地址及其点分十进制表达式的相互转换:

```
NET_IP_ADDR         ip;
CPU_INT08U          ip_str[16];
NET_ERR             err;

ip = NetASCII_Str_to_IP((CPU_CHAR *)"192.168.1.65", &err);
NetASCII_IP_to_Str(ip, &ip_str[0], DEF_NO, &err);
```

E.3.2　为接口指定静态 IP 地址

　　net_cfg.h 中的常量 NET_IP_CFG_IF_MAX_NBR_ADDR 用来确定可以分配给接口的最大的 IP 地址数。可配置的 IP 地址最大数值由 NetIP_CfgAddrAdd( )确定。

　　如果仅仅在本地网内通信,不一定要配置 IP 网关地址。

```
CPU_BOOLEAN    cfg_success;
ip = NetASCII_Str_to_IP((CPU_CHAR *)"192.168.1.65", perr);
msk = NetASCII_Str_to_IP((CPU_CHAR *)"255.255.255.0", perr);
gateway = NetASCII_Str_to_IP((CPU_CHAR *)"192.168.1.1",  perr);
cfg_success = NetIP_CfgAddrAdd(if_nbr, ip, msk, gateway, perr);
```

E.3.3　移除接口静态指定的 IP 地址

　　可以调用 NetIP_CfgAddrRemove( )来移除指定接口上配置的静态 IP 地址。
　　另外,应用层可以调用 NetIP_CfgAddrRemoveAll( )来移除指定接口上配置的所有静态 IP 地址。

E.3.4　获取动态 IP 地址

　　要动态分配 IP 地址给接口,就必须将 μC/DHCPc 集成到应用层。

E.3.5　获得接口上所有的 IP 地址

　　应用层可以调用 NetIP_GetAddrHost( )来获取指定接口的协议地址信息。此函数可以返回一个或多个地址。
　　类似地,应用层还可以调用 NetIP_GetAddrSubnetMask( )和 NetIP_GetAddrDfltGateway( )来获取接口的子网掩码和网关信息。

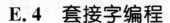

E.4 套接字编程

E.4.1 使用 μC/TCP-IP 套接字

此主题的代码示例参见第 17 章"套接字编程"。

E.4.2 加入和离开 IGMP 主机组

μC/TCP-IP 用 IGMP 来支持 IP 组播。为了可以接收指定 IP 组播组地址的数据包,协议栈必须在 net_cfg.h 中配置成支持组播,并且还需要加入该主机组。

下例显示了如何使用 μC/TCP-IP 加入和离开一个 IP 组播组:

```
NET_IF_NBR          if_nbr;
NET_IP_ADDR         group_ip_addr;
NET ERR             err;


if_nbr = NET_IF_NBR_BASE_CFGD;
group_ip_addr       = NetASCII_Str_to_IP("233.0.0.1", &err);
if (err ! = NET_ASCII_ERR_NONE) {
     /* Handle error. */
}


NetIGMP_HostGrpJoin(if_nbr, group_ip_addr, &err);
if (err ! = NET_IGMP_ERR_NONE) {
     /* Handle error. */
}
 [...]
NetIGMP_HostGrpLeave(if_nbr, group_ip_addr, &err);
if (err ! = NET_IGMP_ERR_NONE) {
     /* Handle error. */
}
```

E.4.3 传送一个组播 IP 组地址

传送组播 IP 组地址与单播或广播地址传送一样,但协议栈必须配置使能组播传送功能。

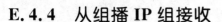

E.4.4 从组播 IP 组接收

从 IP 组播组接收数据包之前,必须要加入该组(参见 E.4.2"加入和离开 IGMP 主机组")。一旦加入了该组,从该组接收数据,仅仅需要将套接字绑定到 NET_SOCK_ADDR_IP_WILDCARD 地址,如下例所示:

```
NET_SOCK_ID              sock;
NET_SOCK_ADDR_IP         sock_addr_ip;
NET_SOCK_ADDR            addr_remote;
NET_SOCK_ADDR_LEN        addr_remote_len;
CPU_CHAR                 rx_buf[100];
CPU_INT16U               rx_len;
NET_ERR                  err;


sock = NetSock_Open((NET_SOCK_PROTOCOL_FAMILY)NET_SOCK_ADDR_FAMILY_IP_V4,
                    (NET_SOCK_TYPE)NET_SOCK_TYPE_DATAGRAM,
                    (NET_SOCK_PROTOCO)NET_SOCK_PROTOCOL_UDP,
                    (NET_ERR * )&err);
    if (err ! = NET_SOCK_ERR_NONE) {
       /* Handle error. */
}
Mem_Set(&sock_addr_ip, (CPU_CHAR)0, sizeof(sock_addr_ip));
sock_addr_ip.AddrFamily = NET_SOCK_ADDR_FAMILY_IP_V4;
sock_addr_ip.Addr = NET_UTIL_HOST_TO_NET_32(NET_SOCK_ADDR_IP_WILDCARD);
sock_addr_ip.Port = NET_UTIL_HOST_TO_NET_16(10000);
NetSock_Bind(      (NET_SOCK_ID      ) sock,
                   (NET_SOCK_ADDR    * )&sock_addr_ip,
                   (NET_SOCK_ADDR_LEN) NET_SOCK_ADDR_SIZE,
                   (NET_ERR          * )&err);
if (err ! = NET_SOCK_ERR_NONE) {
    /* Handle error. */
}


rx_len = NetSock_RxDataFrom      (    (NET_SOCK_ID) sock,
                                      (void * ) &rx_buf [0],
                                      (CPU_INT16U) BUF_SIZE,
                                      (CPU_INT16S) NET_SOCK_FLAG_NONE,
                                      (NET_SOCK_ADDR * ) &addr_remote,
                                      (NET_SOCK_ADDR_LEN * )&addr_remote_len,
```

```
                                    (void *) 0,
                                    (CPU_INT08U) 0,
                                    (CPU_INT08U *) 0,
                                    (NET_ERR    *)&err);
```

E.4.5　重启之后应用程序立刻收到套接字错误

在添加网络接口之后,立即重置该物理层设备,网络接口和设备会重新初始化。然而,对一般的以太网物理层设备来说,可能会需要 3 秒的时间来完成自动协商。在这期间,套接字层将会返回 NET_SOCK_ERR_LINK_DOWN 错误码。

应用层应该在每次重试套接字操作之间进行短暂延时,直到网络建立好连接。

E.4.6　减少暂时性的错误数量(NET_ER_TX)

应该增加发送缓冲区的数量。另外,在连续调用套接字发送函数之间加入短暂的延时,情况会有所改善。

E.4.7　控制套接字阻塞选项

套接字的阻塞选项由 net_cfg.h 中的 NET_SOCK_CFG_BLOCK_SEL 定义,取值范围如下:

NET_SOCK_BLOCK_SEL_DFLT

NET_SOCK_BLOCK_SEL_BLOCK

NET_SOCK_BLOCK_SEL_NO_BLOCK

NET_SOCK_BLOCK_SEL_DFLT 为默认阻塞选项,可以在运行过程中通过指定额外的套接字来覆盖阻塞设置。

NET_SOCK_BLOCK_SEL_BLOCK 配置所有套接字为一直阻塞。

NET_SOCK_BLOCK_SEL_NO_BLOCK 配置所有套接字为不阻塞。

关于调节者和阻塞选项的更多信息,请参见 B.13.33 节和 B.13.35 节。

E.4.8　检测套接字是否还与对端连接着

应用可以调用 NetSock_IsConn( )来确定套接字是否仍然与远端套接字保持连接(参见 B.13.28)。

应用层还可以调用非阻塞调用 recv( )、NetSock_RxData( )或 NetSock_RxDataFrom( ),如果返回一个数据或者非致命的暂时性错误(non-fatal, transitory error),表示套接字仍然连接着;否则,如果返回 0 或者致命错误(fatal error),那么套接字就已断开或者关闭了。

E.4.9　当在关闭的套接字上调用 RECV( )时,接收-1 而不是 0

当远端主机关闭套接字时,目标板应用程序调用一个接收套接字函数,μC/TCP-IP 将首先报告说接收队列为空,并在 BSD 或 μC/TCP-IP 套接字 API 函数中返回-1。再调用接收函数时,将会告知套接字已经被远端主机关闭了。

这是一个已知的问题,会在 μC/TCP-IP 的后续版本中改掉。

E.4.10　确定用来接收 UDP 数据报的接口

如果将 UDP 套接字服务被绑定到"任意"地址上,那么它并不知道具体哪个接口用于接收 UDP 数据报。这是 BSD 套接字 API 的局限,μC/TCP-IP 套接字 API 中也没有解决这个问题。

为了保证在特定接口上接收 UDP 数据报,套接字服务必须绑定特定的接口地址。

事实上,如果在绑定到"任意"地址的监听套接字上接收 UDP 数据报,并且应用程序使用同一个套接字传送应答给对端主机,那么后续传送的 UDP 数据报就会在默认接口传送了。默认接口可以是初始 UDP 数据报的接口,也可以不是。

E.5　μC/TCP-IP 统计和调试

E.5.1　运行时的性能统计

μC/TCP-IP 以每个接口为基准,周期性的测量和估算运行时性能。性能数据存储在 μC/TCP-IP 的全局统计数据结构体 Net_StatCtrs 中,它是 NET_CTR_STATS 类型变量。

每个接口有一个性能矩阵结构,该结构在数组 NET_CTR_IF_STATS 中分配。数组的每一项对应一个接口。

为了访问指定接口号的性能矩阵,应用可以通过访问变量 Net_StatCtrs.NetIF_StatCtrs[if_nbr].field_name,在外部访问数组。该变量的 if_nbr 用来表示查询的接口号,0 是回环接口,field_name 对应以下字段。

可能的字段名:
NetIF_StatRxNbrOctets

NetIF_StatRxNbrOctetsPerSec

NetIF_StatRxNbrOctetsPerSecMax

NetIF_StatRxNbrPktCtr

NetIF_StatRxNbrPktCtrPerSec

NetIF_StatRxNbrPktCtrPerSecMax

NetIF_StatRxNbrPktCtrProcessed

NetIF_StatTxNbrOctets

NetIF_StatTxNbrOctetsPerSec

NetIF_StatTxNbrOctetsPerSecMax

NetIF_StatTxNbrPktCtr

NetIF_StatTxNbrPktCtrPerSec

NetIF_StatTxNbrPktCtrPerSecMax

NetIF_StatTxNbrPktCtrProcessed

更多信息参见第 20 章"统计和错误计数器"。

E.5.2　查看错误和统计计数器

为了访问统计和错误计数器,应用程序可以在外部引用结构体变量 Net_StatCtrs 中的成员,从而访问全局的 µC/TCP-IP 统计数组变量。

更多信息参见的第 20 章"统计和错误计数器"。

E.5.3　使用网络调试函数来检查网络状态条件

演示如何使用网络调试状态函数的例子:

```
NET_DBG_STATUS    net_status;
CPU_BOOLEAN        net_fault;
CPU_BOOLEAN        net_fault_conn;
CPU_BOOLEAN        net_rsrc_lost;
CPU_BOOLEAN        net_rsrc_low;

net_status = NetDbg_ChkStatus( );
net_fault = DEF_BIT_IS_SET(net_status, NET_DBG_STATUS_FAULT);
net_fault_conn = DEF_BIT_IS_SET(net_status, NET_DBG_STATUS_FAULT_CONN);
net_rsrc_lost = DEF_BIT_IS_SET(net_status, NET_DBG_STATUS_RSRC_LOST);
net_rsrc_lo = DEF_BIT_IS_SET(net_status, NET_DBG_STATUS_RSRC_LO);
net_status = NetDbg_ChkStatusTmrs( );
```

E.6　使用网络安全管理功能

网络安全管理需要网络安全层的支持,如 μC/SSL。网络安全层负责保护套接字的安全,并在典型的套接字编程函数上应用安全策略。从应用程序的角度来看,使用 μC/TCP-IP 网络安全管理非常简单,只需要两个步骤。μC/TCP-IP 的应用代码中包含了一个工程,显示了如何使用网络安全管理器。

E.6.1　密钥安装

为了达到安全握手连接,必须在执行任何安全套接字操作之前安装密钥(keying material)。对于 μC/SSL,客户端需要安装 CA(授权认证)来验证服务端发来公钥认证的一致性。相反,服务端需要安装公钥认证/私钥对(public key certificare / private key pair)向客户端发送信息。密钥可以使用网络安全管理 API 来安装。相关 API 在 μC/TCP-IP 用户手册的 B.12.1 节和 B.12.2 节中描述。下例显示了如何在常量缓冲区中安装 PEM 授权认证。

```
CPU_SIZE_T  Micrium_Ca_Cert_Pem_Len = 994;
CPU_CHAR    Micrium_Ca_Cert_Pem[ ] =
"- - - - -BEGIN CERTIFICATE- - - - -\r\n"
"MIICpTCCAg4CCQDNdHgFKaYRWDANBgkqhkiG9w0BAQUFADCBljELMAkGA1UEBhMC\r\n"
"QOExDzANBgNVBAgMBlF1ZWJlYzERMA8GA1UEBwwITW9udHJlYWwxFTATBgNVBAoM\r\n"
"DElpY3JpdWOgSW5jLjEZMBcGA1UECwwQRW1iZWRkZWQgU3lzdGVtczEQMA4GA1UE\r\n"
"AwwHTWljcml1bTEfMB0GCSqGSIb3DQEJARYQaW5mb0BtaWNyaXVtLmNvbTAeFw0x\r\n"
"aXVtMR8wHQYJKoZIhvcNAQkBFhBpbmZvQG1pY3JpdW0uY29tMIGfMA0GCSqGSIb3\r\n"
[...]
"CZFtP3vbYOSA6gFrCvCcKjTWRapzQKwSYknMu1QorP4mdwZDeCYsikkn8bI5//zn\r\n"
"CInLCmrWdbrCEtj23t0wefw8fyNQxkKi9JdbzLVwxjIQt8wMq1CnTOQRa7aGX5Uw\r\n"
"QQIDAQABMA0GCSqGSIb3DQEBBQUAA4GBACqyJeSDQ3j5KohXIvV + iBOrl5qbI1PS\r\n"
"WAHf4PSyiTXOSpa58VSdhM4sestd/FELBWo/MHKIfBdoLMhg2frDZE5e7m8Ftq1R\r\n"
"1YBKNbTzIJNjwTajkUPz38BjXb5sqLyPK8wRbjadm2pOlw1f7bIFunpbHpV + 1XA1\r\n"
"tk3W32BqKfzy\r\n"
"- - - - -END CERTIFICATE- - - - -\r\n";
void Task (void)
{
        NET_ERR err;
        NetSecureMgr_InstallBuf((CPU_INT08U * )Micrium_Ca_Cert_Pem,
                        NET_SECURE_INSTALL_TYPE_CA,
```

```
                            NET_SECURE_INSTALL_FORMAT_PEM,

                            Micrium_Ca_Cert_Pem_Len,

                            &err);

        if (err ! = NET_SECURE_MGR_ERR_NONE) {

        APP_TRACE_INFO(("    uC/TCP-IP:NetSecureMgr_InstallBuf( ) error % d \n",

err));

        return;

        }

    }
```

下面的例子演示了如何在文件系统中安装 DER 授权认证、PEM 公钥认证和 DER 私钥。

```
# define Micrium_Ca_Cert_File_Der            "\\ca - cert.der"
# define Micrium_Srv_Cert_File_Pem           "\\server - cert.pem"
# define Micrium_Srv_Key_File_Der            \server - key.der


void Task (void * p_arg)
{
        NET_ERR err;
        NetSecureMgr_InstallFile(Micrium_Ca_Cert_File_Der,
                                 NET_SECURE_INSTALL_TYPE_CA,
                                 NET_SECURE_INSTALL_FORMAT_DER,
                                 &err);
        if (err ! = NET_SECURE_MGR_ERR_NONE) {
            APP_TRACE_INFO(("   uC/TCP-IP:NetSecureMgr_InstallFile( ) error % d \n",
                            err));
            return;
        }


        NetSecureMgr_InstallFile(Micrium_Srv_Cert_File_Pem,
                                 NET_SECURE_INSTALL_TYPE_CERT,
                                 NET_SECURE_INSTALL_FORMAT_PEM,
                                 &err);
        if (err ! = NET_SECURE_MGR_ERR_NONE) {
            APP_TRACE_INFO(("   uC/TCP-IP:NetSecureMgr_InstallFile( ) error % d \n",
                            err));
        return;
        }
```

```
NetSecureMgr_InstallFile(        Micrium_Srv_Key_File_Der,
                                 NET_SECURE_INSTALL_TYPE_KEY,
                                 NET_SECURE_INSTALL_FORMAT_DER,
                                 &err);
    if (err ! = NET_SECURE_MGR_ERR_NONE) {
        APP_TRACE_INFO(("  uC/TCP-IP:NetSecureMgr_InstallFile( ) error % d \n",
                        err));
    return;
      }
  }
```

E. 6. 2 安全套接字

一旦安装好了适当的密钥,只要成功开启,安全 TCP 套接字被启用。一个简单函数调用可以用来设置套接字的安全标志,参见 μC/TCP-IP 用户手册中的 B. 13. 4。有了这个 API,可以保护所定制的 TCP 客户端或服务器应用。请注意,所有运行在 TCP 上的的 Microμm 应用已经都做过修改,都可以支持安全套接字(μC/HTTPs、μC/TELNETs、μC/FTPs、μC/FTPc、μC/SMTPc、μC/POP3c)。下面的例子演示了如何打开 TCP 的安全套接字。

```
void Task (void * p_arg)
{
        NET_ERR net_err;
        sock_id = NetSock_Open(NET_SOCK_ADDR_FAMILY_IP_V4,
                               NET_SOCK_TYPE_STREAM,
                               NET_SOCK_PROTOCOL_TCP,
                               &net_err);
    if (net_err == NET_SOCK_ERR_NONE) {
# ifdef NET_SECURE_MODULE_PRESENT
        (void)NetSock_CfgSecure((NET_SOCK_ID)sock_id,
                                (CPU_BOOLEAN)DEF_YES,
                                (NET_ERR * )&net_err);
    if (net_err ! = NET_SOCK_ERR_NONE) {
    APP_TRACE_INFO(("Open socket failed. No secure socket available.\n"));
        return (DEF_FAIL);
      }
# endif
      }
  }
```

E.7 其 他

E.7.1 在目标系统发送和接收 ICMP ECHO 请求

对于用户应用程序，μC/TCP-IP 不支持发送和接收 ICMP Echo 请求和应答消息。然而，目标系统可以接收外部的 ICMP Echo 请求消息，并做出相应回复。目前在目标系统中还不具备发送 ICMP Echo 请求的能力。

E.7.2 TCP Keep-Alives

μC/TCP-IP 目前不支持 TCP Keep-Alives(存活)。如果相连的两端运行着不同的网络协议栈，可以尝试在远端主机上使能 TCP Keep-Alives。否则，应用不得不使用套接字定时向远端主机发送一些信息，用来确保 TCP 连接保持有效。

E.7.3 为内部处理通信而使用 μC /TCP-IP

任务间可以使用套接字来通信，但需要通过已使能的本地接口(localhost interface)。

附录 F

参考文献

[1] Labrosse, Jean J. 2009, μC/OS-III, The Real-Time Kernel, Micriμm Press, 2009, ISBN 978−0−98223375−3−0.

[2] Douglas E. Comer. 2006, Internetworking With TCP/IP Volume 1: Principles Protocols, andArchitecture, 5th edition, 2006. (Hardcover-Jul 10, 2005) ISBN 0−13−187671−6.

[3] W. Richard Stevens. 1993, TCP/IP Illustrated, Volume 1: The Protocols, Addison-WesleyProfessional Computing Series, Published Dec 31, 1993 by Addison-Wesley Professional, Hardcover, ISBN−10: 0−201−63346−9

[4] W. Richard Stevens, Bill Fenner, Andrew M. Rudoff. Unix Network Programming, Volume 1: The Sockets Networking API (3rd Edition) (Addison-Wesley Professional Computing Series) (Hardcover), ISBN − 10: 0 − 13 − 141155−1

[5] IEEE Standard 802. 3−1985, Technical Committee on Computer Communications of the IEEEComputer Society. (1985), IEEE Standard 802. 3 − 1985, IEEE, pp. 121, ISBN 0−471−82749−5

[6] Request for Comments (RFCs), Internet Engineering Task Force (IETF). The complete list ofRFCs can be found at http://www. faqs. org/rfcs/.

[7] Brian "Beej Jorgensen" Hall, 2009, Beej's Guide to Network Programming, Version 3. 0. 13, March 23, 2009, http://beej. us/guide/bgnet/

[8] The Motor Industry Software Reliability Association, MISRA-C:2004, Guidelines for the Use ofthe C Language in Critical Systems, October 2004. www. misra-c. com.

附录 G

μC /TCP-IP 许可政策

G.1 μC /TCP-IP 许可证

G.1.1 μC /OS-III 和 μC /TCP-IP 许可证

本书的 μC/OS-III 源代码可以免费用于短期评估、教学或者进行和平研究。我们提供所有的源代码,方便用户的使用并且帮助你体验 μC/OS-III。提供源代码并不意味着你可以不经授权而用于商业产品。源码的知识不可用于开发类似的产品。

本书也包含 μC /TCP-IP,已预先编译成可链接目标代码。只要最初的购买是用于教学目的,那么用户可以不需要购买其他东西。一旦代码用于商业产品而获利,用户必须购买其许可证。

当用户决定在设计中使用 μC/OS-III 和 μC/TCP-IP 时,用户就需要购买许可证,而不是当设计已经到要生产产品的时候再购买。

如果用户不确定是否需要为你的应用程序获得一份许可,请联系 Miciμm 公司并和销售代表来讨论用户的使用目的。

G.1.2 μC /TCP-IP 维护更新

μC/TCP-IP 的授权用户有一年的技术支持和维护服务,包括源代码更新。更长的技术支持、维护服务和源码更新,请联系 sales@Miciμm. com。

G.1.3 μC /TCP-IP 源码更新

如果用户处于技术支持期限内,在有源码更新时,会以自动邮件通知用户。用户可以从 Micriµm 公司的 FTP 服务器上下载到可用的更新。如果技术支持期限已到，或者忘了 FTP 用户名或密码，请联系 sales@Micriµm.com。

G. 1. 4　µC/TCP-IP 支持

支持仅限于已授权用户。请访问 www.Micriµm.com 的客户支持页面。如果用户还不是网站用户，请注册并创建用户的账户。用户可以通过特定页面提交用户的问题。

已授权用户也可以使用以下联系方式：

Micrium

1290 Weston Road，Suite 306

Weston，FL 33326

＋1 954 217 2036

＋1 954 217 2037（FAX）

第**2**部分

基于 STM32F107 微控制器的应用

序 言

　　虽然市面上有很多关于以太网和互联网协议的书籍，然而当 Christian Legare 这本以嵌入式系统的角度来实现 TCP/IP 协议的书面世时，仍然让 ST 公司的员工对这种嵌入式协议栈的潜力感到吃惊。本书使我们有机会向嵌入式领域的客户描述嵌入式协议栈的功能，而且能在一个较大的范围内进行沟通和协作。本书也使我们可以用某种独特的方式来设计一些真正的实例展示给客户。

　　这本书是当前的硬件和软件供应商之间存在的共生关系的一个实例。随着设计的复杂性与日俱增，Micriμm 公司以 TCP/IP 在 STM32F107 板上的实现为实例，进行了理论与实践相结合的良好尝试。

　　本书的作者从嵌入式的角度去描述 TCP/IP 协议。由于嵌入式系统需求差异较大，因而并不是所有 TCP/IP 协议的特征都要体现在每一个产品上，有时甚至并不想让某些特性包含进来。本书中的示例在一定程度上探寻了代码大小与性能上的一些特性，并且就将 TCP/IP 应用于现实产品时可能出现的一些问题进行了讨论，尤其是在协议栈配置与性能的优化方面。

　　作者使用简单的示例和工程将理论与实践结合在一起，这些示例及工程都可以在 μC/Eval－STM32F107 评估板上运行。STM32F107 提供了卓越的系统性能，使得诸如 10/100 以太网控制器等外设可以在其上运行。

　　技术革新的速度总是在不断在满足日趋复杂的设计需求，我们的目标是帮助设计人员或机构在嵌入式协议栈方面得到更加深入的理解和实践认知。

　　STMicroelectronics 公司期待读者能够在作者的帮助下走得更高、更远！

Michel Buffa

Microcontrollers Division (MCD) General Manager, STMicroelectronic

第1章

绪 论

这本书介绍了 TCP/IP 协议栈,及 Micriμm 公司 μC/TCP-IP 嵌入式协议栈的内部运行机理。开发人员如果想快速接触代码并使其运行在实际硬件上,那么下面的章节会非常有帮助;而那些对嵌入式 IP 网络理论及相关技术有兴趣的读者,则应首先阅读第一部分的相关章节。

1.1 准备运行示例

本书第 2 部分的范例须配合 μC/Eval-STM32F107 评估板使用,用户可以单独购买或作为套装同本书一起购买。μC/Eval-STM32F107 评估板包含一片意法半导体公司(STMicroelectronics)出品的 STM32F107 互联型微控制器,其核心基于当今市场上最流行的 ARM Cortex-M3 内核(使用了高效的 ARMv7 指令集)。STM32F107 的时钟频率可达 72 MHz,并包含了诸如 10/100Mbit/s 以太网控制器、全速 USB OTG 控制器、CAN 控制器、定时器、UART 接口等外设。STM32F107 还集成了 256KB 的 Flash 及 64KB 的高速静态 RAM。用户可以在第 2 部分附录 E 或在本书配套的可下载文件中找到完整的原理图。有关该评估板的使用说明,可参考第 2 章。

从以下地址可以下载本书配套的工具及相关资料:

www. micrium. com/page/downloads/uc-TCP-ip_files

从 IAR 官方网站下载第 2 章提到的开发工具,参见"下载 IAR Embedded Workbench for ARM"。

为了编译本书第 2 部分配套的示例代码,用户必须下载 IAR Systems Embedded Workbench for ARM Kickstart 工具。除了为 μC/TCP-IP 和 μC/OS-III 提供的库文件以外,该工具最大可以编译 32KB 的应用代码。

μC/TCP-IP 是以库的形式提供给评估板的,只要是出于非盈利目的,那么配套的工具及代码都是免费的。本书对于 IP 网络相关的课程而言同样非常合适。

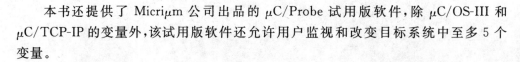

本书还提供了 Microμm 公司出品的 μC/Probe 试用版软件,除 μC/OS-III 和 μC/TCP-IP 的变量外,该试用版软件还允许用户监视和改变目标系统中至多 5 个变量。

1.2　μC/Probe

μC/Probe 是一个基于 Microsoft Windows™ 的应用软件,它允许用户在运行时以可视化的方式监测、显示或改变目标系统中的任何变量。在 μC/Probe 中,用户可以使用仪表盘、柱形图、虚拟 LED、数字等形式显示变量的值,也可以使用滑动条、开关或按钮等形式改变这些变量的值,这一切都无需用户编写任何代码。

μC/Probe 可以通过任意一种接口(J-Tag、RS-232C、USB、Ethernet 等)与任意目标板(8 位、16 位、32 位、64 位甚至 DSP)连接,它可以显示或改变任意变量,包括 μC/OS-III、μC/TCP-IP 的内部变量及应用程序的全局变量。

μC/Probe 支持可以生成 ELF/DWARF 或 IEEE695 格式文件的任意编译器、汇编器或链接器,这与用户烧写到评估板或目标板上的文件完全相同。μC/Probe 可以从这些文件中提取变量的符号信息,并且判断这些变量是存储在 RAM 中还是在 ROM 中。

μC/Probe 允许用户将显示的数据保存在文件中供以后分析,也同样以内置的形式为 μC/OS-III 提供了内核唤醒功能,对于 μC/TCP-IP 的主要变量也提供了检测支持。

可以说,μC/Probe 是嵌入式软件工程师必备的工具之一。全功能的 μC/Probe 与 μC/OS-III 一起授权,相关细节请访问:www. Micrium. com。

1.3　章节安排

图 F1-1 展示了本书第 2 部分的结构,借助该图片可以了解各章节之间的关系。左边一列应该按序阅读,以逐步了解工程示例。对于 μC/TCP-IP(UDP 或 TCP)的配置和使用来说,这些工程示例也是绝佳的模版。图中第二列为附录。

第 1 章,绪论。即本章,是对本书第 2 部分的简介。

第 2 章,安装。讲解了如何搭建运行 μC/TCP-IP 示例工程的开发环境。该部分主要涉及如何使用 IAR Systems Embedded Workbench for ARM 工具链(32K Kickstart 版本),如何获得本书中附带的示例代码及如何将 μC/Eval-STM32F107 评估板连接至 PC 以供测试。

第 3 章,μC/TCP-IP 基本示例。主要讲解如何配置并启动 μC/TCP-IP。两个示例在运行时 LED 都会闪烁,并且可以通过宿主机(PC)PING 通目标板,以此验证以

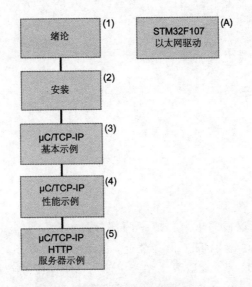

图 F1-1　章节安排

太网接口和 TCP/IP 协议栈工作正常。其中,示例♯1 使用静态 IP 地址,示例♯2 使用 DHCP 动态获得 IP 地址。在本章中,读者同样可以看到,在运行时使用 μC/Probe 显示目标板中的数据是很简单的一件事。

　　第 4 章,μC/TCP-IP 性能示例。主要使用 μC/IPerf 来进行 UDP 测试。本章使用 Wireshark 捕获并显示 μC/Eval-STM21F107 评估板和 PC 之间的数据包,也使用了 μC/Probe 来观察 TCP/IP 协议栈资源的初始化过程。

　　第 5 章,HTTP 服务器示例。利用嵌入式协议栈在目标板上实现了一个 HTTP 服务器,并利用 Web 浏览器展示 PC 与嵌入式目标板之间的数据传输过程。

　　附录 A,以太网设备驱动。介绍 STM32F107 以太网控制器使用的驱动程序。

第 2 章

安　装

　　本书对嵌入式协议栈的讲解分成了两部分。本章作为全书第 2 部分中的一部分，旨在使读者快速了解示例工程。至此，读者已经做好了在嵌入式项目中使用 TCP／IP 的准备，也理解了在嵌入式系统中使用 TCP／IP 协议栈的复杂性。本章的示例代码被设计为运行在真实的硬件和商业开发工具之上，编写新的应用程序时，这些例子可以作为模板；以下各节中也会说明在何处可以获得这些硬件及工具的配置方法。

2.1　硬　件

　　本书假定使用本书附带的 μC/Eval－STM32F107 评估板，也可以从 Micriμm 网店（http：//store. micrium. com）购买兼容的产品。μC/TCP-IP 需要工作在实时操作系统上，在本书中使用了 μC/OS-III。由于 μC/OS-III 已经以库的形式包含在本书的示例工程中，所以读者不一定需要单独购买 μC/OS-III：*The Real-Time Kernel*。当然，如果读者希望了解 μC/OS-III 实时内核的工作方式，那么手边最好有一本。假如读者没有 μC/Eval-STM32F107 开发板，那么读者将不便使用下面章节提供的信息。

　　所需的硬件如下：

- 安装有 Windows 的 PC（Windows XP、Vista 或 Windows 7）。
- μC/Eval-STM32F107 评估板。
- μC/Eval-STM32F107 评估板可用的 USB 线缆。
- 一根以太网交叉线，或一个以太网交换机和配合使用的两根直连网线。

　　图 F2－2 说明了 μC/Eval-STM32F107 与计算机的连接方式。请注意，由于 μC/Eval-STM32F107 可以通过 PC 的 USB 端口供电，因此评估板不需要外接电源。这个 USB 端口还同时用于代码的下载和调试。

　　注意：在安装了配套的软件之前（下节中描述），可以先不连接评估板。

图 F2 – 1　μC/Eval-STM32F107 评估板

2.2　软　件

为了运行本书提供的示例工程,如图 F2 – 2 所示,先将 PC 和评估板连接起来,然后从 Micriμm 及其他网站上下载如下一些文件和工具:

- μC/Eval-STM32F107 配套的 μC/TCP-IP 库、μC/OS-III 库、μC/IPerf 源代码和示例工程。
- μC/Probe。
- IAR 网站上的 The IAR Embedded Workbench for ARM, Kickstart version。
- Tera Term Pro 终端仿真软件(当然也可以使用其他类似软件)。
- The IPerf network performance test tool for Windows。
- Wireshark 网站上的 WireShark, Network Protocol Analyzer。
- STMicroelectronics 网站上的 STM32F107 文档。

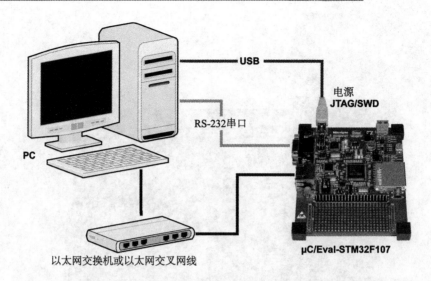

图 F2 - 2　将 PC 和 μC/Eval-STM32F107 评估板连接在一起

　　本书包含的示例代码是读者学习 TCP/IP 概念的第一手资料,所附带的工具用于辅助读者以可视化的角度理解这些概念。在本章中,代码和工具用于建立一个分析 μC/TCP-IP 工程的基本环境。

2.3　下载本书所需的 μC /TCP-IP 工程

　　μC/TCP-IP 和 μC/Eval－STM32F107 评估板所使用的项目文件(project file)可以从 Micriμm 网站上下载。通过网络下载,可以保证使用最新版的例程。μC/TCP-IP 相关的软件及示例工程下载地址:www. micrium. com/page/downloads/uC-tcp-ip_files。

　　在下载这些资料前,读者需要填写注册信息。这些信息主要用于市场调查,同时让用户及时了解到本书相关资料的更新,读者所填的信息绝不会被共享或贩卖。

　　下载并执行以下自解压文件:

Micrium-Book-STM32F107-uC-TCPIP. exe。

　　图 F2 - 3 展示了这个自解压文件的目录结构。

　　所有文件均位于\Micrium\Software 目录下。共有 5 个主要的子文件夹:\Eval-Boards、\uC-CPU、\uC-LIB、\uCOS-III 和\uC-TCPIP-V2,这 5 个子文件夹会在下面详细说明。其他的文件夹并不是所有项目都会用到,分别用于示例♯2 的\uC-DH-CPc-V2、示例♯5 的\uC-HTTPs、示例♯4 的\uC-IPerf 及示例♯3、示例♯4 的\uC-Probe。

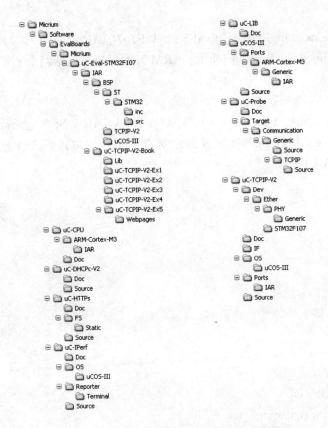

图 F2 - 3　μC/TCP-IP 工程目录结构

2.3.1　\EvalBoards

该目录存放了评估板相关的所有代码,其中包含按制造商划分的子目录。对本书而言,\Micrium 是 μC/Eval-STM32F107 评估板的制造商,因而相关工程位于\uC-Eval-STM32F107。

\EvalBoards\Micrium\uC-Eval-STM32F107 目录下的子目录如下所述。

(1) \EvalBoards\Micrium\uC-Eval-STM32F107\Datasheets 包括了一系列的数据手册和使用手册:

ARM-ARMv7-ReferenceManual. pdf

ARM-CortexM3-TechnicalReferenceManual. pdf

Micrium-uC-Eval-STM32F107-Schematics. pdf

STLM75. pdf

STM32F105xx—STM32F107xx—Datasheet. pdf

STM32F105xx—STM32F107xx—ReferenceManual. pdf

(2) \EvalBoards\Micrium\uC-Eval-STM32F107\IAR 之下有 STM32F107 的所有代码(IAR Embedded Workbench for ARM 开发环境),包括两个子目录:

\BSP

\uC-TPCPIP-V2-Book

\ EvalBoards \ Micrium \ uC-Eval-STM32F107 \ IAR \ BSP 包括 μC/Eval-STM32F107 的板级支持包,在每个涉及的示例工程中会讲解这些文件的内容。这个子目录包括下列文件:

bsp. c

bsp. h

bsp_i2c. c

bsp_i2c. h

bsp_int. c

bsp_periph. c

bsp_ser. c

bsp_ser. h

bsp_stlm75. c

bsp_stlm75. h

STM32_FLASH. icf

\ST\STM32\inc\cortexm3_macro. h

\ST\STM32\inc\stm32f10x_ * . c

\ST\STM32\src\stm32f10x_ * . h

\TCPIP－V2\net_bsp. c

\TCPIP－V2\net_bsp. h

\uCOS-III\bsp_os. c

\uCOS-III\bsp_os. h

\EvalBoards\ Micrium\ uC-Eval-STM32F107\ IAR\ uC-TCPIP-V2-Book 包含 IAR IDE 的主工作空间,其中包括本书所涉及的所有工程。值得注意的是,在 IAR Embedded Workbench for ARM 中应该使用 uC-Eval-STM32F107. eww 打开工作空间。

后 3 章将介绍所涉及的工程,包括下列 5 个子目录:

\Lib

\uC-TCPIP-V2-Ex1

\uC-TCPIP-V2-Ex2

\uC-TCPIP-V2-Ex3

\uC-TCPIP-V2-Ex4

\uC-TCPIP-V2-Ex5

\EvalBoards\Micrium\uC-Eval-STM32F107\IAR\uC-TCPIP-V2-Book\Lib 包含所有的预编译库。在这个目录中可以找到下列文件,相关文件在示例代码中将被引用:

uC-CPU-CM3-IAR. a

uC-DHCPc-CM3-IAR. a

uC-HTTPs-CM3-IAR. a

uC-LIB-CM3-IAR. a

uCOS-III-CM3-IAR. a

uC-Probe-TCPIP-CM3-IAR. a

uC-TCPIP-CM3-IAR. a

其中,uC-CPU-CM3-IAR. a 是一个可链接目标文件,包含 μC/CPU 模块所需的 Cortex-M3 内核信息,如果项目中要使用 μC/TCP-IP,这个文件是必须的。

uC-DHCPc-CM3-IAR. a 是一个可链接目标文件,其中包含 Cortex-M3 的 μC/ DHCPc 代码,在示例♯2 中会用到,对于 DHCP 功能这个文件是必须的。

uC-HTTPs-CM3-IAR. a 是一个可链接目标文件,包含 Cortex-M3 的 μC/HT-TPs 代码,在示例♯5 中会用到,对于 HTTP 服务器这个文件是必须的。

uC-LIB-CM3-IAR. a 是一个可链接目标文件,其中包含 Cortex-M3 的 μC/LIB 代码,如果项目中要使用 μC/TCP-IP,这个文件是必须的。

uC-Probe-TCPIP-CM3-IAR. a 是一个可链接目标文件,包含 Cortex-M3 的 UDP 客户端代码。当目标板连接以太网时,μC/Probe 需要使用这些代码。所有要使用 μC/Probe 的工程都需要这个文件,包括示例♯3。

uCOS-III-CM3-IAR. a 是一个可链接目标文件,包含 Cortex-M3 的 μC/OS-III 代码。

uC-TCPIP-CM3-IAR. a 是一个可链接目标文件,包含 Cortex-M3 的 μC/TCP-IP 代码。

\EvalBoards\Micrium\uC-Eval-STM32F107\IAR\uC-TCPIP-V2-Book\$\mu$C-TCPIP-V2-Ex1 工程,用于演示 μC/TCP-IP 应用程序的初始化和启动流程,该工程在第 3 章 μC/TCP-IP 示例♯1 中已介绍。

\EvalBoards\Micrium\uC-Eval-STM32F107\IAR\uC-TCPIP-V2-Book\$\mu$C-TCPIP-V2-Ex2 工程,演示 DHCP 动态获取 IP 地址功能,类似示例♯1,该工程在第 3 章 μC/TCP-IP 示例♯2 中已介绍。

\EvalBoards\Micrium\uC-Eval-STM32F107\IAR\uC-TCPIP-V2-Book\$\mu$C-TCPIP-V2-Ex3 是一个示例,用于读取板载温度传感器并使用 μC/Probe 显示温度(使用 TCP/IP 而不是 SWD 与目标板交互),该工程在第 3 章 μC/TCP-IP 示例♯3

中已介绍。

\EvalBoards\Micrium\uC-Eval-STM32F107\IAR\uC-TCPIP-V2-Book\uC-TCPIP-V2-Ex4,演示 μC/IPerf 测量 UDP 或 TCP 应用程序性能,该工程在第 4 章 μC/TCP-IP 示例♯4 中已介绍。

\EvalBoards\Micrium\uC-Eval-STM32F107\IAR\uC-TCPIP-V2-Book\uC-TCPIP-V2-Ex5,是一个利用 μC/HTTPs 实现 Web 服务器的示例,该工程在第 5 章 μC/TCP-IP 示例♯5 中已介绍。

2.3.2 μC /CPU

该子目录包含了 μC/CPU 模块所需的通用代码及 Cortex-M3 内核专用代码,这些代码在 μC/OSS-III Book 的附录 B 中有详细描述。本目录包括如下的文件:

cpu_core. h

cpu_def. h

\ARM-Cortex-M3\IAR\cpu. h

\Doc\uC-CPU-Manual. pdf

\Doc\uC-CPU-ReleaseNotes. pdf

其中,*.h 是当使用 μC/TCP-IP 时必须的头文件。清单 L2-1 列出了编译 μC/CPU 库时所用的配置:

```
# define   CPU_CFG_NAME_EN                  DEF_ENABLED
# define   CPU_CFG_NAME_SIZE                16
# define   CPU_CFG_TS_EN                    DEF_ENABLED
# define   CPU_CFG_INT_DIS_MEAS_EN          DEF_ENABLED
# define   CPU_CFG_INT_DIS_MEAS_OVRHD_NBR   1
# define   CPU_CFG_LEAD_ZEROS_ASM_PRESENT   DEF_ENABLED
```

程序清单 L2-1   uC-CPU-CM3-IAR. a 使用的 cpu_cfg. h

在得到 μC/TCP-IP 授权后,你会得到该模块的完整源代码,包括:

cpu_core. c

cpu_core. h

cpu_def. h

\Cfg\Template\cpu_cfg. h

\ARM-Cortex-M3\IAR\cpu. h

\ARM-Cortex-M3\IAR\cpu_a. asm

\ARM-Cortex-M3\IAR\cpu_c. c

2.3.3 μC /LIB

这个子目录包括与编译器无关的库函数,这些库函数用于操作 ASCII 码字符串、初始化内存池、执行内存复制操作等。lib_def. h 文件包含了诸如 DEF_FALSE、DEF_TRUE、DEF_ON、DEF_OFF、DEF_ENABLED、DEF_DISABLED 等等在内的很多宏定义。μC/LIB 同时包含了其他宏定义,如 DEF_MIN( )、DEF_MAX( )、DEF_ABS( )等。

该子目录包括下列文件:

lib_ascii. h

lib_def. h

lib_math. h

lib_mem. h

lib_str. h

\Doc\uC-Lib_Manual. pdf

\Doc\uC-Lib-ReleaseNotes. pdf

其中, *. h 文件是使用 μC/TCP-IP 时必须的头文件。清单 L2 - 2 列出了编译 μC/LIB 库时所用的配置:

```
#define    LIB_MEM_CFG_OPTIMIZE_ASM_EN          DEF_ENABLED
#define    LIB_MEM_CFG_ARG_CHK_EXT_EN           DEF_ENABLED
#define    LIB_MEM_CFG_ALLOC_EN                 DEF_ENABLED
#define    LIB_MEM_CFG_HEAP_SIZE                11036L
#define    LIB_STR_CFG_FP_EN                    DEF_ENABLED
```

程序清单 L2 - 2   μC-LIB-CM3-IAR. a 使用的 cpu_cfg. h

在得到 μC/TCP-IP 授权后,会得到该模块的完整源代码,包括:

lib_ascii. c

lib_ascii. h

lib_def. h

lib_math. c

lib_math. h

lib_mem. c

lib_mem. h

lib_str. c

lib_str. h

\Doc\uC-Lib_Manual. pdf

\Doc\uC-Lib-ReleaseNotes. pdf

\Ports\ARM-Cortex-M3\IAR\lib_mem_a. asm

2.3.4　μC /OS-III

该目录包括下列文件：

\Ports\ARM-Cortex-M3\Generic\IAR\os_cpu. h

\Source\os. h

\Source\os_cfg_app. c

\Source\os_type. h

\Source\os. h

\Source\os_type. h

在本书中，μC/TCP-IP 以目标代码库的方式出现，命名为 OS-III-CM3-IAR. a。尽管它只支持 7 个优先级，但支持的任务数量没有上限。该库使用 IAR Embedded Workbench V5.41.2 编译，出于调试的考虑使用了'no-optimization'（无编译优化）编译选项。

在编译 μC/OS-III 时可以使用 os_cfg. h 中的选项进行配置，这些选项在清单 L2 - 3 列出：

```
OS_CFG_APP_HOOKS_EN               1u
OS_CFG_ARG_CHK_EN                 1u                    (1)
OS_CFG_CALLED_FROM_ISR_CHK_EN     1u                    (2)
OS_CFG_DBG_EN                     1u
OS_CFG_ISR_POST_DEFERRED_EN       0u                    (3)
OS_CFG_OBJ_TYPE_CHK_EN            1u                    (4)
OS_CFG_PEND_MULTI_EN              1u
OS_CFG_PRIO_MAX                   8u                    (5)
OS_CFG_SCHED_LOCK_TIME_MEAS_EN    1u                    (6)
```

程序清单 L2 - 3　μCOS-III-CM3-IAR. a 使用的 os_cfg. h

L2 - 3(1)　μC/OS-III 将检查用户层程序调用 μC/OS-III API 时的参数。

L2 - 3(2)　某些功能不能在中断服务程序中调用，否则，μC/OS-III 会返回错误码。例如，在中断服务程序中不能挂起信号量。

L2 - 3(3)　以 Direct Post Method（直接派送方法）方式（参见本书第 1 部分第 8 章"中断"）编译 μC/OS-III 库。

L2 - 3(4)　运行时检查对象的". Type"字段来保证对象传递的正确性。若调用函数时传入了无效的对象，函数会返回相应的错误代码。

L2 - 3(5)　　μC/OS-III 库支持最多 8 个优先级。因为优先级 7 被 Idle 任务占用,所以应用程序实际只能使用 7 个优先级。当然,相同优先级的任务的数量是没有限制的。

L2 - 3(6)　　在得到 μC/OS-III 的完全授权后可以得到源代码并且根据工程需要调整优先级数量。

L2 - 3(7)　　允许 μC/OS-III 测算任务锁定时间。

2.3.5　μC-IPerf

这个目录包含用于进行 UDP 和 TCP 性能测试的源码。用户可以参考第 5 章快速了解 μC/IPerf;当然,用户同样可以参考 μC/IPerf 的用户手册。

该模块以源代码的形式给出,它在进行 UDP 和 TCP 测试的同时,也是展示如何编写客户端、服务器应用程序的最佳示例。

该子目录包括下列文件:

\Doc\IPerf-Manual. pdf

\Doc\IPerf-ReleaseNotes. pdf

\OS\uCOS-III\iperf_os. c

\Reporter\Terminal\iperf_rep. c

\Reporter\Terminal\iperf_rep. h

\Source\iperf. c

\Source\iperf. h

\Source\iperf-c. c

\Source\iperf-s. c

2.3.6　\$\mu$C-DHCPc-v2

\Doc\DHCPc-V2-Manual. pdf

\Doc\DHCPc-V2-ReleaseNotes. pdf

\Source\dhcp-c. h

2.3.7　\$\mu$C-HTTPs

\Doc\HTTPs-Manual. pdf

\Doc\HTTPs-ReleaseNotes. pdf

\OS\uCOS-III\https_os. c

\Source\http-s. h

2.3.8 \μC-TCPIP-v4

该子目录包含下列文件：

\IF\net_if. h

\IF\net_if_ether. h

\IF\net_if_loopback. h

\OS\Template\net_os. c

\OS\Template\net_os. h

\Ports\ARM-Cortex-M3\Generic\IAR\os_cpu. h

\Source\os. h

\Source\net_cfg_net. h

\Source\net_def. h

\Source\net_type. h

对本书而言，\Source 子目录中包含的源文件只有 net. h 和 net_type. h，其余文件只有在获得 μC/TCP-IP 授权后才可得到。请联系 Micriμm 了解关于授权的细节及价格。

对本书而言，μC/TCP-IP 以目标代码库的方式提供，该库名为 μC-TCPIP-CM3-IAR. a，它支持 4 个接收缓冲区、两个发送缓冲区、两个 DMA 接收描述符、两个 DMA 发送描述符。该库使用 IAR Embedded Workbench V5.41.2 编译，并且出于调试的考虑使用了"no-optimization"（无编译优化）编译选项。

2.4 下载 μC/Probe

μC/Probe 基于 Windows 环境，功能强大。它可以让用户在代码运行过程中监测和改变目标板内存的任何变量。在第 3 章、第 4 章、第 5 章的示例中，μC/Probe 用于在运行时可视化地观察变量值，μC/Probe 共有两个版本：

完全版的 μC/Probe 与 μC/TCP-IP 一起授权，它支持 J-Link、RS-232C、TCP/IP、USB 及其他接口，支持显示和改变不限数量的变量。

试用版本是不限时的，但是只允许用户显示和改变最多 5 个变量的值。试用版允许用户观察任意 μC/TCP-IP 和 μC/OS-III 变量。

试用版和完全版都可以从 Micriμm 网站下载：

www. micrium. com/page/downloads/windows_probe_trial

在注册之后，可以根据需要下载所需的版本。下载完成后，执行相应的 μC/Probe 安装文件即可：

Micrium-uC-Probe-Setup-Full. exe

Micrium-uC-Probe-Setup-Trial. exe

在本书 Companion Software 的链接中同样包括了这两个版本的 μC/Probe：

www. micrium. com/page/downloads/uC-tcp-ip_files

2.5 下载 IAR Embedded Workbench for ARM

本书附带的示例工程均使用 IAR Embedded Workbench for ARM V5.41.2 开发环境，从 IAR 官方网站上可以下载该工具的 32K Kickstart 版本。除了 μC/TCP-IP 和 μC/OS-III 以外，这个版本允许用户编译最大 32KB 的可执行代码。从 IAR 官方网站下载的文件约 400MB，如果网速较低或打算安装新版本的 Windows 操作系统，可以考虑使用 CD 或 U 盘。从以下地址可以下载 IAR 相关工具（大小写敏感）：

- www. iar. com/MicriumuOS-III。
- 单击位于页面中间的 Download IAR Embedded Workbench >> 链接，将跳转到 Download Evaluation Software 页面中。
- 找到"ARM"处理器一列然后在同一列中找到"Kickstart edition"，单击v5.41（32K）的链接（或更新版本），将看到一个标题为 KickStart edition of IAR Embedded Workbench 的页面。
- 在阅读完该页面后，单击 Continue...。
- 必须注册，然而不幸的是，在 Micrium.com 的注册信息并不能在 IAR 官方网站中使用，所以必须填完表格然后单击 Submit 按钮。
- 选择保存文件的路径。
- 应该已经从 IAR 得到了 License number and Key for EWARM-KS32。
- 双击 IAR 可执行文件（EWARM－KS－WEB－5412. exe）（或者在新版本中的类似文件），然后按照提示完成安装。

如果用户已经有 IAR 的商业授权，也可以使用完全版的 IAR Embedded Work-bench。

2.6 下载 Tera Term Pro

在 PC 上，用户可以使用任意的终端工具。尽管用户选择终端工具的理由有很多，但本书在都使用开源的免费软件 Tera Term Pro，它可以仿真从 DEC VT100 到 DEC VT382 的各种终端。Tera Term Pro 可以从 Micriμm 网站上下载：

www. micrium. com/page/downloads/uC-tcp-ip_files

如果用户没有在 Micriμm 上注册的话，首先要完成注册，在下载完成后解压并安装 Tera Term Pro：

　　ttermp23.zip

2.7　下载 IPerf for Windows

　　IPerf 是一款卓越的有线、无线网络性能测试工具。使用 IPerf，用户可以创建 TCP 和 UDP 数据流，然后测试网络对这些数据流的吞吐能力。IPerf 测试引擎同时具有客户端和服务器功能，并且可以测试两台主机之间单向或双向的吞吐量。

　　本书使用的 IPerf 称为 Jperf，具有图形界面，它有一个 Java 版本的安装文件，名为 Kperf。Kperf 安装文件可以从 Micriµm 网站上下载：

www. micrium. com/page/downloads/uC-tcp-ip_files

图 F2 - 4　Jperf 桌面快捷方式

　　如果用户没有在 Micrium 上注册，则首先要完成注册，在下载完成后解压并安装 Kperf：

　　kperf_setup.exe

　　Jperf 安装完成后，它会在 Windows 开始菜单和桌面上创建快捷方式，如图 2 - 4 所示，可以选择其中的任意一种启动 Jperf。

2.8　下载 Wireshark

　　市面上有很多种商业网络协议分析软件，Micriµm 的工程师常用的是 Wireshark。Wireshark 是一个免费的网络协议分析工具，它基于数据包捕获（PCAP）原理。在类 UNIX 系统中，Wireshark 通过利用 libpcap 库；在 Windows 下则利用 WinPcap 将网卡设为混杂模式来捕获数据包。Wireshark 可以运行在 Microsoft Windows、Linux、Mac OS X、BSD 和 Solaris 等多种操作系统上。Wireshark 基于 GNU General Public License 条款授权。

　　如果在 Windows 操作系统环境下安装 Wireshark，Wireshark 会自动安装 WinPcap。用户可以从以下站点下载 Wireshark：

　　http://www.wireshark.org/download.html

2.9 下载 STM32F107 相关手册

用户可以从以下网站下载 STM32F107 最新的数据手册和编程手册：

http://www.st.com/mcu/familiesdocs-110.html

表 T2-1 列出了建议下载的手册。

表 T2-1 推荐参考的 STM32F107 手册

文档名称	链 接
STM32F10xxx Reference Manual	http://www.st.com/stonline/produCts/literature/rm/13902.pdf
STM32F10xxx Cortex-M3 Programming Manual	http://www.st.com/stonline/produCts/literature/pm/15491.pdf
STM32F10xxx Flash Programming	http://www.st.com/stonline/produCts/literature/pm/13259.pdf
STM32F105/107xx Errata Sheet	http://www.st.com/stonline/produCts/literature/es/15866.pdf

第 **3** 章

μC /TCP-IP 基本示例

在本章中您将会看到,使用 μC/TCP-IP 是一件非常简单的事情。第 2 章"安装"中已经对 μC/Eval-STM32F107 评估板进行了说明,本章的示例要使用到该评估板。

2.2 节"软件"对本章涉及示例中所用到的工具进行了说明,读者应该仔细研究其中提到的步骤。

第一个示例工程中介绍了 IAR Ewarm、Wireshark 和 μC/Probe 的使用,它们在后续所有的示例工程中都会被用到。这些工具的使用说明都在示例♯1 中介绍,以后不再重复。

3.1　μC /TCP-IP 示例♯1

该项目主要示范了基于 μC/Eval-STM32F107 的 μC/TCP-IP 初始化和配置。在该项目中,IP 地址是静态分配的(见清单 L3 - 3)。这个工程开始运行后,评估板上的发光二极管会闪烁。此时,读者可以将评估板和 PC 连接到同一网络中(见第 2 章"将 PC 连接到 μC/Eval-STM32F107"),然后使用 ping 命令测试网络的连通性。这个项目本身并没有什么令人兴奋的,但它可以帮助读者将此前涉及的内容融汇在一起。

IAR Embedded Workbench for ARM 被安装后,将会在 Windows 开始菜单或桌面上创建快捷方式。如图 F3 - 1 所示,可以在启动 IAR Embedded Workbench for ARM 后打开如下的工作空间:

\Micrium\Software\EvalBoards\Micrium\uC-Eval-STM32F107\IAR\uC-TCPIP-V2-Book\uC-Eval-STM32F107-TCPIP-V2.eww

单击位于工作区浏览器最下方的 uC-TCPIP-V2-Ex1 标签页,以选中图 F3 - 2 所示的第一个工程。

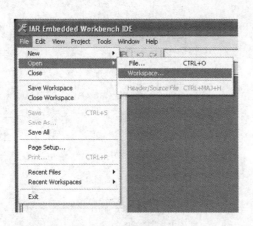

图 F3 - 1　打开 uC-Eval-STM32F107-TCPIP-V2.eww 工作空间

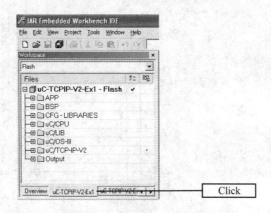

图 F3 - 2　打开工程 uC-TCPIP-V2-Ex1

　　图 F3 - 3 以分组的形式显示出了工作区的内容,这种分组的形式便于有序地组织整个工程。

　　APP 分组保存该示例代码,在 APP 分组下,还可以找到 CFG(例如 Configuration)子分组。CFG 子分组内存放了用于配置该示例的代码。

　　BSP 分组包含了 μC/Eval-STM32F107 评估板所需的板级支持包,在该分组中可以找到 ST 公司 STM32F107 的所有外设驱动程序。

　　CFG-LIBRARIES 分组包括了 μC/CPU、μC/LIB、μC/OS-III 及 μC/TCP-IP 目标代码库,用户不能改变其中的任何文件。

　　μC-CPU 分组包含了本书所需的 μC/CPU 目标代码库及其头文件,这些头文件中包括了某些应用代码所需的宏定义及声明。

　　μC-LIB 分组包含了本书所需的 μC-LIB 目标代码库及其头文件,这些头文件中同样包括了某些应用代码所需的宏定义及声明。

　　μCOS-III 分组包含了本书所需的 μCOS-III 目标代码库及其头文件。应该注意

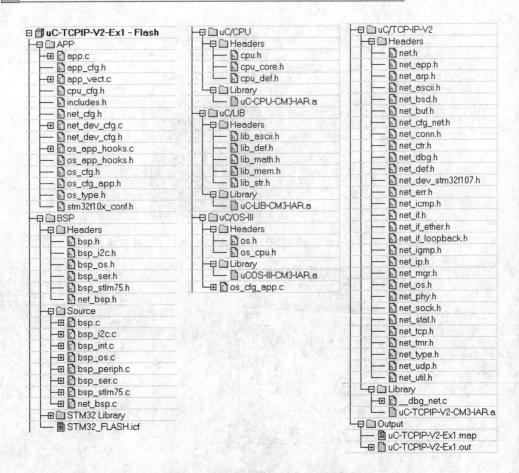

图 F3 – 3   uC-TCPIP-V2-Ex1 工作空间

的是,由于 os_cfg_app.c 需要同应用代码一同编译,因而该文件及其对应的头文件 os_cfg_app.h 是以源码形式给出的。

μC-TCP-IP-V2 分组包含了本书所需的 μC/TCP-IP 目标代码库及其头文件,这些头文件中包括了某些应用代码所需的宏定义及声明。

3.1.1   示例工程是如何运行的

像大多数 C 程序一样,本书中涉及的代码也是从 main( )函数中开始执行的,如清单 L3 – 1 所示。该应用程序以多任务的形式运行,是典型的 μC/OS-II 及 μC/OS-III 多任务应用。用户可以从 μC/OS-II 或 μC/OS-III Books 中了解更多的细节。

```
void main (void)
{
        OS_ERR   err_os;
        BSP_IntDisAll( );                                                        (1)
        OSInit(&err_os);                                                         (2)
        APP_TEST_FAULT(err_os, OS_ERR_NONE);
        OSTaskCreate(  (OS_TCB        * )&AppTaskStartTCB,                        (3)
                       (CPU_CHAR      * )"App Task Start",                        (4)
                       (OS_TASK_PTR)AppTaskStart,                                 (5)
                       (void * )0,                                               (6)
                       (OS_PRIO) APP_OS_CFG_START_TASK_PRIO,                      (7)
                       (CPU_STK * )&AppTaskStartStk[0],                           (8)
                       (CPU_STK_SIZE)APP_OS_CFG_START_TASK_STK_SIZE / 10u,        (9)
                       (CPU_STK_SIZE)APP_OS_CFG_START_TASK_STK_SIZE,              (10)
                       (OS_MSG_QTY)0u,
                       (OS_TICK)0u,
                       (void * )0,
                       (OS_OPT)(OS_OPT_TASK_STK_CHK | OS_OPT_TASK_STK_CLR),       (11)
                       (OS_ERR * )&err_os);                                       (12)
        APP_TEST_FAULT(err_os, OS_ERR_NONE);
        OSStart(&err_os);                                                        (13)
        APP_TEST_FAULT(err_os, OS_ERR_NONE);
}
```

程序清单 L3 - 1　Lmain( )函数

L3 - 1(1)　在 main( )函数中首先调用板级支持包的函数禁止所有中断。尽管对大多数处理器而言,中断往往被禁止,直到应用程序主动开中断;但在启动期间禁止中断是一种相对安全的方法。

L3 - 1(2)　OSInit( )初始化 μC/OS-III。OSInit( )初始化操作系统内部变量和数据结构,并创建 2~5 个内部任务。在最简单的情况下,μC/OS-III 创建一个空闲任务(OS_IdleTask( )),该任务在没有其他任务运行时会运行。μC/OS-III 还会创建时钟任务,使操作系统可以感知系统时间。

　　　　　根据♯ define 宏定义的值,μC/OS-III 可选择创建统计任务 OS_StatTask( )、定时器任务 OS_TmrTask( )及中断处理队列管理任务(interrupt handler queue management task)OS_IntQTask( )。参见 μC/OS-III Book 第 4 章"任务管理"。

　　　　　在 μC/OS-III 中,大部分函数通过一个指向 OS_ERR 变量的指针返回错误代码。如果 OSInit( )调用成功,那么错误码将被设置为 OS_ERR_NONE;否则立即返回并设置相应的错误码。在 os. h 文件中定义了错误码的含义(所有的错误码均已 OS_ERR 开头)。

应该注意,在使用其他任何 μC/OS-III 函数前必须调用 OSInit( )。

L3 – 1(3)   调用 OSTaskCreate( )创建一个任务。OSTaskCreate( )需要 13 个参数,其中第一个参数用于指定该任务的 OS_TCB(任务控制块)地址。参见 μC/OS-III Book 第 4 章"任务管理"。

L3 – 1(4)   OSTaskCreate( )允许为每个任务分配一个名称。μC/OS-III 将指向该名称的指针保存在任务的 OS_TCB 中,该名称没有 ASCII 码字符长度的限制。

L3 – 1(5)   第三个参数为该任务代码的起始地址,一个典型的 μC/OS-III 任务是一个如下所示的死循环:

```
void   MyTask (void * p_arg)
{
        /* Do something with 'p_arg'.
        while (1) {

        /* Task body */
        }
}
```

该任务第一次启动时接收一个参数。对任务而言,它看上去与普通 C 函数没有什么不同,也可以通过代码调用。但是必须注意,普通代码不能调用 MyTask( )而必须通过 μC/OS-III 来执行它。

L3 – 1(6)   OSTaskCreate( )的第四个参数是一个指针,指向该任务第一次运行所要传入的参数。换句话说,也就是 MyTask( )的 p_arg。例如要传递一个 NULL 指针,则 AppTaskStart( )的 p_arg 应设置为 NULL。

传递给任务的参数实际上可以是任何指针。例如,用户可以传递一个指向包含任务所需参数的数据结构的指针。

L3 – 1(7)   OSTaskCreate( )的下一个参数是任务的优先级。优先级一个任务相对于其他任务的重要性,数字越小优先级越高(或更重要)。任务优先级取值范围从 1 至 OS_CFG_PRIO_MAX-2(含)。由于 μC/OS-III 保留优先级 ♯0 和优先级 OS_CFG_PRIO_MAX-1,因而应该避免使用这两个优先级。OS_CFG_PRIO_MAX 是一个声明在 os_cfg. h 中的常量。

L3 – 1(8)   OSTaskCreate( )的第六个参数是分配给该任务的堆栈基址,该地址总为堆栈内存的最小地址(堆栈从低地址向高地址处增长)。

L3 – 1(9)   用于指定的"水印"(watermark)在任务堆栈中的位置。"水印"用于确定任务堆栈增长的上限。参见 μC/OS-III Book 第 4 章"任务管理"。在上面的代码中,该值表示了堆栈即将耗尽时剩余的空间量(以 CPU_STK

为单位)。换句话说,在本例中当堆栈剩余 10% 时,将达到该限制。

L3-1(10)　OSTaskCreate( )的第八个参数是堆栈大小,以 CPU_STK 为单位(4 字节)。假设 CPU_STK 字长为 32 位,如果任务要配置 1 KB 的堆栈,该参数为 256。

L3-1(11)　由于接下来的三个参数跟当前的主题无关,因而不再讨论。OSTaskCreate( )的下一个参数用于指定选项。在本例中,将在运行时检查堆栈(假设 os_cfg.h 中允许统计任务启用),并在创建任务时清空堆栈。

L3-1(12)　OSTaskCreate( )的最后一个参数指向用于接收错误码的指针。如果 OSTaskCreate( )调用成功,那么错误码将被设置为 OS_ERR_NONE;否则,它会在在检测到问题时立即返回,并设置相应的错误码。此时,可以在 os.h 文件中查找错误码以确定问题(所有的错误码均以 OS_ERR 开头)。

L3-1(13)　在 main( )的最后调用 OSStart( )开启多任务调度。

在调用 OSStart( )前,可以创建多个任务。但是,我们建议只创建一个任务,如本例中所示。请注意,此时中断尚未使能;OSStart( )一旦被调用,中断将使能,此时执行的第一个任务是 AppTaskStart( ),详见清单 L3-2。

```
static void AppTaskStart (void * p_arg)                              (1)
{
    CPU_INT32U cpu_clk_freq;
    CPU_INT32U cnts;
    OS_ERR err_os;


    (void)&p_arg;
    BSP_Init( );                                                     (2)
    CPU_Init( );                                                     (3)
    cpu_clk_freq = BSP_CPU_ClkFreq( );                               (4)
    cnts = cpu_clk_freq / (CPU_INT32U)OSCfg_TickRate_Hz;
    OS_CPU_SysTickInit(cnts);

#if (OS_CFG_STAT_TASK_EN > 0u)
    OSStatTaskCPUUsageInit(&err_os);                                 (5)
#endif

#ifdef CPU_CFG_INT_DIS_MEAS_EN
    CPU_IntDisMeasMaxCurReset( );                                    (6)
#endif
```

```
# if (BSP_SER_COMM_EN == DEF_ENABLED)
    BSP_Ser_Init(19200);                                        (7)
# endif

    Mem_Init( );                                                (8)
    AppInit_TCPIP(&net_err);                                    (9)

    BSP_LED_Off(0u);                                            (10)
    while (1) {                                                 (11)
        BSP_LED_Toggle(0u);                                     (12)
        OSTimeDlyHMSM((CPU_INT16U) 0u,                          (13)
                (CPU_INT16U) 0u,
                (CPU_INT16U) 0u,
                (CPU_INT16U) 100u,
                (OS_OPT     )  OS_OPT_TIME_HMSM_STRICT,
                (OS_ERR     * )&err_os);
    }
}
```

程序清单 L3－2　AppTaskStart

L3－2(1)　如前所述,任务(Task)和其他 C 函数没有什么不同,参数 p_arg 由 OS-TaskCreate( )传递给 AppTaskStart( )。

L3－2(2)　BSP_Init( )用于初始化评估板硬件。评估板可能需要初始化通用 I/O 接口(General Purpose Input Output,GPIO)、外设及传感器等,该函数在 bsp.c 中定义。

L3－2(3)　CPU_Init( )初始化 μC/CPU 服务,μC/CPU 提供中断延时测量,接收时间戳,并且在处理器不支持 count leading zero(导零计数)指令时仿真该指令。

L3－2(4)　BSP_CPU_ClkFreq( )用于确定目标板的系统时钟(tick)频率,操作系统的 tick 值由 os_cfg_app.h 文的 OSCfg_TickRate_Hz 定义。OS_CPU_SysTickInit( )函数用于设定 μC/OS-III 的 tick 中断。

L3－2(5)　OSStatTaskCPUUsageInit( )在没有任务运行时利用统计任务计算 CPU 利用率。

L3－2(6)　CPU_IntDisMeasMaxCurReset( )使能中断禁止时间测定(Interrupt disable time measurement),该函数收集的信息可用 μC/Probe 显示。

L3－2(7)　BSP_Ser_Init( )用于初始化串口。本示例使用串口来输出调试信息,而示例#2使用串口来显示 DHCP 的过程。

L3-2(8) Mem_Init( )初始化内存管理模块。µC/TCP-IP 创建对象时需要使用该模块。该函数隶属于 µC/LIB,在调用 net_init( )之前应首先调用 Mem_Init( )。我们建议在调用 OSStart( )之前初始化内存管理模块,或者在第一个任务执行前初始化内存管理模块。应用程序开发人员必须配置µC/LIB 中的堆空间大小,即 app_cfg.h 文件中的 LIB_MEM_CFG_HEAP_SIZE。

L3-2(9) AppInit_TCPIP( )使用初始化参数来初始化 TCP/IP 协议栈。

L3-2(10) BSP_LED_Off( )用于关闭所有 LED(参数为 0)。

L3-2(11) 大多数 µC/OS-III 任务都是一个死循环。

L3-2(12) 切换(toggle)指定 LED 状态的 BSP 函数。参数为 0 时表示对评估板上所有的 LED 进行状态切换。如果变为 1,则对 1 号 LED 进行状态切换。至于哪个是 1 号 LED,则取决于 BSP 的具体实现。诸如 BSP_LED_On( )、BSP_LED_Off( )和 BSP_LED_Toggle( )之类的函数封装了LED 的控制细节。这样做的目的,是以逻辑概念(1、2、3 等)控制 LED状态,从而屏蔽了物理连接(某个 GIPO 端口的某一管脚)。

L3-2(13) 最后,应用程序的每个任务必须调用 µC/OS-III 中"等待事件"的函数。任务可以等待一段时间(通过调用 OSTimeDly( )或 OSTimeDly-HMSM( )),等待某个信号,等待一个从 ISR 或另其他任务发来消息。关于延时的更多信息,参见本书第一部分第 10 章"时间管理"。

AppTaskStart( )调用 AppInit_TCPIP( )初始化和启动 TCP/IP 协议栈,该函数为:

```
static void AppInit_TCPIP (NET_ERR * perr)
{
    NET_IF_NBR if_nbr;
    NET_IP_ADDR ip;
    NET_IP_ADDR msk;
    NET_IP_ADDR gateway;
    NET_ERR err_net;


    err_net = Net_Init( );                                          (1)
    APP_TEST_FAULT(err_net, NET_ERR_NONE);
    if_nbr = NetIF_Add((void    * )&NetIF_API_Ether,               (2)
                       (void    * )&NetDev_API_<controller>,        (3)
                       (void    * )&NetDev_BSP_<controller>,        (4)
                       (void    * )&NetDev_Cfg_<controller>,        (5)
                       (void    * )&NetPhy_API_Generic,             (6)
```

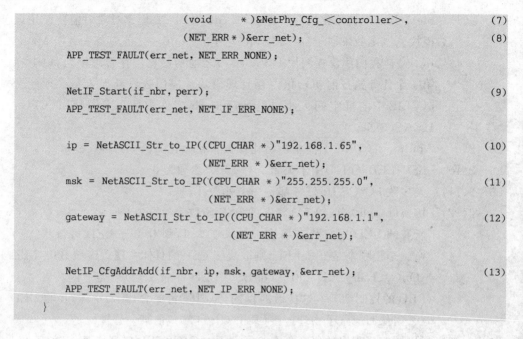

```
                    (void     * )&NetPhy_Cfg_<controller>,         (7)
                    (NET_ERR * )&err_net);                         (8)
    APP_TEST_FAULT(err_net, NET_ERR_NONE);

    NetIF_Start(if_nbr, perr);                                    (9)
    APP_TEST_FAULT(err_net, NET_IF_ERR_NONE);

    ip = NetASCII_Str_to_IP((CPU_CHAR * )"192.168.1.65",         (10)
                    (NET_ERR * )&err_net);
    msk = NetASCII_Str_to_IP((CPU_CHAR * )"255.255.255.0",       (11)
                    (NET_ERR * )&err_net);
    gateway = NetASCII_Str_to_IP((CPU_CHAR * )"192.168.1.1",     (12)
                    (NET_ERR * )&err_net);

    NetIP_CfgAddrAdd(if_nbr, ip, msk, gateway, &err_net);        (13)
    APP_TEST_FAULT(err_net, NET_IP_ERR_NONE);
}
```

程序清单 L3 – 3　AppInit_TCPIP( )

L3 – 3(1)　Net_Init( )是初始化网络协议栈的函数。

L3 – 3(2)　NetIF_Add( )负责初始化网络接口的设备驱动程序。网络设备驱动程序的体系结构在第 14 章中描述,其第一个参数为以太网 API 函数的地址,if_nbr 是接口的索引号(从 1 开始,本地回环接口接口索引号为 0)。第 14 章"网络设备驱动程序"中定义的网络设备驱动程序架构也适用于接下来的 7 个参数。

L3 – 3(3)　第二个参数是设备 API 函数的地址。

L3 – 3(4)　第三个参数是设备 BSP 数据结构的地址。

L3 – 3(5)　第三个参数是设备配置数据结构的地址。

L3 – 3(6)　第四个参数是 PHY API 函数的地址。

L3 – 3(7)　第五和最后一个参数是 PHY 配置数据结构的地址。

L3 – 3(8)　错误代码用来验证函数的执行结果。

L3 – 3(9)　NetIF_Start( )使网络接口做好接收和发送数据的准备。

L3 – 3(10)　定义网络接口使用的 IP 地址形式。NetASCII_Str_to_IP( )将点分十进制格式的 IP 地址转换成协议栈支持的格式。本例中使用的 IP 地址为 192.168.1.65,子网掩码为 255.255.255.0,默认网关为 192.168.1.0。为了适应不同的网络,IP 地址、子网掩码和默认网关必须按需要修改。

L3 – 3(11)　定义网络接口使用的子网掩码形式。NetASCII_Str_to_IP( )将点分十进制格式的 IP 地址转换成协议栈支持的格式。

L3-3(12)　定义网络接口使用的默认网关地址形式。NetASCII_Str_to_IP( )将点分十进制格式的 IP 地址转换成协议栈支持的格式。

L3-3(13)　NetIP_CfgAddrAdd( )配置网络参数(IP 地址、子网掩码和默认网关)，每个接口可以配置多个网络参数。第8~11行可以反复用来配置多个网络接口。源代码在成功编译并烧写到目标板以后，就可以响应 ICMP Echo(ping)请求了。

3.1.2　编译并下载应用

将 USB 电缆的一端连接到 μC/Eval-STM32F107 评估板的 CN5 接口上，另一端连接到在 PC 的 USB 端口上。

单击 IAR Embedded Workbench 右侧的 Download and Debug 按钮，如图 F3-4 所示。

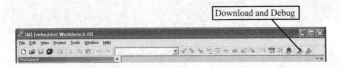

图 F3-4　启动调试器

Embedded Workbench 会编译和链接示例代码，并通过 μC/Eval-评估板内置的 J-Link 接口烧写目标文件到 STM32F107 的 Flash 中，如图 F3-5 所示，包括下载、烧写和验证3个步骤。

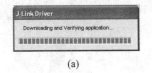 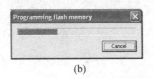 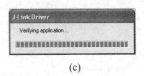

(a)　　　　　　　　　　(b)　　　　　　　　　　(c)

图 F3-5　向 STM32F107 Flash 中下载程序

如果 μC/Eval-STM32F107 评估板上 J-Link JTAG 的驱动程序版本与 IAR EWARM 不匹配，Flash 烧写可能失败。可以从以下链接下载最新的驱动程序：

http://www. segger. com/cms/admin/uploads/userfiles/file/J-Link/Setup_ JLinkARM_V414. zip

在新的驱动程序安装后，在 IAR Embedded Workbench 中点击"Download and Debug"，如图 F3-4 所示。代码烧写成功后，会自动开始执行并停在 main( )函数入口(app. c)，如图 F3-6 所示。

单击调试器的 Go 按钮使程序继续执行，然后验证3个 LED(红、黄、蓝)是否在

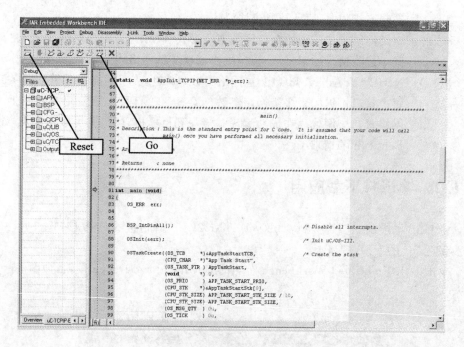

图 F3-6　下载完成后程序中断在 main( ) 函数处

闪烁。如图 F3-7 所示，单击 Break 按钮，然后单击 Reset button 按钮（图 F3-6）可以重启程序。

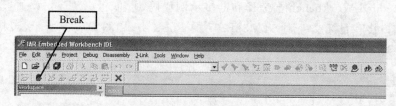

图 F3-7　停止运行

3.1.3　运行程序

　　程序已运行起来，下一步是使用。此工程仅实现了 TCP/IP 协议栈，并为评估板分配了静态 IP 地址 192.168.1.65。使 PC 和目标板能够相互通信的简单方法是将它们连接到同一网络，如图 F2-2 所示（参见第 2 章"将 PC 和 μC/Eval-STM32F107 连接在一起"）。PC 使用 ping 命令向评估板发送 ICMP 数据包。当然，如果知道每个网络的 IP 地址，也可以把 PC 和目标板放置在两个不同的网络上。首先将 PC 和目标板放在同一网段中，此时有两种可能：

　　1. 改变目标板的 IP 地址使其跟 PC 处于同一网段；

2. 改变 PC 的 IP 地址使其跟目标板处于同一网段。

这里,假设从 Windows 宿主机上 ping 目标板。如果宿主机不是 Windows 环境,请使用等效方法配置 IP 地址。

1. 改变目标板的 IP 地址

在这里,我们的目标是配置目标板的 IP 地址,使之与 PC 所处的网段匹配。为此,首先要找到 PC 的 IP 地址。在 Windows 操作系统中,最简单的方法是在命令提示符窗口中使用 ipconfig 命令。要打开这个窗口,单击"开始→所有程序→附件→命令提示符"命令。用户可以看到图 F3 - 8 所示的窗口。

图 F3 - 8　命令提示符

在提示符后输入 ipconfig,然后按 Enter 键,该 PC 的所有 IP 地址配置会被显示出来,选择要运行 ping 测试相应的接口即可。

图 F3 - 9 中,白框中的内容是连接到的测试网络的 IP 参数,应确保接口选择正确。

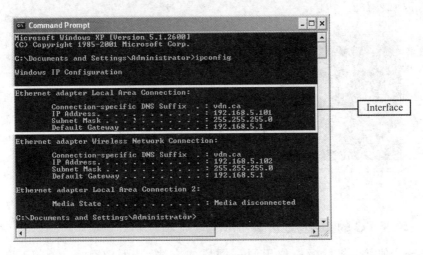

图 F3 - 9　ipconfig 运行结果

从表 T3 - 1 所列的信息可以看出,PC 的网络地址是 192.168.5.0,其子网掩码为 255.255.255.0。现在,可以分配一个同网段的 IP 地址给目标板。由于我们是手动为目标板分配静态 IP 地址,所以必须保证所选定的 IP 地址与其他主机不冲突。

例如,选择 IP 地址 192.168.5.111,通过 AppInit_ TCPIP( )配置,如下面的代码段所示:

表 T3 - 1 PC 的 IP 地址参数

IP 地址	192.168.5.101
子网掩码	255.255.255.0
默认网关	192.168.5.1

```
ip = NetASCII_Str_to_IP(    (CPU_CHAR * )"192.168.5.111",
                            (NET_ERR * )&err_net);
msk = NetASCII_Str_to_IP(    (CPU_CHAR * )"255.255.255.0",
                            (NET_ERR * )&err_net);
gateway = NetASCII_Str_to_IP(    (CPU_CHAR * )"192.168.5.1",
                            (NET_ERR * )&err_net);
NetIP_CfgAddrAdd(if_nbr, ip, msk, gateway, &err_net);
```

清单 L3 - 4 修改目标板的 IP 地址参数

编译、下载,在目标板上运行代码之后,下一步就是在 PC 上使用 ping 命令测试网络的连通性。在 PC 的命令提示符窗口中执行:

如果 ping 命令的输出结果和图 F3 - 10 中的结果类似,那么证明示例♯1 已经被正确安装、编译、下载和执行了。

ping 192.168.5.111

图 F3 - 10 示例♯1,ping 命令运行结果

2. 改变 PC 的 IP 地址设置

另一个使 PC 和目标板位于同一网段的方法,是保留目标板的 IP 地址,如表 T3 - 2所示,然后改变 PC 的 IP 地址配置。

表 T3 - 2　目标板的 IP 地址参数

IP 地址	192.168.5.65
子网掩码	255.255.255.0
默认网关	192.168.5.1

从以上的信息可以看出,目标板的网络地址是 192.168.1.0,其子网掩码为 255.255.255.0。现在,我们可以分配同网段的一个 IP 地址给 PC。由于我们是手动为 PC 分配静态 IP 地址,所以所选的 IP 地址不能与其他主机冲突。假设选择的 IP 地址是 192.168.1.100,打开控制面板,如图 F3 - 11 所示,然后双击网络连接图标。

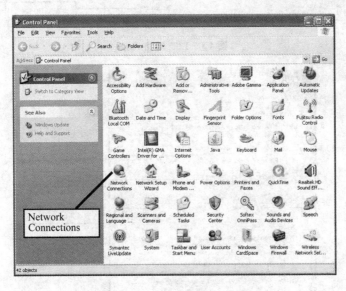

图 F3 - 11　Windows 控制面板

在网络连接窗口中,选择与目标板连接的网卡。在网络连接图标上右击,如图 F3 - 12 所示。然后单击 Properties 命令打开 Local Area Connection Properties 窗口,如图 F3 - 13 所示。

拖动滚动条并选择 Internet Protocol (TCP/IP) 选项,单击 Properties 按钮,如图 F3 - 14 所示。

选择 Use the following IP address:单选按钮手动分配 IP 地址,单击 OK 按钮保存配置,然后再次点击 Local Area Connection Properties 窗口中的 OK 按钮关闭窗口,窗口关闭时配置生效。

下一步,从 PC 上发 ping 命令。在 PC 的 DOS 命令提示符下输入以下命令:ping 192.168.1.65,结果如图 F3 - 10 所示。

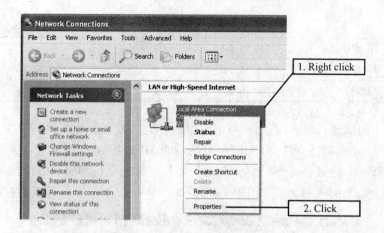

图 F3 – 12　网络连接

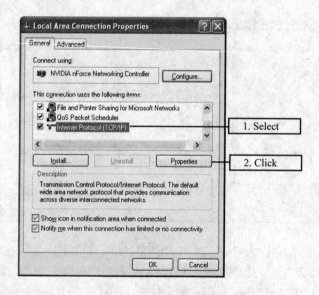

图 F3 – 13　本地连接属性

3.1.4　使用 Wireshark 网络协议分析仪

建议你按照 Wireshark 指南安装和配置软件(参见 6.2.2 节"Wireshark")。在 PC 上安装 Wireshark 是本示例工程的一部分(见第 2 章"将 PC 和 μC/Eval-STM32F107 连接在一起")。Wireshark 的主要配置步骤如下：

(1) 安装并打开 Wireshark。

配置名称解析来观察 MAC 地址及传输端口号。

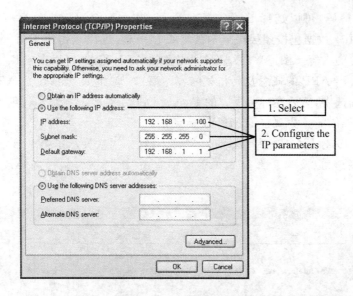

图 F3-14　TCP/IP 属性

配置 Capture or Display 过滤器来观察相关网络数据。在本例中,我们只关心 ARP 和 ICMP 数据包。

配置 Packet List 及 Packet Details frame(无需配置 Packet Bytes frame)

(2) 选择要使用的网络接口,开始抓包。

当 Wireshark 在捕捉 PC 和目标板之间的数据包时,在 PC 上运行 ping 命令(如图 F3-10 所示,但需要根据具体的网络配置改变 IP 地址)。当 ping 命令完成后,停止捕获。这时捕获结果如图 F3-15 所示。

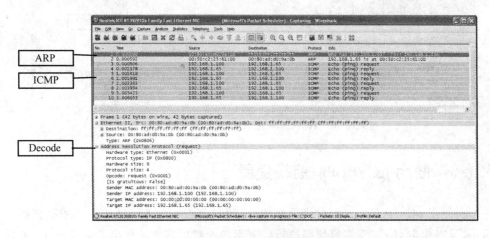

图 F3-15　Wireshark 抓包示例

在本示例中,前两个包是来自于 PC 的 ARP 请求和目标板的 ARP 应答。在第一包被选中时,其详细信息将显示在屏幕下方的 Packet Detail 面板中。如果想对另一个包进行解码,可以选择 Packet List 面板,其内容会显示在屏幕下方的 Packet Detail 面板中。数据包按照层次结构被组织在一起,可以点击位于每一级前面的加号,展开对应的内容。图 F3-15 显示了完整的 ARP 请求,可以在 4.8 节"ARP 数据包"中找到关于 ARP 的概念及其相关内容。第二个蓝色的数据包是 ARP 应答数据包,可以将其选中,然后在屏幕下方的 Packet Detail 面板中观察其详细信息。同样,也可以按照类似的方法观察 ICMP Echo 请求。

图 F3-16 对 ICMP Echo request 进行了解码,再次展示了第 1 部分图 F5-2 所示的 IP 头概念,以及第 1 部分 6.1.1 节中有关"因特网信报控制协议(ICMP)"的概念。

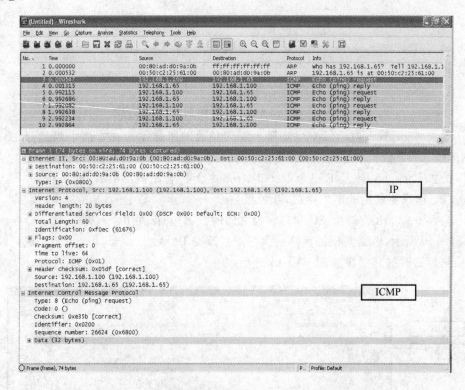

图 F3-16　Wireshark ICMP Echo Request 抓包示例

3.1.5　使用 μC/Probe 监视变量

在使用 μC/Probe 时,目标代码必须处于执行状态。如果 IAR C−SPY 调试已停止,可以单击 Go 按钮恢复代码执行。下面的内容中简要地介绍了 μC/Probe 的使用;在安装完 μC/Probe 后,在以下的目录中可以找到 μC/Probe 使用手册:

C:\Program Files\Micrium\uC-Probe\uC-Probe-Protocol.pdf

C:\Program Files\Micrium\uC-Probe\uC-Probe-Target-Manual. pdf

C:\Program Files\Micrium\uC-Probe\uC-Probe-User-Manual. pdf

现在,双击图 F3 - 17 所示的图标打开 μC/Probe。该图标是一只往盒子里观察的眼睛(盒子就代表目标板)。在 Micriμm 公司内部有一句谚语:Think outside the box, but see inside with μC/Probe!

图 F3 - 18 所示为 μC/Probe 首次启动时的界面。

单击 Main Menu 按钮打开图 F3 - 19 所示的界面。

单击 Options 按钮打开图 F3 - 20 所示的界面。

图 F3 - 17　μC/Probe 图标

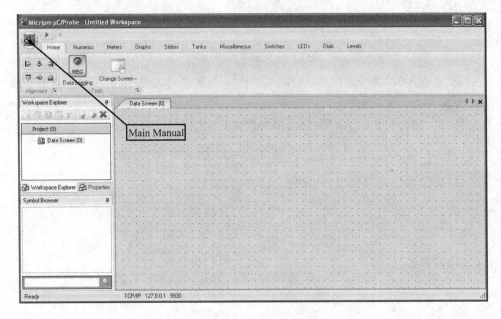

图 F3 - 18　μC/Probe 启动界面

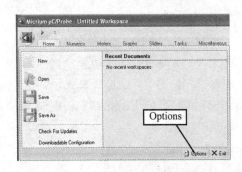

图 F3 - 19　μC/Probe 主菜单

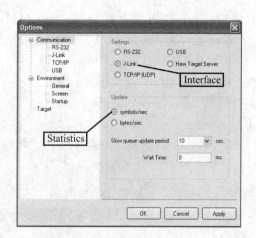

图 F3 - 20　μC/Probe 选项

选择 J-Link 单选按钮,然后选择 μC/Probe 每秒显示的符号数,或每秒的字节数(由于前者可读性更好,推荐使用前者)。

单击位于左侧的 J-Link 选项,将看到图 F3 - 21 所示的对话框。

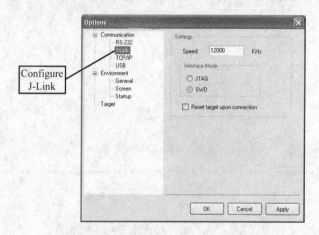

图 F3 - 21　μC/Probe 中的 J-Link 选项

J-Link 接口的速度默认为 500 kHz,也成功尝试过 12 000 kHz。速度越快 μC/Probe 的显示率越高。确定选择的是 SWD 接口模式,然后单击 OK 按钮。

回到 Main Menu 窗口,然后在下面的目录中的选择 μC-TCPIP-V2-Ex1-Probe. wsp:

\Micrium \ Software \ EvalBoards \ Micrium \ uC-Eval-STM32F107 \ IAR \ uC-TCPIP-V2-Book\uC-TCPIP-V2-Ex1

在工作区中,必须指定编译器的输出路径。该文件包含了 μC/Probe 所需的所有变量信息。项目工作空间(project workspace)会以该文件的名称和位置保存(对用户透明）。此时，μC/Probe 的界面如图 F3－22 所示。

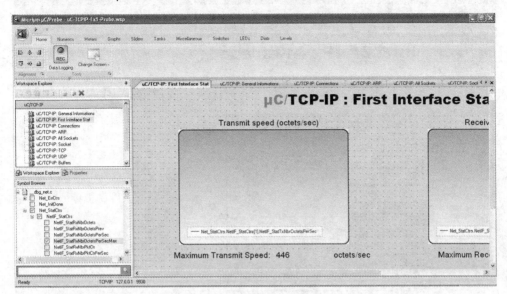

图 3－22　μC/Probe 示例♯1 编辑模式实例

μC/TCP-IP 收集多个模块的统计信息，下面的面板用于显示这些统计信息。示例♯1 对目标板没有造成任何性能上的压力。对于这些面板的详细说明参见第 2 部分第 4 章"μC / TCP-IP 性能示例"，结合该节的内容更容易理解统计数据的含义。

在本例中，选择 Interface 界面可以很好地展示 μC/Probe 及其每个面板的作用。单击 Run 按钮，然后观察 μC/Probe 从 μC/Eval-STM32F107 评估板中收集的运行数据，如图 F3－23 所示。

F3－23(1)　该区域用于标识所用的接口，下方的区域用于显示该接口的详细信息。μC/Eval-STM32F107 只有一个网络接口。

F3－23(2)　一个网络接口可能有多个 IP 地址，该区域用于标识所显示的信息。在本例中，只使用了一个 IP 地址，而该地址是在 3.1.3 节"运行程序"中设置的。IF ♯0 保留为本地回环接口。

F3－23(3)　该区域显示接口的 IP 配置。

F3－23(4)　该区域显示网络接口统计信息（接收），主要包括该网络接口收到的字节数、数据包数及该接口处理数据的数量。

F3－23(5)　该区域显示网络接口统计信息（发送），主要包括该网络接口发送的字节数、数据包数及该接口处理数据的数量。

F3－23(6)　该区域显示错误及错误数量。

μC/Probe 中的另一个常用面板是 μC/OS-III 内核感知面板，如图 F3－24 所示，在这里它被用来显示及监视 μC/TCP-IP 任务。本例及下面所有的例子中，该面板用

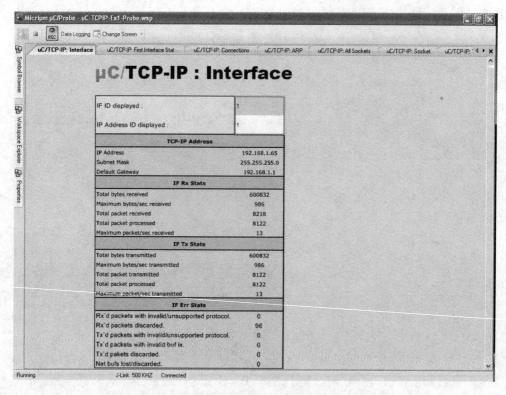

图 F3－23　μC/Probe 示例♯运行模式面板♯1－接口统计

于监视系统任务。单击位于 μC/Probe Workspace Explorer 中的 Sigma 图标及 Run 按钮可启动内核感知面板。μC/TCP-IP 和 μC/OS-III 的任务将被显示出来。

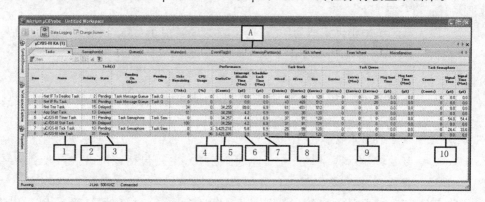

图 F3－24　μC/Probe 示例♯1 运行模式之内核感知面板

F3－24(1)　序号后的第一列是任务名。

F3－24(2)　任务优先级。μCOS-III-CM3-IAR.a 库有 8 个优先级(0～7)。空闲任务永远只能分配最低优先级(例如 31)，统计任务定时任务的优先级相同。

F3-24(3)　　每个任务的状态。每个任务有 8 种可能状态(详见本书第 1 部分第 4 章 "任务管理")。空闲任务总是处于就绪态;时钟和定时任务要么就绪要 么挂起在其内部信号量上;由于统计任务每 1/10 秒调用一次 OS-TimeDly( ),因而它处于延迟状态。

F3-24(4)　　任务的 CPU 利用率。本示例消耗了约 1% 的 CPU 资源,其中空闲任务 消耗了这 1% 的 95%(也就是整体的 0.94%),时钟任务消耗了 0.05% 而其他任务几乎没有消耗。

F3-24(5)　　CtxSwCtr 代表任务执行时间。

F3-24(6)　　相应任务的中断禁止时间。

F3-24(7)　　相应任务的禁止调度时间。

F3-24(8)　　任务的堆栈使用情况,由统计任务以 10 次/秒的频率统计。

F3-24(9)　　接下来的五列提供了每个任务的内部消息队列的统计信息。由于内部 没有任务用了内部消息队列,因而相应的值都不会被显示出来。事实 上,它们都是零。

F3-24(10)　 关于每个任务内部信号量的运行时统计。

F3-24(A)　　μC/Probe 内核感知功能还包括了其他的面板。例如,本图中的 A 部分 包括的 Semaphore(s),Queue(s),Mutex(es),EvenFlag(s),Memory Partition(s),Tick Wheel,Timer Wheel 及其他多种信息都可以显示 出来。

3.2　μC/TCP-IP 示例♯2

除了使用 DHCP 动态获取 IP 地址、子网掩码及默认网关外,示例♯2 和示例♯1 十分类似(见清单 L3-3)。如图 F3-25 所示,在本示例中,假定网络中存在 DHCP 服务器。

示例♯1 和示例♯2 的区别就是如何为目标板分配 IP 地址。由于使用了 DHCP 服务器,所以当 DHCP 流程完成后,目标板即可获取 IP 地址。在示例中,该过程是 使用 μC/DHCPc 的 DHCP 客户端完成。3.2.1 节"如何使用示例工程"中给出了 DHCPc 使用的要点,其完整的用户手册包含在本示例工程的配套文件中 (见 2.3 节)。

示例♯2 使用了与示例♯1 相同的 IAR EWARM 工作空间。按照第 3 章中所 述的方法打开工作空间,单击位于 Workspace explorer 下方的 μC-TCPIP-V2-Ex2 标签页。可以发现除了一处不同外,示例♯2 与示例♯1 没有其它不同。图 F3-26 显示了这一处不同(μC/DHCPc 文件夹)。

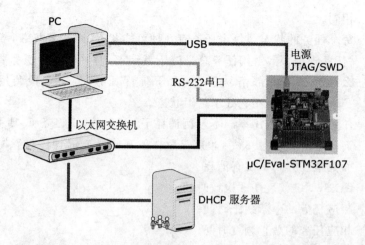

图 F3 - 25　使用 DHCP 服务器将 PC 和 µC/Eval-STM32F107 连接到一起

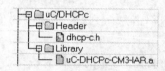

图 F3 - 26　µC-TCPIP-V2-Ex2 工程的完整结构

　　分组可以帮助我们更好地管理工程。除了 µC/DHCPc 分组外,示例♯2 与示例♯1 完全一样。在示例♯2 中,该分组还包含了 µC/DHCPc 的头文件及目标文件。

3.2.1　如何使示例示例工程工作起来

　　示例♯2 的 main( )和 AppTaskStart( )与示例♯1 完全一样。本例中使用的 DHCP 服务器是由 App_TCPIP_Init( )改进而来的。

```
static void App_TCPIP_Init (void)
{
    NET_IF_NBR    if_nbr;
    NET_ERR       err_net;
    err_net = Net_Init( );                                                    (1)
    APP_TEST_FAULT(err_net, NET_ERR_NONE);


    if_nbr = NetIF_Add((void    * )&NetIF_API_Ether,                          (2)
                       (void    * )&NetDev_API_STM32F107,                     (3)
                       (void    * )&NetDev_BSP_STM32F107,                     (4)
                       (void    * )&NetDev_Cfg_STM32F107_0,                   (5)
```

```
                            (void      * )&NetPhy_API_Generic,              (6)
                            (void      * )&NetPhy_Cfg_STM32F107_0,           (7)
                            (NET_ERR * )&err_net);                          (8)
        APP_TEST_FAULT(err_net, NET_IF_ERR_NONE);
        NetIF_Start(if_nbr, &err_net);                                      (9)
        APP_TEST_FAULT(err_net, NET_IF_ERR_NONE);
        App_DHCPc_Init(if_nbr);                                            (10)
    }
```

程序清单 L3 − 5   使用 DHCP 的 AppInit_TCPIP( )

L3 − 5(1)   Net_Init( )初始化网络协议栈。

L3 − 5(2)   NetIF_Add( )是用于初始化网络设备驱动的函数。网络设备驱动参见第 14 章"网络设备驱动"。其第一个参数是以太网 API 函数的地址,if_nbr 是网络接口编号(从 1 开始)。如果配置了本地回环接口,那么本地回环接口编号为 0。

L3 − 5(3)   第二个参数是设备 API 函数的地址。

L3 − 5(4)   第三个参数是指向设备 BSP 结构的指针。

L3 − 5(5)   第四个参数时指向设备配置结构的指针。

L3 − 5(6)   第五个参数是设备 PHY API 函数的地址。

L3 − 5(7)   最后一个参数是指向设备 PHY 配置数据结构的指针。

L3 − 5(8)   错误码用于验证函数是否运行成功。

L3 − 5(9)   NetIF_Start( )将网络接口置为可接受、发送的状态。

L3 − 5(10)   App_DHCPc_Init( )初始化并调用 DHCP 客户端功能来获取 IP 地址。

AppInit_TCPIP( )通过调用 AppInit_DHCPc( )来初始化和使用 DHCP 客户端模块,该函数为:

```
static   void   App_DHCPc_Init (NET_IF_NBR   if_nbr)
{
    DHCPc_OPT_CODE         req_param[DHCPc_CFG_PARAM_REQ_TBL_SIZE];
    CPU_BOOLEAN            cfg_done;
    CPU_BOOLEAN            dly;
    DHCPc_STATUS           dhcp_status;
    NET_IP_ADDRS_QTY       addr_ip_tbl_qty;
    NET_IP_ADDR            addr_ip_tbl[NET_IP_CFG_IF_MAX_NBR_ADDR];
    NET_IP_ADDR            addr_ip;
    CPU_CHAR               addr_ip_str[NET_ASCII_LEN_MAX_ADDR_IP];
    NET_ERR                err_net;
    OS_ERR                 err_os;
    DHCPc_ERR              err_dhcp;
```

```
                APP_TRACE_INFO(("Initialize DHCP client ...\n\r"));


                err_dhcp = DHCPc_Init( );                                          (1)
                APP_TEST_FAULT(err_dhcp, DHCPc_ERR_NONE);
                req_param[0] = DHCP_OPT_DOMAIN_NAME_SERVER;                         (2)
                DHCPc_Start((NET_IF_NBR         )      if_nbr,                      (3)
                            (DHCPc_OPT_CODE * )      &req_param[0],
                            (CPU_INT08U         )      1u,
                            (DHCPc_ERR       * )    &err_dhcp);
                APP_TEST_FAULT(err_dhcp, DHCPc_ERR_NONE);
                APP_TRACE_INFO(("DHCP address configuration started\n\r"));
                dhcp_status = DHCP_STATUS_NONE;
                cfg_done = DEF_NO;
                dly = DEF_NO;
                while (cfg_done != DEF_YES) {                                       (4)
                    if (dly == DEF_YES) {
                        OSTimeDlyHMSM((CPU_INT16U)  0u,
                                      (CPU_INT16U)  0u,
                                      (CPU_INT16U)  0u,
                                      (CPU_INT16U)  100u,
                                      (OS_OPT     ) OS_OPT_TIME_HMSM_STRICT,
                                      ( OS_ERR  * ) &err_os);
                    }


                    dhcp_status = DHCPc_ChkStatus(if_nbr, &err_dhcp);              (5)
                    switch (dhcp_status) {
                        case DHCP_STATUS_CFGD:
                            APP_TRACE_INFO(("DHCP address confiirgued\n\r"));
                            cfg_done = DEF_YES;
                            break;
                        case DHCP_STATUS_CFGD_NO_TMR:
                            APP_TRACE_INFO(("DHCP address confiirgued (no timer)\n\r"));
                            cfg_done = DEF_YES;
                            break;
                        case DHCP_STATUS_CFGD_LOCAL_LINK:
                            APP_TRACE_INFO(("DHCP address confiirgued (link - local)\n\r"));
                            cfg_done = DEF_YES;
                            break;
                        case DHCP_STATUS_FAIL:
                            APP_TRACE_INFO(("DHCP address configuration failed\n\r"));
                            cfg_done = DEF_YES;
```

```
            break;
        case DHCP_STATUS_CFG_IN_PROGRESS:
        default:
            dly = DEF_YES;
            break;
    }
}
if (dhcp_status != DHCP_STATUS_FAIL) {
    addr_ip_tbl_qty = sizeof(addr_ip_tbl) / sizeof(NET_IP_ADDR);
    (void)NetIP_GetAddrHost((NET_IF_NBR          ) if_nbr,              (6)
                            (NET_IP_ADDR       * ) &addr_ip_tbl[0],
                            (NET_IP_ADDRS_QTY * )  &addr_ip_tbl_qty,
                            (NET_ERR          * ) &err_net);

    switch (err_net) {
        case NET_IP_ERR_NONE:
            addr_ip = addr_ip_tbl[0];
            NetASCII_IP_to_Str((NET_IP_ADDR)      addr_ip,
                               (CPU_CHAR   * )    addr_ip_str,
                               (CPU_BOOLEAN)      DEF_NO,
                               (NET_ERR   * )     &err_net);
            APP_TEST_FAULT(err_net, NET_ASCII_ERR_NONE);
            break;
        case NET_IF_ERR_INVALID_IF:
        case NET_IP_ERR_NULL_PTR:
        case NET_IP_ERR_ADDR_CFG_IN_PROGRESS:
        case NET_IP_ERR_ADDR_TBL_SIZE:
        case NET_IP_ERR_ADDR_NONE_AVAIL:
        default:
            (void)Str_Copy_N((CPU_CHAR * ) &addr_ip_str[0],
                            (CPU_CHAR * ) APP_IP_ADDR_STR_UNKNOWN,
                            (CPU_SIZE_T) sizeof(addr_ip_str));
            break;
    }

    APP_TRACE_INFO(("DHCP address = "));                              (7)
    APP_TRACE_INFO((&addr_ip_str[0]));
    APP_TRACE_INFO(("\n\r"));
}
}
```

程序清单 L3-6 AppInit_DHCPc( )

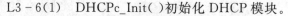

L3-6(1)   DHCPc_Init( )初始化 DHCP 模块。

L3-6(2)   设置 DHCP 选项。

L3-6(3)   在指定接口上启动 DHCP 例程

L3-6(4)   等待直到 DHCP 过程完成。

L3-6(5)   检查接口的 DHCP 配置。

L3-6(6)   获得由 DHCP 配置的接口信息。

L3-6(7)   使用串口显示 IP 地址。为了与其他设备一起使用目标板,其他设备必须
知道目标板的 IP 地址。由于 IP 地址是由 DHCP 分配的,所以串口是显
示 IP 地址的一种方法;另一种方法是使用 μC/Probe 并在其 Interface 面
板中以可视化地方法得到 IP 地址。

3.3 运行应用程序

代码运行起来并且 DHCP 完成后,目标板上的 LEDs 会闪烁。这时可以把 PC
和目标板连接在同一网络中,然后运行 ping 命令。尽管目标板的 IP 地址、子网掩码
和默认网关已经由 DHCP 分配了,但是还必须知道目标板被分配的 IP 地址是什么。

3.3.1 显示 IP 地址参数

有两种方式可以得到目标板的 IP 地址:使用 μC/Probe 或串口终端。

1. 使用 μC/Probe 显示 IP 地址参数

用示例♯1 中讲到内容打开 μC/Probe,进入 Main Menu 然后打开如下目录中的
μC-TCPIP-V2-Ex2-Probe. wsp 工作空间:

\Micrium\Software\EvalBoards\Micrium\uC-Eval-STM32F107\IAR\uC-
TCPIP-V2-Book\uC-TCPIP-V2-Ex2

选择 Interface 面板然后单击 Run 按钮,将看到类似于图 F3-27 的界面。用户
可以在其中看到 IP 地址、子网掩码及默认网关,例如本例中为 192.168.5.0/24。

2. 使用超级终端显示 IP 地址参数

本例中使用 STM32F107 的 UART 来显示 DHCP 分配的 IP 地址。本示例调用
APP_TRACE_INFO( )来显示 DHCP 结果,其内部实现了 BSP_Ser_WrStr( )功能。
BSP_Ser_WrStr( )及其相关的函数位于如下文件夹的 bsp_ser.c 文件中:

\Micrium\Software\EvalBoards\Micrium\uC-Eval-STM32F107\IAR\BSP

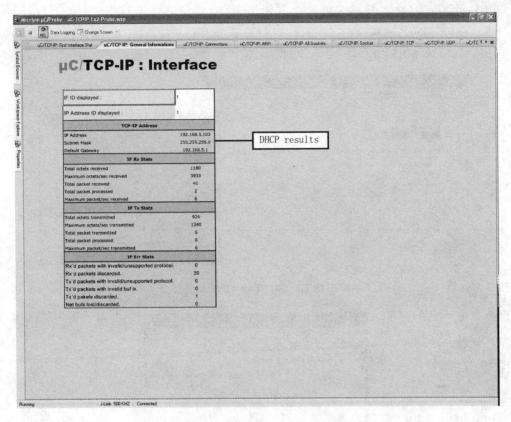

图 F3 - 27 示例 ♯ 2 的 DHCP 结果

串口配置如表 T3 - 3 所列。

表 T3 - 3 串口终端参数

波特率	19 200
数据位	8
奇偶校验	无
停止位	1
流控	无

  在 PC 端可以选择任意的串口终端程序。尽管用户选择终端工具的理由有很多,但在本书的示例中使用了开源的免费软件 TeraTerm Pro,它可以仿真从 DEC VT100 到 DEC VT382 的各种终端。Tera Term 的安装文件包含在本示例配套的压缩文件中(见 2.2 节"软件")。

  在本例中,我们使用 µC/Eval－STM32F107 评估板的 COM4 连接 PC 的 RS-232 串口。在 Tera Term 运行后,复位评估板重新开始 DHCP 过程,用户会在 Tera

Term 中看到图 F3-28 所示的信息。

图 F3-29 的前两行在工程运行后立即显示出来,而后两行在 DHCP 过程完成后显示,根据你的网络环境不同,该过程可能需要 30～45 s。

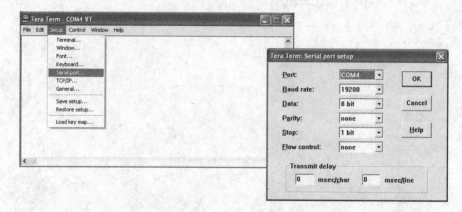

图 F3-28　Tera Term 配置

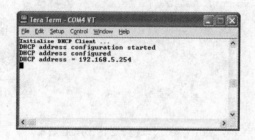

图 F3-29　串口终端显示的 DHCP 过程

3.3.2　使用 ping 命令测试目标板的连通性

在得到目标板的 IP 地址后,就可以像示例#1 中提到的那样,在 PC 上打开命令提示符然后运行 ping 命令(图 F3-10)。

3.4　使用 Wireshark 可视化观察 DHCP 过程

在现有的环境下,也可以捕获 DHCP 过程(图 F3-30),该过程是在 PC 和目标板之间进行的。为了捕获它们之间的通信,Wireshark 必须位于这两者之间。在本例中使用了集线器。另一种方案是使用一个能将所有端口数据转发到镜像端口(Wireshark 接在镜像端口上)的以太网交换机。

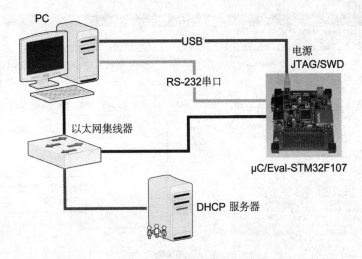

图 F3 - 30 使用集线器观察 DHCP 过程

当网络连接好后,Wireshark 就开始捕获 LAN 上的所有数据包。由于可能捕获到很多不相关的数据,所以应该设置过滤器。在本例中使用的过滤器如图 F3 - 31 所示。

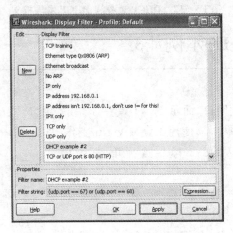

图 F3 - 31 配置 Wireshark 过滤器以仅捕获 DHCP 数据包

UDP 端口 67 和 68 分别由 DHCP 客户端和服务器使用。DHCP 流程中一共有 4 种报文:首先,目标板使用以太网广播发出的 DHCP Discover 报文;其次,为了完成 DHCP 过程,之后还有 DHCP Offer、DHCP Request 及 DHCP ACK 报文,如图F3 - 32 所示。

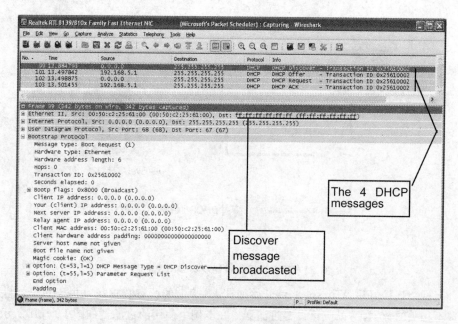

图 F3-32 DHCP 过程和 DHCP 发现报文

3.5 μC/TCP-IP 示例♯3

示例♯3 使用以太网口,而示例♯1 使用 J-Link 接口,除此之外没有什么不同。示例♯3 与示例♯1 一样,都使用 IAR ewarm 工作空间。单击 Workspace explorer 最下方的 μC-TCPIP-V2-Ex3 标签选择第三个工程,如图 F3-33 所示。

与示例♯1 相比,本例中多了一个 μC/Probe 文件夹。μC/Probe 文件夹内包含了 μC/Probe 的头文件和目标文件。μC/Probe 库是一个 UDP 服务器,负责与 PC 上运行的 μC/Probe 通信,在该文件夹内可以找到应用程序需要的定义及声明。

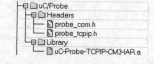

图 F3-33 μC-TCPIP-V2-Ex3 的工程结构

如何使示例运行起来

除了修改了 AppTaskStart( )外,本示例的 main( )AppTaskStart( )与示例♯1 完全相同。

```
static void AppTaskStart (void * p_arg)                                    (1)
{
    CPU_INT32U  cpu_clk_freq;
    CPU_INT32U  cnts;
    OS_ERR      err_os;
    (void)&p_arg;

    BSP_Init( );                                                           (2)
    CPU_Init( );                                                           (3)
    cpu_clk_freq = BSP_CPU_ClkFreq( );                                     (4)
    cnts = cpu_clk_freq / (CPU_INT32U)OSCfg_TickRate_Hz;
    OS_CPU_SysTickInit(cnts);
# if (OS_CFG_STAT_TASK_EN > 0u)
    OSStatTaskCPUUsageInit(&err_os);                                       (5)
# endif


# ifdef CPU_CFG_INT_DIS_MEAS_EN
    CPU_IntDisMeasMaxCurReset( );                                          (6)
# endif


# if (BSP_SER_COMM_EN == DEF_ENABLED)
    BSP_Ser_Init(19200);                                                   (7)
# endif


    Mem_Init( );                                                           (8)
    AppInit_TCPIP(&net_err);                                               (9)
    ProbeCom_Init( );                                                      (10)
    ProbeTCPIP_Init( );                                                    (11)


    BSP_LED_Off(0u);                                                       (11)
    while (1) {                                                            (12)
        BSP_LED_Toggle(0u);                                               (13)
        OSTimeDlyHMSM((CPU_INT16U)        0u,                             (14)
                      (CPU_INT16U)        0u,
                      (CPU_INT16U)        0u,
                      (CPU_INT16U)        100u,
                      (OS_OPT     )       OS_OPT_TIME_HMSM_STRICT,
                      (OS_ERR     * )     &err_os);
    }
}
```

程序清单 L3-7　AppTaskStart( )

L3-7(10)　第一步到第九步与示例♯1 中的 AppTaskStart( )完全相同。

L3-7(11)　初始化 μC/Probe 通用协议。

L3-7(12)　初始化 μC/Probe TCP-IP。

第 12 步到第 14 步与示例♯1 中的 AppTaskStart( )完全相同。AppTaskStart( )
调用 AppInit_TCPIP( )初始化 TCP/IP 协议栈,该函数与示例♯1 中的代码完全
相同。

3.6　运行应用

在按示例♯1 中的方法运行代码后,目标板上的 LEDs 将闪烁。这时,就可以像
示例♯1 中提到的那样,在 PC 上打开命令提示符然后运行 ping 命令。在本例中,目
标板的 IP 地址也是静态分配的。

使用 μC/Probe 观察变量

正如在示例♯1 中所说的,在使用 μC/Probe 时代码必须处于运行状态。如果
IAR C-Spy 调试器处于停止状态,那么必须单击 Go 按钮恢复代码的执行。

在示例♯1 中,μC/Probe 使用了 J-Link 而在本例中使用了 TCP/IP。单击 Main
Menu 按钮打开图 F3-34 所示的界面。

单击 Options 按钮打开图 F3-35 所示的界面。

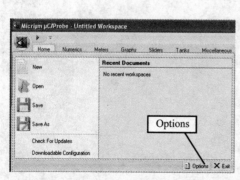

图 F3-34　μC/Probe 主菜单

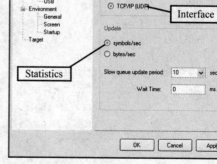

图 F3-35　μC/Probe 选项

选择 TCP/IP 单选按钮然后选择显示每秒由 μC/Probe 获取的符号数或运行时
每秒的字节数(由于前者可读性更好,推荐使用前者)。

单击左侧的 Configure TCP/IP 按钮打开图 F3-36 所示的界面。

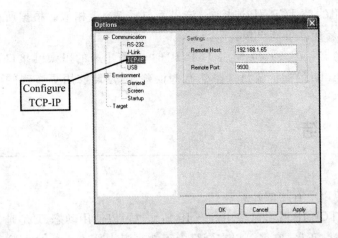

图 F3 - 36 μC/Probe 的 TCP/IP 选项

在 Remote Host 中填入目标板的 IP 地址。本示例中使用的静态 192.168.1.65 与示例♯1 相同（根据读者具体的网络环境可能不同）。由于目标板上的 μC/Probe UDP 服务器使用了 9930 端口，因而不要改变 Remote Port（9930）。单击 OK 按钮返回上层对话框。

返回 Main Menu 界面，然后打开如下目录的 uC-TCPIP-V2-Ex3-Probe.wsp 工作空间：

\Micrium\Software\EvalBoards\Micrium\uC-Eval-STM32F107\IAR\uC-TCPIP-V2-Book\uC-TCPIP-V2-Ex3

μC/Probe 会打开图 F3 - 37 所示的界面：

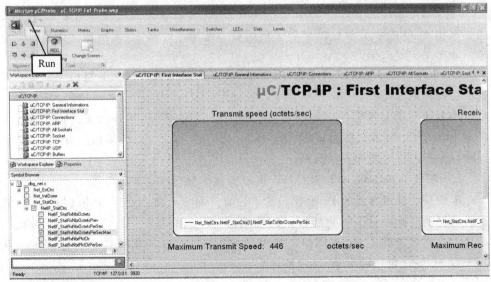

图 3 - 37 μC/Probe 示例♯1 的编辑界面

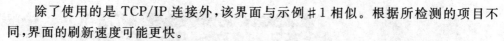

　　除了使用的是 TCP/IP 连接外,该界面与示例♯1 相似。根据所检测的项目不同,界面的刷新速度可能更快。

　　应该注意,当 μC/Probe 使用 TCP/IP 时,测算出来的以太网接口吞吐量实际上包含了 μC/Probe 的通信流量。虽然有些误差,但是能够用更直观的可视化方式检测目标板。

3.7　总　结

　　应该注意以下有趣的几点:

　　(1) μC/TCP-IP 既可以使用静态 IP 地址也可以使用动态 IP 地址。只要目标板配置的网络参数正确,它就可以在网络中正常通信并通过 ping 命令验证。

　　(2) Wireshark 可以监测和解析本机与目标板之间的网络通信。如果要监测目标板和另一台主机之间的网络通信,那么必须使用以太网集线器,否则就不能使用 Wireshark 进行监测;另一种方案,是使用一个能将所有端口数据转发到镜像端口(Wireshark 接在镜像端口上)的以太网交换机。

　　(3) 如果使用板载的 J-Link 和 Cortex-M3 的 SWD 接口,那么在使用 Embedded Workbench 进行单步调试的同时还能使用 μC/Probe。换句话说,即便在断点处停止代码的运行,μC/Probe 也会继续从目标板上读取数据,这可以使用户观察到单步调试代码时变量的变化。当使用 Cortex-M3 的 SWD 接口时,不需要在目标板上编写任何代码。

　　(4) μC/Probe 的面板只显示 μC/OS-III 的变量和 μC/TCP-IP 的变量。μC/TCP-IP 工程中有三个任务,使用 μC/Probe 可以观察这三个任务的状态。当然,也可以使用 μC/Probe 查看任何全局变量或静态变量。实际上,把应用任务添加到任务列表中是十分简单的。

　　(5) μC/Probe 允许以接口允许的最快速度更新变量。J-Link 接口更新变量的速度可以达到以每秒约 300 个符号左右。如果 μC/Probe 使用串口(RS-232C),那么变量的更新速度大约是 J-Link 的两倍。如果使用 TCP/IP,更新变量的速度能轻易超过 10 000 符号/秒。然而,如果使用 RS-232C 或 TCP/IP,必须添加驻留代码,以便在目标板运行时能够更新数据。

　　(6) 板载的 J-Link 和 IAR C-Spy 调试器让下载程序更加简单。

　　本章只涉及目标板的 IP 配置和基本设置。对嵌入式 TCP/IP 协议栈而言,最重要的就是性能。为了优化协议栈的性能,需要考虑 TCP/IP 协议栈的缓冲区大小,DMA 描述符的配置(当网络设备驱动使用到 DMA 时需要考虑),还需要分析 TCP 接收/发送窗口的大小,这些都将在下一章讨论。

第4章

μC/TCP-IP 性能示例

在本章中将学习如何使用 μC/IPerf(一个用来测试网络性能的简单的命令行网络测试工具)对系统进行性能测试。我们将在不同的系统配置环境下进行 UDP 和 TCP 性能测试,并对测试结果进行比较。

该工程使用 IPerf 获取 TCP 和 UDP 的基准性能,其测试环境如图 F4-1 所示。以太网集线器或交换机可以用交叉电缆代替(以太网电缆的 TX 线和 RX 线直接相连,因而两个以太网设备可以在不使用集线器或交换机时直接连接)。尽管交叉电缆对故障检测来说非常有用,但必须注意,某些以太网交换机可能无法识别交叉电缆。但是,新的计算机网卡和以太网交换机通常可以自动检测并调整 TX 和 RX 线,也就是所谓的自适应功能。对于这类设备,可以使用任意一种以太网电缆连接两个设备。

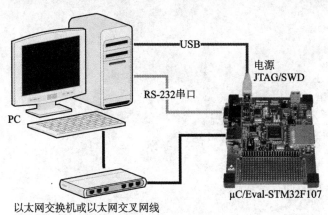

图 F4-1　示例♯4 的配置图

4.1　μC/TCP-IP 示例♯4

示例♯4 使用了与 3.1 节"μC/TCP-IP 示例♯1"中相同的 IAR Ewarm 工作

空间：

\Micrium \ Software \ EvalBoards \ Micrium \ uC-Eval-STM32F107 \ IAR \ uC-TCPIP-V2-Book\uC-Eval-STM32F107-TCPIP-V2. eww

单击位于 workspace explorer 最下方的 μC-TCPIP-V2-Ex4 标签页选中该工程,如图 F4 - 2 所示。该工程中除了多了一个 μC-IPerf 组外,跟示例 #1 没有什么区别。

μC-IPerf 组包含了 μC/IPerf 工程的头文件及源代码,其中包含了整个示例所需的宏定义及声明等。

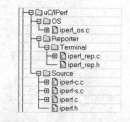

图 F4 - 2　μC-TCPIP-V2-Ex4 工作空间结构

4.1.1　如何使示例运行起来

像大多数 C 程序一样,代码是从 main( )函数开始执行的。main( )函数中的代码跟之前章节中的代码完全相同,μC/IPerf 只是修改了 AppTaskStart( )函数而已,如清单 L4 - 1 所示。

```
static void AppTaskStart (void * p_arg)                             (1)
{
    CPU_INT32U   cpu_clk_freq;
    CPU_INT32U   cnts;
    OS_ERR       err_os;
    (void)&p_arg;

    BSP_Init( );                                                    (2)
    CPU_Init( );                                                    (3)
    cpu_clk_freq = BSP_CPU_ClkFreq( );                              (4)
    cnts = cpu_clk_freq / (CPU_INT32U)OSCfg_TickRate_Hz;
    OS_CPU_SysTickInit(cnts);

#if (OS_CFG_STAT_TASK_EN > 0u)
    OSStatTaskCPUUsageInit(&err_os);                                (5)
#endif

#ifdef CPU_CFG_INT_DIS_MEAS_EN
    CPU_IntDisMeasMaxCurReset( );                                   (6)
#endif

#if (BSP_SER_COMM_EN == DEF_ENABLED)
    BSP_Ser_Init(19200);                                            (7)
```

```
#endif

   Mem_Init( );                                                          (8)
   AppInit_TCPIP(&net_err);                                              (9)
   IPerf_Init(&err_iperf);                                               (10)
   APP_TEST_FAULT(err_iperf, IPERF_ERR_NONE);

   App_TaskCreate( );                                                    (12)
   BSP_LED_Off(0u);                                                      (13)
   while (1) {                                                           (14)
       BSP_LED_Toggle(0u);                                               (15)
       OSTimeDlyHMSM((CPU_INT16U) 0u,                                    (16)
                     (CPU_INT16U) 0u,
                     (CPU_INT16U) 0u,
                     (CPU_INT16U) 100u,
                     (OS_OPT    ) OS_OPT_TIME_HMSM_STRICT,
                     (OS_ERR    * )&err_os);
   }
}
```

程序清单 L4 − 1 AppTaskStart

由于 μC/OS-III 和 μC/OS-II 总是在任务中使能中断,因而 main( ) 中禁止了中断。当第一个任务开始执行时,中断被使能。

第一步到第九步与示例#1 中的 AppTaskStart( ) 完全相同。

L4 − 1(10) IPerf_Init( ) 初始化 μC/IPerf 模块。

剩余的步骤与示例#1 中的 AppTaskStart( ) 完全相同。

AppTaskStart( ) 调用 AppInit_TCPIP( ) 来初始化 TCP/IP 协议栈,该函数与示例#1 及示例#3 完全完全相同,详见第 3 章。

```
{
   CPU_CHAR        cmd_str[TASK_TERMINAL_CMD_STR_MAX_LEN];
   CPU_INT16S      cmp_str;
   CPU_SIZE_T      cmd_len;
   IPERF_TEST_ID   test_id_iperf;
   IPERF_ERR       err_iperf;

   APP_TRACE_INFO(("\n\rTerminal I/O\n\r\n\r"));                         (1)

   while (DEF_ON) {
       APP_TRACE(("\n\r>  "));
```

```
            BSP_Ser_RdStr((CPU_CHAR *)&cmd_str[0],                          (2)
                       (CPU_INT16U) TASK_TERMINAL_CMD_STR_MAX_LEN);


            cmp_str = Str_Cmp_N((CPU_CHAR *)&cmd_str[0],                     (3)
                            (CPU_CHAR *) IPERF_STR_CMD,
                            (CPU_SIZE_T) IPERF_STR_CMD_LEN);


            cmd_len = Str_Len(&cmd_str[0]);


            if (cmp_str == 0) {                                             (4)
                APP_TRACE_INFO(("\n\r\n\r"));


                test_id_iperf = IPerf_Start((CPU_CHAR    *)    &cmd_str[0],  (5)
                                        (IPERF_OUT_FNCT  )   &App_OutputFnct,
                                        (IPERF_OUT_PARAM *)  0,
                                        (IPERF_ERR       *) &err_iperf);
                if (err_iperf == IPERF_ERR_NONE) {                          (6)
                    IPerf_Reporter((IPERF_TEST_ID    ) test_id_iperf,
                                (IPERF_OUT_FNCT  ) &App_OutputFnct,
                                (IPERF_OUT_PARAM *)  0);
                    APP_TRACE_INFO(("\n\r"));
                }
            }else if (cmd_len > 1u) {
                APP_TRACE_INFO(("Command is not recognized."));
            }
        }
    }
```

程序清单 L4－2　APPTaskTerminal( )

L4－2(1)　该程序运行时,程序通过在串口终端上输出"Terminal I/O"来提示用户输入 IPerf 命令。

L4－2(2)　程序通过 BSP 中的串口功能检查用户是否从串口终端输入了命令。

L4－2(3)　当用户输入了命令后,命令行解析器通过检查命令的第一个单词来判断是否输入了正确的 IPerf 命令。

L4－2(4)　如果命令正确,那么该命令将被执行;否则,则给出错误提示。

L4－2(5)　IPerf_Start( )检查命令行参数,它调用 App_OutputFnct 来返回参数中的错误,当参数有效时,IPERF_ERR 等于 IPERF_ERR_NONE。如果所有参数都正确,那么在 AppTaskStart( )函数中创建和初始化的任务将开始执行性能测试。

L4-2(6)　IPerf_Reporter( )轮询至测试结束。该函数每秒输出一次测试结果,并在测试结束后给出总体的测试情况(都通过调用 App_OutputFnct 函数实现),然后该函数退出。在本例中,IPerf_Reporter( )使用了目标板及其串口,如果用户认为使用 Web 服务器或者 Telnet 服务器来返回结果更加合适,也没有任何问题。

4.1.2　运行应用

在第一个 IPerf 示例中,PC 作为客户端而目标板作为服务器。

点击位于 IAR Embedded Workbench 工具栏最右边的"下载和调试"按钮,Embedded Workbench 将编译和链接示例代码,然后使用 μC/Eval-STM32F107 评估板上内置的 J-Link 接口将工程文件下载到 STM32F107 的 Flash 中。单击调试器的 Go 按钮,使代码运行起来,然后确定 3 个 LED 灯(红、黄、绿)在闪烁。

当项目运行起来以后,下一步就是使用应用程序了。按照第 3 章"使用串口终端获得 IP 地址参数"一节中的方法启动一个串口终端仿真会话,如图 F4-3 所示,该终端窗口将用来控制目标板上运行的 μC/IPerf。

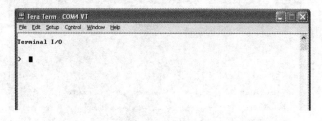

图 F4-3　μC/IPerf 命令提示符

4.1.3　IPerf

本示例实现了 IPerf,它可以比较准确地测试有线和无线网络的基准性能。利用 IPerf,用户可以创建 TCP 和 UDP 数据流,然后利用这些数据流测试网络的吞吐量,它既可以作为客户端也可以作为服务器。

IPerf 的测试引擎可以测量两个主机之间单向或双向的吞吐量。当使用 IPerf 测试 TCP 性能时,IPerf 测量有效载荷的吞吐量。在一个两台主机的典型测试环境中,其中一台主机是嵌入式系统,如图 F4-1 所示。

通常情况下,IPerf 的测试结果包括带有时间戳的数据传输量和测量出的吞吐量。PC 上的 Jperf 以及嵌入式目标板上运行的 μC/IPerf 均使用 1024×1024 表示一兆字节,用和 1000×1000 来表示一兆比特。

对于编写 μC/TCP-IP 客户端及服务器应用程序的开发者来说,μC/IPerf 的源代码是一个关于极好的示例。

在所有的 IPerf 测试中,我们建议首先启动服务器。这样,服务器会一直"等待"来自客户端的连接请求;否则,如果客户端连接不到服务器,客户端将退出。先启动服务器,可以避免 IPerf 客户端找不到服务器。

4.1.4 Iperf on the PC

本示例工程中,PC 端使用的是 Jperf 图形界面,有关该工具的下载说明参见 2.2 节"软件"。

Jperf 在安装后会在开始菜单和桌面上生成快捷方式。其桌面快捷方式如图 F4 - 4 所示。

在 Jperf 运行后,可以见到 Jperf Measurement Tool 窗口,如图 F4 - 5 所示。

图 F4 - 4　Jperf 桌面快捷方式

在默认情况下,Jperf 以客户端模式运行(Client 单选按钮默认选中),默认使用 TCP 协议及 5001 端口。

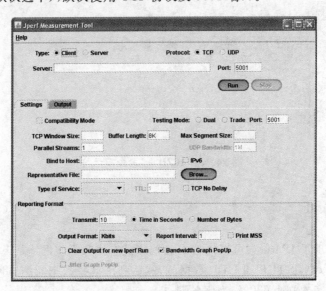

图 F4 - 5　JPerf 以客户端模式在 PC 上运行(默认模式)

了解 IPerf 最好的资料是 IPerf 的用户手册,它位于:C:\Program Files\iperf-2.0.2\doc\iperf-2.0.2\index.html。

当执行一个以默认参数设置的简单测试时,必须指定 IPerf 服务器的 IP 地址。如果用户没有修改过,那么目标板的默认的 IP 地址是 192.168.1.65。在 Server 输入框中输入该地址,并且点击"运行"按钮。因为本次是从 PC 端运行的客户端测试,所以在 PC 的 IPerf 运行在客户端模式之前,目标板上的服务器必须已经运行。

Bandwidth Graph 弹出窗口在 Jperf Measurement Tool 中是默认被选中的,如图 F4-6 所示。图 F4-6 所示的测试全部使用了默认的参数。在这些参数中,可能发生变化的是"输出格式",其单位是 Mbit/s(兆比特/每秒)。由于以太网是广泛应用的局域网技术,并且太网链路带宽始终以 Mbit/s 为单位,因而将该选项设置为与带宽相同的单位,对于观察性能与线路带宽之间的比对关系更加直观。

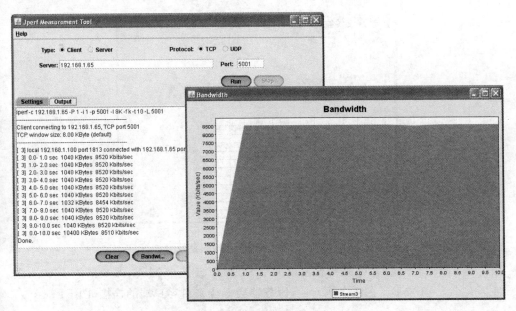

图 F4-6　Jperf 示例测试结果

　　在下面的章节中将使用此工具将进行多个测试。我们将使用多种网络配置,来进行客户端-服务器或服务器到客户端的 TCP 或 UDP 性能测试。

4.1.5　在目标板上运行 μC/IPERF

　　4.1.1 节"如何使示例工程运行起来"中的工程代码实现了 IPerf,它作为 μC/TCP-IP 的一部分被称为 μC/IPerf。正如示例♯2 一样(3.2 节"μC/TCP-IP 示例♯2"),μC/IPerf 也使用了串口 I/O。用户可以参照示例♯2 来配置串口终端,然后将 PC 上的 RS-232 串口与 μC/Eval-STM32F107 连接在一起。当目标板上的代码运行起来后,可以看到图 F4-7 所示的窗口。

　　μC/IPerf 的用户手册是本书可下载软件及工具包的一部分,即\Micrium\Software\uC-IPerf\Doc 目录中的 IPerf_manual.pdf。

　　可以通过 Terminal I/O 来输入 μC/IPerf 命令。使用 iperf-h 可以得到所有的命令的列表,如图 F4-8 所示。

　　根据上面的命令选项,可以使用默认参数以服务器模式运行 μC/IPerf。所用到

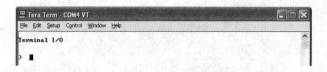

图 F4 - 7　μC/IPerf 在目标板上运行

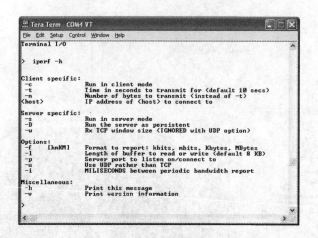

图 F4 - 8　μC/IPerf 支持的参数

命令是 iperf −s,这时 TCP 接收窗口大小 8760 B(或 6 个 MSS,即 6 倍的 1460),缓冲区大小为 8192 B。在命令执行后,服务器会等待来自客户端的连接(图 F4 - 9)。

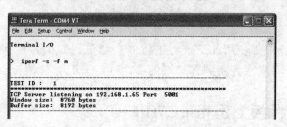

图 F4 - 9　μC/IPerf 工作在服务器模式

启动 PC 上相应的客户端来启动测试,默认情况下,每 10 秒输出一次中间结果,如图 F4 - 10 所示。

μC/IPerf 默认有 3 种不同的配置来产生更加具体的性能测试结果,这些测试的结果在接下来的章节中会具体讲解。

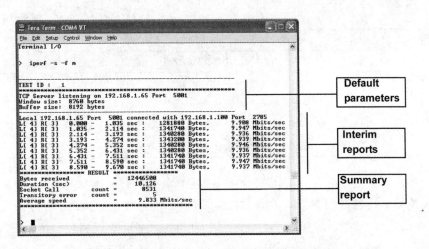

图 F4 - 10 μC/IPerf 结果

4.2 使用 μC /PROBE 监视变量

Micriμm 在 μC/Probe 中提供了 10 个面板来检测 μC/TCP-IP 变量。在该示例中,μC/Probe 使用 J-Link 连接到 μC/Eval-STM32F107 评估板。μC/Probe 的面板及描述如表 T4 - 1 所列。

表 T4 - 1 μC/Probe 面板及描述

面板名称	描　述
接口	该面板提供了相关接口的基本信息,共分为两个输入区域。其中,第一个输入区域用于选择接口索引(本地回环接口的索引为 0),第二个输入区域用来选择 IP 地址索引(一个网络接口可能被分配多个 IP 地址)
第一接口	想要统计一个接口的信息,那么这个接口索引必须在 μC/Probe 中预先定义,这就是 Micriμm 公司之所以提供这个面板的原因。由于大多数系统只有一个单一的接口,因而这个面板是非常有用的。需要建立额外的接口面板时,该面板也可以作为模板 该面板提供了网络接口驱动程序统计出的发送和接收速度(单位字节/秒)。μC/Probe 会频繁更新这个面板,请记住,μC/Probe 更新这个面板的速度受限于连接到目标板的接口速度
ARP	提供了关于 ARP 和 ARP 表的基本信息
缓冲区/定时器	此面板统计了缓冲区和定时器的使用情况,目前被使用的缓冲区和定时器的数量、以及程序执行过程中使用的最大数量会被显示出来
IP	提供了关于 IP 数据报包接收、发送数目的统计,以及每种 IP 错误类型出现的次数
UDP	提供了关于 UDP 数据报的接收、发送数目的统计

面板名称	描　述
TCP	提供了关于 TCP 分组的接收、发送数目的统计
连接	连接是 µC/TCP-IP 用来维护一个主机所参与连接的内部数据结构,本面板用来统计 µC/TCP-IP 的内部连接资源
所有套接字	显示了定义的套接字及活动套接字的信息,更精确的信息在套接字面板中显示
套接字	提供了关于某个特定套接字的信息,输入区域允许选择特定的套接字 ID

　　按照第 3 章"使用 µC/Probe 检测变量"一节中所提到的那样打开 µC/Probe,在 'Main Menu'中打开如下目录中的 µC-TCPIP-V2-Ex4-Probe. wsp 工作空间:

　　\Micrium\Software\EvalBoards\Micrium\uC-Eval-STM32F107\IAR\uC-TCPIP-V2-Book\uC-TCPIP-V2-Ex4

　　单击 µC/Probe 的 Run 按钮,然后选择用户想浏览的窗口。图 F4 - 11~图 F4 - 20中列出了所有与 µC/TCP-IP 有关的窗口。

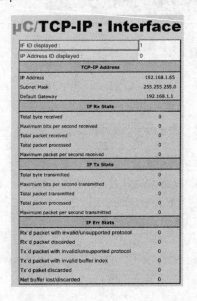

图 F4 - 11　µC/Probe 接口面板

　　µC/Probe 套接字数据窗口是一个表格结构,其中包含了许多用于计算屏幕中信息的 µC/TCP-IP 变量。如果其他数据窗口被打开,这个窗口的刷新可能会变慢,因此在显示该窗口时强烈建议关闭其他窗口。

　　当用户点击"运行"按钮时,µC/Probe 的数据窗口中的显示可能不正确。建议单击 µC/Probe 的"停止"按钮结束本次会话,然后再重新单击"运行"按钮。在完整的表格被填充和更新之前,此操作可能需要重复几次。

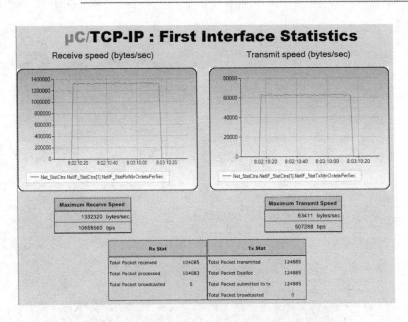

图 F4 - 12　μC/Probe 第一接口 Interface 统计面板

μC/TCP-IP : ARP

ARP stats	
Packet received	3
Messages processed	0
Request message processed	0
Reply message processed	0
Message transmitted	0
Request message transmitted	0
Reply message transmitted	0

Ressource	Value
Inital number of ARP cache	3
Current number of ARP cache used	3
Current number of ARP cache available	3
Maximum number of ARP cache used	0
Total number of ARP cache used	0

ARP Cache Errors	
Unavailable ARP cache accesses	0
Rx`d ARP message with invalid hardware type	0
Rx`d ARP message with invalid hardware address length	0
Rx`d ARP message with invalid hardware address	0
Rx`d ARP message with invalid protocol type	0
Rx`d ARP message with invalid protocol address length	0
Rx`d ARP message with invalid protocol address	0
Rx`d ARP message with invalid op code	0
Rx`d ARP message with invalid op code address	0
Rx`d ARP message with invalid message length	0
Rx`d ARP message with invalid reply message destination	0
Rx`d ARP message with invalid destination	3
Rx`d ARP packet discarded	3
Tx ARP packet discarded	0

图 F4 - 13　μC/Probe ARP 面板

μC/TCP-IP-V2 : Buffers / Timers

Ressource Item	Value
Initial number of receive buffer	12
Current number of receive buffer used	6
Current number of receive buffer available	6
Maximum number of receive buffer used	7
Total number of receive buffer used	48
Initial number of transmit small buffer	4
Current number of transmit small buffer used	0
Current number of transmit small buffer available	4
Maximum number of transmit small buffer used	0
Total number of transmit small buffer used	0
Initial number of transmit large buffer	4
Current number of transmit large buffer used	0
Current number of transmit large buffer available	4
Maximum number of transmit large buffer used	0
Total number of transmit large buffer used	0

Timer ressources	Value
Initial number of timer	30
Current number of timer used	3
Current number of timer available	30
Maximum number of timer used	3
Total number of timer used	2252

Timer Errors	
Unavailable net timer accosse	0

Buffers errors	
Unavailable net buffer accesse	0
Invalid net buffer type accesse	0
Net buffer with invalid size	0
Net buffer with invalid length	0

图 F4 - 14 μC/Probe 缓冲区/定时器面板

μC/TCP-IP : IP

Rx IP	
Number of received IP datagram	52
Number of received IP datagram delivered to supported protocol	0
Number of received IP datagram from localhost	0
Number of received IP datagram via broadcast	52
Number of received IP fragment	0
Number of received IP fragment reassembled	0

Tx IP	
Number of transmitted IP datagram	0
Number of transmitted IP datagram to this host	0
Number of transmitted IP datagram to local host	0
Number of transmitted IP datagram to local link address	0
Number of transmitted IP datagram to local net	0
Number of transmitted IP datagram to remote net	0
Number of transmitted IP datagram broadcast to destination	0

IP errors	
Null IP pointer access	0
Invalid IP host address attempt	0
Invalid IP default gateway address attempt	0
In use IP host address attempt	0
Invalid IP address state access	0
Invalid IP address not found access	0
Invalid IP address size access	0
Invalid IP address table empty access	0
Invalid IP address table full access	0
Rx'd IP datagram with invalid IP version	0
Rx'd IP datagram with invalid header length	0
Rx'd IP datagram with invalid/inconsistent total length	0
Rx'd IP datagram with invalid flag	0
Rx'd IP datagram with invalid fragmentation	0
Rx'd IP datagram with invalid/unsupported protocol	0
Rx'd IP datagram with invalid check sum	0
Rx'd IP datagram with invalid source address	0
Rx'd IP datagram with unknown/invalid option	0
Rx'd IP datagram with no options buffers available	0
Rx'd IP datagram with write options buffer error	0
Rx'd IP datagram not for this IP destination	0
Rx'd IP datagram illegally broadcast to this destination	0
Rx'd IP fragment with invalid size	0
Rx'd IP fragments discarded	0
Rx'd IP fragmented datagrams discarded	0
Rx'd IP fragmented datagrams timed out	0
Rx'd IP packet with invalid/unsupported protocol	0
Rx'd IP packet discarded	52
Tx packet with invalid/unsupported protocol	0
Tx packet with invalid option type	0
Tx datagram with invalid destination address	0
Tx packet discarded	0

图 F4 - 15 μC/Probe IP 面板

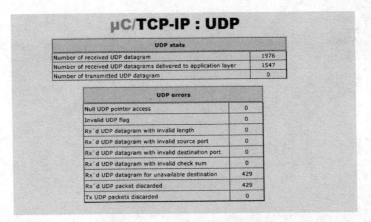

μC/TCP-IP : UDP

UDP stats	
Number of received UDP datagram	1976
Number of received UDP datagrams delivered to application layer	1547
Number of transmitted UDP datagram	0

UDP errors	
Null UDP pointer access	0
Invalid UDP flag	0
Rx`d UDP datagram with invalid length	0
Rx`d UDP datagram with invalid source port	0
Rx`d UDP datagram with invalid destination port	0
Rx`d UDP datagram with invalid check sum	0
Rx`d UDP datagram for unavailable destination	429
Rx`d UDP packet discarded	429
Tx UDP packets discarded	0

图 F4 - 16 μC/Probe UDP 面板

μC/TCP-IP : TCP

TCP Ressources	Value
Initial number of TCP connection	5
Current number of TCP connections used	2
Current number of TCP connections available	3
Maximum number of TCP connections used	2
Total number of TCP connection used	2

Connections Errors	
Unavailable net connection access	0
Unused net connection access	0
Net connections close	0
Invalid net connection ID access	0
Net connection with invalid address length	0
Net connection with address already in use	0
Net connection with invalid connection family	0
Net connection with invalid protocol index	0

TCP Rx Stats	
Number of received TCP segment	25865
Number of received TCP segments delivered to application layer	25867
TCP Tx Stats	
Number of transmitted TCP segment	31040
Number of transmitted TCP connection sync. segment	1
Number of transmitted TCP connection close segment	0
Number of transmitted TCP connection ack. segment	31045
Number of transmitted TCP connection reset segment	0
Number of transmitted TCP connection probe segment	0
Number of transmitted TCP connection transmit queue segment	0
Number of transmitted TCP connection re-transmit queue segment	0

图 F4 - 17 μC/Probe TCP 面板

μC/TCP-IP : Connections

Connections Ressources	Value
Initial number of connection	10
Current number of connection used	2
Current number of connection available	8
Maximum number of connection used	2
Total number of connection used	4

Connections errors	
Unavaillable net connection access	0
Unused net connection access	0
Net connection close	0
Invalid net connection ID access	0
Net connection with invalid address length	0
Net connection with address already in use	0
Net connection with invalid connection family	0
Net connection with invalid protocol index	0

图 F4 - 18 μC/Probe 连接面板

µC/TCP-IP : Sockets

ID	Socket Type	Socket State	Conn ID	TCP ID	Local Addr	Local Port	Remote Addr	Remote Port	TCP State
0	NONE	FREE	----	----	----	----	----	----	----
1	NONE	FREE	----	----	----	----	----	----	----
2	NONE	FREE	----	----	----	----	----	----	----
3	STREAM	CONN	8	3	192.168.1.65	5001	192.168.1.100	2775	NONE
4	STREAM	LISTEN	9	4	0.0.0.0	5001	0.0.0.0	0	NONE
----	----	----	----	----	----	----	----	----	----
----	----	----	----	----	----	----	----	----	----
----	----	----	----	----	----	----	----	----	----
----	----	----	----	----	----	----	----	----	----
----	----	----	----	----	----	----	----	----	----

Ressource	Value
Inital number of socket	5
Current number of socket used	2
Current number of socket available	3
Maximum number of socket used	2
Total number of socket used	0

Sockets Errors	
Null socket pointer access	0
Null socket size access	0
Unavailable socket access	0
Unused socket access	0
Fault sock close	0
Socket with invalid socket family	0
Socket with invalid socket protocol	0
Socket with invalid socket type	0
Socket with invalid socket ID access	0
Socket with invalid flag	0
Socket with invalid op	0
Socket with invalid state	0
Socket with invalid address	0
Socket with invalid address length	0
Socket with invalid address already in use	0
Socket with invalid port number	0
Socket with invalid connection already in use	0
Unavailable socket random port number access	0
Rx`d socket packets for unavailable destination	0
Rx'd socket packets discarded	16

图 F4 - 19   µC/Probe 所有套接字面板

µC/TCP-IP : Socket

Socket ID to display:	3

Socket Information : Socket #3			
Local adress	192.168.1.65	Protocol	TCP
Local port	5001	Protocol family	IP V4
		Socket type	STREAM
Remote adress	192.168.1.100	Socket state	CONN
Remote port	2885	Connection ID	8

TCP informations			
TCP ID	3	Connection timeout (sec)	0
Connection state	Unknown	User timeout (sec)	0
Local maximum segment size	0	Maximum segment timeout (sec)	0
Remote maximum segment size	0		
Max segment size of connection	0		

RX		TX	
Sequence state	----	Sequence state	Unknown
Initial sequence number	0	Initial sequence number	0
Next sequence number	0	Next sequence number	0
Configured window size	0	Unacknowledged sequence number	0
Actual configured window size	0	Round-trip time average (ms)	0
Actual cfg'd win size remaining	0	Round-trip timeout (ms)	0
Calculed window size	0	Window size slow start threshold	0
Actual window size	0	Actual window size calculated (congestion control)	0
		Current window size calculated (congestion control)	0
		Remaining windows size (congestion control)	0
		Remote window size	0
		Remaining remote window size	0
		Available remote window size	0

图 F4 - 20   µC/Probe 套接字面板

4.3　µC /TCP-IP 库的配置

本书提供的 µC/TCP-IP 库只是用于示范,因而使能选项中有可能会更多的消耗 RAM 空间,或者使目标代码大小增大(尤其是调试选项)。这些选项通常用于产品开发阶段,在产品发布时一般会禁用,以提升性能。

许多调试选项会占用额外的 RAM 空间,因此,如果把所有应用程序和其他所有模块都包含在内,对于只有 64 KB 内部 RAM 的 STM32F107 来说,可配置的网络缓冲区的数量将会受到限制。

影响性能的主要配置项目是缓冲区的数目和 TCP 接收窗口的大小,该窗口不能超过可用接收缓冲区的大小。

我们使用了 3 种不同的 µC/TCP-IP 配置来向读者演示在不同参数下的 TCP/IP 协议栈性能对比情况,这 3 个配置及描述如表 T4 - 2 所列。

表 T4 - 2　µC/TCP-IP 库 3 个配置及描述

配　置	描　述
♯1	最小化配置,占用最少的资源
♯2	本书中示例使用的配置,占用的资源较多
♯3	在考虑到 µC/Eval-STM32F107 评估版资源的情况下的最优化配置

本书中的 µC/TCP-IP 库使用了 ♯2 的配置,如表 T4 - 3 所列。

表 T4 - 3　♯2 的具体配置

文　件	参　数	值
app_cfg. h	IPERF_CFG_ALIGN_BUF_EN	DEF_DISABLED
cpu_cfg. h	CPU_CFG_INT_DIS_MEAS_EN	DEF_ENABLED
	CPU_CFG_LEAD_ZEROS_ASM_PRESENT	DEF_ENABLED
os_cfg. h	OS_CFG_APP_HOOKS_EN	DEF_ENABLED
	OS_CFG_ARG_CHK_EN	DEF_ENABLED
	OS_CFG_CALLED_FROM_ISR_CHK_EN	DEF_ENABLED
	OS_CFG_DBG_EN	DEF_ENABLED
	OS_CFG_OBJ_TYPE_CHK_EN	DEF_ENABLED
	OS_CFG_SCHED_LOCK_TIME_MEAS_EN	DEF_ENABLED
net_cfg. h	NET_CFG_OPTIMIZE	DEF_ENABLED
	NET_CFG_OPTIMIZE_ASM_EN	DEF_ENABLED
	NET_DBG_CFG_INFO_EN	DEF_ENABLED

文　件	参　数	值
	NET_DBG_CFG_STATUS_EN	DEF_ENABLED
	NET_DBG_CFG_MEM_CLR_EN	DEF_ENABLED
	NET_DBG_CFG_TEST_EN	DEF_ENABLED
	NET_ERR_CFG_ARG_CHK_EXT_EN	DEF_ENABLED
	NET_ERR_CFG_ARG_CHK_DBG_EN	DEF_ENABLED
	NET_CTR_CFG_STAT_EN	DEF_ENABLED
	NET_CTR_CFG_ERR_EN	DEF_ENABLED
	NET_TCP_CFG_RX_WIN_SIZE_OCTET	2 * 1460
	NET_TCP_CFG_TX_WIN_SIZE_OCTET	2 * 1460

　　除了这些配置参数外,网络设备驱动程序的配置也影响系统性能。网络设备驱动程序配置可在 net_dev_cfg.c(见 14.6.2 节"以太网设备的 MAC 配置")中完成,表 T4 - 4 中给出了有助于提高性能的主要参数和它们的值,其中可被定义的 DMA 描述符最少为两个。

表 T4 - 4 　♯2 有助于提高性能的参数和值

参　数	值
设备大接收缓冲区(large receive buffers)数量	4
设备大接收缓冲区(large transmit buffers)数量	2
设备小发送缓冲区(small transmit buffers)数量	2
DMA 接收描述符数量(transmit DMA descriptors)	2
DMA 发送描述符数量(transmit DMA descriptors)	2

　　本书示例使用上面描述的库配置,即配置♯2。为了向读者演示在不同的硬件配置上 μC/TCP-IP 协议的表现,我们还提供了两个额外的配置,但这并没有在本书中给出。使用这三种配置的 UDP 和 TCP 性能的测试结果在表 T4 - 5～表 T4 - 8 的部分中分别给出。表 T4 - 5～表 T4 - 8 是这两个额外的配置。

表 T4 - 5 　典型配置♯1

文　件	参　数	值
app_cfg.h	IPERF_CFG_ALIGN_BUF_EN	DEF_DISABLED
cpu_cfg.h	CPU_CFG_INT_DIS_MEAS_EN	DEF_ENABLED
	CPU_CFG_LEAD_ZEROS_ASM_PRESENT	DEF_ENABLED
os_cfg.h	OS_CFG_APP_HOOKS_EN	DEF_ENABLED

续表 T4 - 5

文　件	参　数	值
	OS_CFG_ARG_CHK_EN	DEF_ENABLED
	OS_CFG_CALLED_FROM_ISR_CHK_EN	DEF_ENABLED
	OS_CFG_DBG_EN	DEF_ENABLED
	OS_CFG_OBJ_TYPE_CHK_EN	DEF_ENABLED
	OS_CFG_SCHED_LOCK_TIME_MEAS_EN	DEF_ENABLED
net_cfg. h	NET_CFG_OPTIMIZE	NET_OPTIMIZE_SIZE
	NET_CFG_OPTIMIZE_ASM_EN	DEF_ENABLED
	NET_DBG_CFG_INFO_EN	DEF_ENABLED
	NET_DBG_CFG_STATUS_EN	DEF_ENABLED
	NET_DBG_CFG_MEM_CLR_EN	DEF_ENABLED
	NET_DBG_CFG_TEST_EN	DEF_ENABLED
	NET_ERR_CFG_ARG_CHK_EXT_EN	DEF_ENABLED
	NET_ERR_CFG_ARG_CHK_DBG_EN	DEF_ENABLED
	NET_CTR_CFG_STAT_EN	DEF_ENABLED
	NET_CTR_CFG_ERR_EN	DEF_ENABLED
	NET_TCP_CFG_RX_WIN_SIZE_OCTET	1 * 1460
	NET_TCP_CFG_TX_WIN_SIZE_OCTET	1 * 1460

表 T4 - 6　♯1 有助于提高性能的参数和值

参　数	值
设备大接收缓冲区(large receive buffers)数量	3
设备大接收缓冲区(large transmit buffers)数量	1
设备小发送缓冲区(small transmit buffers)数量	1
DMA 接收描述符数量(transmit DMA descriptors)	2
DMA 发送描述符数量(transmit DMA descriptors)	1

表 T4 - 7　典型配置♯3

文　件	参　数	值
app_cfg. h	IPERF_CFG_ALIGN_BUF_EN	DEF_ENABLED
cpu_cfg. h	CPU_CFG_INT_DIS_MEAS_EN	DEF_DISABLED
	CPU_CFG_LEAD_ZEROS_ASM_PRESENT	DEF_ENABLED
os_cfg. h	OS_CFG_APP_HOOKS_EN	DEF_DISABLED

文　件	参　数	值
	OS_CFG_ARG_CHK_EN	DEF_DISABLED
	OS_CFG_CALLED_FROM_ISR_CHK_EN	DEF_DISABLED
	OS_CFG_DBG_EN	DEF_DISABLED
	OS_CFG_OBJ_TYPE_CHK_EN	DEF_DISABLED
	OS_CFG_SCHED_LOCK_TIME_MEAS_EN	DEF_DISABLED
net_cfg.h	NET_CFG_OPTIMIZE	NET_OPTIMIZE_SIZE
	NET_CFG_OPTIMIZE_ASM_EN	DEF_ENABLED
	NET_DBG_CFG_INFO_EN	DEF_DISABLED
	NET_DBG_CFG_STATUS_EN	DEF_DISABLED
	NET_DBG_CFG_MEM_CLR_EN	DEF_DISABLED
	NET_DBG_CFG_TEST_EN	DEF_DISABLED
	NET_ERR_CFG_ARG_CHK_EXT_EN	DEF_DISABLED
	NET_ERR_CFG_ARG_CHK_DBG_EN	DEF_DISABLED
	NET_CTR_CFG_STAT_EN	DEF_DISABLED
	NET_CTR_CFG_ERR_EN	DEF_DISABLED
	NET_TCP_CFG_RX_WIN_SIZE_OCTET	5 * 1460
	NET_TCP_CFG_TX_WIN_SIZE_OCTET	8 * 1460

表 T4－8　♯3 有助于提高性能的参数和值

参　数	值
设备大接收缓冲区(large receive buffers)数量	10
设备大接收缓冲区(large transmit buffers)数量	8
设备小发送缓冲区(small transmit buffers)数量	3
DMA 接收描述符数量(transmit DMA descriptors)	5
DMA 发送描述符数量(transmit DMA descriptors)	8

4.4　UDP 性能

当被用于测试 UDP 性能时,IPerf 允许用户指定数据报大小,它会提供关于数据包吞吐量和丢包情况的结果。

4.4.1 将目标板用作服务器

当目标板作为服务器时,PC 即为客户端。客户端被设置为运行 3 秒的测试。对于所有测试,除了输出被设置为 — m 值(Mbits)外,其他参数均使用了默认值。图 F4 - 21是示例♯4 的运行结果。

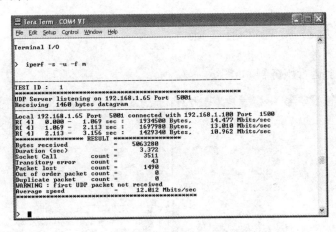

图 F4 - 21 开发板作为服务器

通过 UDP Bandwidth 输入框,客户端被配置为每秒发送 20 Mbit/s 数据,选择这个数值是为了确保嵌入式目标板无法接收所有的 UDP 数据(丢包)。通过选中或取消勾选在设置窗口底部的复选框,客户端也被配置为不显示带宽图、且在运行新一轮 IPerf 测试时清除之前的结果,如图 F4 - 22 所示。

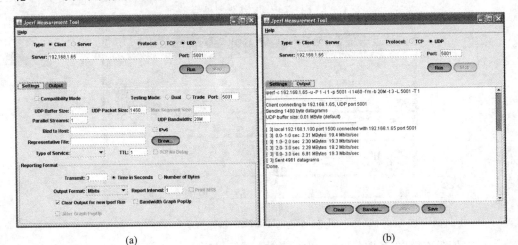

| (a) | (b) |

图 F4 - 22 PC 作为服务器

对比图 F4 - 22 和图 F4 - 21 中的结果,可以看到客户端发送数据的速度约为 19.3 Mbit/s,而嵌入式目标板接收数据的速度为 12 Mbit/s。那么,这些 UDP 数据包到哪里去了呢。请记住,与更快的流量生成者(PC)相比,嵌入式目标板是一个较慢的流量消费者,丢失的数据包并没有被嵌入式目标板接收到。而由于 UDP 是不可靠的传送协议,这些数据就会丢失。如果开发者想要建立一个基于 UDP 的可靠传送,那么就必须在程序代码中实现相应的控制机制,例如简单文件传送协议(TFTP)。

4.4.2　将开发板用作客户端

先在 PC 上运行服务器,如图 F4 - 23 所示。

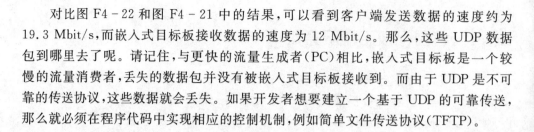

(a)　　　　　　　　　　　　　　　　　　　(b)

图 F4 - 23　PC 作为服务器

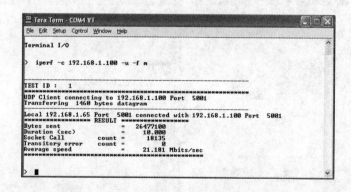

图 F4 - 24　目标板作为客户端

对比图 F4 - 23 和图 F4 - 24 中的数据,可以看到嵌入式开发板以约 21.2 Mbit/s 的速度发送数据,且很明显地可以看到 PC 可以无压力地接收这些数据。

4.4.3　UDP 测试总结

相同的客户机/服务器和服务器/客户端使用不同的了不同 μC/TCP-IP 配置参数进行了测试。这 3 个 μC/TCP-IP 配置(见 4.3 节"μC/TCP-IP 库的配置")的测试结果如表 T4 - 9 所列。

表 T4 - 9　不同 TCP/IP 协议栈配置下的 UDP 性能

测试方向	库配置	性　能
Target Server/PC Client	配置 1	0.01 Mpbs
	配置 2	12.0 Mbps
	配置 3	36.1 Mbps
Target Client/PC Server	配置 1	11.7 Mbps
	配置 2	21.2 Mbps
	配置 3	46.7 Mbps

4.5　TCP 性能

TCP 需要配置更多的参数,以实现最佳的性能。下面的测试使用了本书配套的二进制库的配置,该配置在上一节中的配置♯2 中已经进行了说明。

4.5.1　将开发板用作服务器

在客户端运行前首先运行服务器,以便其可以监听客户端的请求。

在图 F4 - 25 和图 F4 - 26 中的测试结果是完全相同,这是由于 TCP 是可靠的传输协议,它保证了传输过程的可靠性。

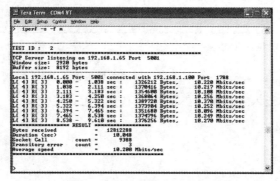

图 F4 - 25　开发板作为服务器

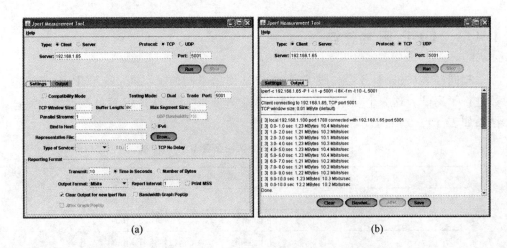

(a)   (b)

图 F4 - 26   PC 作为客户端

4.5.2   将开发板用作客户端

在 PC 上先行启动服务器,如图 F4 - 27,图 F4 - 28 所示。

应该注意,PC 上的 IPerf 有时可能不能像我们想象的那样工作。这时,可以尝试关闭该程序、杀死相应进程(即使程序已经关闭了时)或者重启计算机。

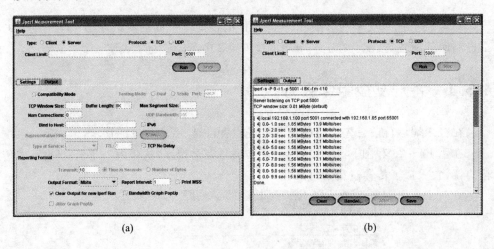

(a)   (b)

图 F4 - 27   PC 作为服务器

这个测试说明嵌入式开发板在发送 TCP 分段时比接受 TCP 分段更快。

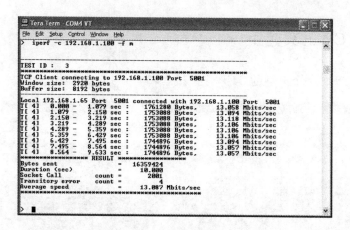

图 F4 - 28　开发板作为客户端

4.6　TCP 性能测试总结

　　相同的客户机/服务器和服务器/客户端使用了不同的 μC/TCP-IP 配置参数进行了测试。这 3 个 μC/TCP-IP 配置(见 4.3 节"μC/TCP-IP 库的配置")的测试结果如表 T4 - 10 所列。

表 T4 - 10　不同 ICP/IP 协议栈配置下的 UDP 性能

测试方向	库配置	性能/(Mbit/s)
Target Server/PC Client	配置 1	7.8
	配置 2	10.2
	配置 3	19.0
Target Client/PC Server	配置 1	0.055
	配置 2	13.1
	配置 3	25.0

4.7　使用 Wireshark 网络协议分析仪

　　本书第 2 部分第 3 章"使用 Wireshark 网络协议分析仪"中已经对 Wireshark 的安装和使用进行了说明。在本章中,IPerf 用于运行 UDP 和 TCP 性能测试。结合 Wireshark 和 IPerf,可以更加清晰地了解本书中有关 TCP 的概念。

4.7.1 TCP 三次握手

图 F4-29 是一个典型的 TCP 连接过程,3~5 号包是 TCP 三次握手的过程。

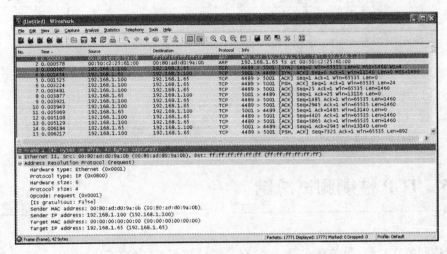

图 F4-29 Wireshark 对一次 IPerf 的抓包

4.7.2 TCP 流控

由于 TCP 接收窗口很容易被以太网控制器和驱动程序填满,图 F4-30 中给出了几种不同的 TCP 消息,应该注意到 Zero Window 和 Window Update 消息。用于产生测试结果的配置和本书中示例的配置不同,如表 T4-11、表 T4-12 所列。

表 T4-11 测值结果的配置

文 件	参 数	值
app_cfg. h	IPERF_CFG_ALIGN_BUF_EN	DEF_ENABLED
cpu_cfg. h	CPU_CFG_INT_DIS_MEAS_EN	DEF_ENABLED
	CPU_CFG_LEAD_ZEROS_ASM_PRESENT	DEF_ENABLED
os_cfg. h	OS_CFG_APP_HOOKS_EN	DEF_ENABLED
	OS_CFG_ARG_CHK_EN	DEF_ENABLED
	OS_CFG_CALLED_FROM_ISR_CHK_EN	DEF_ENABLED
	OS_CFG_DBG_EN	DEF_ENABLED
	OS_CFG_OBJ_TYPE_CHK_EN	DEF_ENABLED
	OS_CFG_SCHED_LOCK_TIME_MEAS_EN	DEF_ENABLED

文 件	参 数	值
net_cfg. h	NET_CFG_OPTIMIZE	NET_OPTIMIZE_SIZE
	NET_CFG_OPTIMIZE_ASM_EN	DEF_ENABLED
	NET_DBG_CFG_INFO_EN	DEF_ENABLED
	NET_DBG_CFG_STATUS_EN	DEF_ENABLED
	NET_DBG_CFG_MEM_CLR_EN	DEF_ENABLED
	NET_DBG_CFG_TEST_EN	DEF_ENABLED
	NET_ERR_CFG_ARG_CHK_EXT_EN	DEF_ENABLED
	NET_ERR_CFG_ARG_CHK_DBG_EN	DEF_ENABLED
	NET_CTR_CFG_STAT_EN	DEF_ENABLED
	NET_CTR_CFG_ERR_EN	DEF_ENABLED
	NET_TCP_CFG_RX_WIN_SIZE_OCTET	1 * 1460
	NET_TCP_CFG_TX_WIN_SIZE_OCTET	1 * 1460

嵌入式开发板接收窗口的大小被设为一个 TCP 分段(即 1460,而 PC 客户端发送缓冲区大小为 7 300 B)。

表 T4 - 12 主要参数和值

参 数	值
设备大接收缓冲区(large receive buffers)数量	3
设备大接收缓冲区(large transmit buffers)数量	1
设备小发送缓冲区(small transmit buffers)数量	1
DMA 接收描述符数量(transmit DMA descriptors)	2
DMA 发送描述符数量(transmit DMA descriptors)	1

Wireshark 捕获的数据类似于图 F4 - 31 所示。

额外的流量控制消息是性能下降和类似接收窗口大小跟接收描述符数量相匹配的测试引起的。

4.7.3 错误的 TCP 接受窗口大小测试

接下来的测试是在对本书第一部分中所介绍的关于 TCP 接收窗口大小的重要性的示范。本书 μC/Library 库配置为使用 4 个接收缓冲器和两个接收 DMA 描述符。4.5 节测试所使用 TCP 接收窗口的大小是 2920,这个大小与可用描述符的数量相匹配。然而在接下来将会观察到,当 TCP 接收窗口的大小配置不正确时,会对性

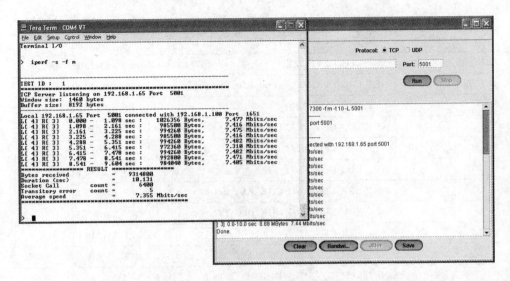

图 F4 - 30　小接收窗口示范 TCP 流控

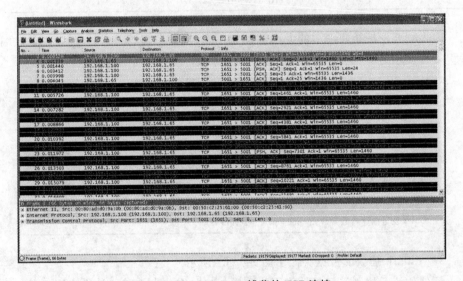

图 F4 - 31　Wireshark 捕获的 TCP 流控

能造成的影响。换句话说，故意改变接收窗口的大小，使 PC 客户端认为嵌入式开发板仍然有足够的性能接收 PC 所发送的数据包，在这种情况下，一些数据包将会丢失（即不能被接收到）。TCP 的流控机制将开始发挥作用并试图解决这种情况，但这一切都是以牺牲性能为代价的。

产生这种结果的配置和本书中例子的库的配置是不同的，如表 T4 - 13、表 T4 - 14 所示。

表 T4 – 13　测试结果的配置

文件	参数	值
app_cfg. h	IPERF_CFG_ALIGN_BUF_EN	DEF_ENABLED
cpu_cfg. h	CPU_CFG_INT_DIS_MEAS_EN	DEF_ENABLED
	CPU_CFG_LEAD_ZEROS_ASM_PRESENT	DEF_ENABLED
os_cfg. h	OS_CFG_APP_HOOKS_EN	DEF_ENABLED
	OS_CFG_ARG_CHK_EN	DEF_ENABLED
	OS_CFG_CALLED_FROM_ISR_CHK_EN	DEF_ENABLED
	OS_CFG_DBG_EN	DEF_ENABLED
	OS_CFG_OBJ_TYPE_CHK_EN	DEF_ENABLED
	OS_CFG_SCHED_LOCK_TIME_MEAS_EN	DEF_ENABLED
net_cfg. h	NET_CFG_OPTIMIZE	NET_OPTIMIZE_SIZE
	NET_CFG_OPTIMIZE_ASM_EN	DEF_ENABLED
	NET_DBG_CFG_INFO_EN	DEF_ENABLED
	NET_DBG_CFG_STATUS_EN	DEF_ENABLED
	NET_DBG_CFG_MEM_CLR_EN	DEF_ENABLED
	NET_DBG_CFG_TEST_EN	DEF_ENABLED
	NET_ERR_CFG_ARG_CHK_EXT_EN	DEF_ENABLED
	NET_ERR_CFG_ARG_CHK_DBG_EN	DEF_ENABLED
	NET_CTR_CFG_STAT_EN	DEF_ENABLED
	NET_CTR_CFG_ERR_EN	DEF_ENABLED
	NET_TCP_CFG_RX_WIN_SIZE_OCTET	4 * 1460
	NET_TCP_CFG_TX_WIN_SIZE_OCTET	2 * 1460

表 T4 – 14　主要参数和值

参　数	值
设备大接收缓冲区(large receive buffers)数量	4
设备大接收缓冲区(large transmit buffers)数量	2
设备小发送缓冲区(small transmit buffers)数量	2
DMA 接收描述符数量(transmit DMA descriptors)	2
DMA 发送描述符数量(transmit DMA descriptors)	2

　　图 F4 – 32 展示了由于目标板没有产生 ACK 报文而导致 PC 发出大量的重传数据包。

　　注意:标记为黑色的包通常代表为了解决网络传输问题时而产生的 TCP 控制报

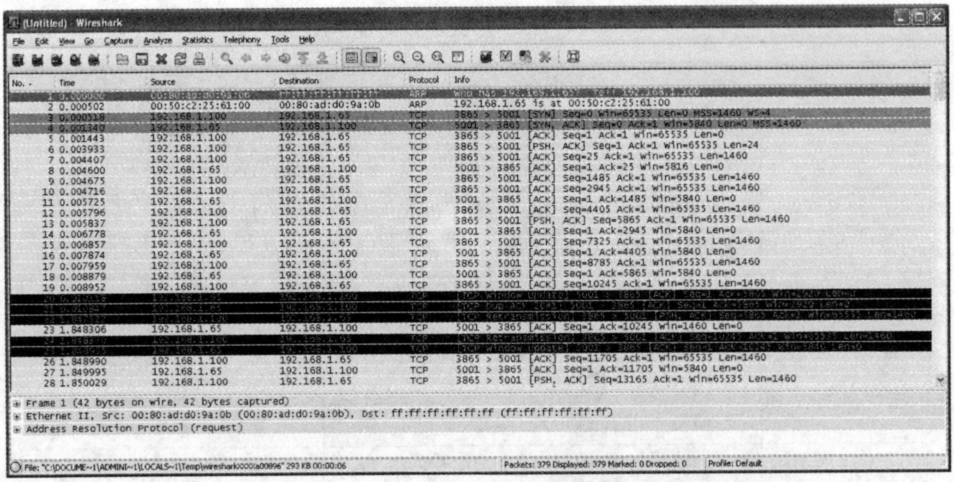

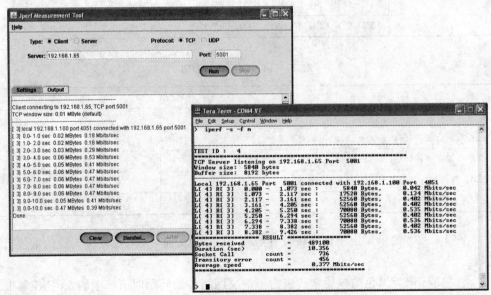

图 F4 - 32　使用比实际接收描述符大的 TCP 窗口大小模拟网络阻塞情况

文。包♯20 是 TCP Window update 报文，表示在处理完本次或下一个包之后，TCP
将使用新的接收窗口大小。包♯21 是一个重复确认消息，该数据包此前已经由服务
器 ACK。包♯22 是来自客户端的重传，重传可能是由于在 TCP 重传超时（Re-
transmission Time Out，RTO）前没有收到 ACK 或者由于重复确认导致。包♯24 是
另一个关于重传的示例。

　　由于所有这些额外的流量控制消息的存在，在当前的 TCP/IP 协议栈配置的情况
下，将不能达到以往的吞吐量表现。请记住，在我们的典型配置下，能够达到 7～
8 Mbit/s的速度；图 F4 - 33 中所示的低于 1 Mbit/s 的测试结果表明有配置或网络
问题。

图 F4 - 33　在网络有问题时性能的下降

4.8　总　结

应该注意：

IPerf 是系统级验证的极好工具，它可以被用做产生网络流量、定位网络问题及压力测试的工具。

IPerf 同样是一个获取性能统计情况的极好工具，其有用性也体现在它是一个标准工具，用该工具进行的测试可以同使用该工具进行的其他测试进行等价比较。

TCP、UDP 的性能取决于 TCP/IP 协议栈的多个配置参数，IPerf 允许我们测试所有的可能的排列组合和参数值。

μC/Probe 提供了可以检测嵌入式系统运行情况的工作空间，这些工作空间中包含了大量的有用数据。μC/Probe 还可以检测有关 μC/TCP-IP 的大量内部变量。

当使用 IPerf 测试嵌入式 TCP/IP 协议栈时，可以使用 Wireshark 来监视和解析网络数据包及协议行为。

本章涵盖了目标板上运行 UDP 和 TCP 协议的相关内容，它们是用于任何应用程序的基础。μC/IPerf 是一个有趣的应用程序，但它不提供给商业产品使用；它也是一个基于套接字的应用程序，多数嵌入式系统的服务都与之类似。这些服务中最好的例子就是著名的 Web 服务器（也称为 HTTP 服务器），而第 5 章就是一个使用 Micriμm 公司 μC/HTTPs Web 服务器的例子。

第 5 章

HTTP 服务器示例

　　本章的示例工程实现了一个嵌入式 Web 服务器,它常被用来配置嵌入式系统或从嵌入式系统中读取数据。用图形化的方式来向嵌入式系统传递数据,或者从嵌入式系统中获取数据,既是业界发展的必然趋势,也是一种不错的选择。

5.1　μC/TCP-IP 示例♯5

　　本示例使用了与示例♯1 相同的 IAR EWARM 工作空间,按照示例♯1 中的方法将其打开(见第 3 章)。

　　打开 IAR Embedded Workbench for ARM 并且打开如下的工作空间:
\Micrium\Software\EvalBoards\Micrium\uC-Eval-STM32F107\IAR\uC-TCPIP-V2-Book\uC-Eval-STM32F107-TCPIP-V2. eww

　　单击位于 Workspace explorer 下方的 uC－TCPIP－V2－Ex5 标签打开第五个工程,该工程除了多了 μC/HTTPs 模块外与之前章节的工程完全相同。μC/HTTPs 用户手册是本书可下载工具包的一部分,请参见第 2 章"软件"一节。

　　图 F5－1 是 Workspace explorer 中 μC/HT-TPs 与示例♯1 的不同点,μC/HTTPs 组包含了

图 F5－1　Workspace explorer 中 μC/HTTPs 与示例♯1 的不同点

μC/HTTPs 库的目标代码及头文件,头文件中包含了应用程序所需要的宏定义及声明。

　　本例中的 main( )函数与示例♯1 的完全相同,AppTaskStart( )函数略有不同是因为需要初始化 HTTP 服务器,程序清单 L5－1 所示。

```
static   void   AppTaskStart (void * p_arg)                              (1)
{
    CPU_INT32U   cpu_clk_freq;
    CPU_INT32U   cnts;
    OS_ERR       err_os;
    (void)&p_arg;

    BSP_Init( );                                                         (2)
    CPU_Init( );                                                         (3)
    cpu_clk_freq = BSP_CPU_ClkFreq( );                                   (4)
    cnts = cpu_clk_freq / (CPU_INT32U)OSCfg_TickRate_Hz;
    OS_CPU_SysTickInit(cnts);

# if (OS_CFG_STAT_TASK_EN > 0u)
    OSStatTaskCPUUsageInit(&err_os);                                     (5)
# endif

# ifdef CPU_CFG_INT_DIS_MEAS_EN
    CPU_IntDisMeasMaxCurReset( );                                        (6)
# endif

# if (BSP_SER_COMM_EN == DEF_ENABLED)
    BSP_Ser_Init(19200);                                                 (7)
# endif

    Mem_Init( );                                                         (8)
    AppInit_TCPIP(&net_err);                                             (9)
    App_HTTPs_Init( );                                                   (10)
    App_TempSensorInit( );                                               (11)

    BSP_LED_Off(0u);                                                     (12)
    while (1) {                                                          (13)
        BSP_LED_Toggle(0u);                                              (14)
        OSTimeDlyHMSM((CPU_INT16U)    0u,                                (15)
                      (CPU_INT16U)    0u,
                      (CPU_INT16U)    0u,
                      (CPU_INT16U)    100u,
                      (OS_OPT    )    OS_OPT_TIME_HMSM_STRICT,
                      (OS_ERR    * )  &err_os);
    }
}
```

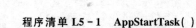

程序清单 L5-1 AppStartTask( )

第一步到第九步与示例♯1中的 AppTaskStart( )完全相同。

L5-1(10) App_HTTPs_Init( )初始化 HTTP 服务器,关于其详细信息请参见清单 L5-2。

L5-1(11) App_TempSensorInit( )初始化温度传感器,温度传感器的读数将被展示在 Web 页面上。

剩余部分的代码与示例♯1中的 AppTaskStart( )完全相同。

AppTaskStart( )调用 AppInit_TCPIP( )初始化 TCP/IP 协议栈,该函数与第 3章"μC/TCP-IP 基本示例"中的函数完全相同。App_HTTPs_Init( )的代码如清单 L5-2 所示。

```
static   void   App_HTTPs_Init (void)
{
    CPU_BOOLEAN   cfg_suCcess;


    cfg_suCcess = HTTPs_Init( );                                        (1)
    APP_TEST_FAULT(cfg_suCcess, DEF_OK);


    cfg_suCcess = Apps_FS_Init( );                                      (2)
    APP_TEST_FAULT(cfg_suCcess, DEF_OK);


    cfg_suCcess = Apps_FS_AddFile((CPU_CHAR *)&STATIC_INDEX_HTML_NAME,  (3)
                                  (CPU_CHAR *)&Index_html,
                                  (CPU_INT32U) STATIC_INDEX_HTML_LEN);
    APP_TEST_FAULT(cfg_suCcess, DEF_OK);


    cfg_suCcess = Apps_FS_AddFile((CPU_CHAR *)&STATIC_LOGO_GIF_NAME,    (4)
                                  (CPU_CHAR *)&Logo_Gif,
                                  (CPU_INT32U) STATIC_LOGO_GIF_LEN);
    APP_TEST_FAULT(cfg_suCcess, DEF_OK);
}
```

程序清单 L5-2 App_HTTPs_Init( )

L5-2(1) HTTPs_Init( )启动 HTTP 服务器。

L5-2(2) Apps_FS_Init( )初始化文件系统。HTTP 服务器需要一个文件系统来保存 Web 页面。在本例中,文件系统被配置为使用预先烧写在 Flash 中的静态页面。

L5 - 2(3)　index. html 与示例被编译在一起并烧写到 Flash 中。Apps_FS_AddFile
　　　　　( )载入 HTTP 服务器用到的文件,以节省 RAM 空间(对我们的处理器
　　　　　和多数微处理器而言,Flash 往往比 RAM 大)。

L5 - 2(4)　本例中的 index. html 页面中有一个与应用程序一起被编译并下载到
　　　　　Flash 中的图片 logo. gif,Apps_FS_AddFile( )用于加载这个文件。

　　本示例中的网页显示了静态的 μC / OS-III 和 μC/TCP-IP 的版本号。为了显示
动态的值,该网页使用了 μC/Eval-STM32F107 开发板上的温度传感器来测量并显
示华氏和摄氏温度。

```
static void App_TempSensorInit (void
{
        BSP_STLM75_CFG          stlm75_cfg;
        stlm75_cfg.FaultLevel = (CPU_INT08U )BSP_STLM75_FAULT_LEVEL_1;      (1)
        stlm75_cfg.HystTemp = (CPU_INT16S )1;
        stlm75_cfg.IntPol = (CPU_BOOLEAN)BSP_STLM75_INT_POL_HIGH;
        stlm75_cfg.Mode = (CPU_BOOLEAN)BSP_STLM75_MODE_INTERRUPT
        stlm75_cfg.OverLimitTemp = (CPU_INT16S )88;

        BSP_STLM75_Init( );                                                (2)
        BSP_STLM75_CfgSet(&stlm75_cfg);
}
```

程序清单 L5 - 3　App_TempSensorInit( )

L5 - 3(1)　LM75 是一个相当灵活的设备,它能够在温度超过一定阈值时产生中断。
　　　　　这些代码用于配置 LM75,使它可以向 Web 服务器传回读温度的值。

L5 - 3(2)　LM75 的初始化和配置。

　　对于要从嵌入式开发板上发送/接收数据的 Web 页面而言,需要在应用程序中
定义两个附加函数(都位于 app. c 中)。第一个是 HTTPs_ValReq( ),它是一个必须
在应用程序中实现的回调函数,用于返回对应的令牌(TOKEN,实际是 GET 或
POST 方法提交的参数,或者要生成的 HTML 中的动态内容,译者注),令牌被将从
嵌入式开发板中获取的数据传递给 Web 页面。程序清单 L5 - 4 描述了这个回调
函数。

```
CPU_BOOLEAN HTTPs_ValReq (CPU_CHAR     * p_tok, CPU_CHAR * * p_val)
{
        CPU_CHAR     buf[HTTPs_VAL_REQ_BUF_LEN];                           (1)
#if (LIB_VERSION > = 126u)
        CPU_INT32U   ver;
```

```
#elif (LIB_STR_CFG_FP_EN == DEF_ENABLED)
          CPU_FP32      ver;
#endif
          OS_TICK       os_time_tick;
          CPU_FP32      os_time_sec;
          OS_ERR        os_err;

          (void)Str_Copy(&buf[0], "% % % % % % % %");
          * p_val = &buf[0];                                               (2)
          /* ---------------------- OS VALUES ---------------- */
                                                                           (3)
          if (Str_Cmp(p_tok, "OS_VERSION")                  == 0) {        (4)
#if (LIB_VERSION >= 126u)
#if (OS_VERSION > 300u)
          ver =  OS_VERSION / 1000;
          (void)Str_FmtNbr_Int32U(ver,  2, DEF_NBR_BASE_DEC, '', DEF_NO, DEF_NO,
&buf[0]);

          buf[2] = '.';

          ver = (OS_VERSION /  10) % 100;
          (void)Str_FmtNbr_Int32U(ver,  2, DEF_NBR_BASE_DEC, '0', DEF_NO, DEF_NO,
&buf[3]);

          buf[5] = '.';
          ver = (OS_VERSION /  1) % 10;
          (void)Str_FmtNbr_Int32U(ver,  1, DEF_NBR_BASE_DEC, '0', DEF_NO, DEF_
YES, buf[6]);

          buf[8] = '\0';
#else
          ver = OS_VERSION / 100;
          (void)Str_FmtNbr_Int32U(ver,  2, DEF_NBR_BASE_DEC, '', DEF_NO, DEF_NO,
&buf[0]);

          buf[2] = '.';
          ver = (OS_VERSION /  1) % 100;
          (void)Str_FmtNbr_Int32U(ver,  2, DEF_NBR_BASE_DEC, '0', DEF_NO, DEF_YES,
&buf[3]);

          buf[5] = '\0';
#endif
#elif (LIB_STR_CFG_FP_EN == DEF_ENABLED)
#if   (OS_VERSION > 300u)
          ver = (CPU_FP32)OS_VERSION / 1000;
          (void)Str_FmtNbr_32(ver, 2, 2, '', DEF_NO, &buf[0]);
          ver = (CPU_FP32)OS_VERSION / 10;
```

```
                    (void)Str_FmtNbr_32(ver,  0,   1, \0, DEF_YES, &buf[6]);
    # else

                    ver = (CPU_FP32)OS_VERSION / 100;
                    (void)Str_FmtNbr_32(ver, 2, 2, \0,   DEF_YES, &buf[0]);
    # endif
    # endif

                 }  else if (Str_Cmp(p_tok, "OS_TIME"          ) == 0) {
                    os_time_tick = (OS_TICK )OSTimeGet(&os_err);
                    os_time_sec = (CPU_FP32)os_time_tick / OS_CFG_TICK_RATE_HZ;
                    (void)Str_FmtNbr_32(os_time_sec, 7u,  3u, \0, DEF_YES, &buf[0]);

                 /* ----------- NETWORK PROTOCOL SUITE VALUES ---------- */ (5)
                 } else if (Str_Cmp(p_tok, "NET_VERSION") == 0) {
    # if (LIB_VERSION >= 126u)
    # if (NET_VERSION > 205u)
                    ver =  NET_VERSION / 10000;
                    (void)Str_FmtNbr_Int32U(ver,  2, DEF_NBR_BASE_DEC, '', DEF_NO, DEF_NO,
&buf[0]);

                    buf[2] = '.';
                    ver = (NET_VERSION /  100) % 100;
                    (void)Str_FmtNbr_Int32U(ver,  2, DEF_NBR_BASE_DEC, 0, DEF_NO, DEF_NO,
&buf[3]);

                    buf[5] = '.';
                    ver = (NET_VERSION /  1) % 100;
                    (void)Str_FmtNbr_Int32U(ver,  2, DEF_NBR_BASE_DEC, 0, DEF_NO, DEF_YES,
&buf[6]);

                    buf[8] = \0;


    # else
                    ver = NET_VERSION /  100;
                    (void)Str_FmtNbr_Int32U(ver,  2, DEF_NBR_BASE_DEC, '', DEF_NO, DEF_NO,
&buf[0]);

                    buf[2] = '.';
                    ver = (NET_VERSION /  1) % 100;
                    (void)Str_FmtNbr_Int32U(ver,  2, DEF_NBR_BASE_DEC, 0, DEF_NO, DEF_YES,
&buf[3]);

                    buf[5] = \0;
    # endif

    # elif (LIB_STR_CFG_FP_EN == DEF_ENABLED)
    # if    (NET_VERSION > 205u)
```

```
        ver = (CPU_FP32)NET_VERSION / 10000;
        (void)Str_FmtNbr_32(ver, 2, 2, '.', DEF_NO, &buf[0]);


        ver = (CPU_FP32)NET_VERSION / 100;
        (void)Str_FmtNbr_32(ver, 0, 2, '\0', DEF_YES, &buf[6]);


#else

        ver = (CPU_FP32)NET_VERSION / 100;
        (void)Str_FmtNbr_32(ver, 2, 2, '\0', DEF_YES, &buf[0]);

#endif
#endif
        /* --------------- APPLICATION VALUES --------------- */
                                                             (6)

    } else if (Str_Cmp(p_tok, "TEMP_C") == 0) {
        (void)Str_FmtNbr_Int32S(AppTempSensorDegC, 3,
DEF_NBR_BASE_DEC, '\0', DEF_NO, DEF_YES, &buf[0]);


    } else if (Str_Cmp(p_tok, "TEMP_F") == 0) {
        (void)Str_FmtNbr_Int32S(AppTempSensorDegF, 3,
DEF_NBR_BASE_DEC, '\0', DEF_NO, DEF_YES, &buf[0]);
    }
    return DEF_OK;
}
```

程序清单 L5 - 4　HTTPs_ValReq( )

L5 - 4(1)　初始化用于将嵌入式开发板的数据传送到 HTTP 服务器的存储空间。

L5 - 4(2)　指向用于返回要求值存储区域的位置的指针。

L5 - 4(3)　这几行代码获取 μC/OS-Ⅲ 的版本号并把它转换为字符保存在 &buf[ ] 中。这个函数返回后，HTTP 服务器将得到这个字符数组然后在网页上显示它们。

L5 - 4(4)　输入参数 p_tok 用于确定 HTTP 服务器正在请求哪个变量。

L5 - 4(5)　这几行代码获取 μC/TCP-IP 的版本号，并把它转换成为字符保存在 &buf[]中。

L5 - 4(6)　根据 p_tok 参数选择的温度范围，这几行代码获取 μC/Eval－STM32F107 开发板上温度传感器的值，并把它转换为字符保存在 &buf[ ]中。

　　第二个函数是 HTTPs_ValRx( )，这是一个必须在应用中实现的回调函数，用来处理 POST 动作收到的值、获取用户从网页中输入的信息。这里是 LED1 所使用的 HTML 代码的例子。

```
<form action = "index. html" method = "POST">
    <p>
        <input name = "LED" type = "hidden" value = "LED1">
        < input type = "submit" value = "Toggle LED 1" class = "bluebutton">
    </p>
</form>
```

HTTPs_ValRx( )的实现如程序清单 5 - 5 所示。

```
CPU_BOOLEAN HTTPs_ValRx (CPU_CHAR * p_var, CPU_CHAR * p_val)
{
        CPU_INT16U    cmp_str;
        CPU_BOOLEAN   ret_val;
      ret_val = DEF_FAIL;
      cmp_str = Str_Cmp((CPU_CHAR * )p_var,                              (1)
                          (CPU_CHAR * )HTML_LED_INPUT_NAME);
      if (cmp_str == 0) {
          cmp_str = Str_Cmp((CPU_CHAR * )p_val,     /* Toggle LED 1.  */  (2)
                          (CPU_CHAR * )HTML_LED1_TOGGLE_INPUT_VALUE);
      if (cmp_str == 0) {
          BSP_LED_Toggle(1u);
          ret_val = DEF_OK;
      }
      cmp_str = Str_Cmp((CPU_CHAR * )p_val,           /* Toggle LED 2.  */  (3)
                          (CPU_CHAR * )HTML_LED2_TOGGLE_INPUT_VALUE);
      if (cmp_str == 0) {
          BSP_LED_Toggle(2u);
          ret_val = DEF_OK;
      }
      }
      return (ret_val);
}
```

程序清单 L5 - 5　HTTPs_ValRx( )

L5 - 5(1)　此函数用于处理多种输入。第一参数 * p_var 决定输入变量的类型,在
　　　　　这种情况下,我们实际处理的是"LED"。

L5 - 5(2)　检查在网页上单击的是哪一个 LED, * p_val 的值或者是 LED1 或者是
　　　　　LED2。当 LED1 被选中时,它通过 BSP_LED_Toggle( )函数被打开或关闭。

L5 - 5(3)　当 LED2 被选中时,它同样它通过 BSP_LED_Toggle( )函数被打开或
　　　　　关闭。

5.2 运行应用

如图 F5-2 所示,代码运行后,评估板上的一个 LED(LED3)会闪烁。本示例使用了配置静态 IP 配置,如果用户没有修改过的话,那么评估板的 IP 地址为 192. 168.1.65。在 PC 连接到与评估板相同的网络上后(见清单 L5-2),就可以通过在网页浏览器的地址栏输入 http://192.168.1.65 来访问嵌入式开发板了。

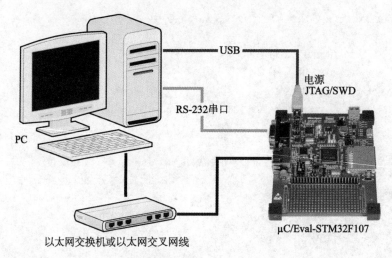

图 F5-2 将 PC 和 μC/Eval-STM32F107 连接在一起

注意:本示例中没有文件系统而使用了所谓的静态的文件系统。事实上,Web 网页储存在 Flash 的代码段内。为了实现这一目标,我们使用了位于 webpages.h 中的常数表,可以使用 BIN2C 工具完成页面到常数表的转换。在 HTTPS 初始化函数中,表被添加到静态文件系统中。HTML 代码网页例子和 BIN2C 内容位于以下目录:\ Micrium \ Software \ EvalBoards \ Micrium \ uC-Eval-STM32F107 \ IAR \ uC-TCPIP-V2-Book\uC-TCPIP-V2-Ex5\Webpages

图 F5-3 是目标板上运行的 HTTP 服务器的截图,μC/OS-III 和 μC/TCP-IP 版本号会被显示在页面上。μC/Eval-STM32F107 评估板具有一个温度传感器,示例代码会读取传感器的值然后将其显示在页面上,温度传感器的值同时以摄氏和华氏为单位显示。最后,也可以使用该页面与目标板交互,Web 页面上的两个 LED 按钮控制目标板上的 LED1 和 LED2,单击该按钮可以打开、关闭目标板上相应的 LED。

在工程运行时,也可以打开如下所示的 μC/Probe 工作空间来观察系统运行:\ Micrium\ Software\ EvalBoards\ Micrium\ uC-Eval-STM32F107\ IAR\ uC-TCPIP-V2-Book\uC-TCPIP-V2-Ex5\uC-TCPIP-V2-Ex5-Probe.wsp

这个工作空间跟此前所用的工作空间相同。

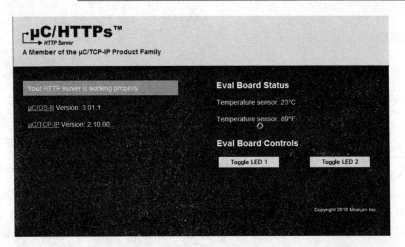

图 F5-3　运行在嵌入式开发板 HTTP 服务器中的 Web 界面

　　另外,由于本实例中涉及了新的协议,也可以使用 Wireshark 来可视化地观察网页打开、显示及使用时的数据包。

5.3　总　结

　　本章结合以太网驱动程序和完整的 TCP/IP 协议栈,尤其在给出了 HTTP 服务器代码的情况下,示范了在 TCP/IP 协议栈的基础下实现一个 Web 服务器是一件很容易的工作。

　　index. html 演示了如何从嵌入式目标板上获取信息并显示在 Web 页面上,也显示了如何将用户在 Web 页面上输入的信息传递给目标板。

　　有几点需要主要:

　　(1) HTTP 是一个非常流行的协议,它可以给远程用户提供一个访问嵌入式系统的专业图形接口。使用 Web 服务器,开发人员就可以直接使用常用的浏览器(Internet Explorer、Safari、Firefox、Chrome 等等)而不用单独开发客户端了。

　　(2) HTTP 基于 TCP 协议,在使用 HTTP 协议时应该正确配置协议栈和分配资源。

　　(3) 使用 μC/Probe 可以检测正在运行的嵌入式系统,也可以利用它检测 μC/TCP-IP 的内部操作。

　　(4) 在 HTTP 服务器运行期间,可以使用 Wireshark 来捕获和解析网络数据包。

　　本章解释了如何使用 HTTP 服务器,该应用使得产品拥有了时代感和易用性。示例代码给出了在使用 TCP/IP 协议栈的开发板上,从以太网驱动、到应用层代码、到最终在嵌入式设备上向一个用户或系统提供 Web 服务的完整示范。

附录 A

以太网驱动

　　本章对 ST 意法半导体公司 STM32F107 所集成的以太网控制器的驱动程序进行了介绍。STM32F107 的手册包含在本章示例工程所在的压缩文件包中,可以参考第 2 章了解如何下载这些文件。

　　本书附带示例中的 STM32F107 以太网驱动程序是以目标文件而不是以源代码形式给出的。如果想获取源代码,必须从 Microμm 公司获取许可(见附录 G)。

　　Microμm 提供了 Network Device Driver API 和数据结构约定。在遵守这些命名约定、标准约定以及软件开发模式的情况下,可以简化设备驱动程序的调试及测试过程,也使得开发人员可以更加容易了解其他人编写的设备驱动程序。

　　由于 μC/TCP-IP 支持相同类型的多个接口,所以在开发驱动程序时要务必保证可重入性。通过避免使用全局变量和全局宏定义(例如使用设备数据结构、在驱动程序的.c 文件中定义宏),开发人员可以确保包含多个设备驱动的工程可以正常编译。

　　第 14 章"网络设备驱动程序"中对网络设备驱动程序的结构进行了简要介绍,用户也可以在以下目录中找到 Microμm 公司提供的网络设备驱动程序模板:

　　\Micrium\Software\uC-TCPIP-V2\Dev\Ether\Template

　　接下来的章节介绍了 STM32F107 集成的以太网控制器设备驱动的实现,其中与模板程序所不同的地方均已经被注明。

A.1　设备驱动约定

　　设备驱动文件名称:所有的以太网设备驱动程序均以 net_dev_＜controller＞.c 和.h 命名,其中＜controller＞代表了设备的名称。按照这个原则,本章所描述的驱动程序被命名为 net_dev_stm32f107.c 及 net_dev_stm32f107.h。

　　设备寄存器结构名称:每一个设备驱动程序均包含一个叫做 NET_DEV 的结构体,其中往往包括一个或多个 CPU_REG32 类型的成员变量,它们代表了设备地址空间中的寄存器。每一个结构体成员必须与设备手册中所给出的寄存器名称一样,并且应该大写。

A.2　DMA

　　基于 DMA 的设备驱动程序包含一个或多个设备描述符。在可能时,对于只有一个描述符的设备,该描述符应该以被命名为 DEV_DESC。对于可能存在多个描述符类型的设备,可以在该名称上进行适当的调整和变形。

　　基于 DMA 的设备驱动程序在初始化时会分配内存描述符和设备数据区。指向设备数据区的指针将被保存在结构结构中,例如 pif -> Dev_Data 被配置为指向所分配内存块的开始。所有全局变量都作为一个结构体的成员,这就实现了设备驱动程序的可重入。在设备驱动程序中不应该声明任何全局变量,也不应该在设备驱动程序的头文件中定义变量/宏(♯defines)。通过在设备驱动程序的头文件中定义变量和宏,可以避免命名冲突。

A.3　描述符

　　STM32F107 以太网控制器的驱动程序必须定义一个描述符列表。这意味着为了处理以太网帧至少需要定义两个描述符。当以太网控制器正在发送新接收到的以太网帧时,它必须有一个空闲的描述符来接受下一个可能到来的以太网帧。在STM32F107 的技术参考手册中同样有关于此的说明。

A.4　API

　　所有设备驱动程序包含一个应按照 NetDev_API_＜controller＞规则命名的API 结构,其中＜controller＞代表了驱动程序所抽象出的设备的名称,如 NetDev_API_STM32F107。

　　在调用应用程序 NetIF_Add( )时,设备驱动的 API 结构体就被用到。该结构体允许高层代码通过函数指针而不是函数名调用设备驱动提供的函数,这就可以使网络协议栈用在多种设备驱动上。

　　尽管设备驱动程序的函数名可任意选择,但我们仍建议按以下的原则命名:所有的驱动程序函数原型应以静态函数类型放在驱动程序. c 源文件(net_dev_stm32f107.c)中,以防止和其他网络协议中的设备驱动程序的命名冲突。

　　在大多数情况下,下面提供的 API 结构体示例应足以满足大多数设备驱动程序。只需要注意的是,API 结构体的名称必须可以唯一和明确地区分其所对应的设备。该 API 结构体在设备驱动程序的头文件(net_dev_stm32f107.h)中以完全相同的名称和类型被声明。

```
const   NET_DEV_API_ETHER   NetDev_API_<STM32F107> {NetDev_Init,
                                                    NetDev_Start,
                                                    NetDev_Stop,
                                                    NetDev_Rx,
                                                    NetDev_Tx,
                                                    NetDev_AddrMulticastAdd,
                                                    NetDev_AddrMulticastRemove,
                                                    NetDev_ISR_Handler,
                                                    NetDev_IO_Ctrl,
                                                    NetDev_MII_Rd,
                                                    NetDev_MII_Wr};
```

程序清单 LA - 1   STM32F107 Ethernet interface API

设备驱动程序开发人员必须确保该结构体中的所有函数均被正确地实现且按照正确的顺序排列。

Microμm 设备驱动程序的 API 函数名称没有什么特别之处。通过避免使用全局函数声明可避免命名冲突。只要 API 结构中指定的函数在源文件中正确地声明和实现,开发者就可以任意命名函数。除非有特殊的情况,用户的应用程序永远不需要按名称调用 API 函数。例如涉及重入性问题时,按名称调用设备驱动程序功能函数可能会导致不可预知的结果。

需要访问设备寄存器的所有函数,必须在试图访问这些寄存器前得到指向该设备硬件寄存器空间的指针。为了能够在运行时正确解析寄存器地址,寄存器的定义不应该是绝对的,而应该以基址的形式在设备配置结构和设备寄存器定义结构中指定。

像 STM32F107 这样使用了的 DMA 驱动程序,需要 3 个附加的函数来初始化 Rx 和 Tx 描述符、递增指向当前 RX 描述符的指针。对于通用的基于 DMA 的驱动程序而言,这些函数如下:

- NetDev_RxDescInit( )
- NetDev_RxDescPtrCurInc( )
- NetDev_TxDescInit( )
- NetDev_RxDescFreeAll( )

A.5   NetDev_Init( )

NetDev_Init( )函数初始化网络设备驱动层(Network Driver Layer)如下：
- 初始化所需的时钟源。
- 初始化外部中断控制器。
- 初始化外部 GPIO 控制器。
- 初始化设备驱动状态变量。
- 为设备 DMA 描述符分配内存。
- 初始化额外的设备寄存器：(R)MII 模式/PHY 总线类型。
- 禁止设备中断。
- 禁用设备接收和发送功能。
- 其他必要的设备初始化。

A.6   NetDev_Start( )

NetDev_Start( )通过以下步骤来启动接口硬件：
- 初始化发送信号量计数。
- 初始化硬件地址寄存器。
- 初始化发送和接收描述符。
- 清除所有挂起中断。
- 使能支持的中断。
- 使能发送、接受。
- 启动或使能 DMA。

A.7   NetDev_Stop( )

该函数用于关闭指定的网络接口：
- 禁用发送、接收。
- 禁用发送、接收请求。
- 清除挂起的中断。
- 刷新 FIFO(如果使用的话)。
- 释放所有接收描述符。
- 释放所有发送缓冲区。

A. 8　NetDev_Rx( )

该函数返回指向接收到数据的指针：
- 决定是那个接收描述符引起了中断。
- 获取要替代的数据区域的指针。
- 重新配置描述符使其指向新的数据区域。
- 设置返回地址,用指针返回接收到的数据及其大小。
- 更新当前的接收描述符指针。
- 增加计数器。

A. 9　NetDev_Tx( )

该函数发送所指定的数据：
- 检查发送是否就绪。
- 配置下一个要发送的数据的描述的指针和数据大小。
- 发出传输命令。
- 增加指向下一个传输描述符的指针。

A. 10　NetDev_RxDescFreeAll( )

该函数将描述符所占用的内存块和描述数据区内存块释放会回各自的内存池中：
- 释放接收描述符的数据区域。
- 释放接收描述符的内存块。

A. 11　NetDev_RxDescInit( )

该函数初始化指定的接口的接收描述符列表。

在调用该函数前,必须先分配内存描述符和接收缓冲区。这将确保多次调用这个函数时不会分配多余的内存,也保证 RX 描述符可以通过调用该函数安全地重新初始化。

A.12 NetDev_RxDescPtrCurInc( )

该函数使当前的描述符指针指向下一个接收描述符：
- 将当前描述符的所有权返回给 DMA。
- 指向下一个描述符。

A.13 NetDev_TxDescInit( )

该函数初始化指定接口的 Tx 描述符列表：
- 获取 Tx 描述符所在的内存。
- 初始化 Tx 描述符指针。
- 获取 Tx 描述符数据区域。
- 初始化硬件寄存器。

A.14 NetDev_ISR_Handler( )

该函数是设备的中断服务程序，它在 ISR 上下文中被按名称调用（called by name）。该中断处理程序必须在完成必要的工作后清除特定的中断。

STM32F107 参考手册第 28.6.6 节中明确说明，对于由 DMA 通道发起的任何数据传输，如果 DMA 从设备返回了错误，那么 DMA 将停止所有操作并更新错误位和总线状态寄存器（ETH_DMASR 寄存器）中的致命错误位。DMA 控制器在软或硬复位外设和重新初始化 DMA 后恢复操作。

A.15 NetDev_IO_Ctrl( )

该函数为 PHY 驱动提供了一个更新 MAC 链路和双工设置的机制。这个函数也可以由应用程序或链路状态定时器获取当前链路状态。如有必要的话，也可以增加其他的驱动程序功能。由于大多数代码是可重复使用的，因而 Micriμm 提供了一个 I/O 控制功能模板。

该函数最重要的任务是在 NET_IF_IO_CTRL_LINK_STATE_UPDATE 分支块中执行代码。无论由于中断还是 NetTmr 任务轮询时发现了链路状态改变，这个特殊的 I/O 控制函数都会被调用。一些 MAC 层硬件需要软件设置寄存器指示当前 PHY 链路速度和双工状态，这些信息被 MAC 层硬件用来计算关键网络访问时序。

如果更新链路状态的函数没有正确实现,那么当程序工作在不同的链路速度或双工模式下时可能会有异常的情况出现。

A.16 NetDev_AddrMulticastAdd( )

该函数用于配置相应硬件的硬件地址。在网络初始化后,下面的代码片段可能会被添加到 app. c 中来调用这个函数:

```
NET_ERR            err;
NET_IP_ADDR        ip;
NET_IF_NBR         if_nbr;
...
if_nbr = 1;
ip = NetASCII_Str_to_IP("224.0.0.1", &err);
ip = NET_UTIL_HOST_TO_NET_32(ip);
NetIF_AddrMulticastAdd(      if_nbr,
                      (CPU_INT08U *)&ip,
                      (CPU_SIZE_T  )sizeof(ip),
                      NET_PROTOCOL_TYPE_IP_V4,
                      &err);
```

STM32F107 以太网设备驱动程序支持以下的多播地址过滤方式:

● 完善的单组播地址过滤。
● 不完全的 64 个多播地址哈希过滤。
● 混杂非过滤,禁止过滤接收到的所有帧。

A.17 NetDev_AddrMulticastRemove( )

该函数配置硬件地址过滤以拒绝来自指定硬件地址的帧,可以参考 NetDev_AddrMulticastAdd( )函数。一旦 NetDev_AddrMulticastAdd( )通过验证,该函数就被用于计算哈希值。这两个函数唯一的区别是,NetDev_AddrMulticastRemove( )递减哈希位参考计数器和清除哈希过滤器的寄存器位。

A.18 NetDev_MII_Rd( )

NetDev_MII_Rd( ) 由 PHY 层调用来配置物理层设备寄存器。该函数可以从一个模板复制过来,只需稍加修改以适应到特定的 MAC 设备即可。关于该函数唯一的建议是确保 PHY 操作不会超时或者在超时操作后返回一个错误。超时可以从 0 到超时时间 PHY_RD_TO 的简单循环的形式实现。一旦超时发生,软件应该返回 NET_PHY_ERR_TIMEOUT_REG_RD 而不是 NET_PHY_ERR_NONE。

A.19　NetDev_MII_Wr( )

参见 NetDev_MII_Wr( )和 NetDev_MII_Rd( )中的描述。

附录 B

μC /TCP-IP 许可政策

B.1　μC /TCP-IP 许可证

B.1.1　μC /OS-III 和 μC /TCP-IP 许可证

　　本书的 μC/OS-III 源代码可以免费用于短期评估、教学或者进行和平研究。我们提供所有的源代码,方便用户的使用,并且帮助用户体验 μC/OS-III。提供源代码并不意味着用户可以不经授权而用于商业产品。源码的知识不可用于开发类似的产品。

　　本书也包含 μC /TCP-IP,已预先编译成可链接目标代码。只要最初购买的是用于教学目的,那么用户可以不需要购买其他东西。一旦代码用于商业产品而获利,用户必须购买其许可证。

　　当用户决定在设计中使用 μC/OS-III 和 μC /TCP-IP 时,就需要购买许可证,而不是当设计已经到要生产产品的时候再购买。

　　如果用户不确定是否需要为自己的应用程序获得一份许可,请联系 Miciμm 公司并和销售代表来讨论你的使用目的。

B.1.2　μC /TCP-IP 维护更新

　　μC /TCP-IP 的授权用户有一年的技术支持和维护服务,包括源代码更新。更长的技术支持、维护服务和源码更新,请联系 sales@Micrium.com。

B.1.3　μC/TCP-IP 源码更新

如果用户处于技术支持期限内,在有源码更新时,会以自动邮件通知用户。用户可以从 Microμm 公司的 FTP 服务器上下载到可用的更新。如果用户的技术支持期限已到,或者忘了自己的 FTP 用户名或密码,请联系 sales@Micrium.com。

B.1.4　μC/TCP-IP 支持

支持仅限于已授权用户。请访问 www.Micrium.com 的客户支持页面。如果用户还不是网站用户,请注册并创建自己的账户。用户可以通过特定页面提交自己的问题。

已授权用户也可以使用以下联系方式:

Microμm

1290 Weston Road, Suite 306

Weston, FL 33326

+1 954 217 2036

+1 954 217 2037 (FAX)

E-Mail: sales@Micrium.com

Website: www.Micrium.com